高等职业教育智能制造领域人才培养系列教材
高等职业教育机电类专业立体化系列教材

工业机器人技术基础

主编　袁海亮　邵　帅
参编　王兴东　宫晓凯　刘振辉　许　超

机 械 工 业 出 版 社

本书以工业机器人技术的基础性、实用性和共用性为原则编写，全书共有6个项目。项目一从工业机器人的定义、发展、分类等方面入手，让读者对工业机器人有一个初步的认识；项目二让读者从工业机器人的基本组成和技术参数方面，进一步熟悉工业机器人；项目三、项目四从示教器、I/O通信设置等一些基本操作着手，初步培养读者的操作技能；项目五和项目六为工业机器人的程序编写部分，项目五介绍编程的基础知识，项目六通过7个示例逐步培养读者的编程能力。

本书根据高等职业院校的教学特点，结合高等职业院校学生的实际学习能力和教学培养目标编写，可作为工业机器人技术或机电一体化技术相关专业的通用教材，也可作为成人院校培训教材，同时可供从事工业机器人应用的工程技术人员参考。

本书配有电子课件，凡使用本书作为教材的教师可登录机械工业出版社教育服务网 www.cmpedu.com 注册后下载。咨询电话：010-88379375。

图书在版编目（CIP）数据

工业机器人技术基础 / 袁海亮，邵帅主编．—北京：机械工业出版社，2021.8（2025.1重印）

高等职业教育智能制造领域人才培养系列教材　高等职业教育机电类专业立体化系列教材

ISBN 978-7-111-67883-0

Ⅰ．①工…　Ⅱ．①袁…　②邵…　Ⅲ．①工业机器人－高等职业教育－教材
Ⅳ．①TP242.2

中国版本图书馆CIP数据核字（2021）第057996号

机械工业出版社（北京市百万庄大街22号　邮政编码100037）
策划编辑：薛　礼　责任编辑：薛　礼　刘良超　王海峰
责任校对：李　杉　封面设计：张　静
责任印制：张　博
北京建宏印刷有限公司印刷
2025年1月第1版第3次印刷
184mm×260mm · 17.25印张 · 406千字
标准书号：ISBN 978-7-111-67883-0
定价：54.00元

电话服务　　网络服务
客服电话：010-88361066　机　工　官　网：www.cmpbook.com
010-88379833　机　工　官　博：weibo.com/cmp1952
010-68326294　金　书　网：www.golden-book.com
封底无防伪标均为盗版　机工教育服务网：www.cmpedu.com

前言
PREFACE

随着全球人口红利的日益减少，自动化生产需求的不断释放，机器人产业发展迎来了巨大爆发，机器人逐渐成为了全球新一轮科技和产业变革的关键切入点，以及衡量国家创新力与竞争力的重要标志。

近年来，随着德国工业 4.0 及中国制造 2025 等概念的持续推进，中国工业机器人产业得到了较好的发展。国产工业机器人的市场份额从最早的被国外品牌垄断，到现在已能在国内市场占有超过 30% 的市场份额。而伴随着工业机器人的飞速发展，该领域的人才缺口却不断加大，且重研发、轻应用的人才培养模式一直是我国机器人产业发展的一大限制因素。因此，让工业机器人领域的人才培育逐渐走上研发与应用并重的正轨，为该领域源源不断地输送高素质的人才显得尤为迫切。

本书以工业机器人技术的基础性、实用性以及共用性为原则组织编写内容，具体特色如下。

1）内容精炼，实用性较强，符合高职高专学生未来工作岗位的基本要求。

2）选用院校应用较多的 ABB 机器人为教学示例，针对性较强。

3）操作步骤描述详细，图文并茂，表达清晰，让读者易学易懂。

4）在内容组织上采用项目化、任务驱动设计，且示例素材来自教学一线的真实案例，内容新颖、简明、实用。

5）提供丰富的教学辅助材料，包括 PPT、视频、微课等，并将其部分内容以二维码链接形式植入书中，读者扫码即可学习、浏览。

本书由袁海亮、邵帅担任主编，王兴东、宫晓凯、刘振辉、许超参加了编写。本书具体编写分工如下：项目一由袁海亮、王兴东编写，项目二～项目四由邵帅、刘振辉、许超编写，项目五、项目六由袁海亮、宫晓凯编写。

由于编者水平有限，书中难免会有缺陷、不足和错误，恳请广大读者批评指正。

编　者

二维码索引

（续）

名称	图形	页码	名称	图形	页码
单独导入 EIO		57	配置 DSQC 652 板		89
ABB 工业机器人的坐标系		60	配置数字量输入信号		93
单轴运动的手动操作		63	配置数字量输出信号		101
线性运动的手动操作		65	数字量输入信号与系统输入的关联		108
重定位运动的手动操作		68	数字量输出信号与系统输出的关联		112
机器人的转数计数器更新		75	常用的程序数据		120
认识 ABB 工业机器人的通信		84	程序数据的储存类型		124

（续）

名称	图形	页码	名称	图形	页码
建立三个常见的程序数据		126	认识 RAPID 程序的基本构架		153
建立工具数据 tooldata（一）		130	运动指令实现三角形轨迹的应用——建立 RAPID 程序构架		166
建立工具数据 tooldata（二）		131	运动指令实现三角形轨迹的应用——建立程序数据		168
建立工件坐标数据 wobjdata（一）		140	运动指令实现三角形轨迹的应用—— rmovehome 例行程序编写		169
建立工件坐标数据 wobjdata（二）		142	运动指令实现三角形轨迹的应用 —— rmovestriangle1 例行程序编写		172
建立有效载荷数据 loaddata（一）		148	运动指令实现三角形轨迹的应用 —— main 主程序编写		182
建立有效载荷数据 loaddata（二）		149	运动指令实现三角形轨迹的应用——手动调试程序		185

（续）

名称	图形	页码	名称	图形	页码
运动指令实现三角形轨迹的应用——自动试运行		188	条件逻辑判断指令实现圆周轨迹运动的应用——建立程序参数		198
运动指令实现三角形轨迹的应用——保存程序		188	条件逻辑判断指令实现圆周轨迹运动的应用——rmovehome例行程序编写		200
拓展任务双三角形轨运行轨迹——工具数据建立		193	条件逻辑判断指令实现圆周轨迹运动的应用——rmovecircle例行程序编写		201
拓展任务双三角形轨运行轨迹——程序编写		193	条件逻辑判断指令实现圆周轨迹运动的应用——main主程序编写		203
拓展任务双三角形轨运行轨迹——手动及自动运行		193	条件逻辑判断指令实现圆周轨迹运动的应用——手动及自动运行		211
条件逻辑判断指令实现圆周轨迹运动的应用——建立RAPID程序构架		198	带参数子程序实现圆周轨迹运动的应用——程序编写		216

（续）

名称	图形	页码	名称	图形	页码
带参数子程序实现圆周轨迹运动的应用——手动及自动运行		225	运用功能实现三层圆周轨迹运动的应用——创建程序参数		251
外部IO控制实现圆周轨迹运动的应用——程序编写		227	运用功能实现三层圆周轨迹运动的应用——rFunction程序编写		251
外部IO控制实现圆周轨迹运动的应用——手动及自动运行		234	运用功能实现三层圆周轨迹运动的应用——main程序编写		260
中断程序实现圆周轨迹调速的应用——程序编写		238	运用功能实现三层圆周轨迹运动的应用——手动及自动运行		263
中断程序实现圆周轨迹调速的应用——手动及自动运行		248			

目录

CONTENTS

项目一　工业机器人概述

➢ 项目描述

首先从机器人的概念出发，初步了解机器人的由来和分类，进而理解工业机器人的定义和特点，了解工业机器人的发展现状与趋势，并在此基础上，进一步了解工业机器人的分类、主要特点和典型应用。

➢ 学习目标

1）了解机器人的由来。

2）了解机器人的分类。

3）理解工业机器人的定义与特点。

4）掌握工业机器人的分类。

5）了解工业机器人的发展现状与趋势。

6）了解工业机器人的典型应用。

初识工业机器人

任务一　初识工业机器人

自工业革命以来，人力劳动已逐渐被机械所取代，而这种变革为人类社会创造出了巨大的财富，极大地推动了人类社会的进步。工业机器人作为第三次工业革命的一大推手，彻底改变了工业生产模式，让工业发展上升了一个层次。

1. 机器人由来及分类

（1）机器人的由来　“机器人”是20世纪才出现的新名词。1920年，捷克作家卡雷尔·凯培克（Karel Capek）在他的幻想情节剧《罗萨姆的万能机器人》（R.U.R）中第一次提出了“Robota”（机器人）这个名词。1950年，美国著名科学幻想小说家阿西莫夫在他的小说《我，机器人》中，提出了著名的“机器人三定律”：

1）机器人必须不危害人类，也不允许眼看着人类将受到伤害而袖手旁观。

2）机器人必须绝对服从人类，除非这种服从有害于人类。

3）机器人必须保护自身不受伤害，除非为了保护人类或者是人类命令它做出牺牲。

阿西莫夫提出的“机器人三定律”，后来成为了机器人学术界默认的研发原则。但在当时，“机器人”一词也仅仅具有科幻意义，并不具备现实意义，真正使机器人成为现实是20世纪工业机器人出现以后。

（2）机器人的分类　可以从不同的角度对机器人进行分类，如机器人的控制方式、信息输入方式、结构形式、移动、智能程度及用途等。目前比较常见的是按机器人的用途来进行分类。

1）工业机器人或产业机器人：应用在工农业生产中，主要应用在制造业部门，进行焊接、喷涂、装配、搬运、检验及农产品加工等作业。图 1-1 所示的焊接工业机器人就属于工业机器人。

图 1-1　焊接工业机器人

2）探索机器人：用于太空和海洋探索，也可用于地面和地下探险。图 1-2 所示为我国研发的无人无缆自主潜水器“潜龙三号”，其以深海复杂地形条件下资源环境勘查为主要应用方向。

3）服务机器人：一种半自主或全自主工作的机器人，其所从事的服务工作可使人类生存得更好，使制造业以外的设备工作得更好，比如送餐机器人、迎宾机器人、医疗服务机器人等。图 1-3 所示为 Walker 服务机器人。

图 1-2　“潜龙三号”无人无缆自主潜水器

图 1-3　Walker 服务机器人

4）军事机器人：用于军事目的，或进攻性的，或防御性的。它又可分为空中军用机器人、海洋军用机器人和地面军用机器人，或简称为空军机器人、海军机器人和陆军机器人。图 1-4 所示为地面军用机器人。

5）医疗机器人：图 1-5 所示的医疗机器人为美国达芬奇手术机器人，它相当于赋予了外科医生一双 360° 自如运动的手和一双高清放大镜般的眼睛，它集成了三维高清视野、可转腕手术器械和直觉式动作控制三大特性，使医生能将微创技术更广泛地应用于复杂的外科手术，它能在不开胸、不开腹的情况下，通过几个孔道完成手术，具有创伤更小、出血更少的优势。

图 1-4 地面军用机器人

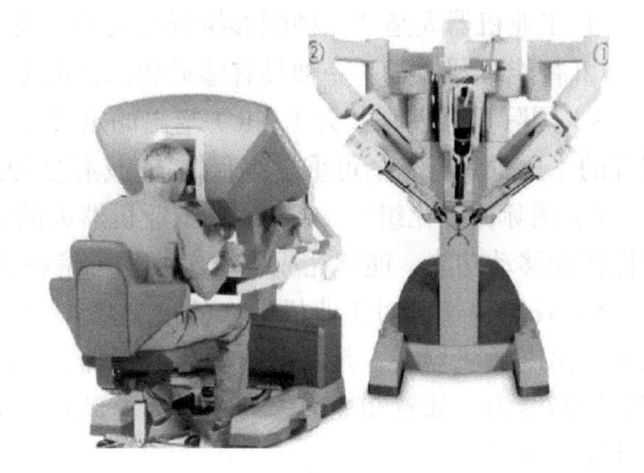

图 1-5 美国达芬奇手术机器人

6）其他领域机器人：其他领域机器人目前主要包括娱乐机器人与家用机器人，图 1-6 所示的娱乐机器人为犬形机器人爱宝，图 1-7 所示为家用吸尘器机器人。

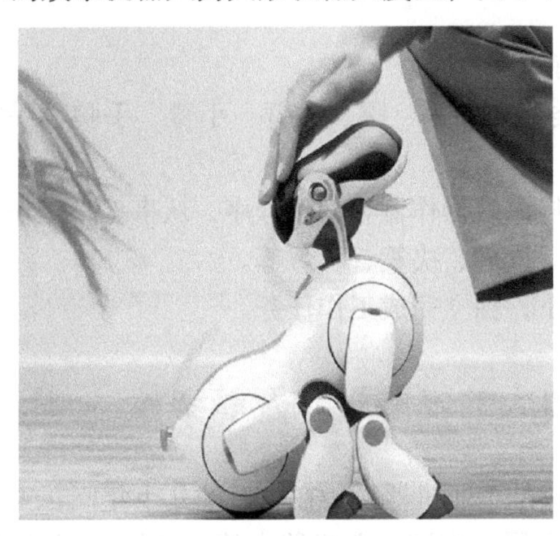

图 1-6 娱乐机器人——犬形机器人爱宝

图 1-7 家用机器人——吸尘器机器人

2. 工业机器人的定义

从世界机器人的发展趋势看，工业机器人在市场份额中占有重要比例。科技的发展，时代的进步都离不开工业机器人。

那么，什么是工业机器人？工业机器人问世已有几十年，但是关于工业机器人的定义仍然仁者见仁，智者见智，没有一个统一的意见。下面是目前国际上比较认可的一些关于工业机器人的定义。

1）美国机器人协会（RIA）对机器人的定义是："所谓工业机器人，是为了完成不同的作业，根据种种程序化的运动来实现材料、零部件、工具或特殊装置的移动并可重新编程的多功能操作机。"

2）日本产业机器人协会（JIRA）的定义是："工业机器人是一种装备有记忆装置和末端执行装置的、能够完成各种移动来代替人类劳动的通用机器。"它又分以下两种情况来定义。

① 工业机器人是"一种能够执行与人的上肢类似动作的多功能机器"。

② 智能机器人是"一种具有感觉和识别能力，并能够控制自身行为的机器"。

3）国际机器人联合会（IFR）给出的定义为："工业机器人是一种自动控制的、可重复编程的（至少具有3个可重复编程轴）、具有多种用途的操作机。"

4）国际标准化组织（ISO）对工业机器人的定义是："工业机器人是一种具有自动控制的操作和移动功能，能够完成各种作业的可编程操作机。"

5）我国科学家对工业机器人的定义是："工业机器人是面向工业领域的多关节机械手或多自由度的机器人，是一种自动化的机器，所不同的是这种机器具备一些与人或生物相似的智能能力，如感知能力、规划能力、动作能力和协同能力，是一种具有高级灵活性的自动化机器。"

随着机器人技术的不断进步与革新，机器人概念也将发生变化，下一代机器人将会涵盖更广泛的概念，以往并未定义为机器人的物体也将机器人化，例如无人驾驶汽车、智能家电、智能手机、智能住宅等。

3. 工业机器人的特点

一般情况下，工业机器人具有以下4个特点。

1）具有特定的机械结构，其动作具有类似人的手、腰、大臂、小臂、手腕、手等肢体的功能。

2）具有通用性，其可根据工作要求，更换末端操作器与动作程序，从事多种工作。

3）具有不同程度的智能，如记忆、感知、推理、决策、学习等。

4）相对独立性，可以在不依赖人的干预下，独立完成工作任务。

任务二　了解工业机器人的发展现状及趋势

工业机器人的发展

世界上诞生的第一台机器人就是工业机器人，在之后的几十年间，工业机器人产业在全球范围内得以迅速发展。中国工业机器人技术的发展相对滞后，但是近十年是工业机器人中国市场的爆发期，近几年我国已成为了工业机器人应用第一大国。

1. 全球工业机器人的发展状况

在1958年，恩格尔伯格和德沃尔联手制造出第一台真正实用的工业机器人（图1-8），并很快得到了应用；随后，他们成立了世界上第一家机器人制造工厂——Unimation公司，并将第一批机器人称为"Unimate"，意思是"万能自动"，恩格尔伯格因此被称为"工业机器人之父"。机器人"Unimate"是通过一台计算机，来控制一个多自由度的机械，以示教方式输入程序和信息，工作时把信息读取出来，然后发出指令，机器人就可以根据人示教的结果，再现出这种动作。该类机器人的特点是对外界的环境没有感知。

1978年，美国Unimation公司推出图1-9所示的通用工业机器人PUMA，这标志着工业机器人技术已经完全成熟。

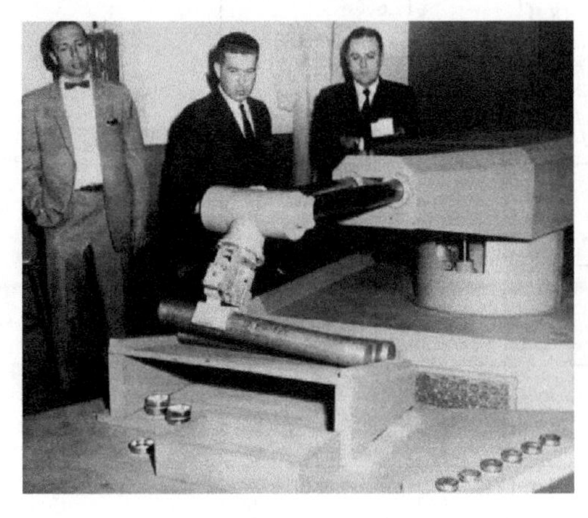

图 1-8 世界上第一台工业机器人

图 1-9 通用工业机器人 PUMA

近年来，随着全球人口红利的日益减少，自动化生产需求的不断释放，工业机器人产业发展迎来了巨大爆发，不少国家都积极投入到“机器换人”的大潮之中，工业机器人逐渐成为了全球新一轮科技和产业变革的关键切入点，以及衡量国家创新力与竞争力的重要标志。全球工业机器人市场屡创新高，从图 1-10 所示的 2008 ~ 2017 年全球工业机器人市场销售统计情况来看，2009 年受全球金融危机的影响，工业机器人销售量骤减，同比下降 47%，仅 6 万台。但是 2010 年工业机器人的销量强势反弹，销量达到 12.1 万台，是 2009 年销量的 2 倍。2011 年工业机器人的销量更是创下历史纪录，达到 16.6 万台。2013 ~ 2017 年，全球工业机器人销量进入了新一轮快速增长阶段，年均增速大于 25%。2017 年全球工业机器人销量达 38.7 万台，与 2016 年相比增长了 31%。

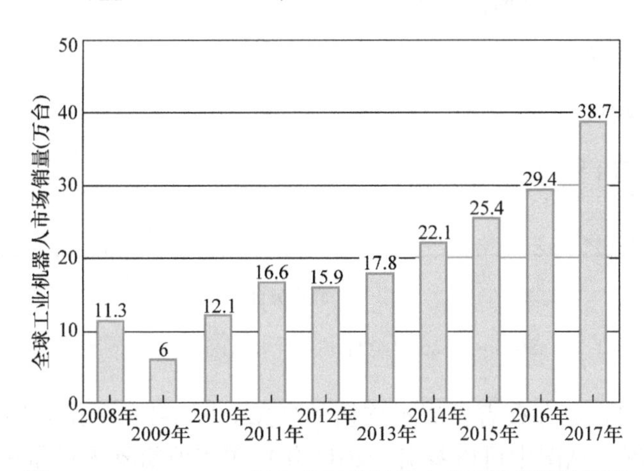

图 1-10 2008 ~ 2017 年全球工业机器人市场销售统计情况

2013 年以来，工业机器人的市场规模以年均 12.1% 的速度快速增长。随着销量的增加，工业机器人的销售额也相应地有了新的突破。如图 1-11 所示，2017 年全球工业机器人销售额达到 154 亿美元，2018 年，随着工业机器人进一步普及，销售额突破了 160 亿美元，达到 168.2 亿美元。

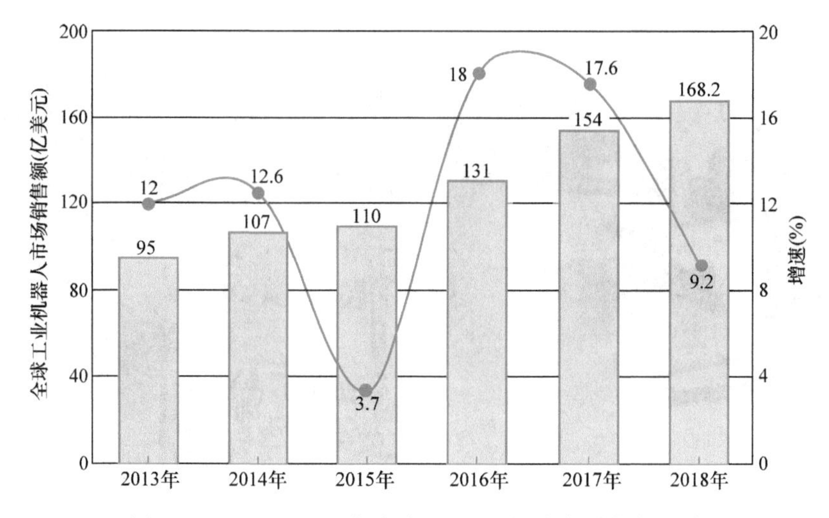

图 1-11　2013～2018 年全球工业机器人市场销售额统计

虽然全球销售市场得以蓬勃发展，但却存在着区域发展不均衡的现象。图 1-12 所示为 2011～2015 年全球主要区域工业机器人的销售情况。该图显示，2015 年全球工业机器人销量共计 24.8 万台，其中亚洲销量为 16 万台，占全球工业机器人销售比重的 65%；欧洲销量为 5 万台，占全球工业机器人销售比重的 20%；美洲销量为 3.8 万台，而且主要集中在美国。

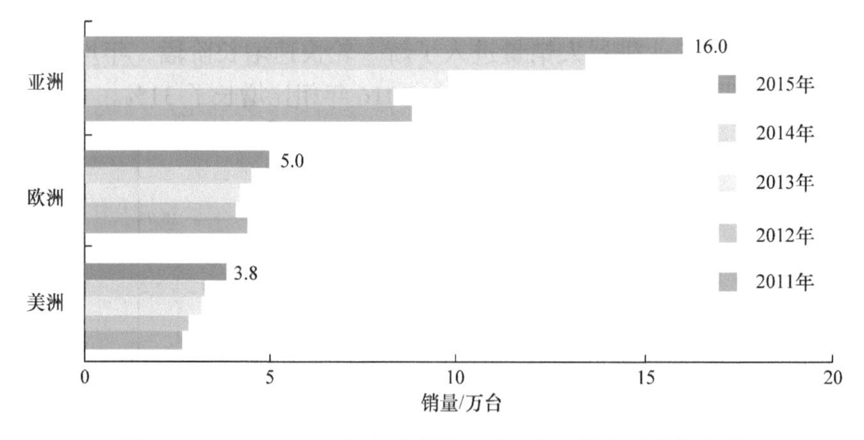

图 1-12　2011～2015 年全球主要区域工业机器人的销售情况

从国家层面来说，也存在着发展不均衡的现象。图 1-13 所示为 2015 年全球工业机器人市场各国占比情况。从图中可以看出，2015 年中国工业机器人销量占到了全球工业机器人总销量的 27%。实际上从 2013 年开始，中国已经是全球工业机器人年销量最大的国家。

同样地，工业机器人的主要应用行业销售占比也存在着不均衡现象。图 1-14 所示的 2015 年全球工业机器人主要应用行业销售占比表明，工业机器人的主要应用行业比例中，汽车行业占 38%，汽车行业自动化装备的生产线大部分使用工业机器人。

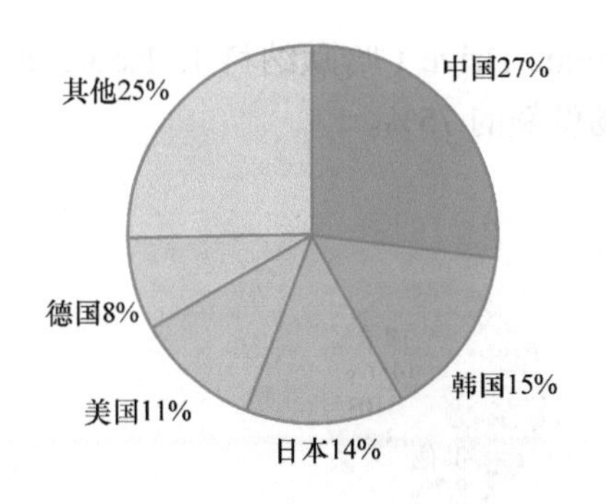

图 1-13　2015 年全球工业机器人市场分布

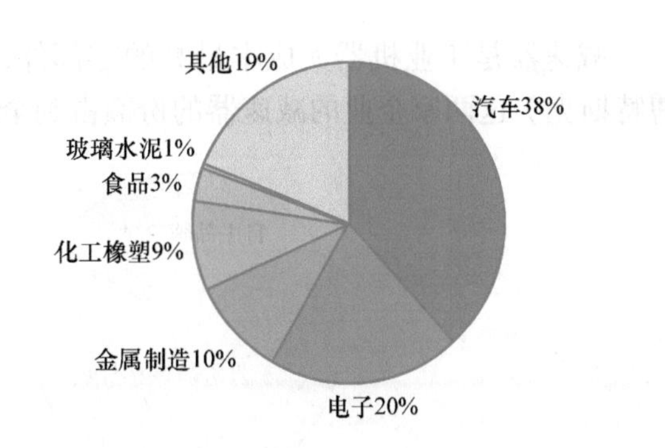

图 1-14　2015 年全球工业机器人主要应用行业销售占比

目前，国际上主要的工业机器人生产企业见表 1-1，主要分为欧系和日系。欧系中主要有德国的KUKA、CLOOS，瑞士的ABB，意大利的COMAU等。日系中主要有YASKAWA（安川）、OTC、Panasonic（松下）和 FANUC（发那科）等。

瑞士的 ABB、德国的 KUKA、日本的 YASKAWA 与 FANUC 合称为全球工业机器人领域的“四大家族”。ABB 总部在欧洲，其核心技术主要体现在工业机器人控制系统方面；KUKA 本属于德国，2016 年被中国美的公司以 300 亿元收购，其在原材料、本体零件和系统集成方面具有一定优势；FANUC、YASKAWA 作为日本公司，在工业机器人关键零部件的研发方面具备较强的技术优势。

表 1-1　世界知名工业机器人生产企业

产业链环节		知名企业
关键零部件	控制系统	ABB、KUKA（库卡）、FANUC（发那科）、YASKAWA（安川）、松下、三菱、贝加莱、KEBA、倍福等
	伺服电动机	博世力士乐、FANUC（发那科）、YASKAWA（安川）、松下、三菱、三洋、西门子、贝加莱等
	减速器	Harmonic Drive（哈默纳科）、Nabtesco（纳博特斯克）、SUMITOMO（住友）、SEJINIGB（赛劲）、SPINEA 等
机器人本体		ABB、KUKA（库卡）、FANUC（发那科）、YASKAWA（安川）、OTC（欧地希）、松下、KOBELCO（神钢）、川崎重工、那智不二越、现代重工、REIS（徕斯）、COMAU（柯马）、ADEPT（爱德普）、EPSON（爱普生）等
系统集成		ABB、KUKA（库卡）、FANUC（发那科）、YASKAWA（安川）、Panasonic（松下）、KOBELCO（神钢）、COMAU（柯马）、DURR（杜尔）、REIS（徕斯）、CLOOS（克鲁斯）、德玛泰克、埃森曼、IGM、OTC（欧地希）、UNIX（优尼）、ADEPT（爱德普）、EPSON（爱普生）等

2016 年，“四大家族”在中国工业机器人市场份额合计达到 57.5%，如图 1-15 所示。并且在多关节机器人、汽车、焊接等高端应用领域的市场份额达到 80% 以上，如图 1-16 所示。

减速器是工业机器人成本最高的零部件，Harmonic Drive（哈默纳科）、Nabtesco（纳博特斯克）这两家企业的减速器的份额占到全球市场份额的 75%。

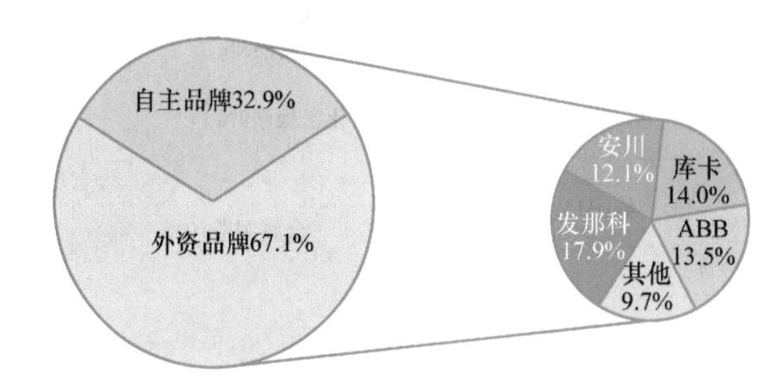

图 1-15　2016 年工业机器人市场份额

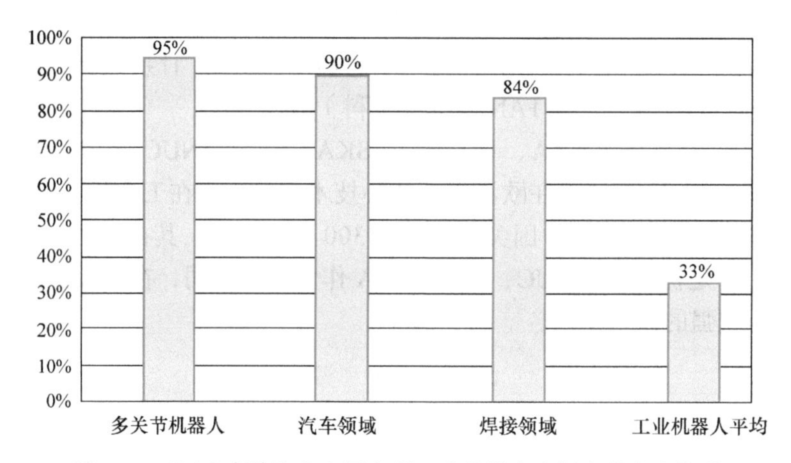

图 1-16　“四大家族”在中国高端工业机器人市场中的占比情况

2. 中国工业机器人的发展状况

我国工业机器人起步于 20 世纪 70 年代初，经过 40 多年发展，大致经历了三个阶段：20 世纪 70 年代的萌芽期；20 世纪 80 年代的开发期；20 世纪 90 年代的实用期。当前我国已生产出部分机器人关键元器件，开发出弧焊、点焊、码垛、装配、搬运、注塑、冲压、喷涂等工业机器人。一批国产工业机器人已服务于国内诸多企业的生产线上；一批机器人技术的研究人才也涌现出来。一些相关科研机构和企业已掌握了工业机器人操作机的优化设计制造技术；工业机器人控制、驱动系统的硬件设计技术；机器人软件的设计和编程技术；运动学和轨迹规划技术；弧焊、点焊及大型机器人自动生产线与周边配套设备的开发和制备技术等。

据工信部统计，截至 2019 年，我国涉及机器人生产的企业已逾 1000 家，其中超过 200 家是机器人本体制造企业，大部分以组装和代加工为主，处于产业链低端，产业集中度低、总体规模小；各地还出现了 50 多个以发展机器人为主的产业园区。

目前国内机器人行业具有代表性的企业有新松、埃斯顿、埃夫特、广州数控、新时达、拓斯达、巨星科技、华昌达等。这些公司已在机器人产业链中游和上游进行拓展，通过自主研发或收购等方式掌握工业机器人零部件和本体的研制技术，结合本土系统集成的服务优势，已经具备一定的竞争力，未来有望实现对国外品牌的进口替代。

2013～2017年，我国机器人产业迎来了高速发展期，产业规模开始不断扩大，平均规模增速超过15%，平均增长率高达30%。截至2018年，国内机器人市场规模已经接近90亿美元。国产工业机器人的市场份额从最早的被国外品牌垄断，到现在能在国内市场占有率超过30%。我国工业机器人行业的发展现状如下。

（1）工业机器人产量持续增长　图1-17所示是2015～2019年中国工业机器人的产量情况。从图中可以看出，近年来我国工业机器人行业迅猛发展，产量持续增长，成为了工业机器人应用第一大国。2019年的工业机器人产量略有下降，是因为受到全球大环境下行，制造业企业对工业机器人需求下降的影响。

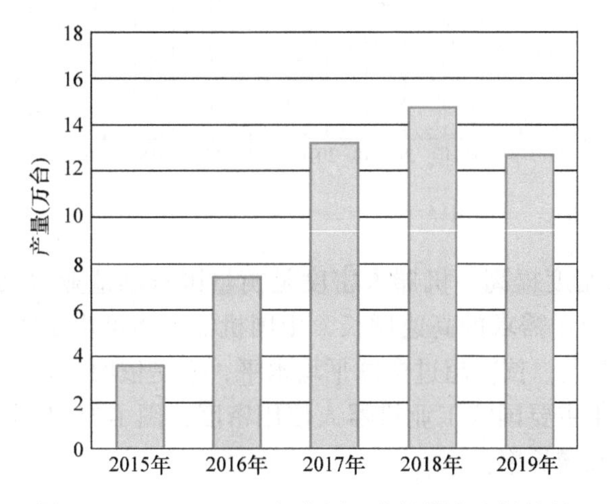

图1-17　2015～2019年中国工业机器人产量情况

（2）工业机器人销量攀升　图1-18和图1-19分别展示了2013～2019年中国工业机器人的销售增长情况。很明显，近年来中国工业机器人销量和销售额持续增长，中国已成为全球最大的工业机器人市场。

图1-18　2013～2019年中国工业机器人销售情况

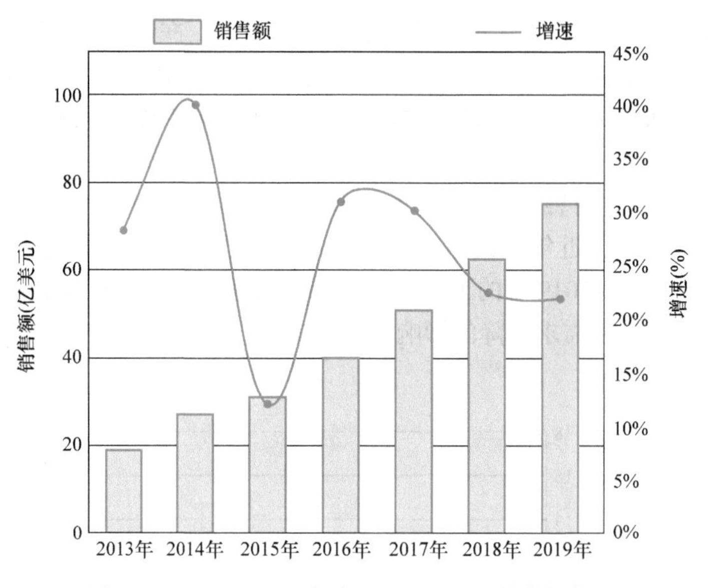

图 1-19　2013 ~ 2019 年中国工业机器人销售额情况

（3）工业机器人密度提高　机器人密度是衡量国家制造业自动化发展程度的标准之一。随着国内制造业应用需求的高速增长，中国机器人密度由 2016 年的 68 台 / 万人提高至 2017 年的 88 台 / 万人，首次超过全球平均水平，但是依旧与发达国家存在较大的差距。图 1-20 所示为 2016 年主要国家工业机器人使用密度，图 1-21 所示为 2013 ~ 2017 年中国工业机器人使用密度及增长率。

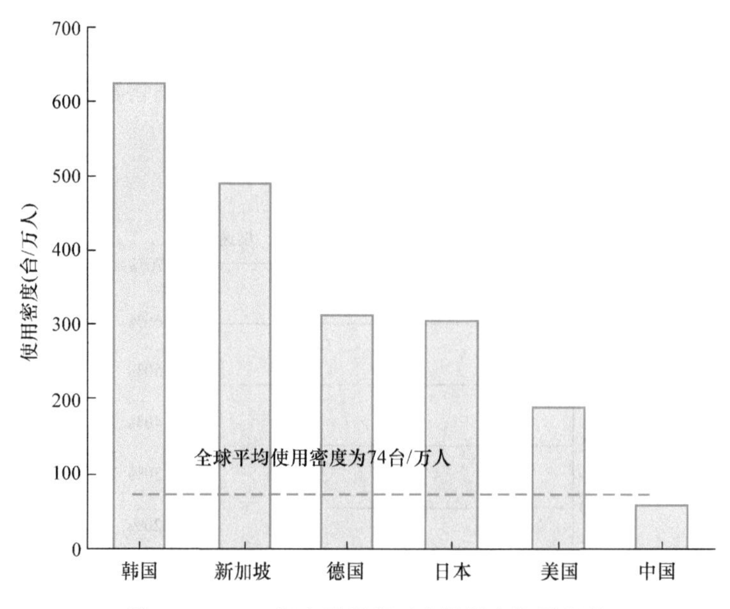

图 1-20　2016 年主要国家工业机器人使用密度

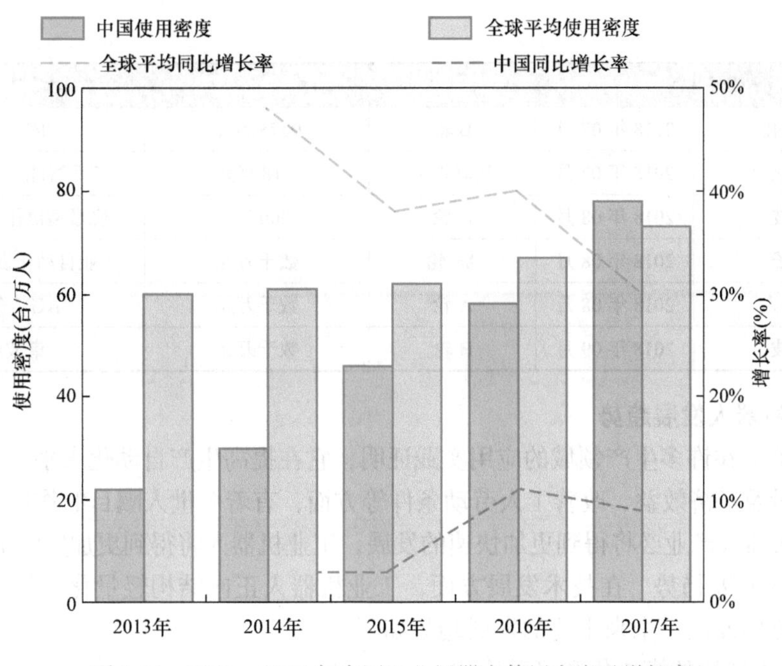

图 1-21 2013～2017 年中国工业机器人使用密度及增长率

（4）工业机器人产业投资火热 2017 年及 2018 年工业机器人领域融资事件频发，但多为初创型企业。表 1-2 为 2018 年中国工业机器人行业投融资情况，融资轮次多集中在 A 轮、Pre-A 轮。此外，从细分领域看，协作机器人最火爆，其次是仓储物流领域。

表 1-2 2018 年中国工业机器人行业投融资情况

企业	融资时间	融资轮次	融资金额	行业应用
艾利特	2018 年 01 月	A 轮	5000 万元	工程系统、协作机器人
马路创新	2018 年 01 月	A 轮	6000 万元	AGV 仓储物流
阿丘科技	2018 年 01 月	A 轮	800 万美元	机器视觉
小觅智能	2018 年 01 月	战略投资	3000 万元	VPS 视觉定位导航技术
慧灵科技	2018 年 02 月	Pre-A 轮	未透露	轻量型协作机械臂提供商
蓝胖子机器人	2018 年 03 月	A+ 轮	数千万美元	仓储物流
节卡机器人	2018 年 03 月	A+ 轮	6000 万元	协作机器人
来福谐波	2018 年 03 月	A 轮	近亿元	谐波减速器
木蚁机器人	2018 年 03 月	Pre-A 轮	数千万元	AGV 机器人
尔智机器人	2018 年 04 月	A 轮	3000 万元	协作机器人
井智高科	2018 年 05 月	Pre-A 轮	数千万元	AGV 仓储物流
高仙机器人	2018 年 05 月	A 轮	数千万美元	SLAM、激光导航
镁伽机器人	2018 年 06 月	A 轮	数千万美元	协作机器人
越疆科技	2018 年 06 月	A+ 轮	1 亿元	多关节机器人

（续）

企业	融资时间	融资轮次	融资金额	行业应用
橙子自动化	2018 年 07 月	B 轮	9375 万元	3C 系统集成
科大智能	2018 年 07 月	战略投资	6.18 亿元	工业智能解决方案供应商
慧灵科技	2018 年 08 月	A 轮	3000 万元	轻量型协作机械臂提供商
天创电子	2018 年 08 月	A+ 轮	数千万元	工业自动化设备研发制造商
库宝机器人	2018 年 08 月	A 轮	数千万元	AGV 仓储物流
来福谐波	2018 年 09 月	B 轮	数千万元	谐波减速器

3. 工业机器人发展趋势

工业机器人在许多生产领域的应用实践证明，它在提高生产自动化水平，提高劳动生产率、产品质量及经济效益、改善工人劳动条件等方面，有着令世人瞩目的作用。随着科学技术的进步，机器人产业必将得到更加快速的发展，工业机器人将得到更加广泛的应用。

（1）技术发展趋势　在技术发展方面，工业机器人正向结构轻量化、智能化、模块化和系统化的方向发展。未来主要的发展趋势如下。

1）机器人结构的模块化和可重构化。

2）控制技术的高性能化、网络化。

3）控制软件架构的开放化、高级语言化。

4）伺服驱动技术的高集成度和一体化。

5）多传感器融合技术的集成化和智能化。

6）人机交互界面的简单化、协同化。

（2）应用发展趋势　自工业机器人诞生以来，汽车行业一直是其应用的主要领域。2014 年，北美机器人工业协会在年度报告中指出，截至 2015 年年底，汽车行业仍然是北美机器人最大的应用市场，但其在电子、电气、金属加工、化工、食品等行业的出货量却增速迅猛。由此可见，未来工业机器人的应用将依托汽车产业，迅速向其他行业延伸。对于机器人行业来讲，这是一个非常积极的信号。

（3）产业发展趋势　2010 ~ 2017 年，全球工业机器人销量进入新一轮快速增长阶段，年均增速大于 25%。2015 年全球工业机器人销量共计 24.8 万台，其中亚洲销量为 16 万台，占全球工业机器人销售比重的 65%，中国市场的机器人销量近 55000 台。2017 年全球工业机器人销量达 38.7 万台，与 2016 年相比增长了 31%。2017 年全球工业机器人销售额达到 154 亿美元。2018 年，随着工业机器人进一步普及，销售额突破了 160 亿美元，中国的销售额达到 60 亿美元，成为全球最大的工业机器人市场。截至 2019 年，全球的主要机器人市场集中在亚洲、大洋洲、欧洲及北美洲，累计安装量已超过 200 万台。工业机器人的时代即将来临，并将在智能制造领域掀起一场变革。

任务三　了解工业机器人的分类

关于工业机器人的分类，目前国际上并没有一个统一的标准，通常可以按负载重量、控制方式、自由度、结构、应用领域等方式来进行划分。在本书中将按照机械结构、控制方式以及驱动方式对工业机器人进行分类。

工业机器人的分类

1. 按照机械结构分类

虽然工业机器人的结构差异很大，但所有工业机器人均能将一个部件移动到空间的某一点。工业机器人的主要运动轴一般有 1~3 个自由度，由结实耐用的关节（通常紧靠基座部位）构成。因而，根据机械结构可以将大部分工业机器人分为直角坐标（笛卡儿坐标）机器人、柱面坐标机器人、球面坐标机器人、多关节坐标机器人、并联机器人和移动机器人。

（1）直角坐标（笛卡儿坐标）机器人　图 1-22 所示的直角坐标机器人是一种最简单的结构，该类机器人是以直线运动轴为主，通过沿三个互相垂直的轴线的移动来实现机器人手部空间位置的改变，其动作空间为一长方体。该类机器人结构简单，定位精度高，空间轨迹易于求解，但其动作范围相对较小，实现相同的动作空间要求时，机体本身的体积较大。

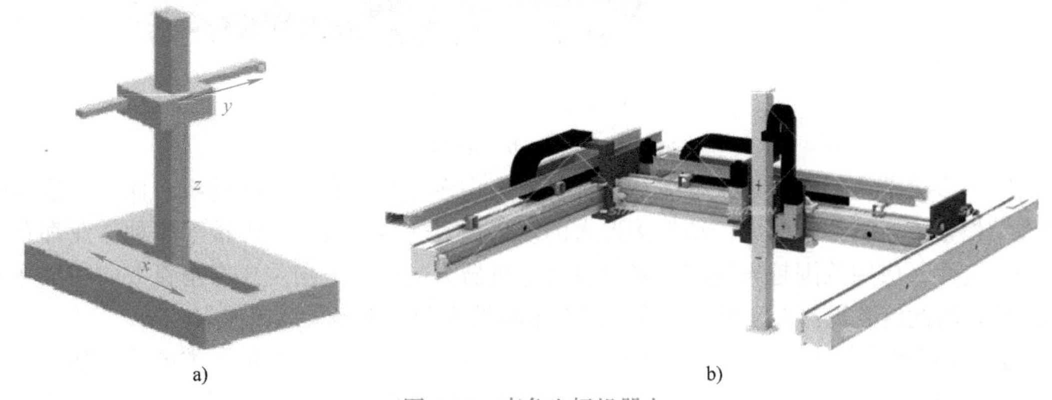

图 1-22　直角坐标机器人

a）示意图　b）实物图

（2）柱面坐标机器人　柱面坐标机器人主要由旋转（θ）基座、垂直移动（z）轴和水平移动（r）轴构成，如图 1-23 所示，通过一个转动和两个移动来实现位置的改变，其动作空间呈圆柱形。该类机器人优点是结构简单、刚性好，缺点是在其动作范围内，必须有沿轴线前后方向的移动空间，空间利用率较低。

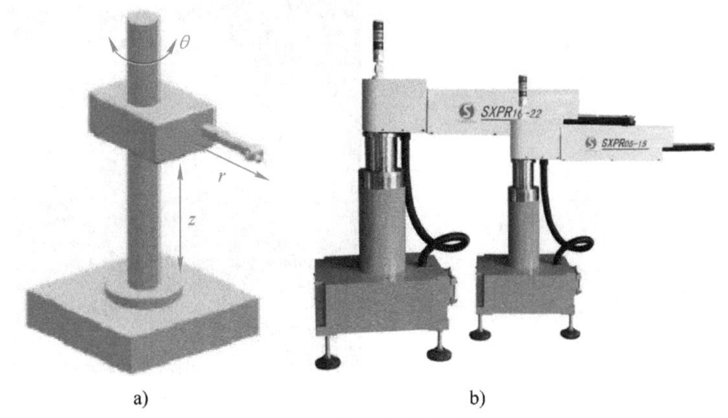

图 1-23　柱面坐标机器人

a）示意图　b）实物图

（3）球面坐标机器人　球面坐标机器人的空间位置分别由旋转（θ）、摆动（β）和平移（r）3个自由度确定，如图1-24所示，动作空间形成球面的一部分，其机械手能够做前后伸缩移动、在垂直平面上摆动以及绕底座在水平面上转动。球面坐标机器人结构紧凑，所占空间体积小于直角坐标机器人和柱面坐标机器人，但仍大于多关节坐标机器人。

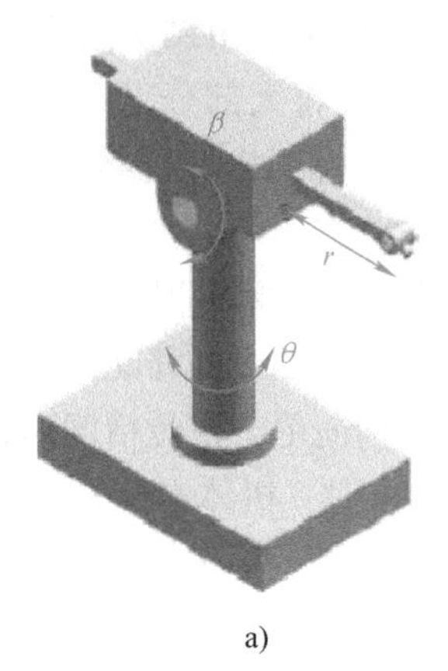

a)

b)

图1-24　球面坐标机器人

a）示意图　b）实物图

（4）多关节坐标机器人　多关节坐标机器人由多个旋转和摆动机构组合而成。这类机器人结构紧凑，工作空间大，动作接近人的动作，对涂装、装配、焊接等多种作业都有良好的适应性，应用范围越来越广。多关节坐标机器人的摆动方向主要有垂直方向和水平方向两种，因此这类机器人又可分为垂直多关节机器人和水平多关节机器人。

1）垂直多关节机器人。图1-25所示的垂直多关节机器人能模拟人类的手臂功能，它由垂直于地面的腰部旋转轴、带动小臂旋转的肘部旋转轴以及小臂前端的手腕等组成，其手腕通常由2~3个自由度构成。其动作空间近似一个球体，所以也称为多关节球面机器人。其优点是可以自由地实现三维空间的各种姿势及生成各种复杂形状的轨迹；相对机器人的安装面积，其动作范围很宽。缺点是结构刚度较低，动作的绝对位置精度较低。目前工业界使用最多的垂直多关节工业机器人为串联关节型垂直6轴机器人。

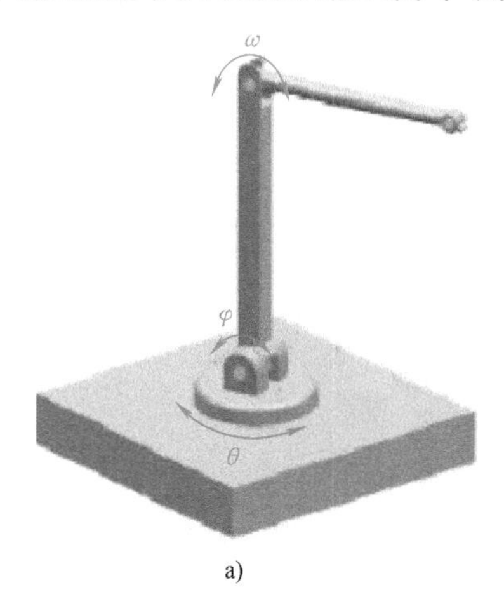

a)

b)

图1-25　垂直多关节机器人

a）示意图　b）实物图

2）水平多关节机器人。如图 1-26 所示，水平多关节机器人具有串联配置的两个能够在水平面内旋转的手臂，自由度可依据用途选择 2~4 个，动作空间为一圆柱体。水平多关节机器人的优点是在垂直方向上的刚性好，能方便地实现二维平面上的动作，在装配作业中得到普遍的应用。目前工业界使用最多的水平多关节型机器人是平面多关节机器人，也称为 SCARA（Selective Compliance Assembly Robot Arm）机器人，如图 1-26b 所示。SCARA 工业机器人精度高，动作范围较大，坐标计算简单，结构轻便，响应速度快，但负载较小。

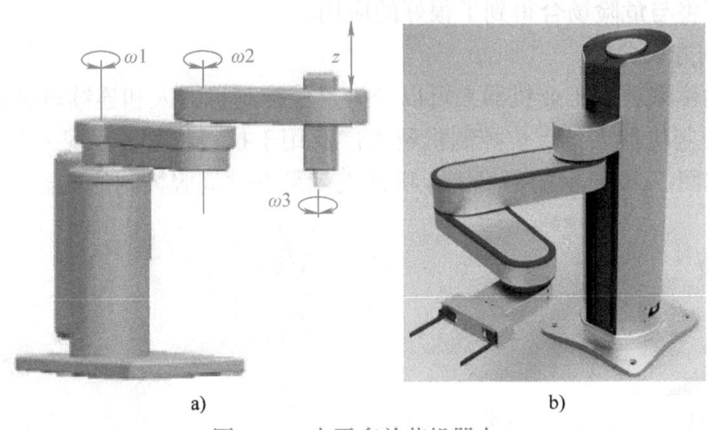

图 1-26 水平多关节机器人

a）示意图 b）实物图

（5）并联机器人 并联机器人可以定义为动平台和定平台通过至少两个独立的运动链相连接，具有两个或两个以上自由度，且以并联方式驱动的一种闭环机器人。图 1-27 所示为一种 6 自由度并联机器人。并联机器人不易产生动态误差，无误差积累，精度较高。另外其结构紧凑稳定，输出轴大部分承受轴向力，机器刚性高，承载能力大。但是，并联机器人在位置求解上正解比较困难，而反解容易。

图 1-27 6 自由度并联机器人

（6）移动机器人　图 1-28 所示的移动机器人可沿某个方向或任意方向移动。根据移动方式的不同，移动机器人可分为轮式机器人、履带式机器人和步行机器人，其中步行机器人又有单足、双足、四足、六足和八足行走机器人之分。移动机器人是一个集环境感知、动态决策与规划、行为控制与执行等多功能于一体的综合系统，是自动执行工作的机器装置。它既可以接受人类指挥，又可以运行预先编排的程序，也可以根据以人工智能技术制定的原则纲领行动。随着机器人性能不断地完善，移动机器人的应用范围大为扩展，不仅在工业、农业、医疗、服务等行业中得到广泛的应用，而且在城市安全、国防和空间探测领域中的某些有害与危险场合得到了很好的应用。

2. 按照控制方式分类

从控制的角度来看，工业机器人可以分为点位控制机器人和连续轨迹控制机器人。

（1）点位控制机器人　点位控制机器人广泛用于执行将部件从某一位置移动到另一位置的操作。例如图 1-29 所示的码垛工业机器人就是点位伺服控制的机器人。

图 1-28　移动机器人

图 1-29　码垛工业机器人

（2）连续轨迹控制机器人　许多应用要求机械手的作用半径大或能运送重的负载物，特别是有的应用场合，需要沿空间一条复杂的轨迹运动，还可能要求手臂末端做高速运动。这种应用包括喷涂、抛光、磨削、电弧焊等，运动要求执行的任务十分复杂，因为轨迹是连续的，故称为连续轨迹（CP）控制机器人。图 1-30 所示的弧焊工业机器人属于连续轨迹控制机器人。

图 1-30　弧焊工业机器人

3. 按照驱动方式分类

工业机器人的驱动方式主要有气动驱动、液压驱动和电动驱动三种。

（1）气动驱动式工业机器人　气动驱动是靠压缩空气来推动气缸运动进而带动元件运动，适用于中小负载、快速驱动、精度要求较低的有限点位控制的工业机器人，如冲压机器人，或用于点焊等较大型通用机器人的气动平衡中，或用于装备机器人的气动夹具。图 1-31 所示为气动驱动式焊接工业机器人。

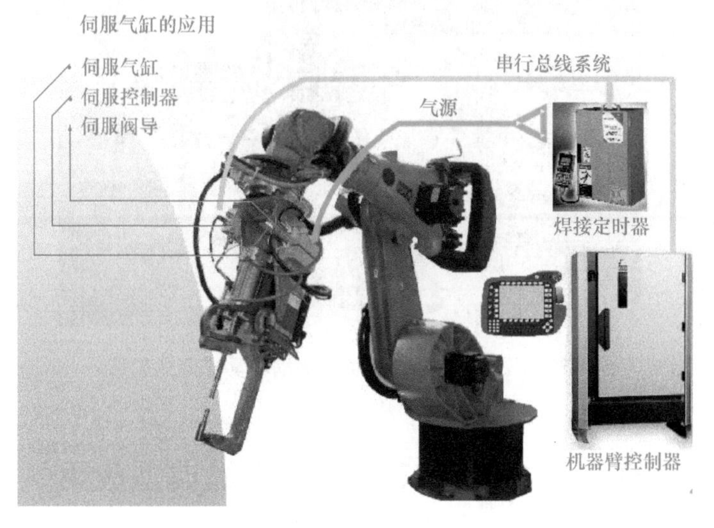

图 1-31 气动驱动式焊接工业机器人

（2）液压驱动式工业机器人 液压驱动系统将液压泵产生的工作油的压力能转变成机械能。液压驱动系统控制精度较高，可无级调速，反应灵敏，可实现连续轨迹控制，操作力大，功率体积比大，适合于大负载、低速驱动的工业机器人应用。但液压驱动系统对密封性的要求较高，对温度有要求，此外要求的制作精度较高。图 1-32 所示 NACHI 的 SC700 机器人与 SC500 机器人都属于液压驱动式工业机器人。

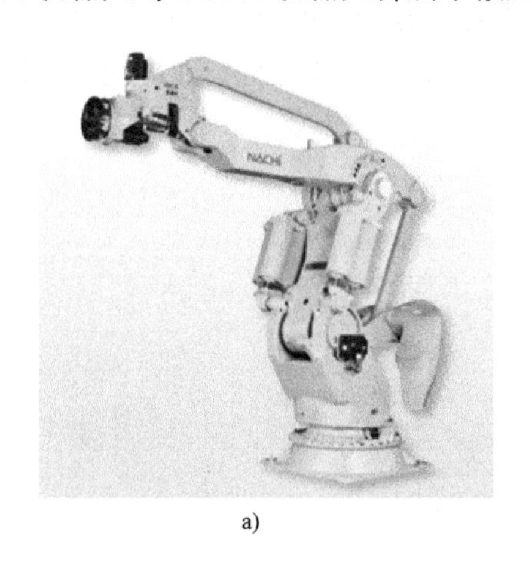

a)

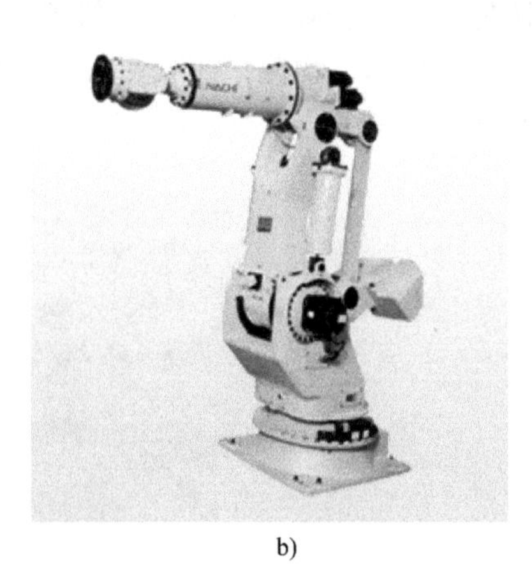

b)

图 1-32 液压驱动式工业机器人
a）SC700 机器人 b）SC500 机器人

（3）电动驱动式工业机器人 电动驱动是利用各种电动机产生力矩和力，即由电能产生动能，直接或间接地驱动机器人各关节动作。电动驱动系统控制精度高、能精确定位、反应灵敏并可实现连续轨迹控制，适用于中小负载、要求具有较高的位置控制精度、速度较高的机器人。图 1-33 所示的库卡 KRAgilus 系列机器人就属于电动驱动式工业机器人。

图 1-33　库卡 KRAgilus 系列电动驱动式工业机器人

任务四　了解工业机器人的典型应用

工业机器人的典型应用

近几年工业机器人产业的迅猛发展已经成为当前国内制造业的一大热点。机器人制造模式，不仅成功地解决了劳动力短缺的问题，提高了产品质量，同时还降低了企业运行成本，缩短了产品制作周期。机器人在各行各业的渗透，极大程度上改善了人们的生活质量，用机器人替换人类去完成一些简单、重复的工作已然成为当前社会发展的一种趋势。

当今世界近一半的工业机器人集中使用在汽车领域，主要进行搬运、码垛、焊接、喷涂和装配等复杂作业。中国工业机器人主要应用在汽车及零部件制造、电子电气、金属/机械加工、食品、物流、橡胶、化工等领域。近年来中国工业机器人行业应用分布情况如图 1-34 所示。

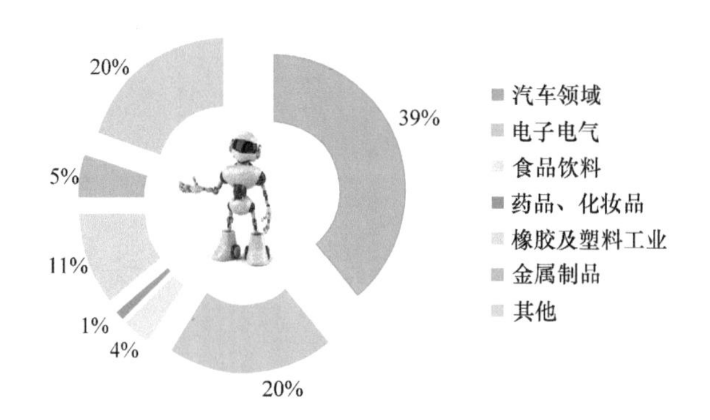

图 1-34　中国工业机器人行业应用分布情况

1. 工业机器人搬运

搬运机器人用途很广泛，一般只需要点位控制，即被搬运零件无严格的运动轨迹要求，只要求始点和终点位置准确。最早的搬运机器人出现在 1960 年的美国，Versatran 和 Unimate 两种机器人首次用于搬运作业。搬运作业是指用一种设备握持工件，从一个加工位置移到另一个加工位置。搬运机器人可安装不同的末端执行器来完成各种不同形状和状态的工件搬运，减少了人类繁重的体力劳动。目前世界上使用的搬运机器人超过10万台，被广泛应用于机床上下料、压力机自动化生产线、自动装配流水线、码垛搬运以及集装箱等的自动搬运。部分发达国家已制定相应标准，规定了人工搬运的最大限度，超过限度的必须由搬运机器人来完成。工业机器人搬运如图1-35所示。

图1-35　工业机器人搬运

2. 工业机器人码垛

码垛机器人可以按照要求的编组方式和层数，完成对料袋、胶块、箱体等各种产品的码垛作业。机器人码垛作业可以迅速提高企业的生产效率和产量，同时减少人工码垛带来的错误，其可以全天候作业，每年可节省大量的人力资源成本，实现减员增效。码垛机器人广泛应用于化工、饮料、食品、啤酒、塑料等生产企业，对纸箱、袋装、罐装以及瓶装等各种形式的包装成品均适用，工业机器人码垛如图1-36所示。

图1-36　工业机器人码垛

3. 工业机器人焊接

焊接机器人目前应用最广泛，它又分为点焊机器人和弧焊机器人两类。点焊机器人负荷大、动作快，工作位置和姿态要求严格，一般有6个自由度。弧焊机器人负载小、速度低。弧焊对机器人的运动轨迹要求严格，必须实现连续路径控制，即在运动轨迹的每个点都必须实现预定的位置和姿态要求。弧焊机器人的6个自由度中，一般3个自由度用于控制焊接工具跟随焊缝的空间轨迹，另外3个自由度保持焊接工具与工件表面有正确的姿态关系，这样才能保证良好的焊缝质量。目前汽车制造厂已经广泛使用焊接机器人进行承重大梁和车身的焊接。工业机器人焊接如图1-37所示。

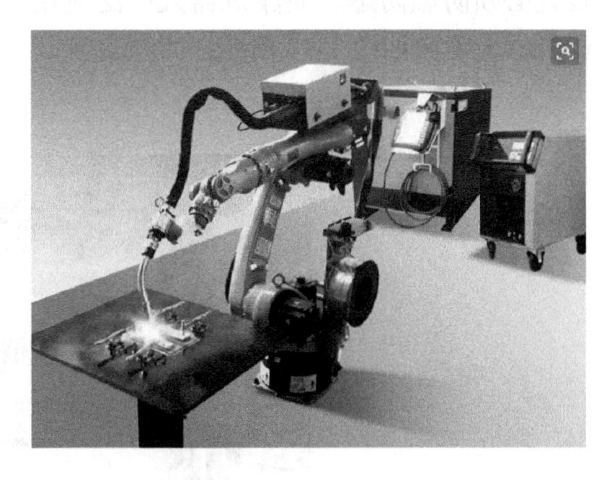

图1-37　工业机器人焊接

4. 工业机器人装配

装配机器人要求具有较高的位姿精度，手腕具有较大的柔性，如图1-38所示。因为装配是一个复杂的过程，不仅要检测装配作业过程中的误差，而且要纠正这种误差，因此，装配机器人采用了许多传感器，如压力传感器、位移传感器、振动传感器等。与一般工业机器人相比，装配机器人具有精度高、柔顺性好、工作范围小、能与其他系统配套等特点，主要用于各种电器制造行业及流水线产品的组装作业，具有高效、精确、可不间断工作等特点。

图 1-38　工业机器人装配

5. 工业机器人喷涂

喷涂机器人主要由机器人本体、计算机和相应的控制系统组成。液压驱动的喷涂机器人还包括液压油源，如液压泵、油箱和电动机等。其多采用 5 或 6 个自由度关节式结构，手臂有较大的运动空间，并可做复杂的轨迹运动，其腕部一般有 2~3 个自由度，可灵活运动。较先进的喷涂机器人腕部采用柔性手腕，既可向各个方向弯曲，又可转动，其动作类似人的手腕，能方便地通过较小的孔伸入工件内部，喷涂其内表面。喷涂机器人一般采用液压驱动，具有动作速度快、防爆性能好等特点，可通过手把手示教或点位示教来实现示教。这种工业机器人多用于喷涂生产线上，重复定位精度不高。另外由于漆雾易燃，驱动装置必须防燃防爆。喷漆机器人广泛应用于汽车、仪表、电器、搪瓷等工艺生产部门。工业机器人喷涂如图 1-39 所示。

图 1-39　工业机器人喷涂

6. 工业机器人打磨

打磨机器人是目前国内典型的工业机器人应用之一，其中最广泛的是利用机器人末端操作器将工业制件抓取至砂轮等磨削设备处，按照产品的生产工艺要求，对其表面进行打磨处理，达到合格标准。打磨机器人能代替人的繁重劳动以实现生产的机械化和自动化，能在有害环境下操作以保护人身安全，因而广泛应用于机械制造、冶金、电子、轻工和原子能等部门。典型打磨零件有：铝轮毂、变频器壳、同步器壳、同步器齿毂、轴承盖、缸体、阀体、阀盖、输出轴、发动机齿轮等。工业机器人打磨如图 1-40 所示。

图 1-40　工业机器人打磨

思考与练习

1. 填空题

（1）美国著名科学幻想小说家阿西莫夫提出了______________________，后来成为了机器人学术界默认的研发原则。

（2）我国工业机器人起步于 20 世纪 70 年代初，经过 30 多年发展，大致经历了三个阶段：20 世纪 70 年代的________；20 世纪 80 年代的开发期和 20 世纪 90 年代的适用期。

（3）当前，________已成为全球最大的工业机器人市场。

（4）从控制的角度来看，工业机器人可以分为________机器人和连续轨迹控制机器人。

（5）工业机器人的驱动方式主要有气动驱动、液压驱动和________三种。

2. 选择题

（1）下列选项（　　）不是按照机器人的用途来进行分类的。

A. 工业机器人　　B. 服务机器人

C. 娱乐机器人　　D. 柱坐标机器人

（2）下列选项（　　）不是按照工业机器人的机构来进行分类的。

A. 直角坐标机器人　　B. 多关节坐标机器人

C. 喷涂机器人　　　　　　　　　　D. 球面坐标机器人

（3）工业机器人一般具有的基本特征是（　　）。

①拟人性；②特定的机械机构；③不同程度的智能；④独立性；⑤通用性

A. ①②③④　　　B. ①②③⑤　　　C. ①③④⑤　　　D. ②③④⑤

（4）按基本动作机构，工业机器人通常可分为（　　）。

①直角坐标机器人；②柱面坐标机器人；③球面坐标机器人；④多关节坐标机器人

A. ①②　　　B. ①②③　　　C. ①③　　　D. ①②③④

（5）机器人行业所说的“四大家族”指的是（　　）。

① Panasonic； ② FANUC； ③ KUKA； ④ OTC； ⑤ YASKAWA； ⑥ NACHI； ⑦ ABB

A. ①②③④　　　B. ①③④⑦　　　C. ①③⑤⑥　　　D. ②③⑤⑦

3. 判断题

（1）世界上对工业机器人的定义是统一的。（　　）

（2）工业机器人是一种能自动控制、可重复编程、多功能、多自由度的操作机。（　　）

（3）发展工业机器人的主要目的是在不违背“机器人三原则”的前提下，用机器人协助或替代人类从事一些不适合人类甚至超越人类的工作，把人类从大量的、烦琐的、重复的岗位中解放出来，实现生产自动化、柔性化，避免工伤事故和提高生产效率。（　　）

（4）直角坐标机器人具有结构紧凑、灵活、占地空间小等优点，是目前工业机器人大多采用的结构形式。（　　）

自我学习检测评分表

项目	目标要求	分值	评分细则	得分	备注
机器人的由来及分类	1. 了解机器人的概念 2. 掌握“机器人三定律” 3. 掌握机器人的分类	20	理解与掌握		
工业机器人的定义与特点	1. 理解不同国家、机构对工业机器人的定义 2. 掌握工业机器人的特点	20	理解与掌握		
工业机器人的分类	1. 了解工业机器人分类的多样性 2. 掌握工业机器人按结构形式的分类 3. 掌握工业机器人按控制方式的分类 4. 掌握工业机器人按驱动方式的分类	40	理解与掌握		
工业机器人的发展现状及趋势	1. 了解全球工业机器人发展现状 2. 掌握工业机器人领域的“四大家族”	10	理解与掌握		
工业机器人的典型应用	熟悉工业机器人的主要应用领域	10	理解与掌握		

项目二　工业机器人的系统组成及技术参数认知

➢ **项目描述**

从工业机器人的基本组成着手，掌握工业机器人的机构、控制系统及驱动系统基本知识，并进一步熟悉 ABB IRB 1410 型工业机器人系统的组成；熟悉工业机器人主要技术参数的内涵，并掌握工业机器人选型步骤。

➢ **学习目标**

1）掌握工业机器人的主要组成。
2）掌握工业机器人主要技术参数。
3）掌握工业机器人的选型步骤。

工业机器人的基本组成

任务一　工业机器人的基本组成认知

工业机器人是一种模拟人手臂、手腕和手的功能的机电一体化设备，可对物体运动的位置、速度和加速度进行精确控制，从而完成某一功能的生产作业要求。如图 2-1 所示，工业机器人通常由机械部分、控制部分、传感部分三大部分组成。这三大部分主要包括机构（机械结构系统）、感受系统、驱动系统、控制系统、人机交互系统、机器人 - 环境交互系统 6 个子系统。如果用人来比喻机器人的组成的话，那么控制系统相当于人的“大脑”，感知系统相当于人的“视觉与感觉器官”，驱动系统相当于人的“肌肉”，执行机构相当于人的“身躯和四肢”。整个机器人运动功能的实现，是通过人机交互系统，采用工程的方法控制实现的。

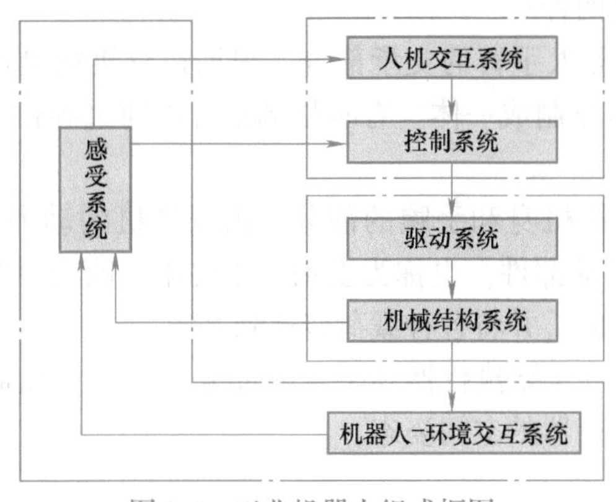

图 2-1　工业机器人组成框图

以常见的六轴工业机器人为例，其系统基本组成主要有工业机器人本体、控制器、示教器、末端执行器、工业计算机及安全组件，如图 2-2 所示。

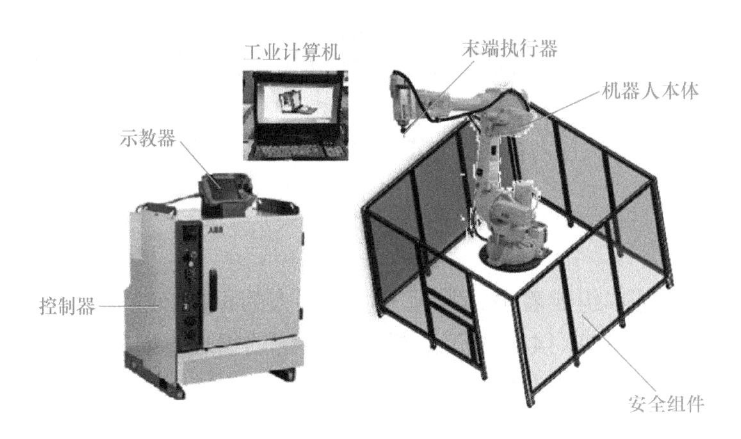

图 2-2　工业机器人主要组成

1. 工业机器人本体

工业机器人本体是工业机器人的机械主体，是用来完成各种作业的执行机构。它主要由机械臂、驱动装置、传动单元及内部传感器等部分组成。

（1）机械臂　多关节坐标工业机器人的机械臂是由关节连在一起的许多机械连杆的集合体。它本质上是模仿人手臂设计的空间开链式机构，一端固定在基座上，另一端可自由运动。关节通常是移动关节和旋转关节。移动关节允许连杆做直线移动，旋转关节仅允许连杆之间发生旋转运动。由关节 - 连杆结构所构成的机械臂大体可分为基座、腰部、臂部（大臂和小臂）和手腕 4 个部分，由 4 个独立旋转“关节”（腰关节、肩关节、肘关节和腕关节）串联而成，如图 2-3 所示。它们可在各个方向运动，这些运动就是机器人在“做工”。

1）基座。基座是机器人的基础部分，起支承作用。整个执行机构和驱动装置都安装在基座上。对固定式机器人，直接连接在地面基础上；对移动式机器人，则安装在移动机构上，可分为有轨和无轨两种。

2）腰部。腰部是机器人手臂的支承部分。根据执行机构坐标系的不同，腰部可以在基座上转动，也可以和基座制成一体。有时腰部也可以通过导杆或导槽在基座上移动，从而增大工作空间。

3）手臂。手臂是连接机身和手腕的部分，由操作机的动力关节和连接杆件等构成。它是执行机构中的主要运动部件，也称为主轴，主要用于改变手腕和末端执行器的空间位置，满足机器人的作业空间，并将各种载荷传递到基座。

4）手腕。手腕是连接末端执行器和手臂的部分，将作业载荷传递到臂部，也称为次轴，主要用于改变末端执行器的空间姿态。

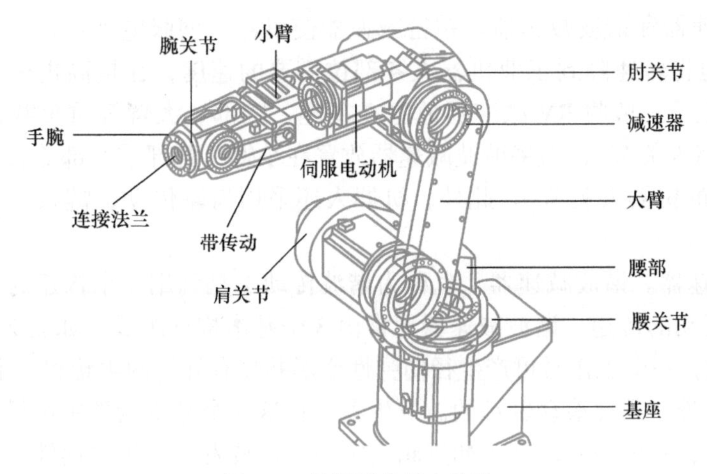

图 2-3　机械臂的基本构造

（2）驱动装置　驱动装置是驱使工业机器人机械臂运动的机构。按照控制系统发出的指令信号，借助于动力元件使机器人产生动作，相当于人的肌肉、筋络。机器人常用的驱动方式主要有液压驱动、气压驱动和电气驱动三种基本类型，见表 2-1。目前，除个别运动精度不高、重负载或有防爆要求的机器人采用液压、气压驱动之外，工业机器人大多采用电气驱动，而其中交流伺服电动机应用最广，且驱动器布置大都采用一个关节一个驱动器。

表 2-1　三种驱动方式特点比较

驱动方式	输出力	控制性能	维修使用	结构体积	使用范围	制造成本
液压驱动	压力高，可获得大的输出力	油液不可压缩，压力、流量均容易控制，可无级调速，反应灵敏，可实现连续轨迹控制	维修方便，液体对温度变化敏感，油液泄漏易着火	在输出力相同的情况下，体积比气压驱动方式小	中、小型及重型机器人	液压元件成本较高，油路比较复杂
气压驱动	气体压力低，输出力较小，如需输出力大时，其结构尺寸过大	可高速运行，冲击较严重，精确定位困难。气体压缩性大，阻尼效果差，低速不易控制，不易与 CPU 连接	维修简单，能在高温、粉尘等恶劣环境中使用，泄漏无影响	体积较大	中、小型机器人	结构简单，工作介质来源方便，成本低
电气驱动	输出力可根据需求调整	容易与 CPU 连接，控制性能好，响应快，可精确定位，但控制系统复杂	维修使用较复杂	需要减速装置，体积较小	高性能、运动轨迹要求严格的机器人	成本较高

（3）传动单元　驱动装置的受控运动必须通过传动单元带动机械臂产生运动，以精确地保证末端执行器所要求的位置、姿态和实现其运动。目前工业机器人广泛采用的机械传动单元是减速器，与通用减速器相比，机器人关节减速器要求具有传动链短、体积小、功率大、质量小和易于控制等特点。大量应用在多关节坐标机器人上的减速器主要

有两类：RV 减速器和谐波减速器。精密减速器使机器人伺服电动机在一个合适的速度下运转，并精确地将转速降到工业机器人各部位需要的速度，在提高机械本体刚性的同时输出更大的转矩。一般将 RV 减速器放置在基座、腰部、大臂等重负载位置（主要用于 20kg 以上的机器人关节）；而将谐波减速器放置在小臂、腕部或手部等轻负载位置（主要用于 20kg 以下的机器人关节）。此外，机器人还采用齿轮传动、链条（带）传动、直线运动单元等。

1）谐波减速器。谐波减速器（也称为谐波传动）是利用一个构建的可控制的弹性变形来实现机械运动的传递。谐波减速器通常由 3 个基本构件组成，如图 2-4 所示，包括一个有内齿的刚轮，一个工作时可产生径向弹性变形并带有外齿的柔轮和一个装在柔轮内部、呈椭圆形、外圈带有柔性滚动轴承的波发生器。在这 3 个基本构件中可任意固定一个，其余一个为主动件，一个为从动件（如刚轮固定不变，波发生器为主动件，柔轮为从动件）。和普通减速器相比，谐波减速器具有高精度、高承载力等优点，由于使用的材料要少 50%，其体积和质量至少减少 1/3。

当波发生器装入柔轮后，迫使柔轮的剖面由原先的圆形变成椭圆形，其长轴两端附近的齿与刚轮的齿完全啮合，而短轴两端附近的齿则与刚轮完全脱开，周长上其他区段的齿处于啮合和脱离的过渡状态。当波发生器沿某一方向连续转动时，柔轮的变形不断改变，使柔轮与刚轮的啮合状态也不断改变，啮入、啮合、啮出、脱开、再啮入，周而复始地进行，柔轮的外齿数少于刚轮的内齿数，从而实现柔轮相对刚轮沿波发生器相反方向的缓慢旋转。如果柔轮比刚轮的齿数少两个，当波发生器转动一周时，柔轮向相反方向转过两个齿的角度，从而可实现大的减速比。

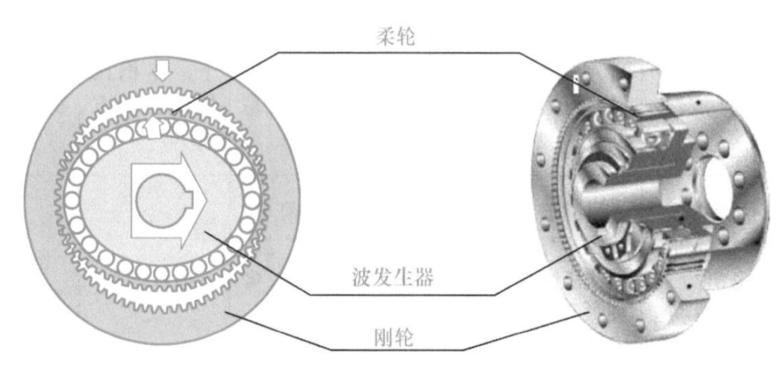

图 2-4　谐波传动原理图

2）RV 减速器。与谐波传动相比，RV 传动具有较高的疲劳强度和刚度以及较长的寿命，而且回差精度稳定，不像谐波传动，随着使用时间的增长，运动精度就会显著降低，故高精度机器人传动多采用 RV 减速器，且有逐渐取代谐波减速器的趋势。图 2-5 所示为 RV 减速器结构示意图，主要由太阳轮、行星轮、转臂（曲柄轴）、转臂轴承、摆线轮（RV 轮）、针齿轮、刚性盘与输出盘等零部件组成。

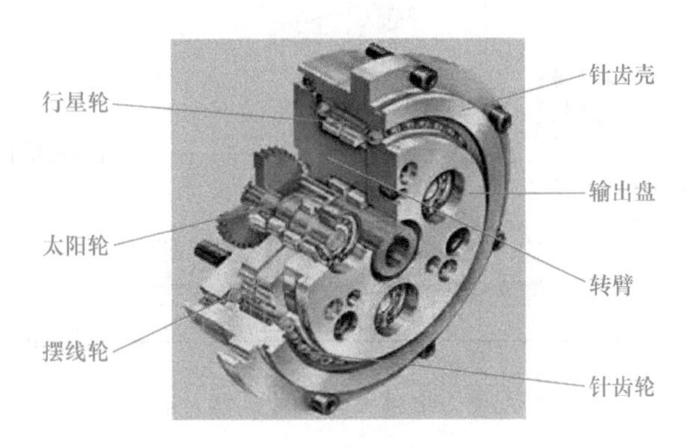

图 2-5　RV 减速器结构示意图

RV 传动装置是由第一级渐开线圆柱齿轮行星减速机构和第二级摆线针轮行星减速机构两部分组成，是一种封闭差动轮系。执行电动机的旋转运动由齿轮轴或太阳轮传递给两个渐开线行星轮，进行第一级减速；行星轮的旋转通过曲柄轴带动相距 180° 的摆线轮，从而生成摆线轮的公转。同时，由于摆线轮在公转过程中会受到固定于针齿壳上针齿的作用力而形成与摆线轮公转方向相反的力矩，进而造成摆线轮的自转运动，完成第二级减速。运动的输出通过两个曲柄轴使摆线轮与刚性盘构成平行四边形的等角速度输出机构，将摆线轮的转动等速传递给刚性盘及输出盘。

3）带传动。带传动通常由主动轮、从动轮和张紧在两轮上的环形带组成，如图 2-6 所示。带传动是利用张紧在带轮上的柔性带进行运动或动力传递的一种机械传动。

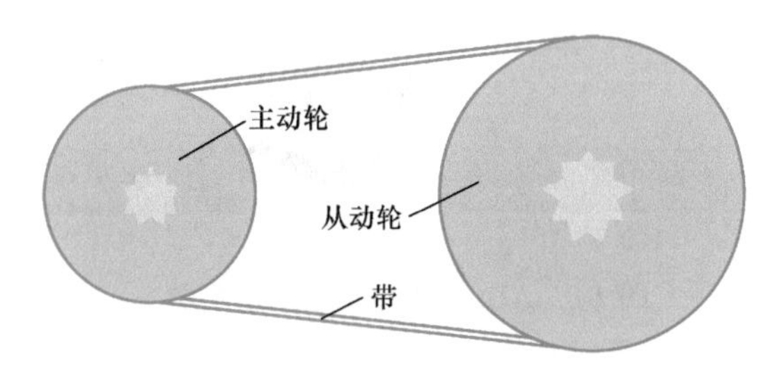

图 2-6　带传动示意图

带传动具有结构简单、传动平稳、能缓冲吸振、可以在大的轴间距和多轴间传递动力、造价低廉、不需润滑、维护容易等特点，在近代机械传动中应用十分广泛。摩擦型带传动能过载打滑、运转噪声低，但传动比不准确（滑动率在 2% 以下）；同步带传动可保证传动同步，但对载荷变动的吸收能力稍差，高速运转有噪声。带传动除用以传递动力外，有时也用来输送物料，进行零件的整列等。

（4）ABB IRB 1410 型工业机器人本体　图 2-7 所示为 ABB IRB1410 型工业机器人系统，由控制柜、示教器、机器人本体和外围设备组成。控制柜与示教器组成了 ABB 工业机器人系统的控制单元，机器人本体是 ABB 机器人系统的执行单元。

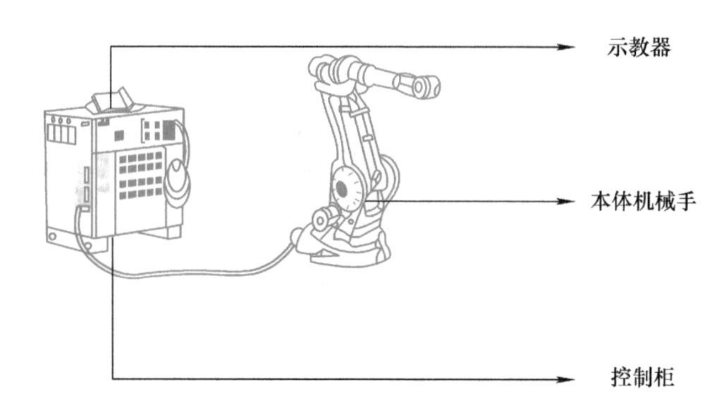

图 2-7 ABB IRB1410 型工业机器人系统组成

该机器人系统的机器人本体为 ABB IRB1410 型工业机器人，如图 2-8 所示，由 6 个转轴组成空间 6 杆开链机构，理论上可达空间任何一点。该机器人每一个轴都配有一个单独的伺服电动机，并可单独控制一个轴进行运动。IRB1410 型机器人每个轴都有旋转的极限角度，见表 2-2，该机器人的工作范围如图 2-9 所示。

图 2-8 ABB IRB1410 型工业机器人

表 2-2 IRB1410 型机器人各轴旋转的极限角度

动作位置	动作类型	移动范围
轴 1	旋转动作	−165° ~ +165°
轴 2	手臂动作	−110° ~ +110°
轴 3	手臂动作	−110° ~ +70°
轴 4	手腕动作	−160° ~ +160°
轴 5	弯曲动作	−120° ~ +120°
轴 6	转向动作	−400° ~ +400°

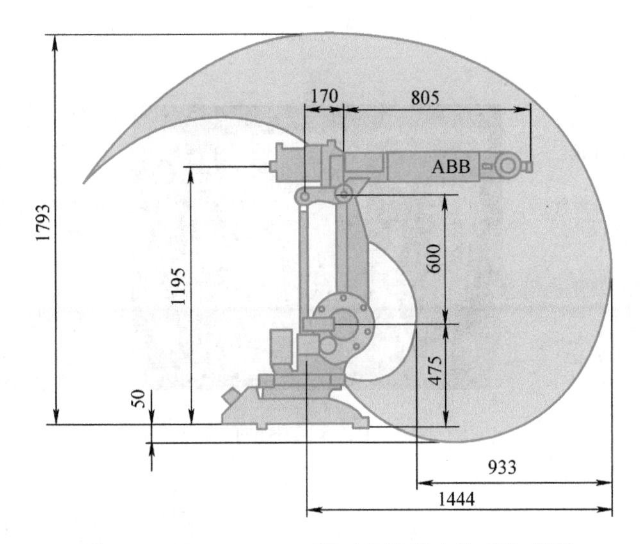

图 2-9 ABB IRB1410 型工业机器人的工作范围

2. 控制器

（1）控制器的基本功能 如果说操作机是机器人的“肢体”，那么控制器则是机器人的“大脑”和“心脏”。机器人控制器是根据指令以及传感器信息控制机器人完成一定动作或作业任务的装置，是决定机器人功能和性能的主要因素，也是机器人系统中更新和发展最快的部分。它通过各种控制电路中硬件和软件的结合来操纵机器人，并协调机器人与周边设备的关系，其基本功能如下。

1）示教功能。包括在线示教和离线示教两种方式。

2）记忆功能。存储作业顺序、运动路径和方式及与生产工艺有关的信息等。

3）位置伺服功能。机器人多轴联动、运动控制、速度和加速度控制、动态补偿等。

4）坐标设定功能。可在关节、直角、工具等常见坐标系之间进行切换。

5）与外围设备联系功能。包括输入 / 输出接口、通信接口、网络接口等。

6）传感器接口。位置检测、视觉、触觉、力觉等。

7）故障诊断安全保护功能。运行时的状态监视、故障状态下的安全保护和自诊断。

控制器是完成机器人控制功能的装置。依据控制系统的开放程度，机器人控制器可分为 3 类：封闭型、开放型和混合型。目前应用中的工业机器人控制系统，基本上都是封闭型系统（如日系机器人）或混合型系统（如欧系机器人）。按计算机结构、控制方式和控制算法的处理方法，机器人控制器又可分为集中式控制和分布式控制两种方式。

（2）ABB 机器人 IRC5 控制器 IRC5 为 ABB 所推出的第五代机器人控制器，它的运动控制技术、TrueMove 和 QuickMove 是精度、速度、周期时间、可编程性以及与外部设备同步性等机器人性能指标的重要保证。该控制器采用模块化设计概念，配备符合人机工程学的全新 Windows 界面装置，并通过 MultiMove 功能实现多台（多达 4 台）机器人的完全同步控制，为同类产品设立了新的技术标准。图 2-10 所示为 IRC5 紧凑型控制柜的实物图及其一些常见接口和按钮的说明。控制柜与机器人本体之间的连接主要是电动机动力电缆与转数计数器电缆、用户电缆的连接，如图 2-11 所示。

图 2-10　IRC5 紧凑型控制柜

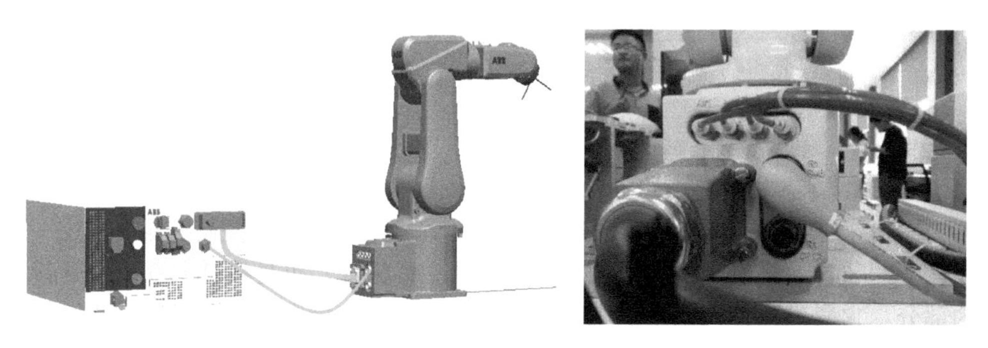

图 2-11　机器人本体与控制柜之间的连接

3. 示教器

示教器也称为示教编程器或示教盒，图 2-12 所示为 ABB 机器人系统的示教器 FlexPendant，用于处理与机器人系统操作相关的许多功能，如运行程序、微动控制操纵器、生成和编辑程序等。FlexPendant 由硬件（如按钮和控制杆）和软件组成，通过集成电缆和连接器与控制器模块连接，控制器上连接示教器电缆的接口位置可参考前面的 IRC5 控制柜实物图（图 2-10）中的“示教器电缆连接口”。

图 2-12　示教器 FlexPendant

4. 末端执行器

末端执行器是机器人直接用于抓取和握紧（或吸附）工件或夹持专用工具（如喷枪、扳手、焊接工具）进行操作的部件，它具有模仿人手动作的功能，并安装于机器人手臂的前端。末端执行器大致可分为夹钳式取料手、吸附式取料手和专用执行器三类。

（1）夹钳式取料手　夹持式手部与人手相似，是工业机器人广为应用的一种手部形式。它一般由手指（手爪）和驱动机构、传动机构及连接与支承元件组成，如图 2-13 所示，通过手指的开、合动作实现对物体的夹持。

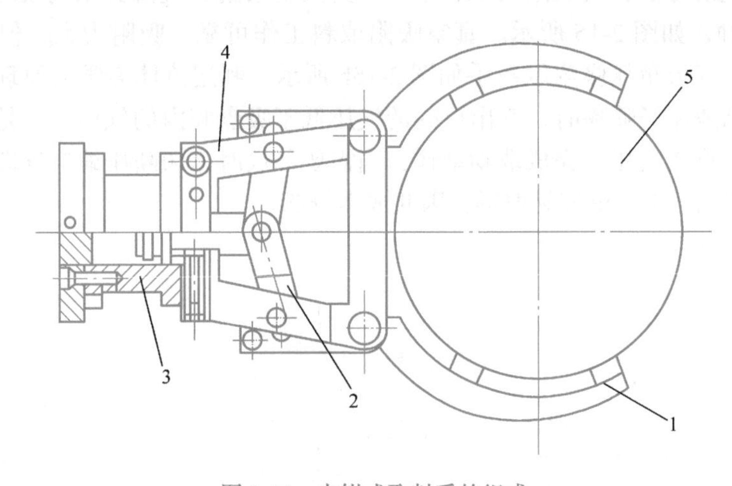

图 2-13　夹钳式取料手的组成

1—手指　2—传动机构　3—驱动装置　4—支架　5—工件

手指是直接与工件接触的部件。手部松开和夹紧工件，就是通过手指的张开与闭合来实现的。机器人的手部一般有两个手指，也有三个或多个手指，其结构形式常取决于被夹持工件的形状和特性。指端是手指上直接与工件接触的部位，其结构形状取决于工件形状，常用的有 V 型指、平面指、尖指和特形指等，如图 2-14 所示。

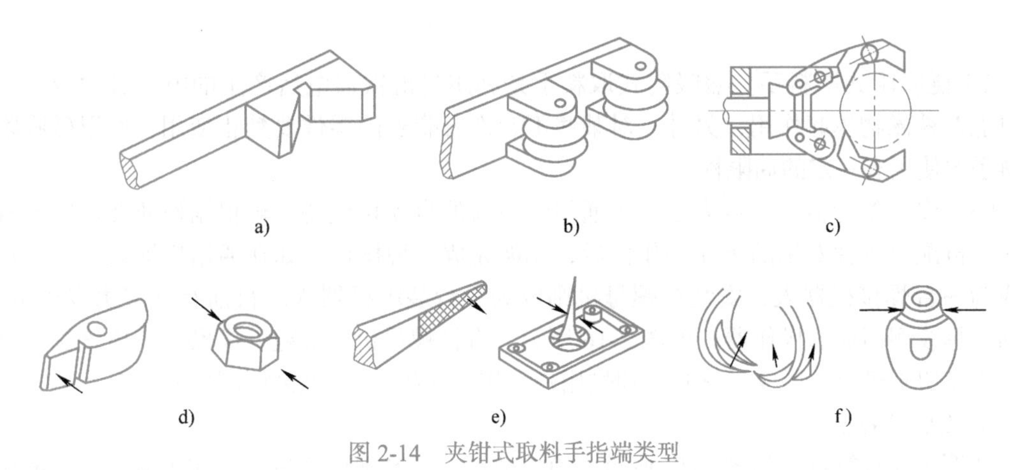

图 2-14　夹钳式取料手指端类型

a）固定 V 型　b）滚柱 V 型　c）自定位 V 型　d）平面指　e）尖指　f）特形指

（2）吸附式取料手　吸附式取料手靠吸附力取料，根据吸附力的不同分为气吸附和磁吸附两种。吸附式取料手适应于大平面（单面接触无法抓取）、易碎（玻璃、磁盘）、微小（不易抓取）的物体，因此使用面较广。

1）气吸附式取料手。气吸附式取料手是利用吸盘内的压力和大气压之间的压差而工作的。与夹钳式取料手指相比，气吸附式取料手具有结构简单、重量轻、吸附力分布均匀等优点。对于薄片状物体的搬运更具有其优越性（如板材、纸张、玻璃等物体），广泛应用于非金属材料或不可有剩磁的材料的吸附。但要求物体表面较平整光滑，无孔无凹槽。

按形成压差的方法，气吸附式取料手可分为真空吸附、气流负压气吸附、挤压排气负压气吸附式几种，如图 2-15 所示。真空吸附取料工作可靠，吸附力大，但需要有真空系统，成本较高。气流负压吸附取料手如图 2-15b 所示，利用流体力学的原理，当需要取物时，压缩空气高速流经喷嘴时，其出口处的气压低于吸盘腔内的气压，于是腔内的气体被高速气流带走而形成负压，完成取物动作，当需要释放时，切断压缩空气即可。这种取料手需要的压缩空气，工厂里较易取得，因此成本较低。

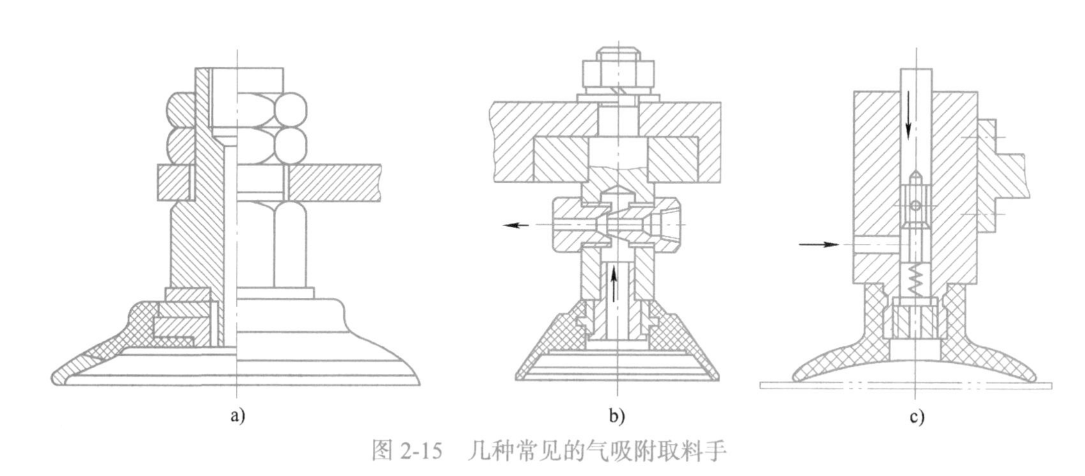

图 2-15　几种常见的气吸附取料手

a）真空吸附　b）气流负压气吸附　c）挤压排气负压气吸附

2）磁吸附式取料手。磁吸附式取料手是利用电磁铁通电后产生的电磁吸力取料，因此只能对铁磁物体起作用，另外，对某些不允许有剩磁的零件要禁止使用，所以磁吸附式取料手的使用有一定的局限性。

（3）专用执行器　机器人是一种通用性很强的自动化设备，可根据作业要求完成各种动作，再配上各种专用的末端操作器后，就能完成各种操作。如在通用机器人上安装焊枪就成为一台焊接机器人，安装拧螺母机则成为一台装配机器人。目前有许多由专用电动、气动工具改型而成的操作器，如图 2-16 所示，有拧螺母机、焊枪、电磨头、电铣头、抛光头、激光切割机等，形成一整套系列供用户选用，使机器人能够胜任各种工作。

5. 工业计算机

所谓工业计算机，如图 2-17 所示，简单地说，就是把计算机应用在工业中，主要用于工业控制、测试等方面。其主要的组成部分为工业机箱、无源底板及可插入其上的各种板卡组成，如 CPU 卡、I/O 卡等。并采取全钢机壳、机卡压条过滤网，双正压风扇等设计及 EMC 技术以解决工业现场的电磁干扰、振动、灰尘、高 / 低温等问题。

工业计算机通常通过安装不同机器人品牌厂商的离线编程仿真软件，可以对工业机器人进行参数设置，也可进行离线编程实现工业机器人复杂轨迹编程与调试。

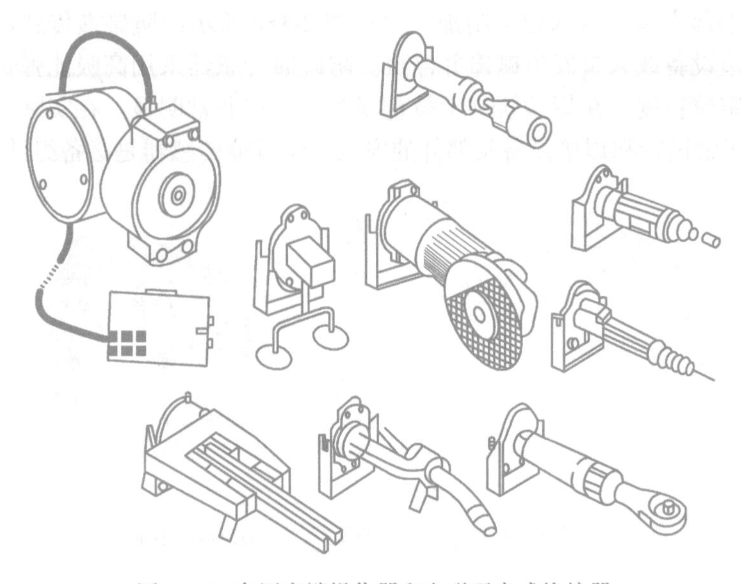

图 2-16　专用末端操作器和电磁吸盘式换接器

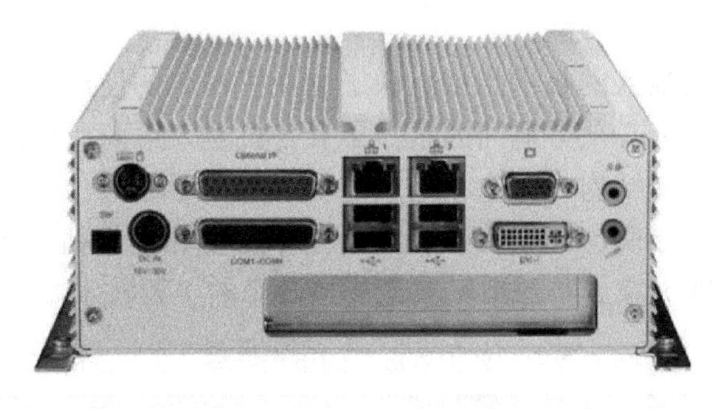

图 2-17　工业计算机

6. 安全组件

工业机器人应用中常见的安全组件有安全防护栏、关门检测传感器、三色报警灯、防碰撞传感器等，用以加强工业机器人工作过程中的安全保障。

图 2-18a 所示的安全防护栏起防护作用，工作站正常运行时，所有人员均需站在防护栏外。安全防护栏上还安装有关门检测传感器，当工业机器人在自动运行时，若有人员进入，关门检测传感器会检测到信号，引发蜂鸣器鸣响进行报警，从而有效防止危险的发生。安全防护栏上还配有图 2-18b 所示的三色报警灯，当机器人处于手动模式时，三色报警灯的黄灯会出现闪烁，示意操作人员应注意安全；当机器人处于自动模式时，三色报警灯的

绿灯会出现闪烁，示意系统运行正常；在自动模式下当检测到有人进入工作站时，机器人会紧急停止，同时三色报警器会出现红灯闪烁和报警器报警，以保护操作人员的人身安全。在机器人控制柜、总控制柜和示教器上都设置有急停开关，可在发生危险时及时停止设备运行。

对某些特殊的工业机器人，如焊接工业机器人，为保证工业机器人及焊枪等设备安全，在机器人手部安装工具部位会附加一个如图 2-18c 所示的防碰撞传感器，确保及时检测到焊枪与周边设备或人员发生碰撞并停机。防碰撞传感器采用高吸能弹簧，确保设备具有很高的重复定位精度，在焊接轨迹示教重现时，作用非常明显。在实际工厂应用时，为确保焊接生产正常进行和焊接设备及部件的安全，防碰撞传感器是必备组件。

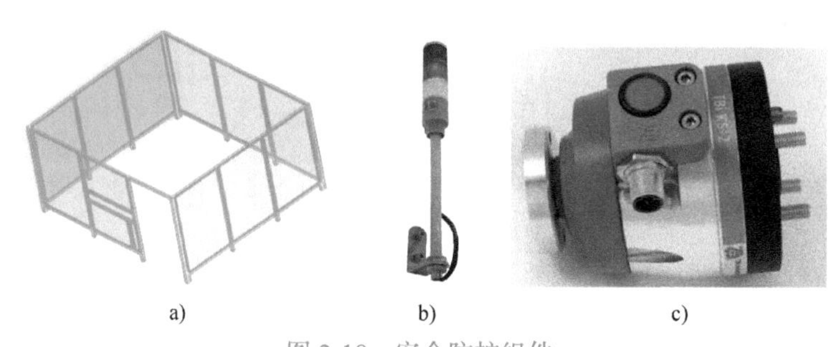

a)　　b)　　c)

图 2-18　安全防护组件

a）安全防护栏　b）三色报警灯　c）防碰撞传感器

任务二　工业机器人的技术参数认知

工业机器人的技术指标

工业机器人的技术指标反映了工业机器人的使用范围和工作性能，是选择和使用机器人必须考虑的因素。尽管各机器人厂商所提供的技术指标不完全一样，机器人的结构、用途和用户的要求也不尽相同，但主要技术指标一般为自由度、工作空间、额定负载、最大工作速度和工作精度等。表 2-3 是工业机器人行业“四大家族”的市场典型热销产品的主要技术参数。

表 2-3　工业机器人行业“四大家族”的市场典型热销产品的主要技术参数

产品			最大速度 / (°/s)		动作范围
FANUC M-10iA	机械结构	6 轴垂直多关节型	J1	210	340°
	最大负载 /kg	10	J2	190	250°
	工作半径 /mm	1420	J3	210	445°
	重复精度 /mm	± 0.08	J4	400	380°
	安装方式	落地式、倒置式	J5	400	380°
	本体质量 /kg	130	J6v	600	720°

（续）

产品			最大速度 / (°/s)		动作范围
	机械结构	6 轴垂直多关节型	S 轴	220	−170° ~+170°
	最大负载 /kg	6	L 轴	220	−90° ~+155°
	工作半径 /mm	1434	U 轴	220	−175° ~+190°
	重复精度 /mm	± 0.08	R 轴	410	−150° ~ +150°
	安装方式	落地式、倒置式	B 轴	410	−45° ~ +180°
YASKAW MA1400	本体质量 /kg	130	T 轴	610	−200° ~ +200°
	机械结构	6 轴垂直多关节型	轴 1	141	−170° ~ +170°
	最大负载 /kg	5	轴 2	141	−70° ~ +70°
	工作半径 /mm	1450	轴 3	141	−65° ~ +70°
	重复精度 /mm	± 0.05	轴 4	280	−150° ~ +150°
	安装方式	落地式、倒置式	轴 5	280	−115° ~ +115°
ABB IRB 1410	本体质量 /kg	170	轴 6	280	−300° ~ +300°
	机械结构	6 轴垂直多关节型	A1	154	± 155°
	最大负载 /kg	5	A2	154	−180° ~ +65°
	工作半径 /mm	1411	A3	228	−15° ~ +158°
	重复精度 /mm	± 0.04	A4	343	± 350°
	安装方式	落地式、倒置式	A5	384	± 130°
KUKA KR5 arc	本体质量 /kg	127	A6	721	± 350°

1. 主要技术指标

（1）自由度　自由度是指物体能够相对于坐标系进行独立运动的数目，末端执行器的动作不包括在内。自由度通常作为机器人的技术指标，反映机器人动作的灵活性，可用轴的直线移动、摆动或旋转动作的数目来表示。采用空间开链连杆机构的机器人，因每个关节运动副仅有一个自由度，所以机器人的自由度数就等于它的关节数。由于具有 6 个旋转关节的铰接并联式机器人从运动学上已被证明能以最小的结构尺寸获取最大的工作空间，并且能以较高的位置精度和最优的路径到达指定位置，因而多关节坐标机器人在工业领域得到广泛的应用。目前，焊接和涂装作业机器人多为 6 或 7 个自由度，而搬运、码垛和装配机器人多为 4 ~ 6 个自由度。

（2）额定负载　额定负载也称为持重，指正常操作条件下，作用于机器人手腕末端，且不会使机器人性能降低的最大载荷。目前，常用的工业机器人负载范围为 0.5~800kg。额定负载反映的是工业机器人的承载能力。承载能力是指机器人在作业范围内的任何位姿上所能承受的最大重量。承载能力不仅取决于负载的重量，而且与机器人运行的速度和加速度的大小和方向有关。根据承载能力的不同，工业机器人大致分为以下几类。

1）微型机器人——承载能力为 1N 以下。

2）小型机器人——承载能力不超过 10^5N。

3）中型机器人——承载能力为 10^5 ~ 10^6N。

4）大型机器人——承载能力为 10^6 ~ 10^7N。

5）重型机器人——承载能力为 10^7N 以上。

（3）工作空间　工作空间也称为工作范围或工作行程，指工业机器人执行任务时，机器人控制点所能掠过的空间，通常用图形表示，图 2-19 所示为 ABB IRB2400 型工业机器人的工作范围。由于工作范围的形状和大小反映了机器人工作能力的大小，因而它对于机器人的应用十分重要。工作范围不仅与机器人各个连杆的尺寸有关，还与机器人的总体结构相关。为能真实反映机器人的特征参数，厂家所给出的工作范围一般指不安装末端执行器时可以到达的区域。应特别注意的是，在装上末端执行器后，需要同时保证工具姿态，实际的可达空间会比厂家给出的要小一些，需要认真地用比例作图法或模型法核算一下，以判断是否满足实际需要。目前，单体工业机器人本体的工作半径可达 3.5m 左右。

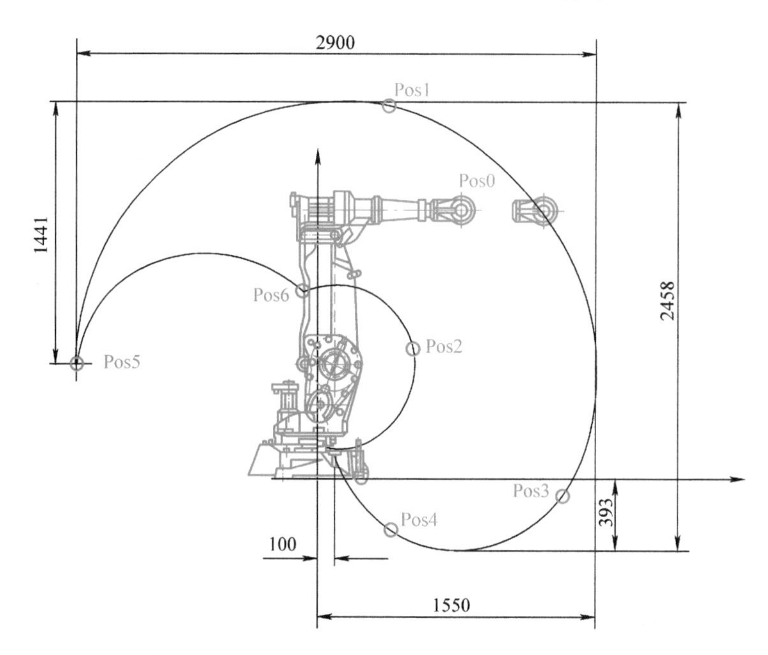

图 2-19　ABB IRB2400 型工业机器人的工作范围

（4）工作精度　机器人的工作精度主要指定位精度和重复定位精度。定位精度，也称为绝对精度，是指机器人末端执行器实际到达位置与目标位置之间的差异。重复定位精度，简称重复精度，是指机器人重复定位其末端执行器于同一目标位置的能力。工业机器人具有绝对精度低、重复精度高的特点。一般而言，工业机器人的绝对精度要比重复精度低 1 ~

2个数量级，造成这种情况的主要原因是机器人控制系统根据机器人的运动学模型来确定机器人末端执行器的位置，然而这个理论上的模型和实际机器人的物理模型存在一定的误差，产生误差的因素主要有机器人本身的制造误差、工件加工误差以及机器人与工件的定位误差等。目前，工业机器人的重复精度可达 ±0.01~±0.5mm，依据作业任务和末端持重不同，机器人重复精度也不同，见表2-4。

表2-4　工业机器人典型应用的工作精度

作业任务	额定负载 /kg	重复定位精度 /mm
搬运	5~200	±0.2~±0.5
码垛	50~800	±0.5
点焊	50~350	±0.2~±0.3
弧焊	3~20	±0.08~±0.1
涂装	5~20	±0.2~±0.5
装配	2~5	±0.02~±0.03
	6~10	±0.06~±0.08
	10~20	±0.06~±0.1

（5）最大工作速度　最大工作速度是指在各轴联动情况下，机器人手腕中心所能达到的最大线速度。这在生产中是影响生产效率的重要指标。因生产厂家不同而标注不同，一般都会在技术参数中加以说明。很明显，最大工作速度越高，生产效率也就越高；然而，工作速度越高，对机器人最大加速度的要求也就越高。

除上述5项技术指标外，还应注意机器人控制方式、驱动方式、安装方式、存储容量、插补功能、语言转换、自诊断及自保护及安全保障功能等。

2. 工业机器人选型步骤

在针对某项具体应用进行工业机器人系统设计时，需要选用一台适用的工业机器人。在选用合适的工业机器人时，往往需要综合考虑前面所述的技术指标。下面以一个示例来说明工业机器人选型的步骤。譬如要选用一个机器人来完成图2-20所示的太阳能薄板搬运任务：机器人在流水线上拾取太阳能薄板工件（重量为1kg），将其搬运至暂存盒中，搬运物体的距离空间不超过1m。那么可以按照下面的步骤来选出一个能完成该任务的合适的工业机器人。

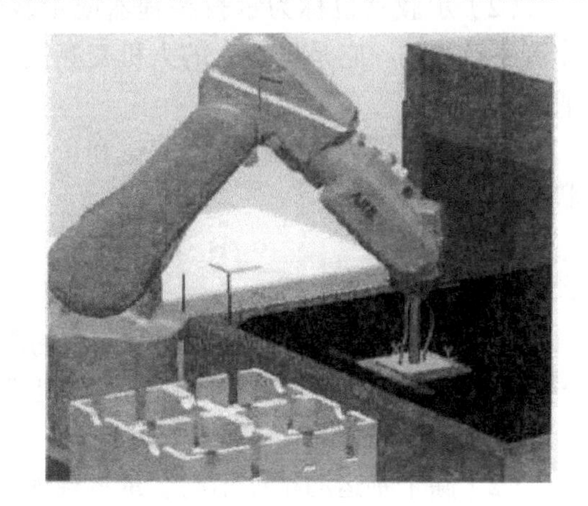

图2-20　太阳能薄板搬运示意图

1）根据应用场景，该机器人需要完成搬运工作，因此可以把范围初步定在搬运工业机器人范畴。

2）根据搬运物体的质量为1kg/件，意味着所选用机器人的额定负载技术参数至少要大于1kg。需要注意的是，工件的质量以及机器人手爪的质量总和不能超过工业机器人的额定负载，因此，在考查额定负载参数时一定要留有余量。在本例中，可以查看工业机器人的额定负载技术参数列表，在搬运工业机器人中选出额定负载技术参数大于 2kg 的工业机器人。

3）根据搬运物体的距离空间要求，在步骤 2）确定的机器人型号中筛选出工作范围参数大于 1m 的工业机器人。

4）考查工作精度的要求。由于该例中，是将工件放置到传送带上，误差容许范围较大，因此，对工作精度要求并不是很严格，设定重复定位精度要求不超过 0.7mm，那么接下来就需要在步骤 3）确定的机器人型号中筛选出重复定位精度小于 0.7mm 的工业机器人。最终可以选定 ABB IRB 1410 型工业机器人来完成该搬运任务。

思考与练习

1. 填空题

（1）工业机器人通常由机械部分、________、传感部分三大部分组成。

（2）工业机器人系统基本组成主要有工业机器人本体、________、示教器、末端执行器、工业计算机、安全组件。

（3）________通常作为机器人的技术指标，反映了机器人动作的灵活性，可用轴的直线移动、摆动或旋转动作的数目来表示。

（4）________指工业机器人执行任务时，机器人控制点所能掠过的空间，通常用图形表示。

（5）末端执行器大致可分为________、吸附式取料手和专用执行器三类。

2. 选择题

（1）工业机器人本体是工业机器人的机械主体，是用来完成各种作业的执行机构。它主要由哪几个部分组成？（　　）

①机械臂；②驱动装置；③传动单元；④内部传感器

A. ①②③④　　B. ①②　　C. ②③④　　D. ①③④

（2）示教器也称为示教编程器或示教盒，主要由液晶屏幕和操作按键组成，可由操作者手持移动。它是机器人的人机交互接口，试问以下哪些机器人操作可通过示教器来完成？（　　）

①点动机器人；②编写、测试和运行机器人程序；③设定机器人参数：④查阅机器人状态

A. ①②③　　B. ①②③④　　C. ②③④　　D. ①③④

3. 判断题

（1）机器人手臂是连接机身和手腕的部分。它是执行结构中的主要运动部件，主要用于改变手腕末端执行器的空间位置，满足机器人的作业空间，并将各种载荷传递到基座。（　　）

（2）除个别运动精度不高、重负载或有防爆要求的机器人采用液压、气压驱动外，工业机器人大多采用交流伺服电动机驱动。（　　）

（3）工业机器人的腕部传动多采用 RV 减速器，臂部则多采用谐波减速器。（　　）

自我学习检测评分表

项目	目标要求	分值	评分细则	得分	备注
工业机器人的基本组成认知	1. 掌握工业机器人组成的三大部分和 6 个子系统 2. 掌握工业机器人本体的结构 3. 掌握 3 种驱动方式及其特点 4. 掌握主要传动单元及其特点 5. 掌握控制器和示教器的主要功能 6. 了解主要的末端执行器分类	60	理解与掌握		
工业机器人的技术参数认知	1. 掌握工业机器人的主要技术指标 2. 理解各个技术指标的内涵 3. 学会工业机器人选型	40	理解与掌握		

项目三　ABB工业机器人的基本操作

➢ **项目描述**

在掌握了工业机器人最基本的开、关机操作之后，认识工业机器人示教器，了解示教器的功能并学会示教器的一般操作，在此基础上，进一步掌握工业机器人的手动操纵方法。

➢ **学习目标**

1）掌握 ABB 工业机器人的开、关机操作。

2）学会设置示教器的时间与语言。

3）学会使用示教器进行数据的备份与恢复操作。

4）学会使用合适的速度手动操纵工业机器人进行单轴、线性、重定位运动。

5）学会对工业机器人进行转数计数器更新的操作。

6）熟悉手动操纵的快捷菜单。

7）掌握工业机器人的安全操作规程。

工业机器人的开、关机操作

任务一　工业机器人的开、关机操作

开、关机操作是应用工业机器人最基本的操作，下面对工业机器人开机和关机操作步骤进行讲解。

1. 开机操作

工业机器人实际操作的第一步就是开机，但是，在开机前必须对工业机器人进行检查，检查设备是否都处于默认安全状态，确认机器人工作范围内、各个气缸行程范围内是否有杂物，工业机器人末端操作器及其他配套设备是否工作正常。

检查确认没有问题后，就可以开始起动工业机器人进行工作了。起动工业机器人只要将机器人控制柜上的总电源旋钮从 OFF 旋转到 ON 即可，具体步骤见表 3-1。

表 3-1　开机操作步骤

序号	参考图片	操作说明
1	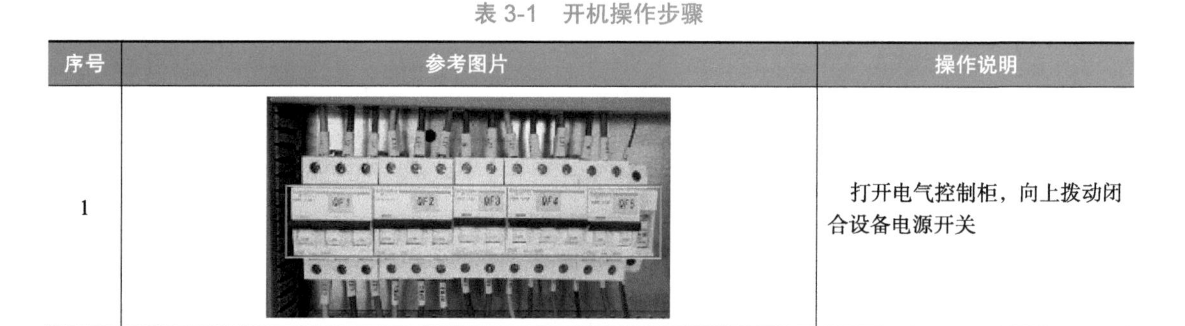	打开电气控制柜，向上拨动闭合设备电源开关

（续）

序号	参考图片	操作说明
2		将控制器开关旋钮由 OFF 旋转至 ON 的位置

2. 关机操作

关闭工业机器人系统的操作步骤见表 3-2。

表 3-2　关机操作步骤

序号	参考图片	操作说明
1	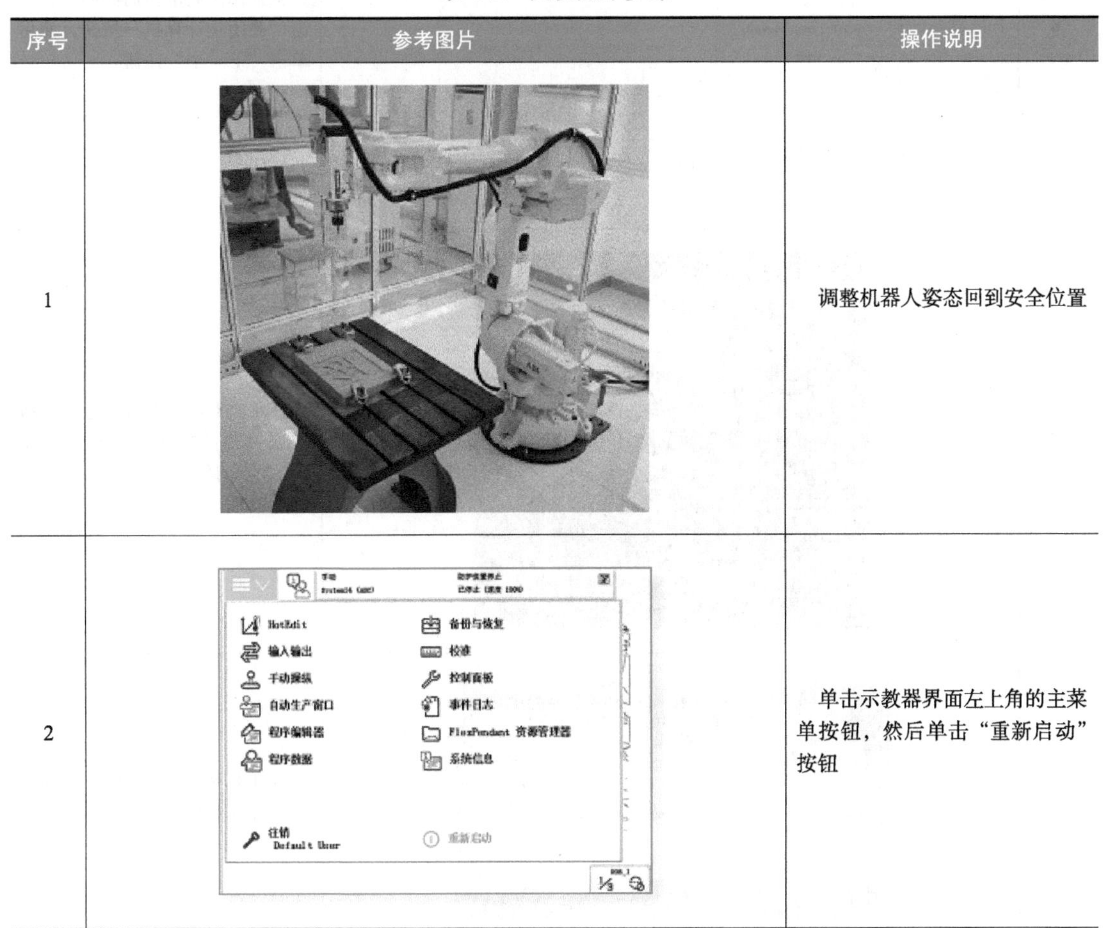	调整机器人姿态回到安全位置
2		单击示教器界面左上角的主菜单按钮，然后单击“重新启动”按钮

（续）

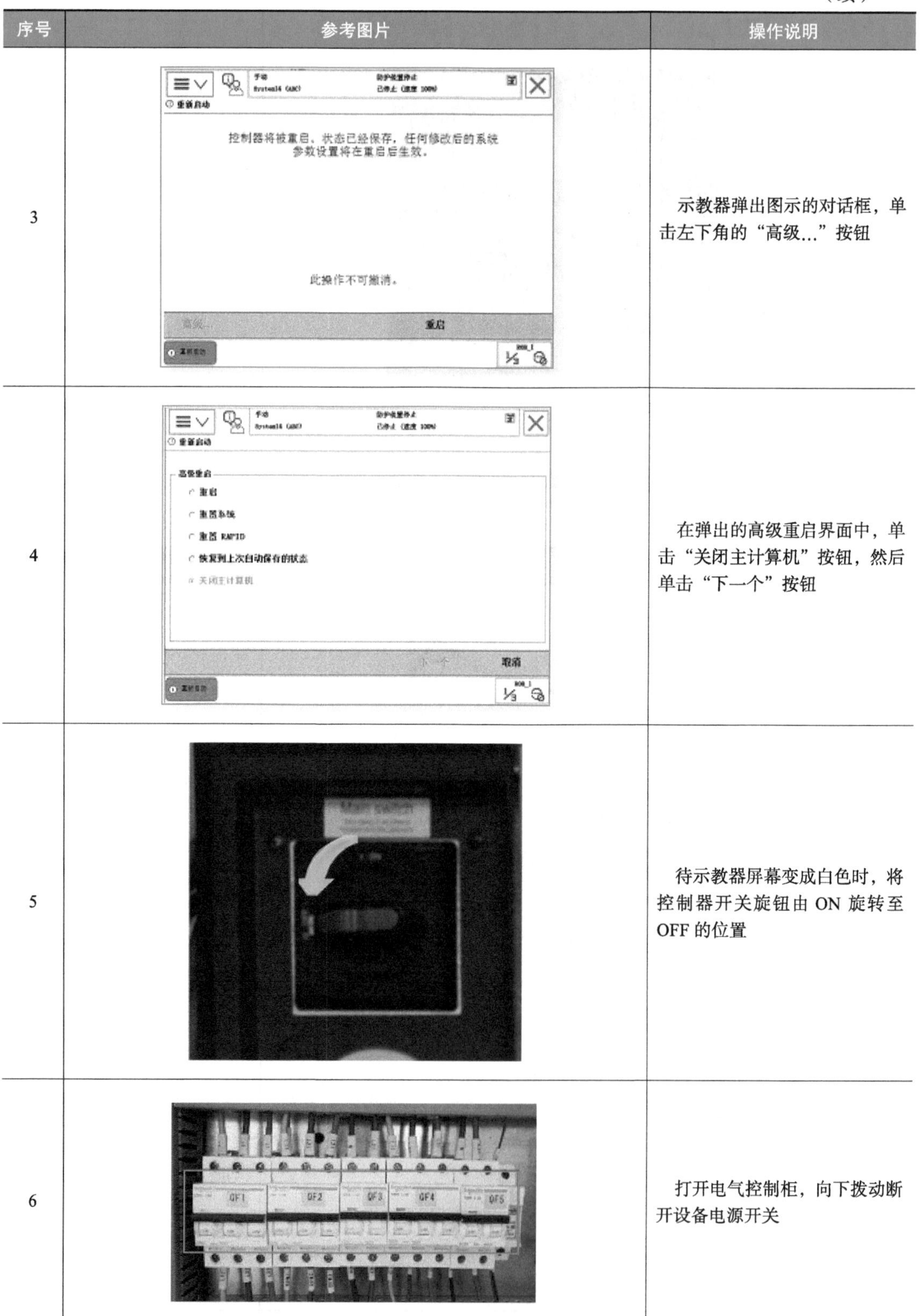

序号	参考图片	操作说明
3		示教器弹出图示的对话框，单击左下角的“高级...”按钮
4		在弹出的高级重启界面中，单击“关闭主计算机”按钮，然后单击“下一个”按钮
5		待示教器屏幕变成白色时，将控制器开关旋钮由 ON 旋转至 OFF 的位置
6		打开电气控制柜，向下拨动断开设备电源开关

任务二 初识工业机器人示教器

操作工业机器人就必须与示教器打交道。示教器是一种手持式设备，由硬件和软件组成，用于执行与操作和工业机器人系统有关的许多任务，如运行程序、参数配置、修改机器人程序等。从某种意义上来说，示教器就是一台完整的计算机，它通过集成线缆和接头连接到控制器。

1. 示教器面板功能

在示教器上，绝大多数的操作都是在触摸屏上完成的，同时保留了必要的按钮和操作装置，图 3-1 所示为示教器组成说明。

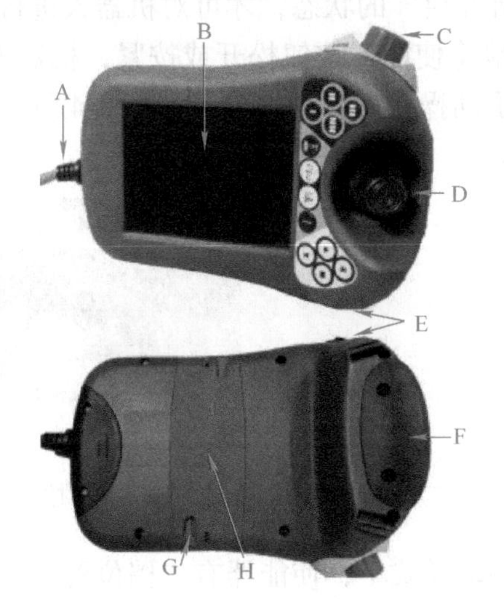

图 3-1 示教器组成说明

示教器是利用了人机工程学设计的高敏感电子集成产品，可以用左手或者右手持握，其持握方法如图 3-2 所示。

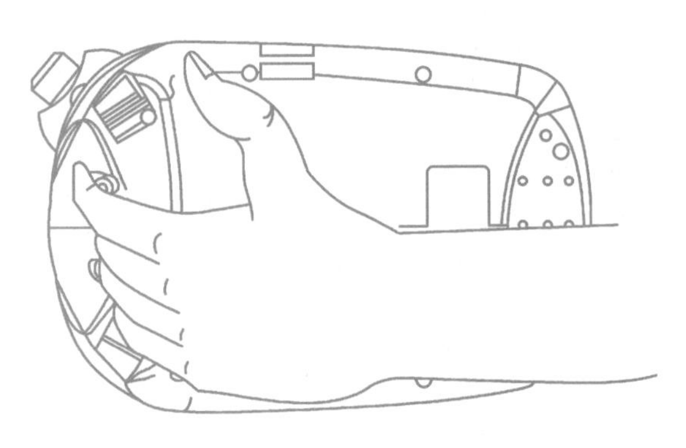

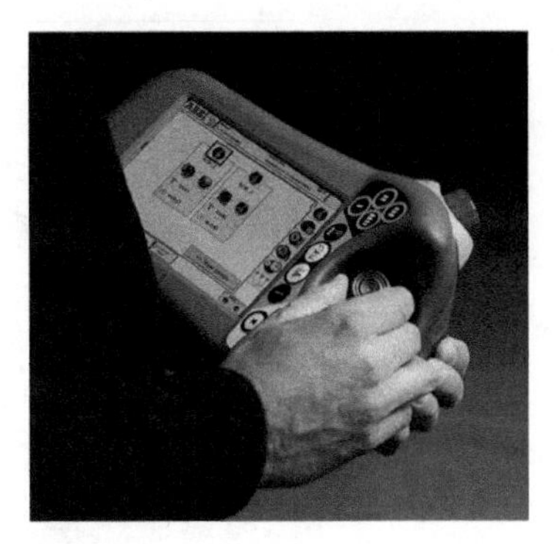

图 3-2 示教器持握方法

（1）硬件按钮 示教器上有专用的硬件按钮，各按钮的位置及功能说明如图 3-3 所示。

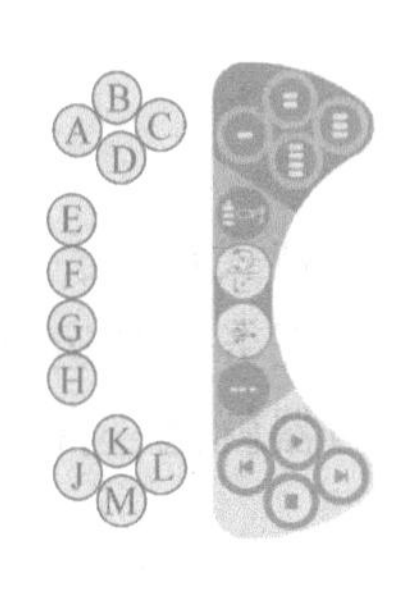

A~D 预设按键
E 选择机械单元
F 切换移动模式，重定向或线性
G 切换移动模式，轴1~3或轴4~6
H 切换增量
J Step BACKWARD(步退)按钮。使程序后退一步的指令
K START(启动)按钮，开始执行程序
L Step FORWARD(步进)按钮，使程序前进一步的指令
M STOP(停止)按钮，停止程序执行

图 3-3 示教器硬件按钮

（2）使能器按钮 使能器按钮是工业机器人为保证操作人员人身安全而设置的。只有在按下使能器按钮，并保持在“电机开启”的状态，才可对机器人进行手动的操作与程序的调试。当发生危险时，人会本能地将使能器按钮松开或按紧，机器人则会马上停下来，保证安全。使能器按钮位于示教器手动操作摇杆的右侧，如图 3-4 所示。操作者应用左手的 4 个手指进行操作，如图 3-5 所示。

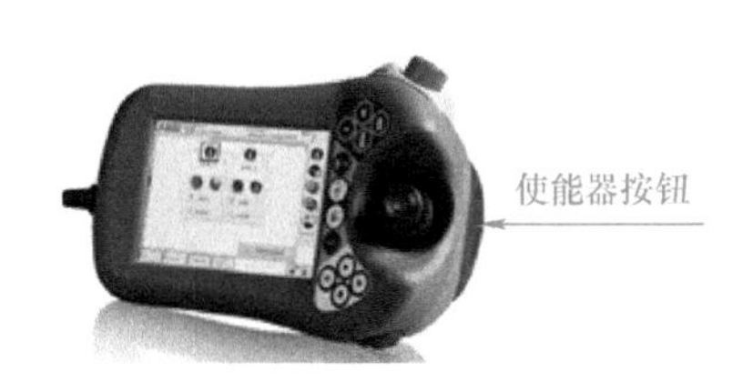

图 3-4 使能器按钮位置图

图 3-5 使能器按钮正确操作

在自动模式下，使能器无效。手动模式下，使能器有三档位置，起始位置就是不按的情况，为“0”，机器人电动机不上电；中间位置为“1”，机器人处于“电机开启”状态，如图 3-6 所示；最终位置为“0”，机器人就会处于防护装置停止状态，如图 3-7 所示，达到最终位置后必须回到起始状态才能再次使电动机上电。

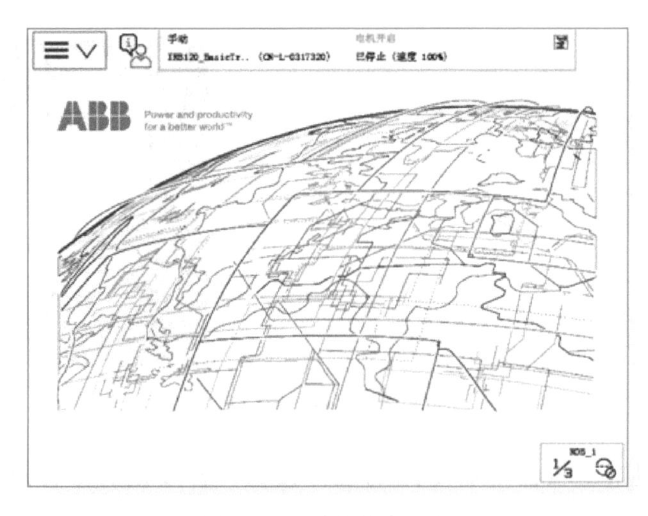

图 3-6 电动机状态显示

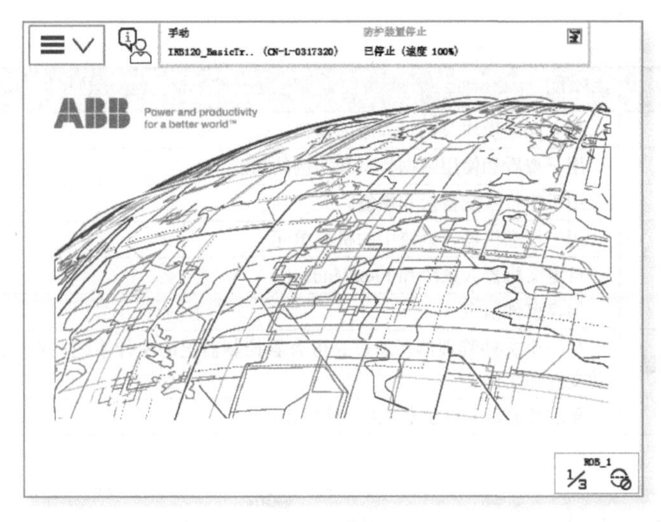

图 3-7 防护装置状态显示

2. 示教器操作界面

ABB 机器人示教器的主界面如图 3-8 所示，包含有 ABB 菜单、操作员窗口、状态栏、关闭按钮、任务栏和快速设置菜单 6 个区域。

A ABB菜单
B 操作员窗口
C 状态栏
D 关闭按钮
E 任务栏
F 快速设置菜单

图 3-8 示教器的主界面

（1）ABB 菜单　在示教器触摸屏上单击“ABB 菜单”后即出现示教器的操作界面，该操作界面包含了 HotEdit、输入输出、微动控制等 12 个选项，各选项的名称及说明见表 3-3。比较常用的选项包括输入输出、微动控制、程序编辑器、程序数据、校准和控制面板。单击操作界面的“控制面板”后，会出现图 3-9 所示的控制面板界面。控制面板包含了对机器人和示教器进行设定的相关功能，各选项的说明见表 3-4。

表 3-3 操作界面各选项说明

选项名称	说明
HotEdit	是对编程位置进行调节的一项功能
输入输出	设置及查看 I/O 信号窗口
微动控制	动作模式、坐标系、操纵杆锁定及载荷属性更改窗口
运行时窗口	用于查看程序运行时的程序代码

（续）

选项名称	说明
程序编辑器	建立程序模块及例行程序的窗口
程序数据	用于查看和使用数据类型和实例的功能
备份与恢复	用于执行系统备份和恢复
校准	用于校准机器人系统中的机械单元
控制面板	自定义机器人系统和 FlexPendant
事件日志	保存事件信息
FlexPendant 资源管理器	是一个文件管理器，通过它可查看控制器上的文件系统，也可以重新命名、删除或移动文件和文件夹
系统信息	显示控制器和已加载系统的相关信息

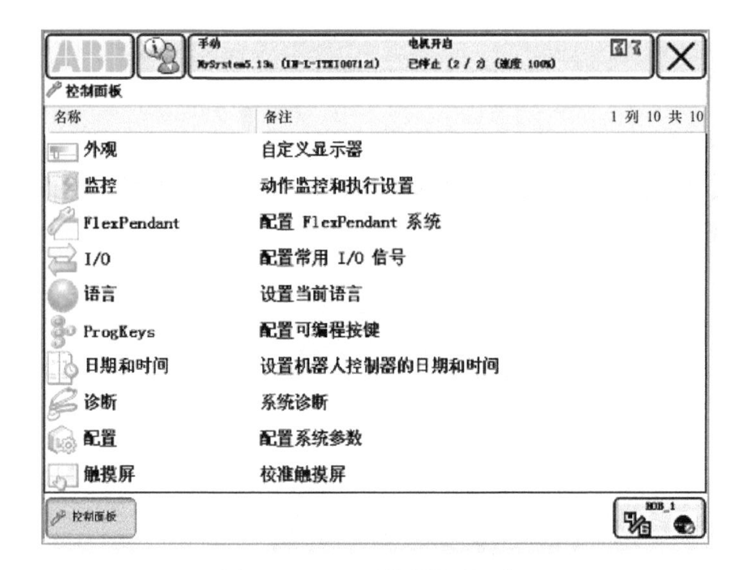

图 3-9　ABB 示教器控制面板

表 3-4　控制面板各选项说明

选项名称	说明
外观	自定义显示器亮度的设置
监控	动作监控设置和执行设置
FlexPendant	操作模式切换和用户授权系统 (UAS）视图配置
I/O	配置常用 I/O 列表的设置
语言	机器人控制器当前语言的设置
ProgKeys	FlexPendant 4 个可编程按键的设置
日期和时间	机器人控制器的日期和时间设置
诊断	创建诊断文件以利于故障排除
配置	配置系统参数设置
触摸屏	触摸屏重新校准设置

（2）操作员窗口　单击状态栏中 ABB 标识右侧图标，即可打开如图 3-10 所示的操作员窗口。操作员窗口显示来自程序的信息。装有 Multitasking 后，所有任务信息均显示于同一操作员窗口。如果有消息要求执行动作，就会显示该任务的独立窗口。

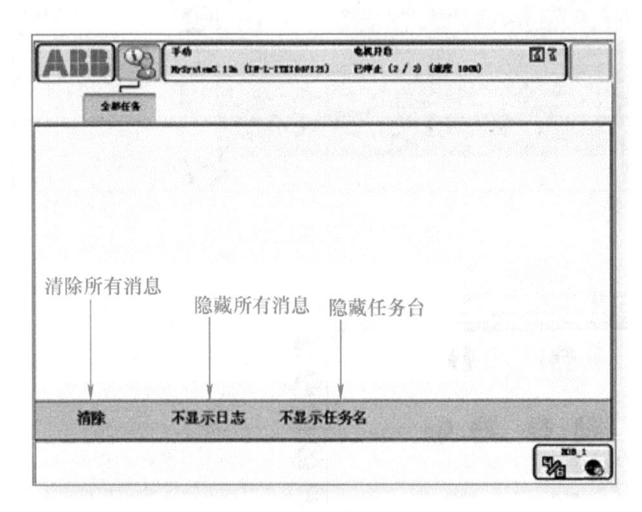

图 3-10　操作员窗口

（3）状态栏　状态栏显示与系统状态有关的重要信息，如操作模式、电动机开启 / 关闭、程序状态等，如图 3-11 所示。

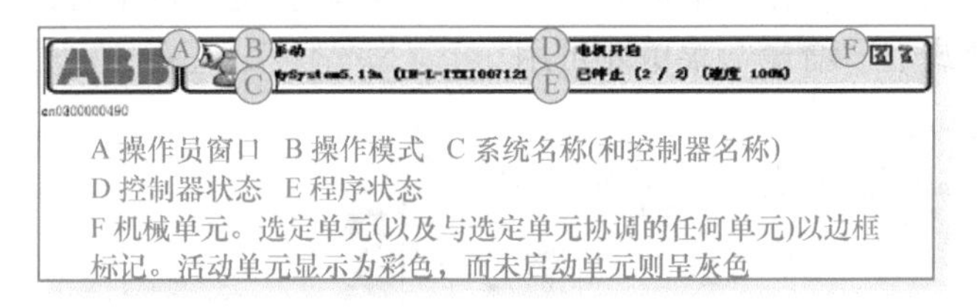

图 3-11　状态栏图示及说明

（4）关闭按钮　单击关闭按钮将关闭当前打开的视图或应用程序。

（5）任务栏　透过 ABB 菜单，可以打开多个视图，但一次只能操作一个。任务栏显示所有打开的视图，并可用于视图切换。

（6）快速设置菜单　快速设置菜单包含对微动控制和程序执行进行的设置。快速设置菜单采用更加快捷的方式，而不是微动控制按钮。菜单上的每个按钮显示当前选择的属性值或设置。在手动模式中，快速设置菜单按钮显示当前选择的机械单元、运动模式和增量大小。快速设置菜单中的按钮如图 3-12 所示。

1）机械单元。在快速设置菜单界面单击“机械单元”菜单按钮，将出现图 3-13 所示机械单元设置界面。仅在手动模式下才可使用“机械单元”菜单。

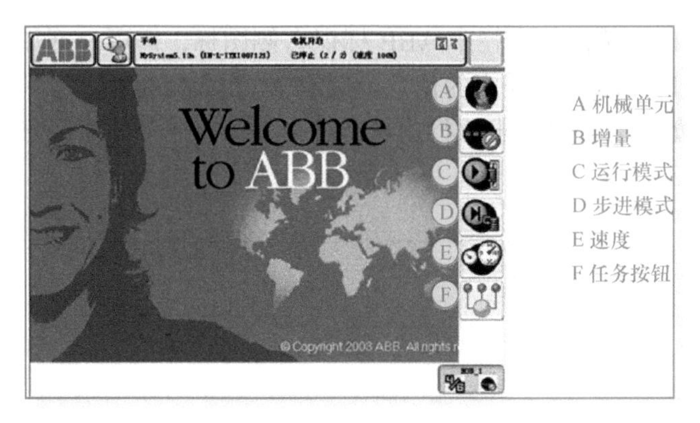

图 3-12 快速设置菜单

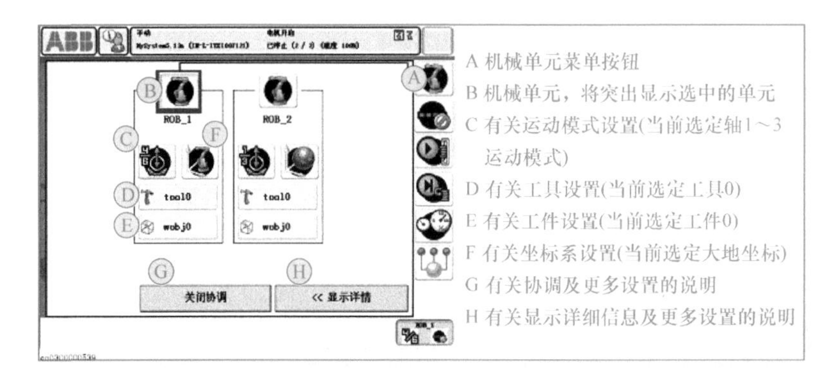

图 3-13 机械单元设置界面

2）增量。在快速设置菜单界面单击“增量”菜单按钮，将出现图 3-14 所示增量设置界面。仅在手动模式下“增量”菜单才可用。

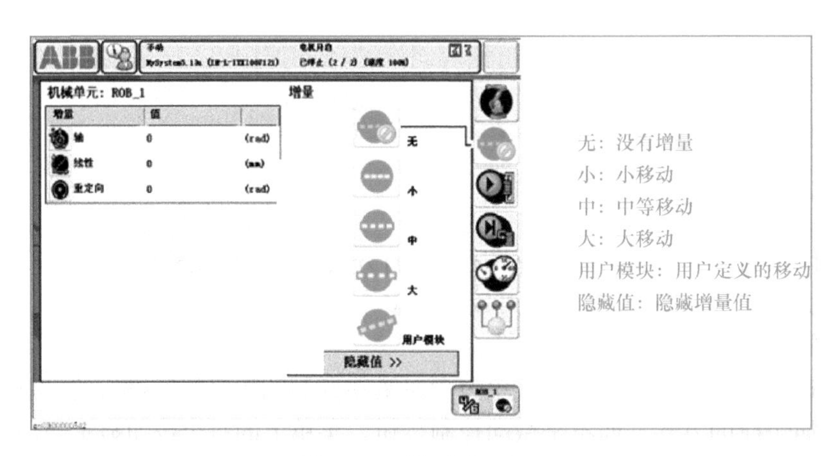

图 3-14 增量设置界面

3）运行模式。通过设置运行模式，可以定义程序执行一次就停止，也可以定义程序持续运行。运行模式界面如图 3-15 所示。其中“单周”表示运行一次循环然后停止执行；“连续”表示连续运行。

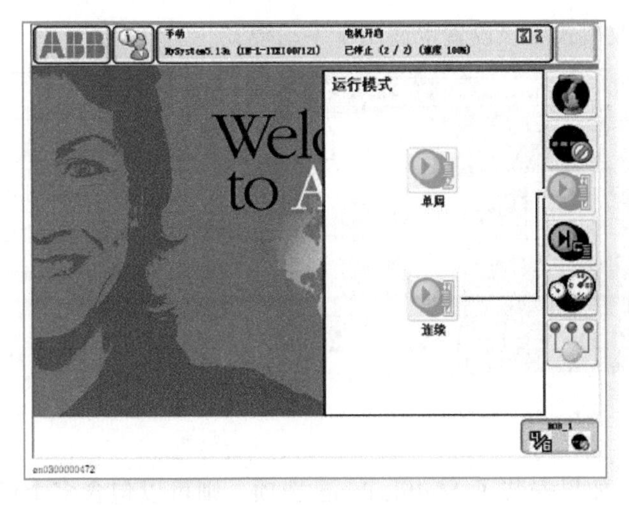

图 3-15　运行模式界面

4）步进模式。设置步进模式后，可以定义逐步执行程序的方式，步进模式界面如图 3-16 所示，各选项说明见表 3-5。

图 3-16　步进模式界面

表 3-5　步进模式选项说明

选项	说明
步进入	单步进入已调用的例行程序并逐步执行它们
步进出	执行当前例行程序的其余部分，然后在例行程序中的下一指令处（即调用当前例行程序的位置）停止。无法在 Main 例行程序中使用
跳过	一步执行调用的例行程序
下一移动指令	步进到下一条运动指令。在运动指令之前和之后停止，例如修改位置

5）速度。单击“速度”按钮查看或更改速度设置，如图 3-17 所示，在这些按钮上参照最大值显示当前运行速度。速度设置适用于当前操作模式，但是，如果降低自动模式下

的速度，那么，更改模式后该设置也适用于手动模式。

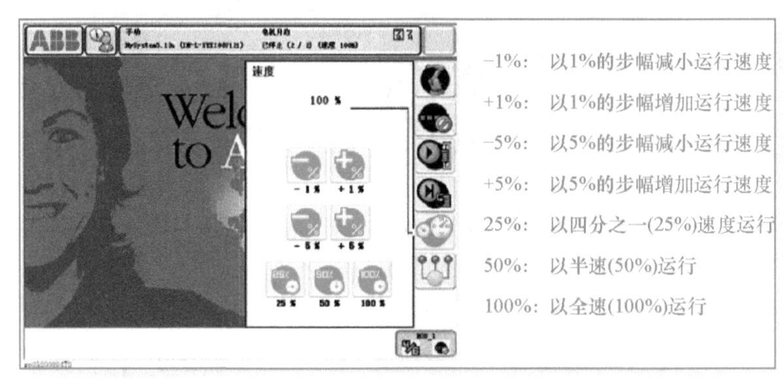

图 3-17 “速度”菜单界面

6）任务按钮。如果安装了 Multitasking 选项，则可以包含多个任务，否则仅可包含一个任务。在默认情况下，仅正常任务可在“快速设置”菜单中启用 / 停用。通过“控制面板”可任意更改设置，从而启用 / 停用所有任务。对于静态和半静态任务，仅系统参数 TrustLevel 设为 NoSafety 的方可启用 / 停用。已启用的任务可通过 FlexPendant 的“启动”“停止”按钮来使其启动或停止。任务设置仅在手动操作模式下有效。

任务三 示教器的一般操作

机器人语言设置

示教器的一般操作包含示教器的语言和时间设置、常用信息与事件日志的查看、数据的备份与恢复、程序模块及 EIO 文件的导入。

1. 将示教器语言设置为中文

示教器出厂时，默认的显示语言是英语，为了方便操作，需要把显示语言设定为中文，其操作步骤见表 3-6。

表 3-6 设置示教器语言的步骤

序号	参考图片	操作说明
1	HotEdit / Inputs and Outputs / Jogging / Production Window / Program Editor / Program Data / Backup and Restore / Calibration / Control Panel / Event Log / FlexPendant Explorer / System Info / Log Off Default User / Restart	单击左上角主菜单按钮，然后选择“Control Panel”

（续）

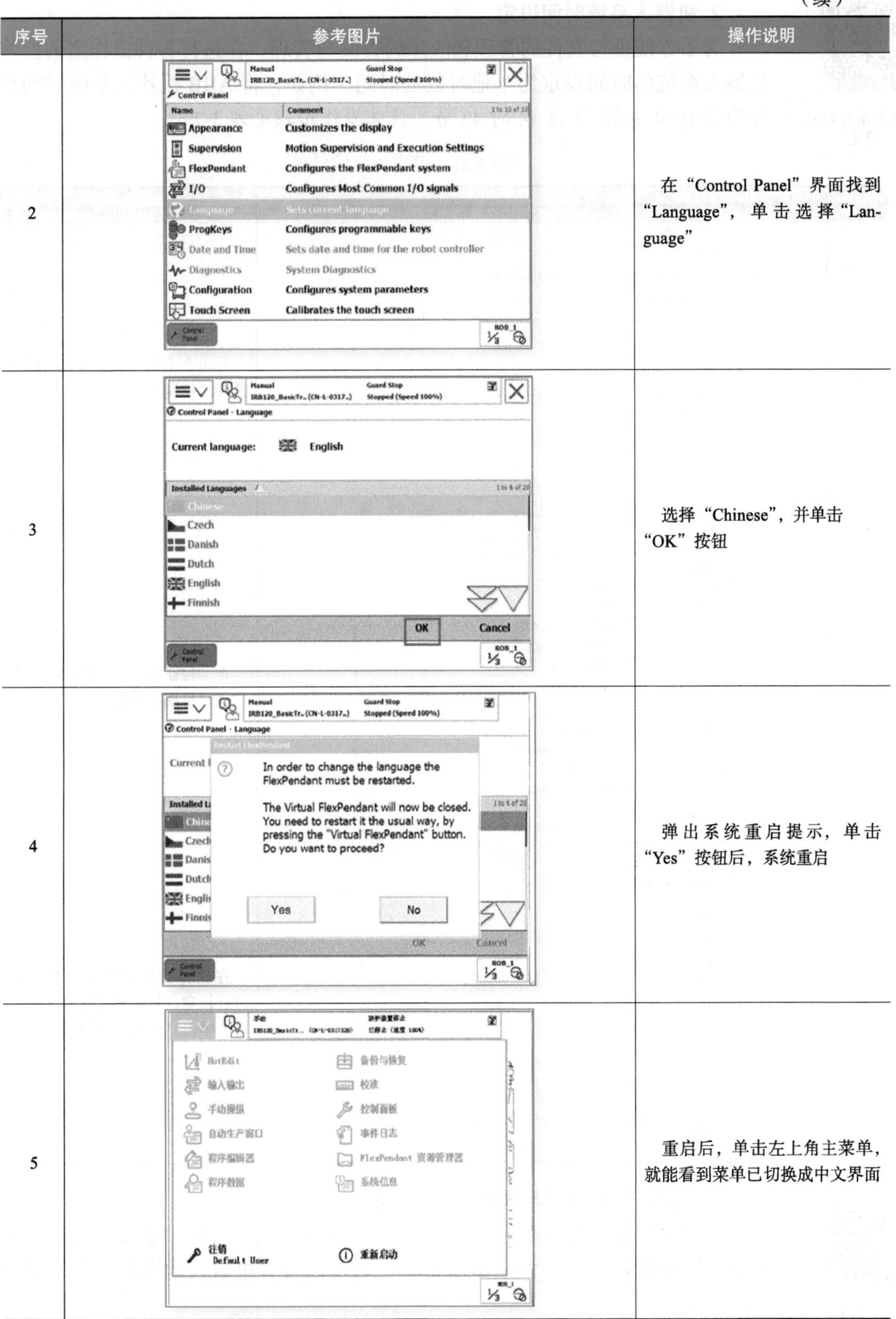

序号	参考图片	操作说明
2		在“Control Panel”界面找到“Language”，单击选择“Language”
3		选择“Chinese”，并单击“OK”按钮
4		弹出系统重启提示，单击“Yes”按钮后，系统重启
5		重启后，单击左上角主菜单，就能看到菜单已切换成中文界面

机器人系统时间设定

2. 机器人系统时间设定

为了方便进行文件的管理和故障的查阅与管理，在进行各种操作之前要将机器人系统的时间设定为本地时区的时间。例如，将 ABB 机器人系统时间设置为 2019 年 9 月 25 日 14 时 43 分，具体操作步骤见表 3-7。

表 3-7　设置机器人系统时间的步骤

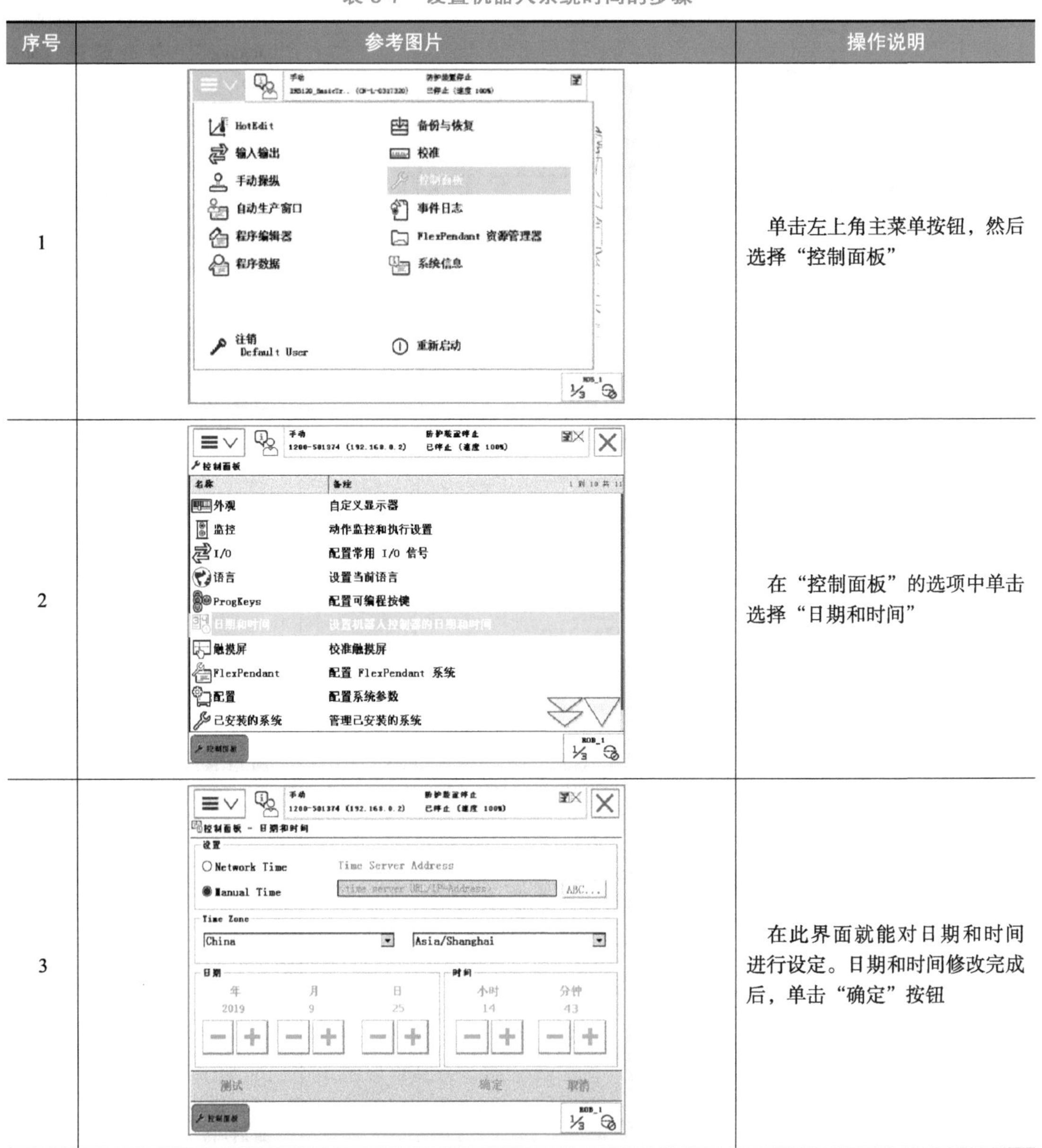

序号	参考图片	操作说明
1		单击左上角主菜单按钮，然后选择“控制面板”
2		在“控制面板”的选项中单击选择“日期和时间”
3		在此界面就能对日期和时间进行设定。日期和时间修改完成后，单击“确定”按钮

日志查看

3. 机器人常用信息与事件日志的查看

可以通过示教器画面上的状态栏进行 ABB 机器人常用信息及事件日志的查看。在示教器操作界面上单击状态栏就可以查看机器人的事件日志，如图 3-18 所示。

图 3-18　机器人事件日志

机器人数据的备份与恢复

4. 机器人数据的备份

定期对 ABB 机器人的数据进行备份，是保证 ABB 机器人正常工作的良好习惯。ABB 机器人数据备份的对象是所有正在系统内存运行的 RAPID 程序和系统参数。当机器人系统出现错乱或者重新安装新系统以后，可以通过备份快速地把机器人恢复到备份时的状态。将当前机器人数据备份到 U 盘中，其操作步骤见表 3-8。

表 3-8　数据备份的操作步骤

序号	参考图片	操作说明
1		单击左上角主菜单按钮，然后选择“备份与恢复”
2		单击“备份当前系统 ...”

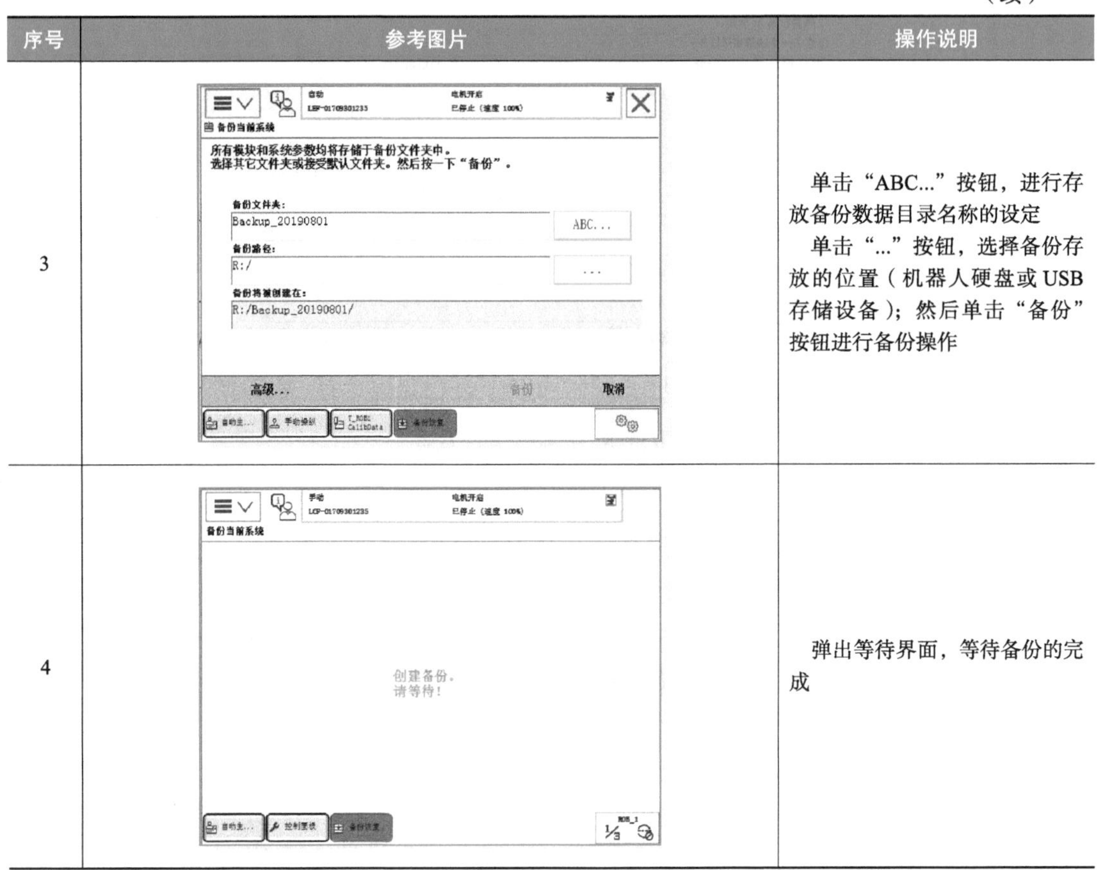

（续）

序号	参考图片	操作说明
3		单击“ABC...”按钮，进行存放备份数据目录名称的设定 单击“...”按钮，选择备份存放的位置（机器人硬盘或 USB 存储设备）；然后单击“备份”按钮进行备份操作
4		弹出等待界面，等待备份的完成

5. 机器人数据的恢复

在对机器人数据进行恢复时，要注意备份的数据具有唯一性，不能将一台机器人的备份恢复到另一台机器人中去，否则会造成系统故障。将备份到 U 盘存储器的文件恢复到机器人上，其操作步骤见表 3-9。

表 3-9 数据恢复的操作步骤

序号	参考图片	操作说明
1		单击左上角主菜单按钮，然后选择“备份与恢复”

（续）

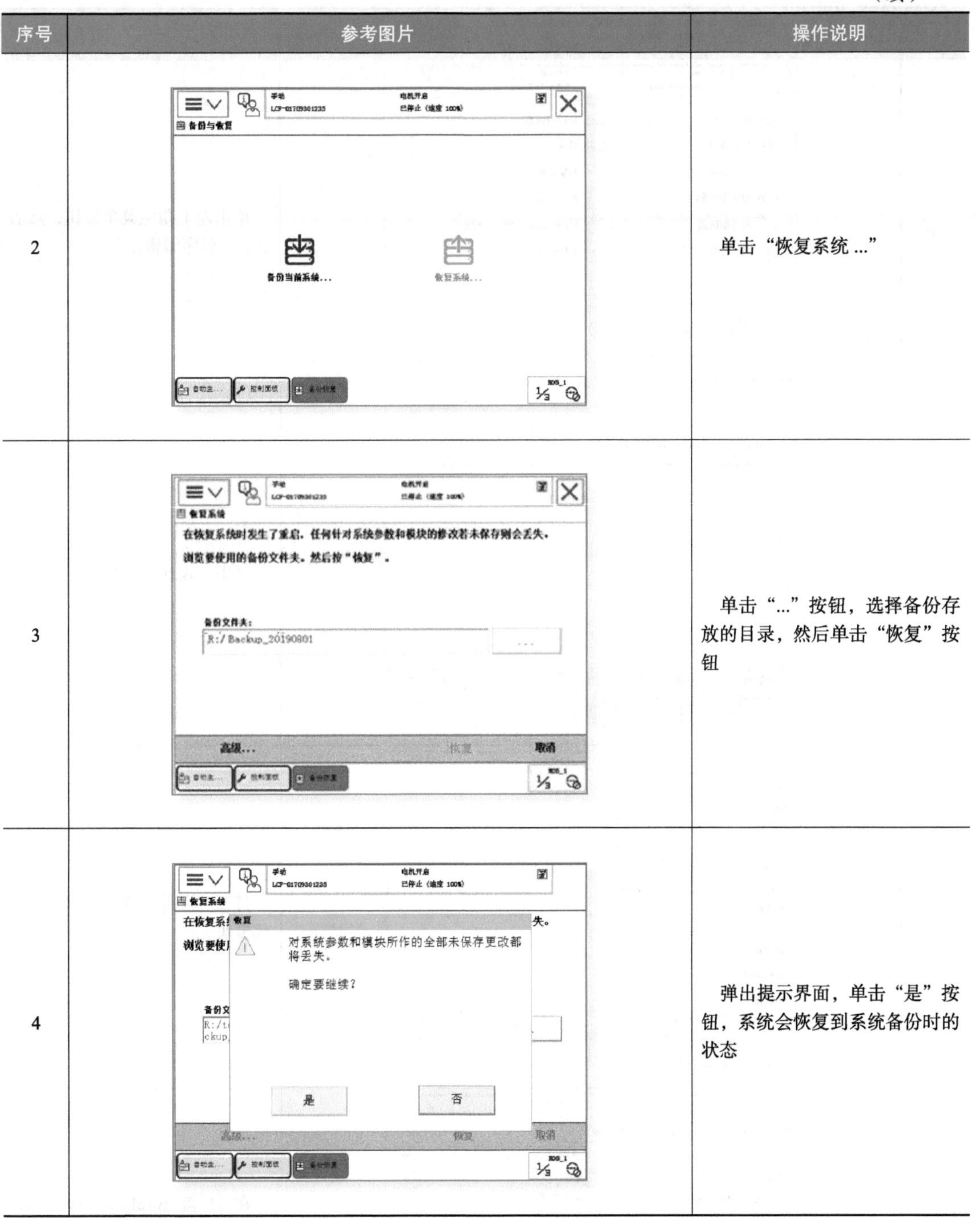

序号	参考图片	操作说明
2	备份与恢复：备份当前系统…　恢复系统…	单击“恢复系统 ...”
3	恢复系统：在恢复系统时发生了重启。任何针对系统参数和模块的修改若未保存则会丢失。浏览要使用的备份文件夹。然后按“恢复”。备份文件夹：R:/Backup_20190801　高级…　恢复　取消	单击“...”按钮，选择备份存放的目录，然后单击“恢复”按钮
4	恢复：对系统参数和模块所作的全部未保存更改都将丢失。确定要继续？　是　否	弹出提示界面，单击“是”按钮，系统会恢复到系统备份时的状态

6. 程序模块的导入

程序模块的导入主要用于将离线编程或文字编程生成代码。将 U 盘存储器 Backups\System2\RAPID\TASK1\PROGMOD 文件目录下的 userModule.mod 程序模块导入机器人，主要操作步骤见表 3-10。

程序模块的导入

表 3-10　导入程序模块的操作步骤

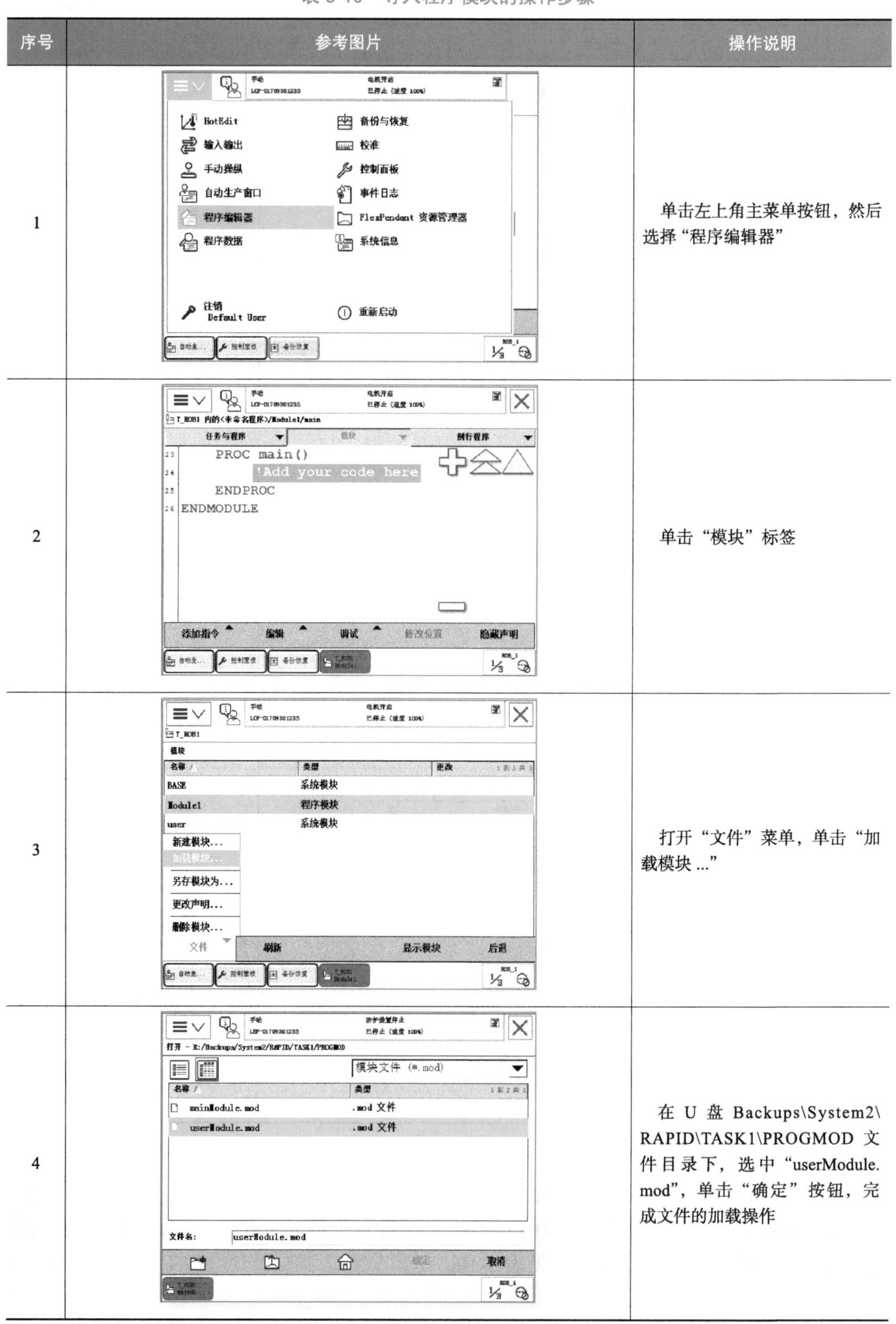

序号	参考图片	操作说明
1		单击左上角主菜单按钮，然后选择“程序编辑器”
2		单击“模块”标签
3		打开“文件”菜单，单击“加载模块 ...”
4		在 U 盘 Backups\System2\RAPID\TASK1\PROGMOD 文件目录下，选中“userModule.mod”，单击“确定”按钮，完成文件的加载操作

7. 单独导入 EIO 文件

单独导入 EIO

在实际应用中，为方便批量生产，通常会将机器人 I/O 板和 I/O 信号功能配置为统一的，也可通过单独导入 EIO 文件来解决实际的需要。将 U 盘中的 EIO 文件导入机器人，操作步骤见表 3-11。

表 3-11　导入 EIO 文件的操作步骤

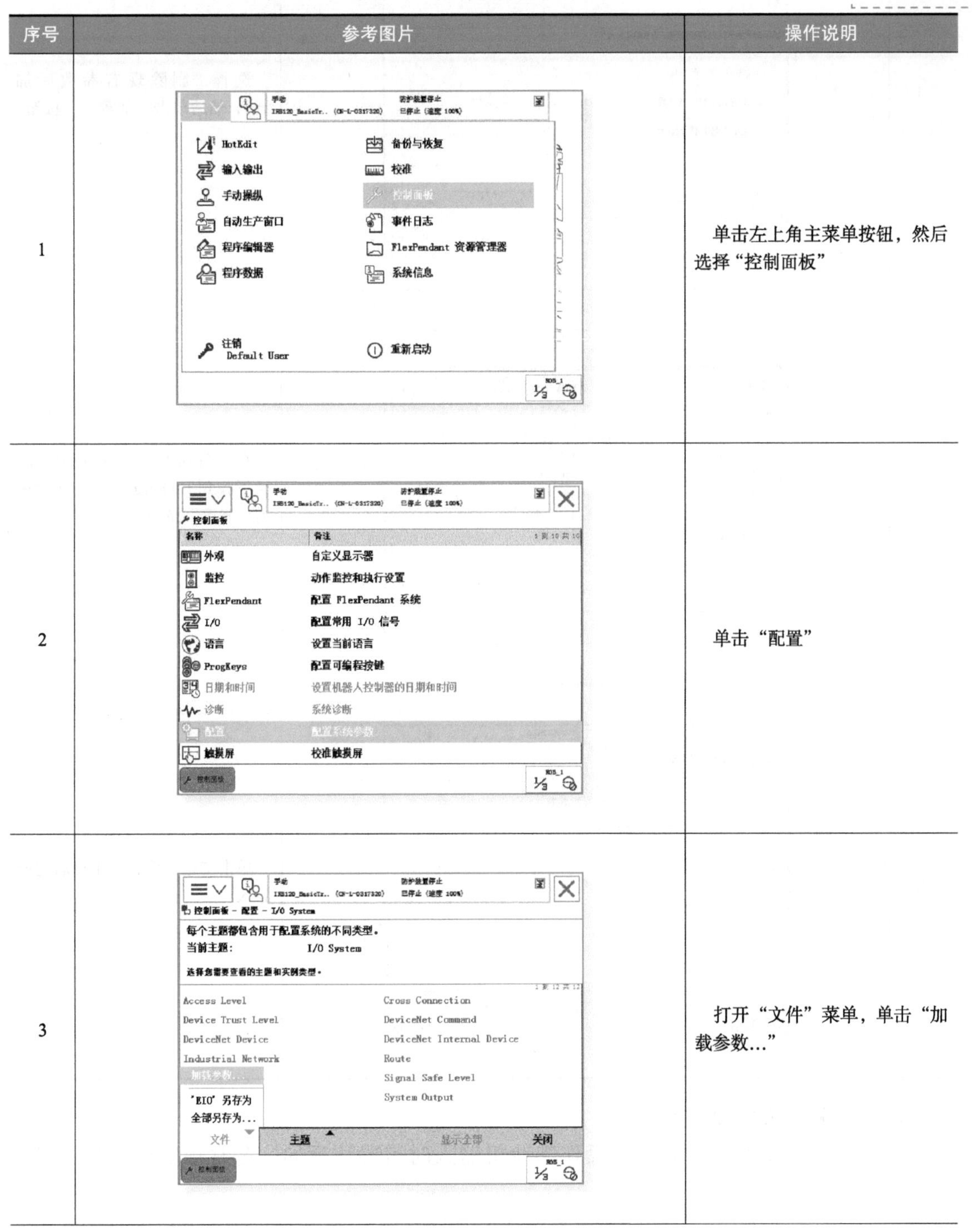

序号	参考图片	操作说明
1		单击左上角主菜单按钮，然后选择“控制面板”
2		单击“配置”
3		打开“文件”菜单，单击“加载参数...”

（续）

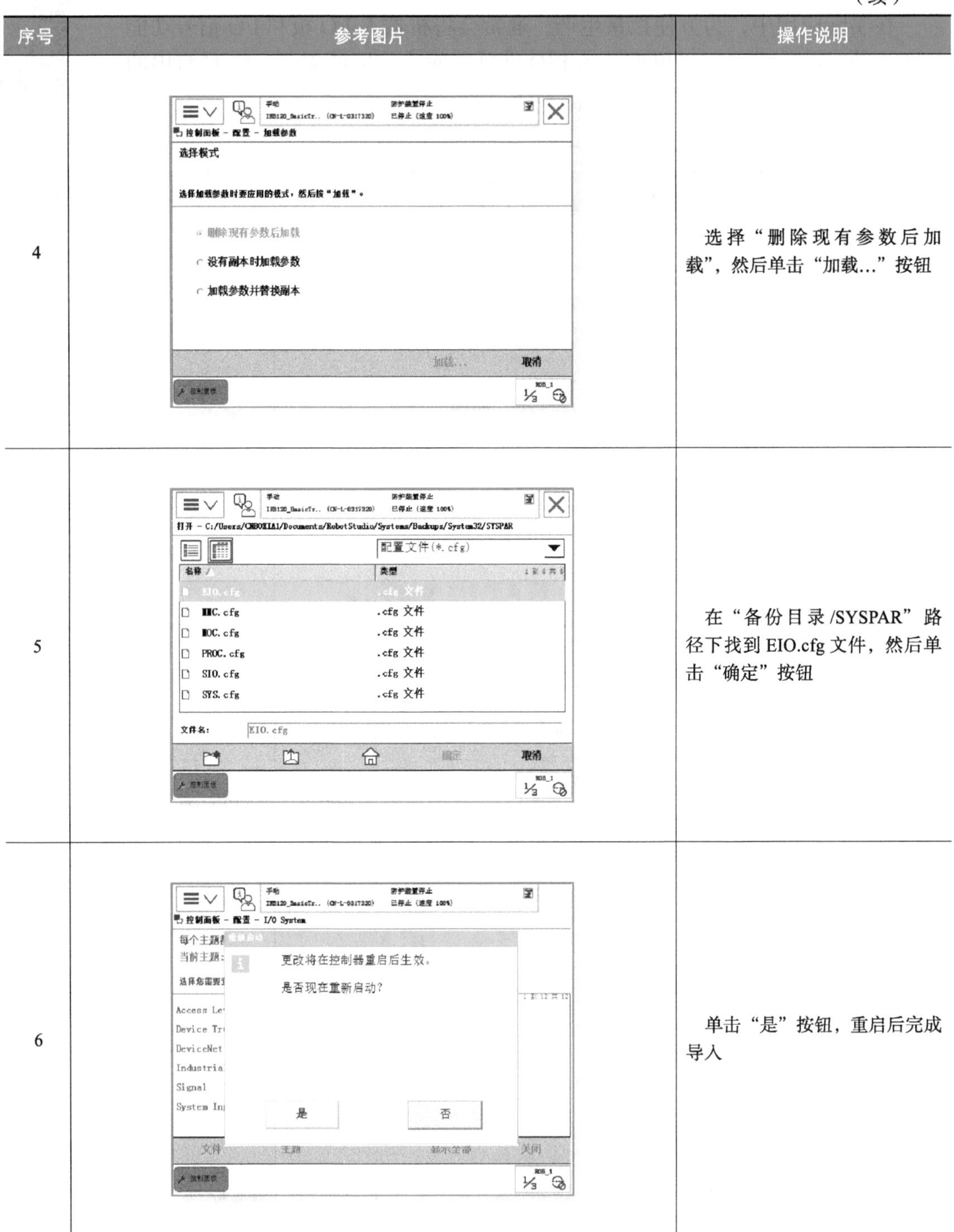

序号	参考图片	操作说明
4		选择“删除现有参数后加载”，然后单击“加载...”按钮
5		在“备份目录/SYSPAR”路径下找到EIO.cfg文件，然后单击“确定”按钮
6		单击“是”按钮，重启后完成导入

8. 工业机器人的安全操作规程

（1）常规安全注意事项　在操作工业机器人时需要注意的一些常规安全事项，见表3-12。

表 3-12　工业机器人操作安全注意事项

安全事项及警示图标	说明
记得关闭总电源	在进行机器人的安装、维修、保养时切记要将总电源关闭。带电作业可能会产生致命性后果。如果不慎遭高压电击，可能会导致心跳停止、烧伤或其他严重伤害 在得到停电通知时，要预先关断机器人的主电源及气源 突然停电后，要在来电之前预先关闭机器人的主电源开关，并及时取下夹具上的工件
与机器人保持足够安全距离	在调试与运行机器人时，它可能会执行一些意外的或不规范的运动。并且，所有的运动都会产生很大的力量，从而严重伤害个人或损坏机器人工作范围内的设备。因此需时刻警惕与机器人保持足够的安全距离
静电放电危险	静电放电（ESD）是电势不同的两个物体间的静电传导，它可以通过直接接触传导，也可以通过感应电场传导。搬运部件或部件容器时，未接地的人员可能会传递大量的静电荷。这一放电过程可能会损坏敏感的电子设备。所以在有此标识的情况下，要做好静电放电防护
紧急停止	紧急停止优先于任何其他机器人控制操作，它会断开机器人电动机的驱动电源，停止所有运转部件，并切断由机器人系统控制且存在潜在危险的功能部件的电源。出现下列情况时请立即按下任意紧急停止按钮： 机器人运行时，工作区域内有工作人员 机器人伤害了工作人员或损伤了机器设备
灭火	发生火灾时，在确保全体人员安全撤离后再进行灭火，应先处理受伤人员。当电气设备（例如机器人或控制器）起火时，使用 CO_2 灭火器，切勿使用水或泡沫灭火器

（2）工作中的安全

1）如果在保护空间内有工作人员，请手动操作机器人系统。

2）当进入保护空间时，请准备好示教器，以便随时控制机器人。

3）注意旋转或运动的工具，例如切削工具和锯。确保在接近机器人之前，这些工具已经停止运动。

4）注意工件和机器人系统的高温表面。机器人电动机长期运转后温度很高。

5）注意夹具并确保夹好工件。如果夹具打开，工件会脱落并导致人员伤害或设备损坏。夹具非常有力，如果不按照正确方法操作，也会导致人员伤害。机器人停机时，夹具上不应置物，必须空机。

6）注意液压、气压系统以及带电部件。即使断电，这些电路上的残余电量也很危险。

（3）示教器的安全

1）小心操作。不要摔打、抛掷或重击，这样会导致设备破损或故障。在不使用该设备时，将它挂到专门存放它的支架上，以防意外掉到地上。

2）示教器的使用和存放应避免被人踩踏电缆。

3）切勿使用锋利的物体（例如螺钉、刀具或笔尖）操作触摸屏。这样可能会使触摸屏受损。应用手指或触摸笔去操作示教器触摸屏。

4）定期清洁触摸屏。灰尘和小颗粒可能会挡住屏幕造成故障。

5）切勿使用溶剂、洗涤剂或擦洗海绵清洁示教器，应使用软布蘸少量水或中性清洁剂清洁。

6）没有连接 USB 设备时务必盖上 USB 端口的保护盖。如果端口暴露到灰尘中，容易导致短路或其他故障。

（4）手动模式下的安全

1）在手动减速模式下，机器人只能减速操作。只要在安全保护空间之内工作，就应始终以手动速度进行操作。

2）手动全速模式下，机器人以程序预设速度移动。手动全速模式应仅用于所有人员都处于安全保护空间之外时，而且操作人必须经过特殊训练，熟知潜在的危险。

（5）自动模式下的安全　自动模式下工业机器人的安全保护机制见表 3-13。自动模式用于在生产中运行机器人程序。在自动模式操作情况下，常规模式停止（GS）机制、自动模式停止（AS）机制和上级停止（SS）机制都将处于活动状态。

表 3-13　工业机器人的安全保护机制

安全保护	保护机制
GS	在任何操作模式下都有效
AS	在自动操作模式下有效
SS	在任何操作模式下都有效
ES	在急停操作模式下有效

任务四　工业机器人的基本操作

ABB 工业机器人的坐标系

基于对工业机器人 5 种坐标系的理解，学习工业机器人的基本操作：单轴、线性和重定位运动的手动操纵以及工业机器人转数计数器的更新操作。

1. 工业机器人的坐标系

工业机器人的坐标系，就是为确定机器人的位置和姿态而在机器人或空间上进行的位置指标系统。工业机器人的运动实质是根据不同作业内容、轨迹的要求，在各种坐标系下的运动。对工业机器人进行示教或手动操作时，其运动方式是在不同的坐标系下进行的。目前在大部分商用工业机器人系统中，均可使用基坐标系、大地坐

标系、工件坐标系、工具坐标系和用户坐标系，如图 3-19 所示。

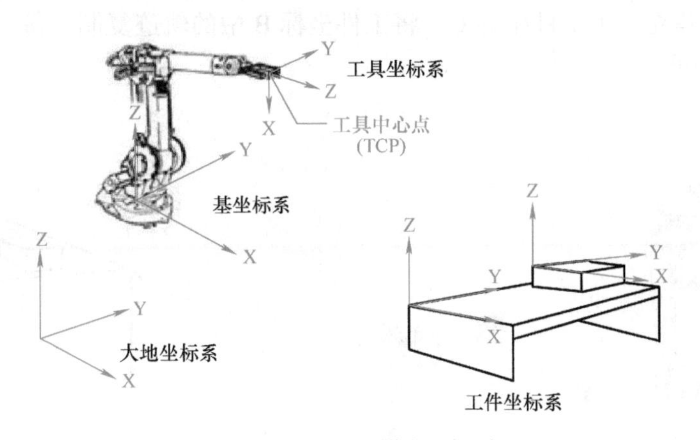

图 3-19　工业机器人坐标系

（1）基坐标系　基坐标系在机器人基座中有相应的零点，如图 3-20 所示，这使固定安装的机器人的移动具有可预测性。因此它是最便于机器人从一个位置移动到另一个位置的坐标系。在正常配置的机器人系统中，工人可通过控制杆进行该坐标系的移动。当操作者站在机器人的前方并在基坐标系中微动控制，将控制杆拉向自己一方时，机器人将沿 X 轴移动；向两侧移动控制杆时，机器人将沿 Y 轴移动。扭动控制杆时，机器人将沿 Z 轴移动。

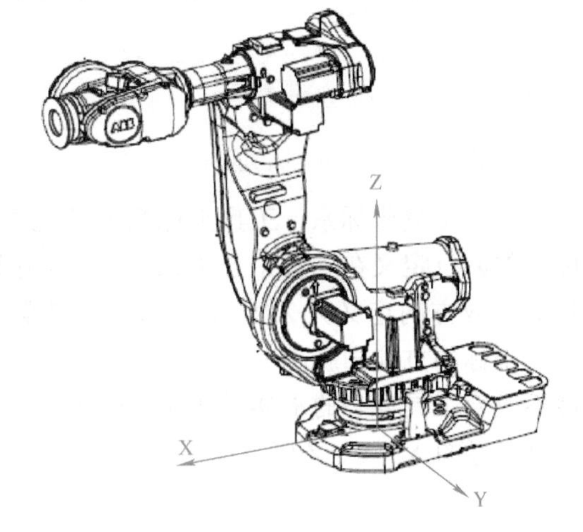

图 3-20　基坐标系

（2）大地坐标系　大地坐标系，又称为世界坐标系或绝对坐标系。大地坐标系在工作单元或工作站中的固定位置有其相应的零点，这有助于处理若干个机器人或由外轴移动的机器人。在默认情况下，大地坐标系与基坐标系是一致的。

当两台或多台机器人共同协作时，例如，一台安装于地面，另一台倒置，倒置机器人的基坐标系也将上下颠倒（图 3-21）。当分别在两台机器人的基坐标系 A、C 中进行运动控制时，很难预测相互协作运动的情况，此时可选择一个共同的世界坐标系 B 取而代之。

（3）工件坐标系　工件坐标系与工件相关，由工件原点与坐标轴方位构成，定义工件相对于大地坐标系（或其他坐标系）的位置。使用了工件坐标系的指令中，坐标数据是相对工件坐标系的位置，一旦工件坐标系移动，相关轨迹点相对大地同步移动。默认工件坐标系 wobj0 与机器人基坐标系重合。

机器人可以拥有若干工件坐标系，表示不同工件，或者表示同一工件在不同位置的若干状态，如图 3-22 所示，A 为大地坐标系，为了方便编程，为第一个工件建立了一个工作坐标 B，并在这个工作坐标 B 中进行轨迹编程。如果台子上还有一个一样的工件需要走一样的轨迹，只需建立一个工件坐标 C，将工件坐标 B 中的轨迹复制一份，然后将工件坐标从 B 更新为 C 即可。

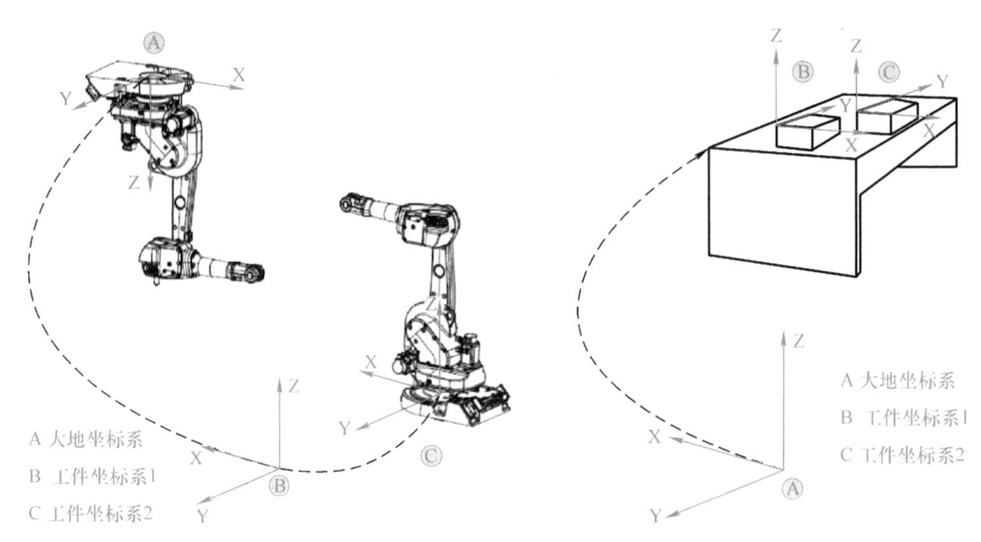

图 3-21　两台机器人共同协作时坐标系的选择　　图 3-22　多个工件坐标系的使用

（4）工具坐标系　工具坐标系定义机器人到达预设目标时所使用工具的位置。工具坐标系的原点定义在工具中心（TCP）点，并且假定工具的有效方向为 X 轴（有些厂商将工具的有效方向定义为 Z 轴），而 Y 轴、Z 轴由右手法则确定，如图 3-23 所示。简而言之，工具坐标的方向随腕部的移动而发生变化，与机器人的位姿无关。因此，在进行相对于工件不改变工具姿态的平移操作时，选用该坐标系最为适宜。在工具坐标系中，TCP 点将沿工具坐标的 X、Y、Z 轴方向运动。

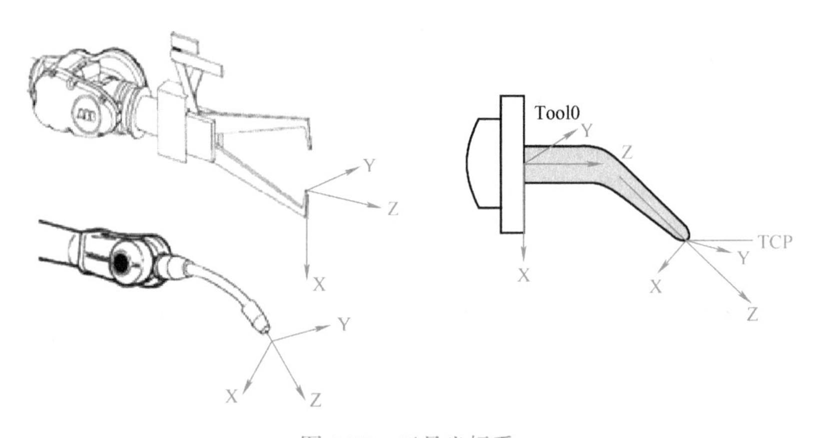

图 3-23　工具坐标系

（5）用户坐标系　用户坐标系是为作业示教方便，用户自行定义的坐标系，如工作台坐标系、工件坐标系都属于用户坐标系，且可根据需要定义多个用户坐标系。当机器人配备多个工作台时，选择用户坐标系可使操作更为简单。在用户坐标系中，TCP 点将沿用户自定义的坐标轴方向运动。

2. 工业机器人的手动操作

单轴运动的手动操作

手动操作工业机器人运动一共有 3 种模式：单轴运动、线性运动和重定位运动。

（1）单轴运动的手动操作　一般地，ABB 机器人是由 6 个伺服电动机分别驱动机器人的 6 个关节轴，图 3-24 所示为 6 轴机器人对应的关节示意图，那么每次手动操作一个关节轴的运动，就称为单轴运动。手动操作工业机器人进行单轴运动的步骤见表 3-14。

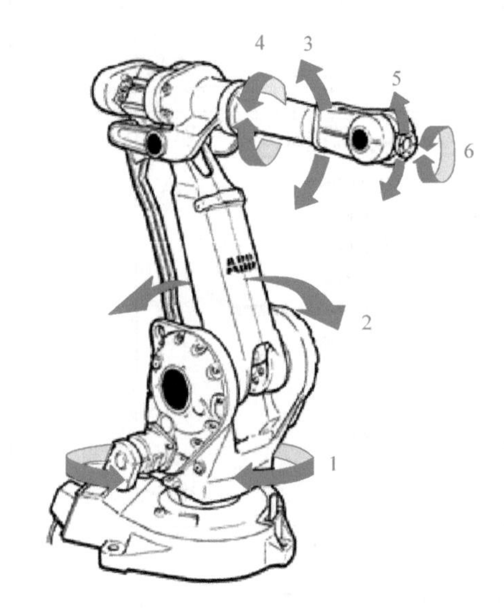

图 3-24　6 轴机器人关节示意图

表 3-14　单轴运动的手动操作

序号	参考图片	操作说明
1		将控制柜上机器人状态钥匙切换到手动限速状态（小手标志）

（续）

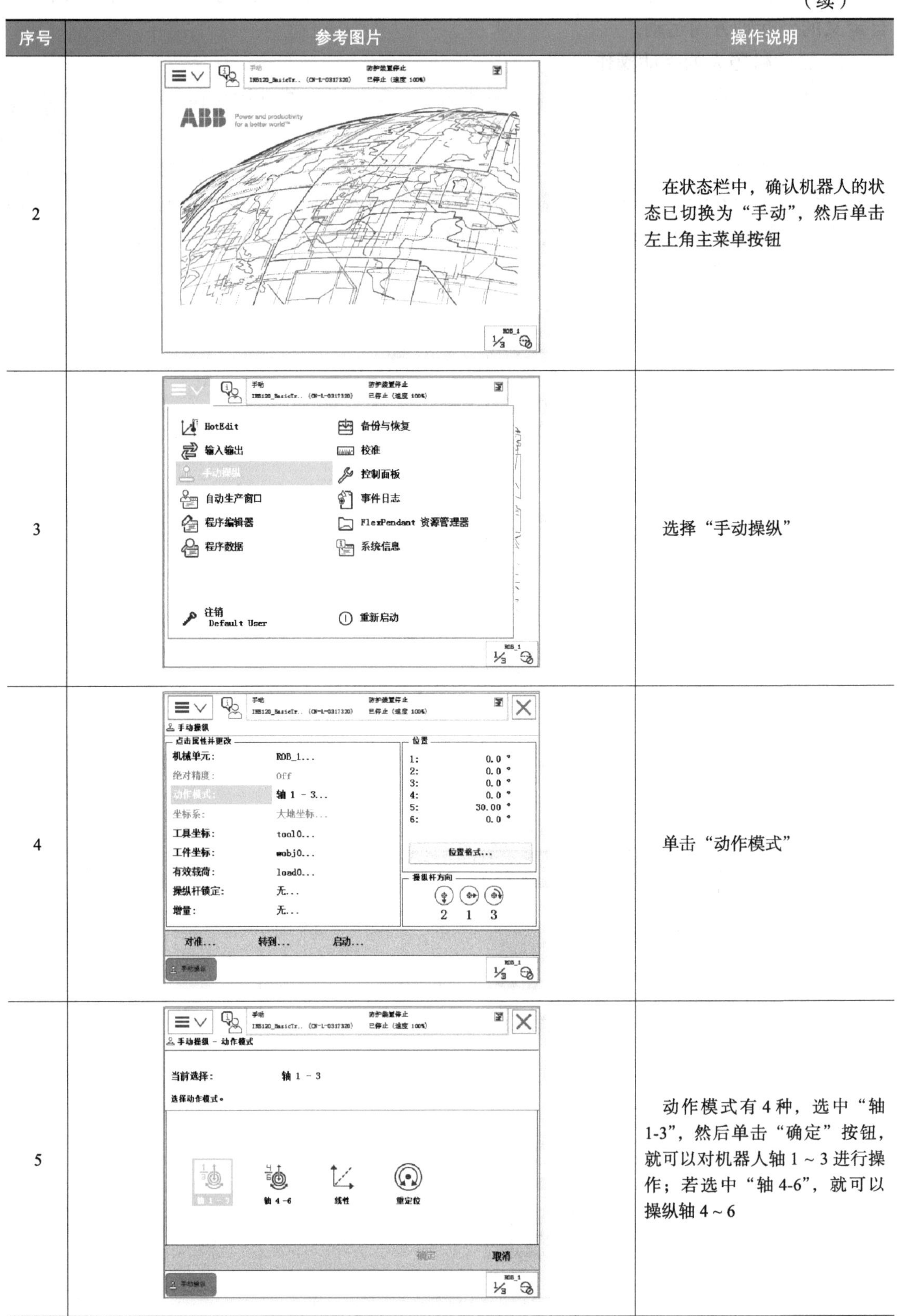

序号	参考图片	操作说明
2		在状态栏中，确认机器人的状态已切换为“手动”，然后单击左上角主菜单按钮
3		选择“手动操纵”
4		单击“动作模式”
5		动作模式有4种，选中“轴1-3”，然后单击“确定”按钮，就可以对机器人轴1～3进行操作；若选中“轴4-6”，就可以操纵轴4～6

（续）

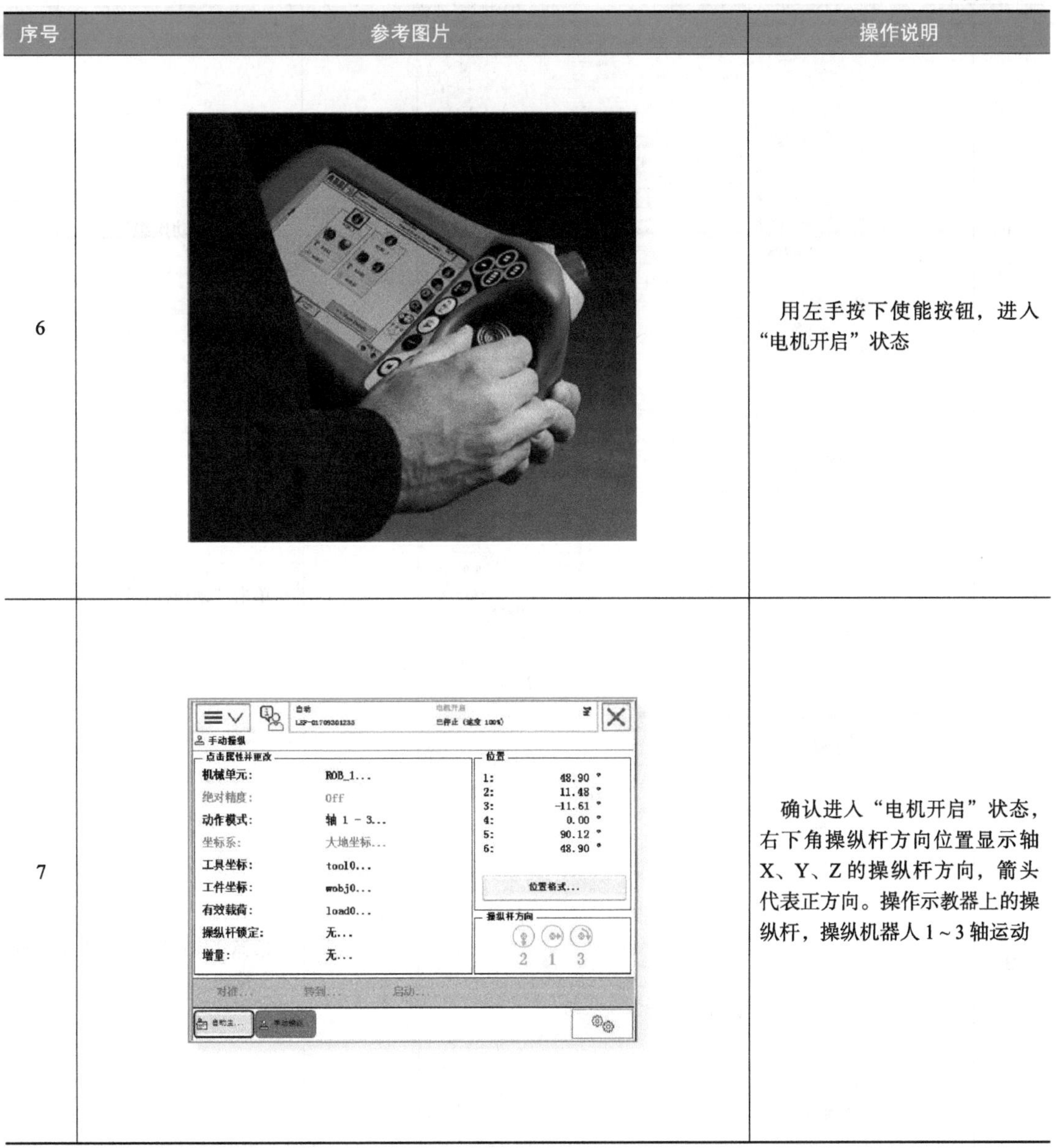

序号	参考图片	操作说明
6		用左手按下使能按钮，进入“电机开启”状态
7		确认进入“电机开启”状态，右下角操纵杆方向位置显示轴X、Y、Z的操纵杆方向，箭头代表正方向。操作示教器上的操纵杆，操纵机器人1～3轴运动

操纵杆的使用技巧：可以将机器人的操纵杆比作汽车的节气门，操纵杆的操纵幅度是与机器人的运动速度相关的：操纵幅度较小，则机器人运动速度较慢；操纵幅度较大，则机器人运动速度较快。

所以大家在操作时，应尽量以小幅度操纵使机器人慢慢运动，开始手动操纵学习。

线性运动的手动操作

（2）线性运动的手动操作　机器人的线性运动是指安装在机器人第6轴法兰盘上工具的TCP在空间中做线性运动。线性运动是工具的TCP在空间X、Y、Z方向的线性运动，移动的幅度较小，适合较为精确的定位和移动。表3-15为在基坐标系下手动操作工业机器人进行线性运动的操作步骤。

表 3-15　线性运动的手动操作步骤

序号	参考图片	操作说明
1	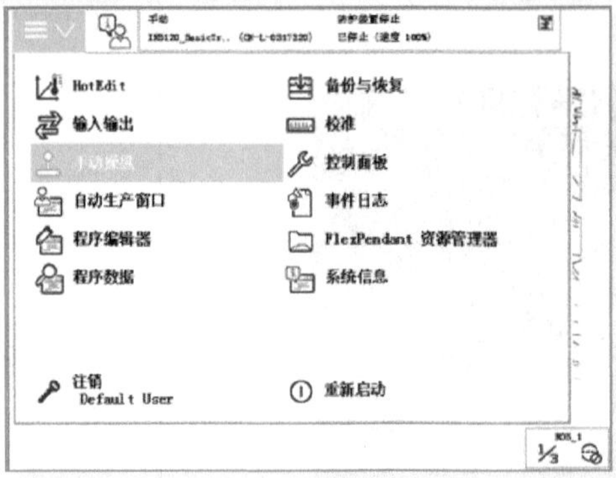 手动 IRB120_BasicTr... (CN-L-0317320) 防护装置停止 已停止 (速度 100%) HotEdit　备份与恢复 输入输出　校准 手动操纵　控制面板 自动生产窗口　事件日志 程序编辑器　FlexPendant 资源管理器 程序数据　系统信息 注销 Default User　重新启动 ROB_1 1/3	选择“手动操纵”
2	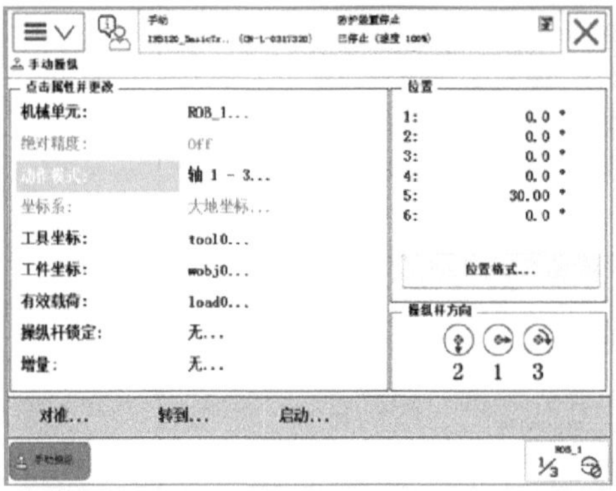 手动 IRB120_BasicTr... (CN-L-0317320) 防护装置停止 已停止 (速度 100%) 手动操纵 点击属性并更改 机械单元: ROB_1... 绝对精度: Off 动作模式: 轴 1 - 3... 坐标系: 大地坐标... 工具坐标: tool0... 工件坐标: wobj0... 有效载荷: load0... 操纵杆锁定: 无... 增量: 无... 位置 1: 0.0° 2: 0.0° 3: 0.0° 4: 0.0° 5: 30.00° 6: 0.0° 位置格式... 操纵杆方向 2 1 3 对准... 转到... 启动... 手动操纵 ROB_1 1/3	单击“动作模式”
3	 手动 IRB120_BasicTr... (CN-L-0317320) 防护装置停止 已停止 (速度 100%) 手动操纵 - 动作模式 当前选择: 线性 选择动作模式。 轴 1 - 3　轴 4 -6　线性　重定位 确定　取消 手动操纵 ROB_1	选择“线性”，然后单击“确定”按钮
4	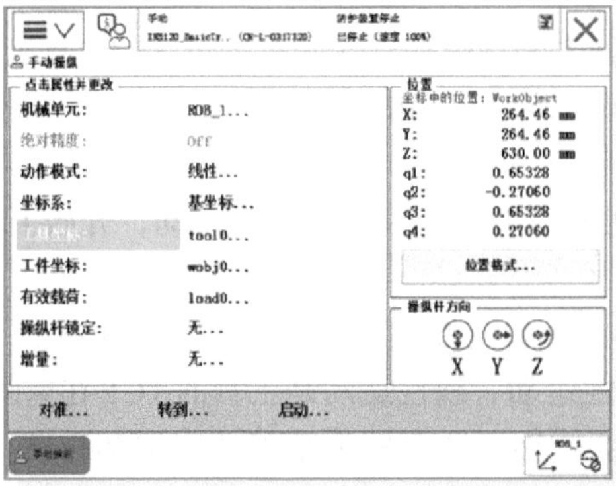 手动 IRB120_BasicTr... (CN-L-0317320) 防护装置停止 已停止 (速度 100%) 手动操纵 点击属性并更改 机械单元: ROB_1... 绝对精度: Off 动作模式: 线性... 坐标系: 基坐标... 工具坐标: tool0... 工件坐标: wobj0... 有效载荷: load0... 操纵杆锁定: 无... 增量: 无... 位置 坐标中的位置: WorkObject X: 264.46 mm Y: 264.46 mm Z: 630.00 mm q1: 0.65328 q2: -0.27060 q3: 0.65328 q4: 0.27060 位置格式... 操纵杆方向 X Y Z 对准... 转到... 启动... 手动操纵 ROB_1	单击“工具坐标”

（续）

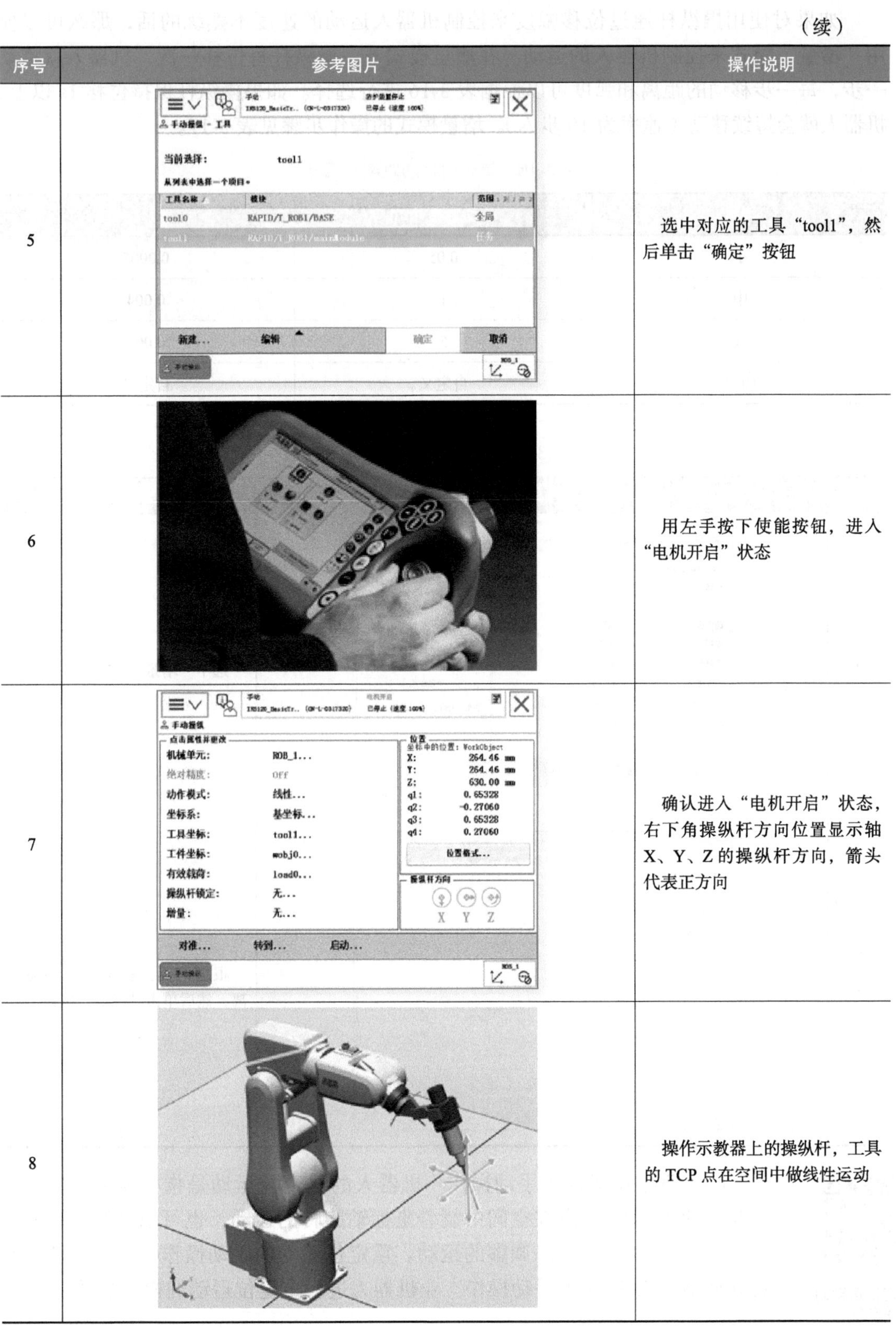

序号	参考图片	操作说明
5		选中对应的工具“tool1”，然后单击“确定”按钮
6		用左手按下使能按钮，进入“电机开启”状态
7		确认进入“电机开启”状态，右下角操纵杆方向位置显示轴X、Y、Z的操纵杆方向，箭头代表正方向
8		操作示教器上的操纵杆，工具的TCP点在空间中做线性运动

如果对使用操纵杆通过位移幅度来控制机器人运动的速度不熟练的话，那么可以使用“增量”模式来控制机器人的运动。在增量模式下，操纵杆每位移一次，机器人就移动一步，每一步移动的距离和弧度可以根据表 3-16 进行选择。如果操纵杆保持位移 1s 以上，机器人就会持续移动（速率为 10 步 /s）。增量模式的操作步骤见表 3-17。

表 3-16　增量的移动距离及弧度

增量	移动距离 /mm	弧度（ rad ）
小	0.05	0.0005
中	1	0.004
大	5	0.009
用户	自定义	自定义

表 3-17　增量模式的操作步骤

序号	参考图片	操作说明
1		选中“增量”
2		根据需要选择增量的移动距离，然后单击“确定”按钮

重定位运动的手动操作

（3）重定位运动的手动操作　机器人的重定位运动是指机器人第 6 轴法兰盘上的工具 TCP 点在空间中绕着坐标轴旋转的运动，也可以理解为机器人绕着工具 TCP 点做姿态调整的运动。重定位运动的手动操作会更全方位地移动和调整。表 3-18 为手动操作工业机器人进行重定位运动的操作步骤。

表 3-18 重定位运动的手动操作步骤

序号	参考图片	操作说明
1		选择“手动操纵”
2		单击“动作模式”
3		选择“重定位”，然后单击“确定”按钮
4		单击“坐标系”

（续）

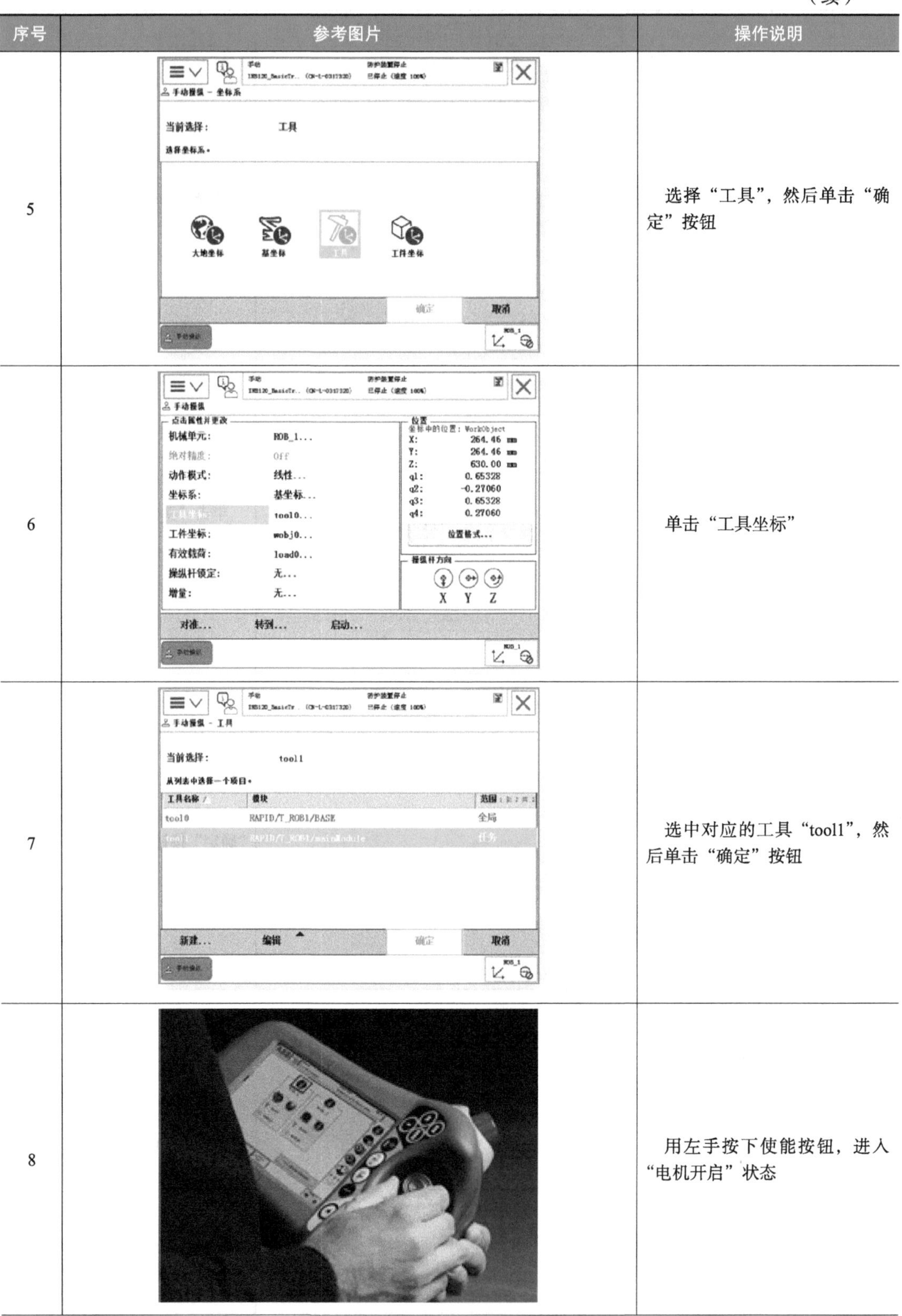

序号	参考图片	操作说明
5		选择“工具”，然后单击“确定”按钮
6		单击“工具坐标”
7		选中对应的工具“tool1”，然后单击“确定”按钮
8		用左手按下使能按钮，进入“电机开启”状态

（续）

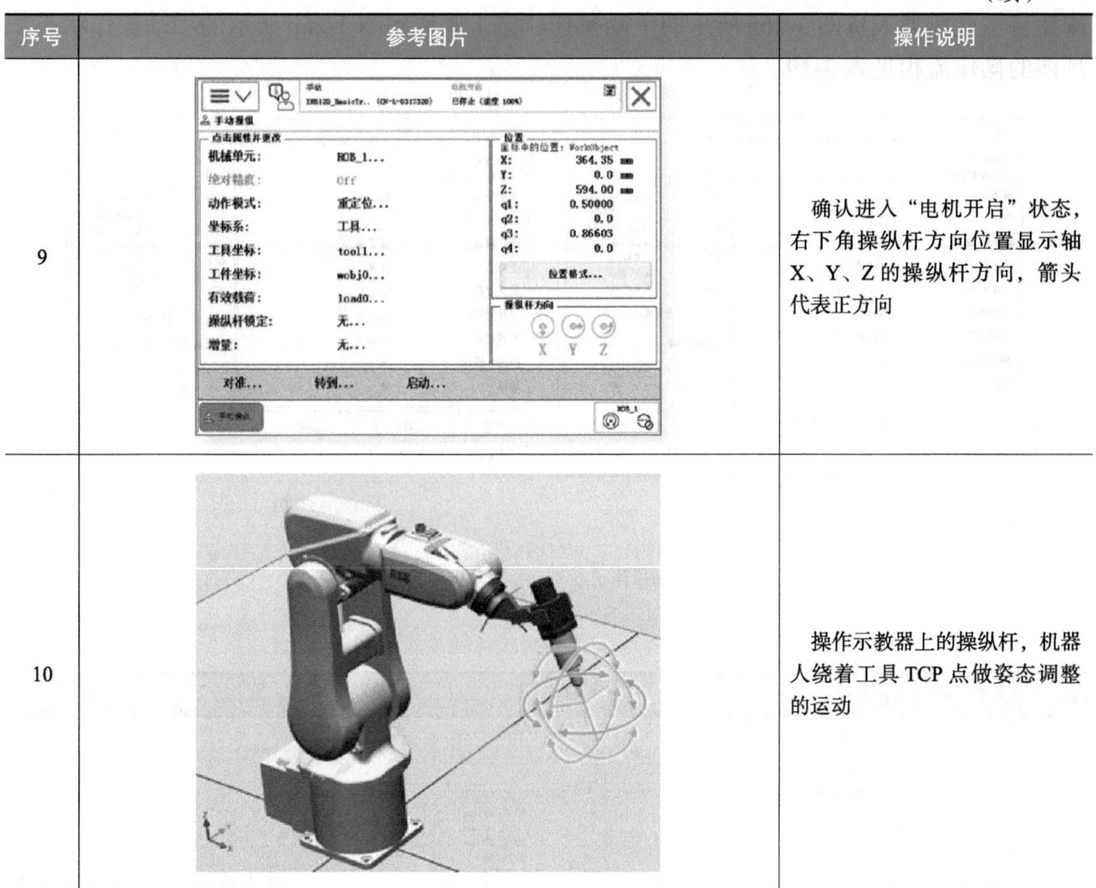

序号	参考图片	操作说明
9		确认进入“电机开启”状态，右下角操纵杆方向位置显示轴X、Y、Z的操纵杆方向，箭头代表正方向
10		操作示教器上的操纵杆，机器人绕着工具TCP点做姿态调整的运动

（4）手动操纵的快捷操作

1）手动操纵的快捷按钮。手动操纵的快捷按钮如图3-25所示。

图3-25　手动操纵的快捷按钮

运用不同的快捷按钮，可以实现一些对工业机器人的快捷操作。例如，可以运用硬件按钮将工业机器人从图 3-26a 所示的手动操作状态 1 调整到图 3-26b 所示的手动操作状态 2，具体的操作流程见表 3-19。

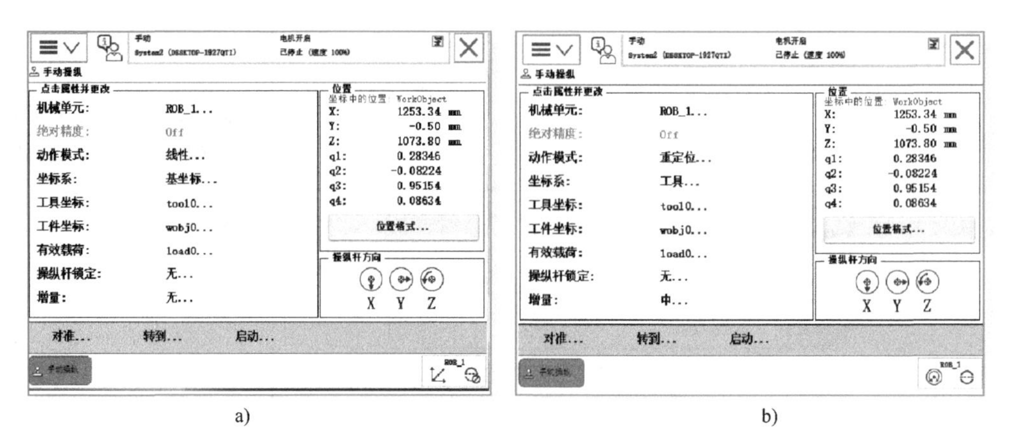

图 3-26 手动操作状态的转换

a）手动操作状态 1 b）手动操作状态 2

表 3-19 手动操作快捷按钮转换运动状态

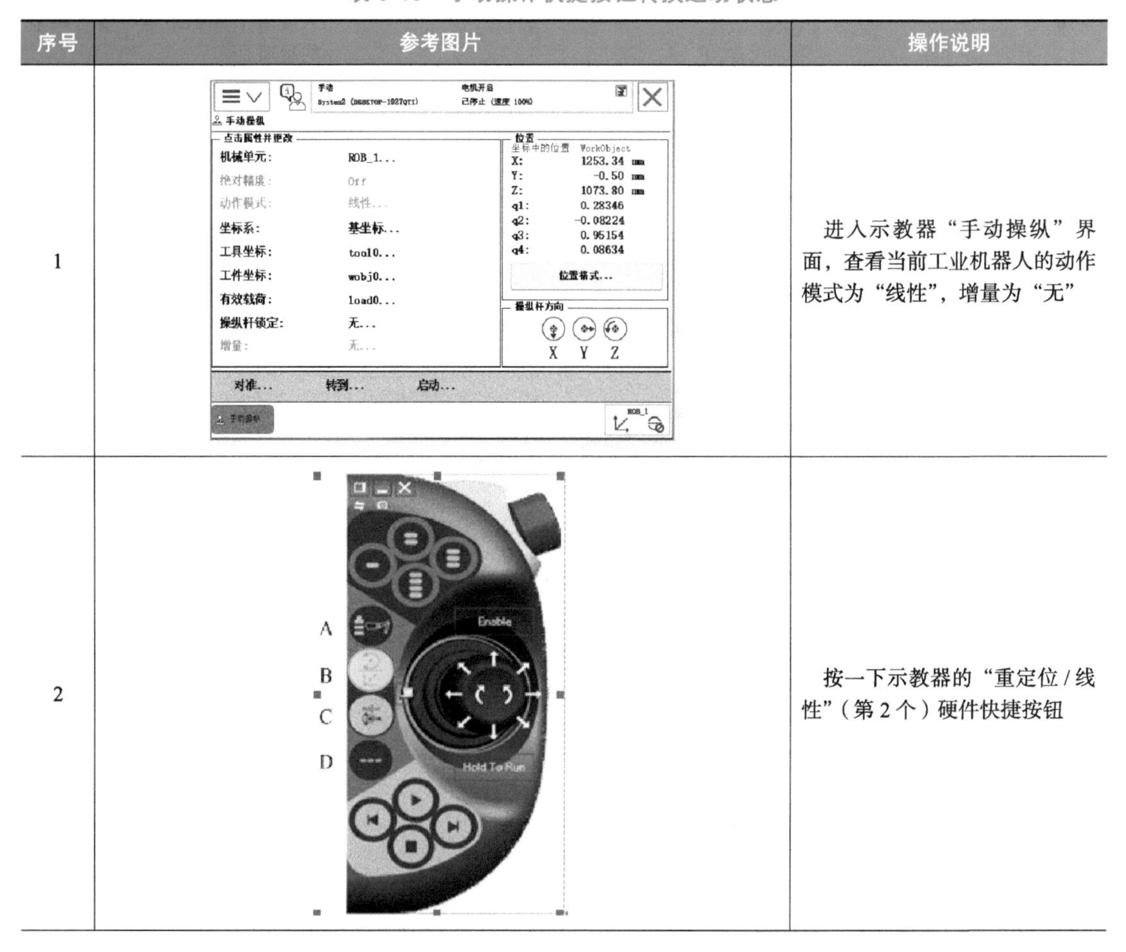

序号	参考图片	操作说明
1		进入示教器“手动操纵”界面，查看当前工业机器人的动作模式为“线性”，增量为“无”
2		按一下示教器的“重定位 / 线性”（第 2 个）硬件快捷按钮

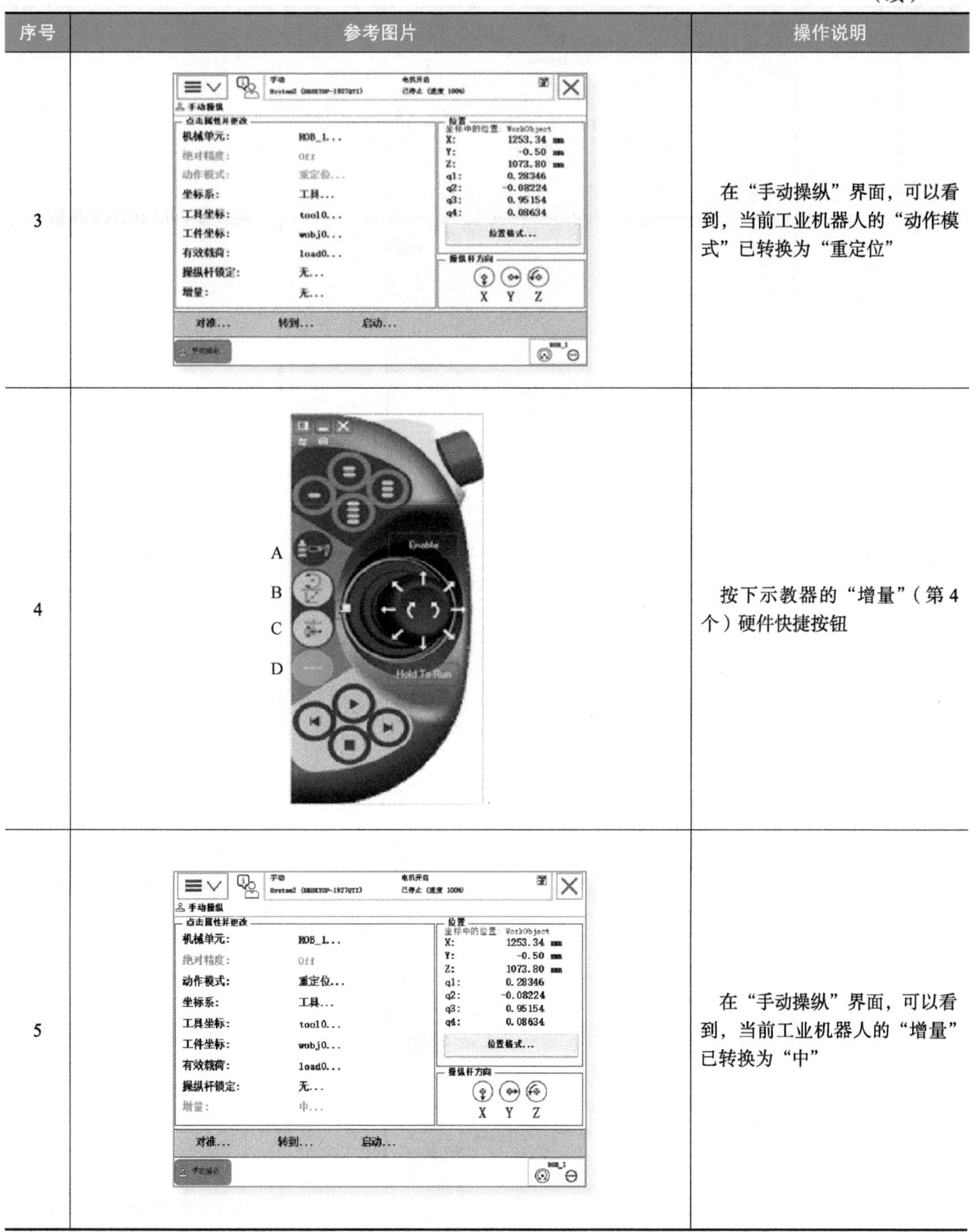

（续）

序号	参考图片	操作说明
3		在“手动操纵”界面，可以看到，当前工业机器人的“动作模式”已转换为“重定位”
4		按下示教器的“增量”（第4个）硬件快捷按钮
5		在“手动操纵”界面，可以看到，当前工业机器人的“增量”已转换为“中”

2）快捷设置菜单的快捷操作。ABB机器人示教器的主菜单上设置有关于手动操作的快捷设置菜单，在操作机器人运动时可以直接使用。

运用快捷设置菜单将机器人手动操作从图3-26a所示的运动状态1调整到图3-26b所示的运动状态2的方法见表3-20。

表 3-20　手动操作的快捷菜单

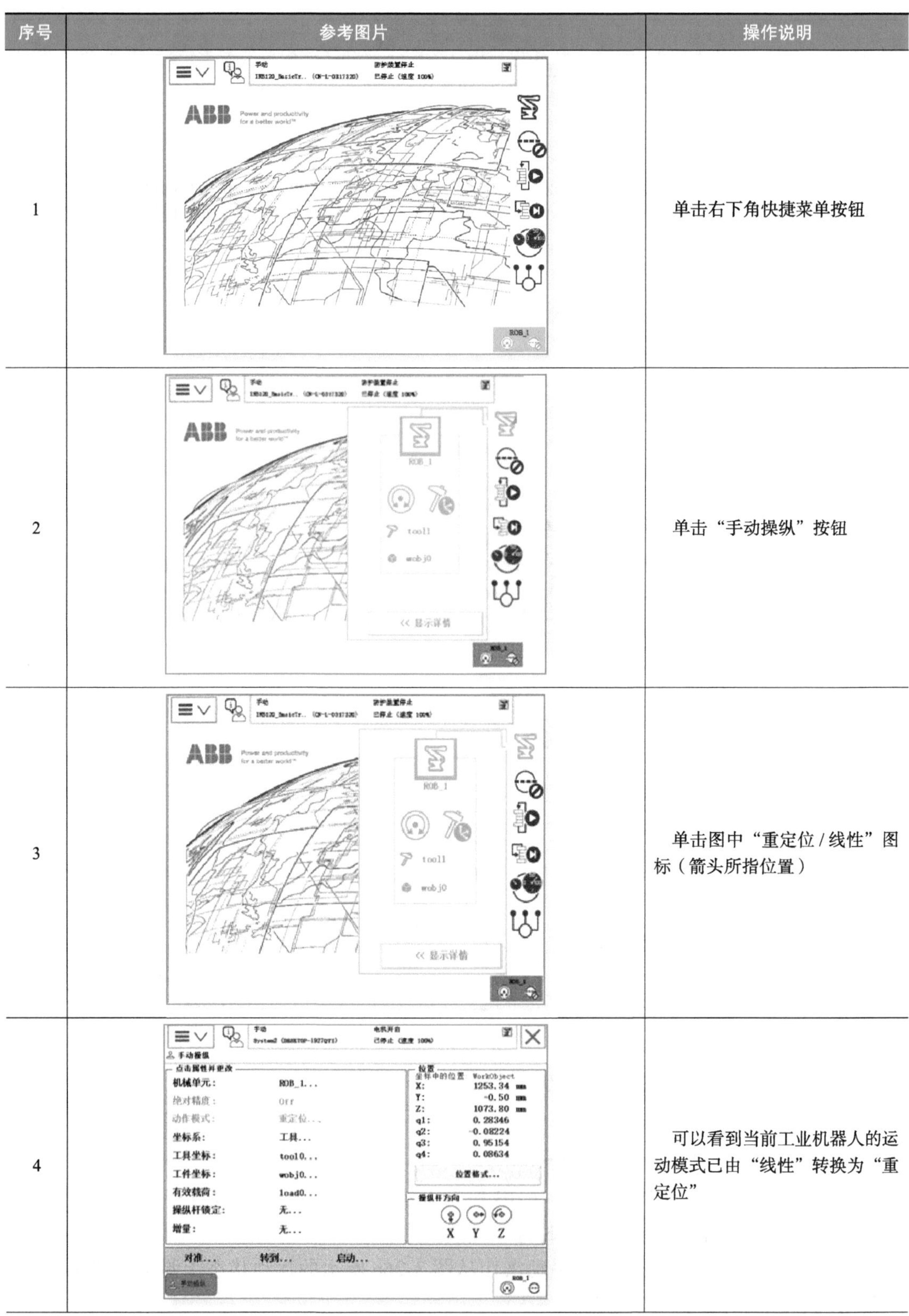

序号	参考图片	操作说明
1		单击右下角快捷菜单按钮
2		单击“手动操纵”按钮
3		单击图中“重定位 / 线性”图标（箭头所指位置）
4		可以看到当前工业机器人的运动模式已由“线性”转换为“重定位”

（续）

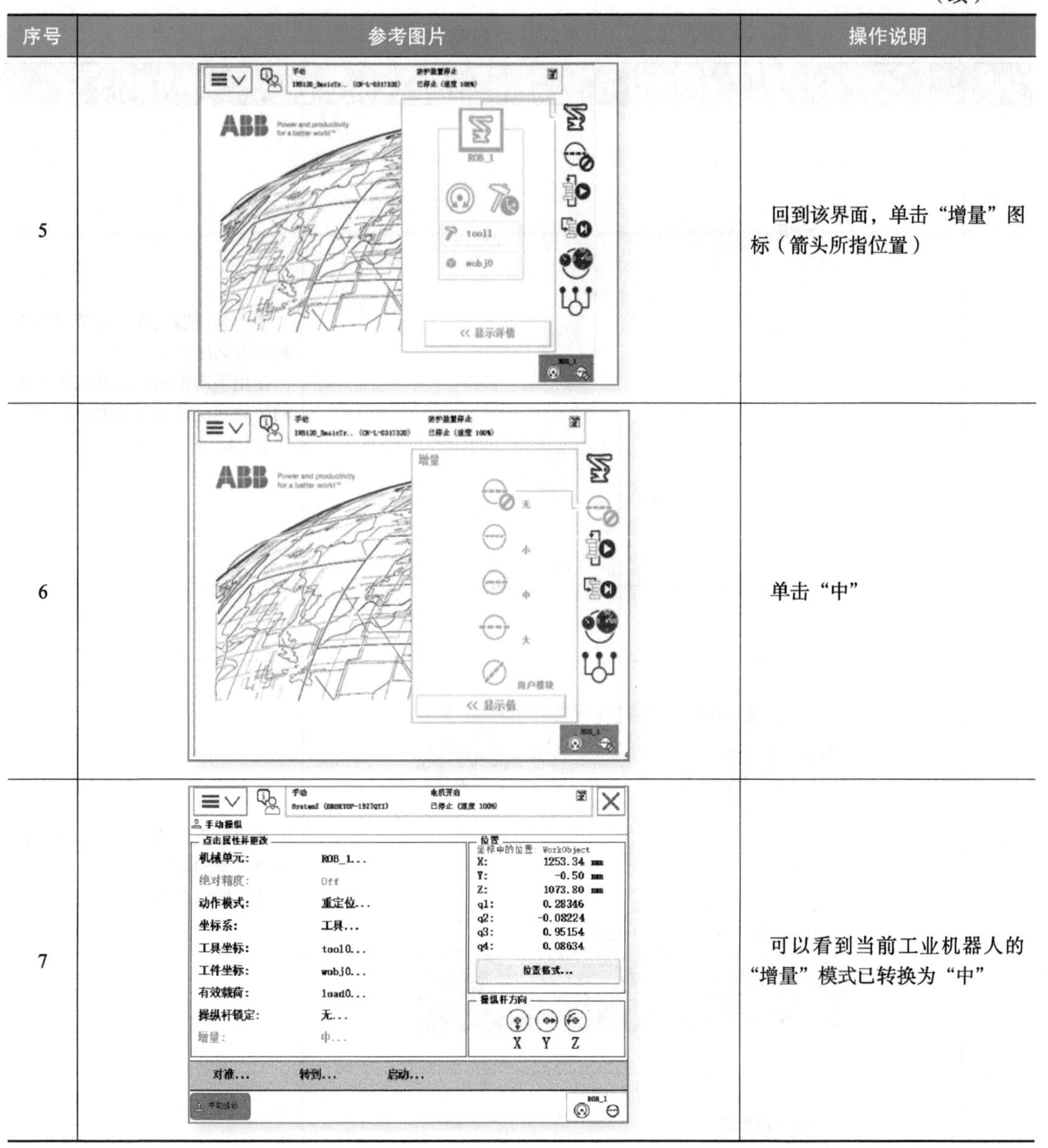

序号	参考图片	操作说明
5		回到该界面，单击“增量”图标（箭头所指位置）
6		单击“中”
7		可以看到当前工业机器人的“增量”模式已转换为“中”

3. 转数计数器更新

机器人的转数计数器更新

ABB 机器人 6 个关节轴都有一个机械原点的位置。在下列情况中，需要对机械原点的位置进行转数计数器更新操作。

1）更换伺服电动机转数计数器电池后。

2）当转数计数器发生故障，修复后。

3）转数计数器与测量板之间断开过以后。

4）断电后，机器人关节轴发生了位移。

5）当系统报警提示“10036 转数计数器未更新”时。

表 3-21 是进行 ABB IRB1410 转数计数器更新的操作步骤。

表 3-21　更新转数计数器的操作步骤

序号	参考图片	操作说明
1	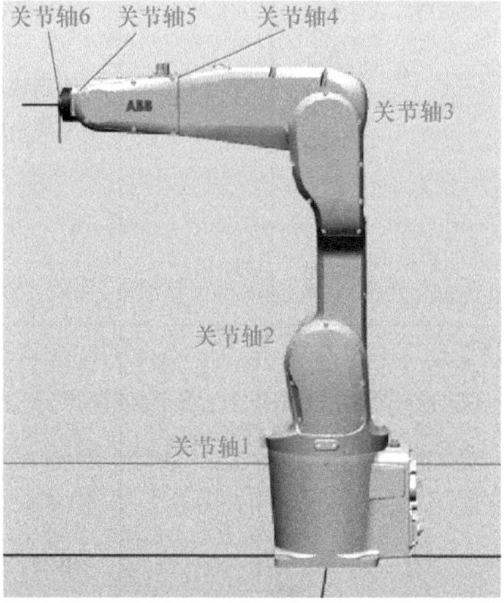	图中为机器人 6 个关节轴的机械原点刻度位置示意图 使用手动操纵让机器人各关节轴运动到机械原点刻度位置的顺序是：4—5—6—1—2—3
2		在手动操纵菜单中，动作模式选择“轴 4-6”，将关节轴 4 运动到机械原点的刻度位置
3	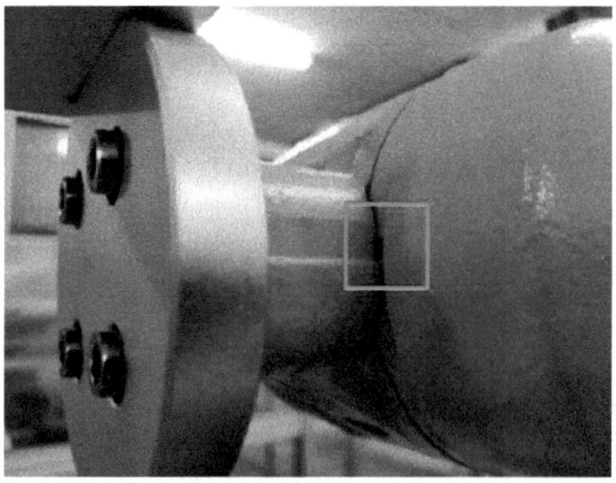	在手动操纵菜单中，动作模式选择“轴 4-6”，将关节轴 5 运动到机械原点的刻度位置

（续）

序号	参考图片	操作说明
4		在手动操纵菜单中，动作模式选择“轴 4-6”，将关节轴 6 运动到机械原点的刻度位置
5	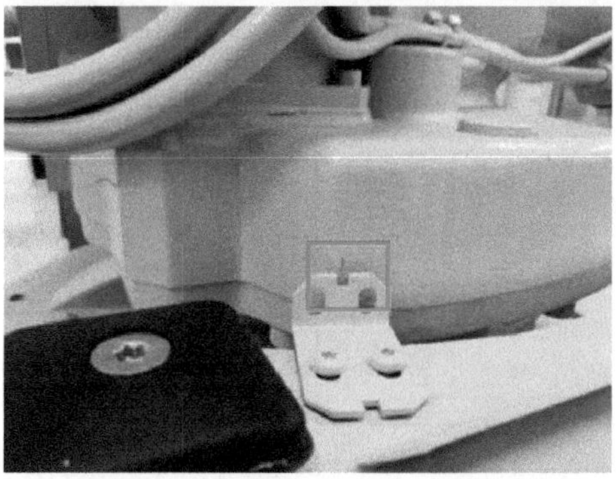	在手动操纵菜单中，动作模式选择“轴 1-3”，将关节轴 1 运动到机械原点的刻度位置
6	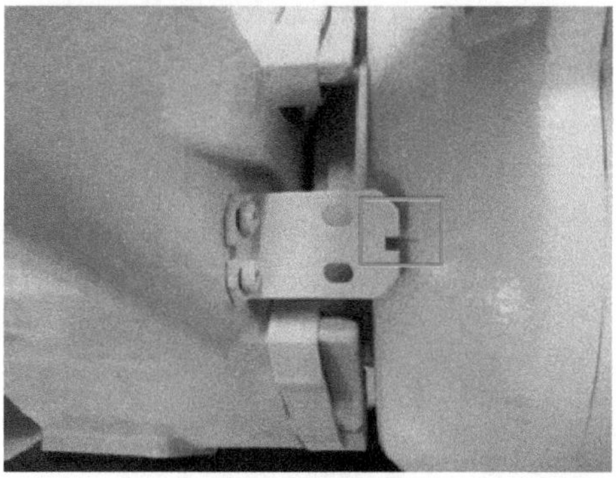	在手动操纵菜单中，动作模式选择“轴 1-3”，将关节轴 2 运动到机械原点的刻度位置
7		在手动操纵菜单中，动作模式选择“轴 1-3”，将关节轴 3 运动到机械原点的刻度位置

（续）

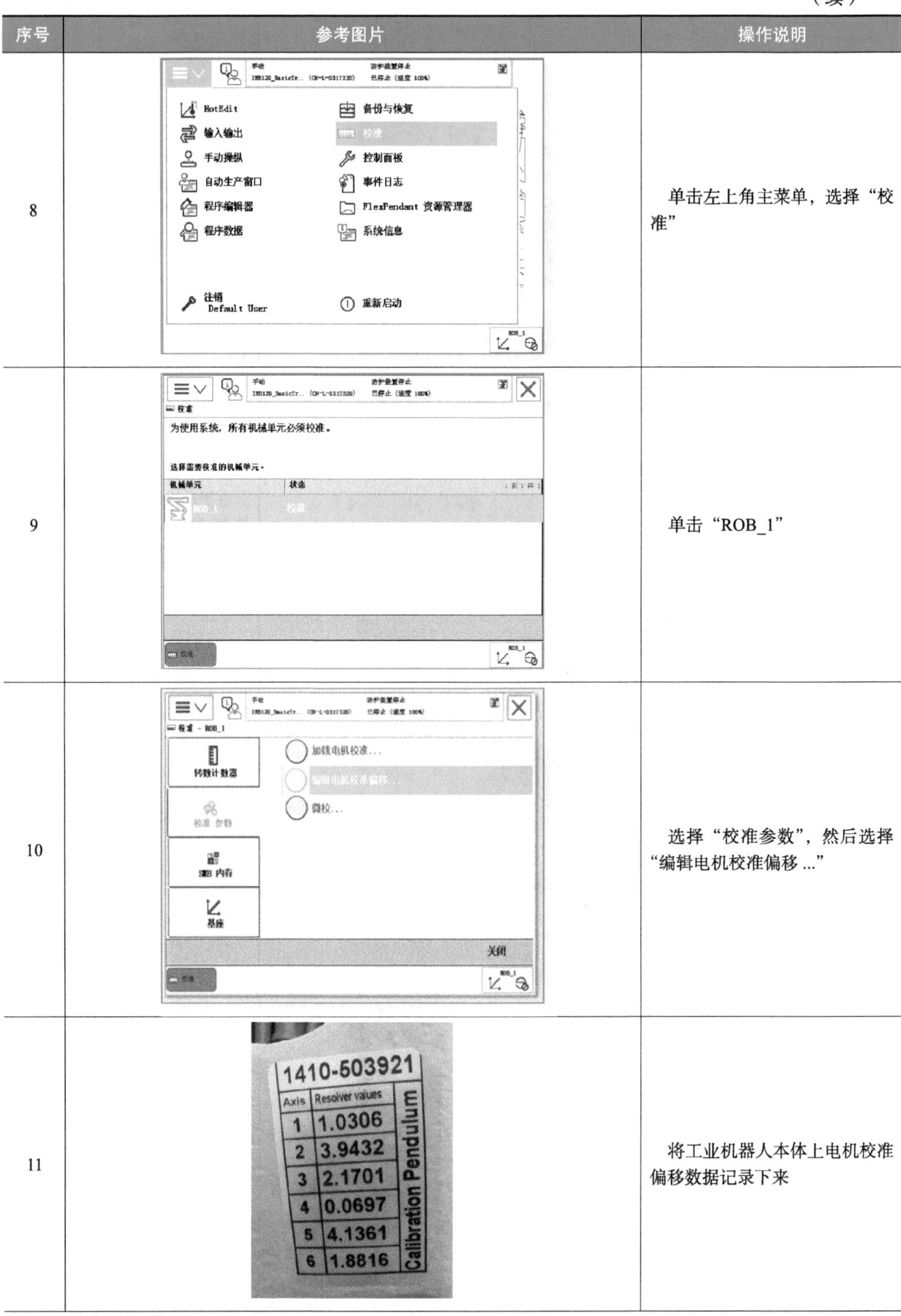

序号	参考图片	操作说明
8		单击左上角主菜单，选择“校准”
9		单击“ROB_1”
10		选择“校准参数”，然后选择“编辑电机校准偏移 ...”
11		将工业机器人本体上电机校准偏移数据记录下来

（续）

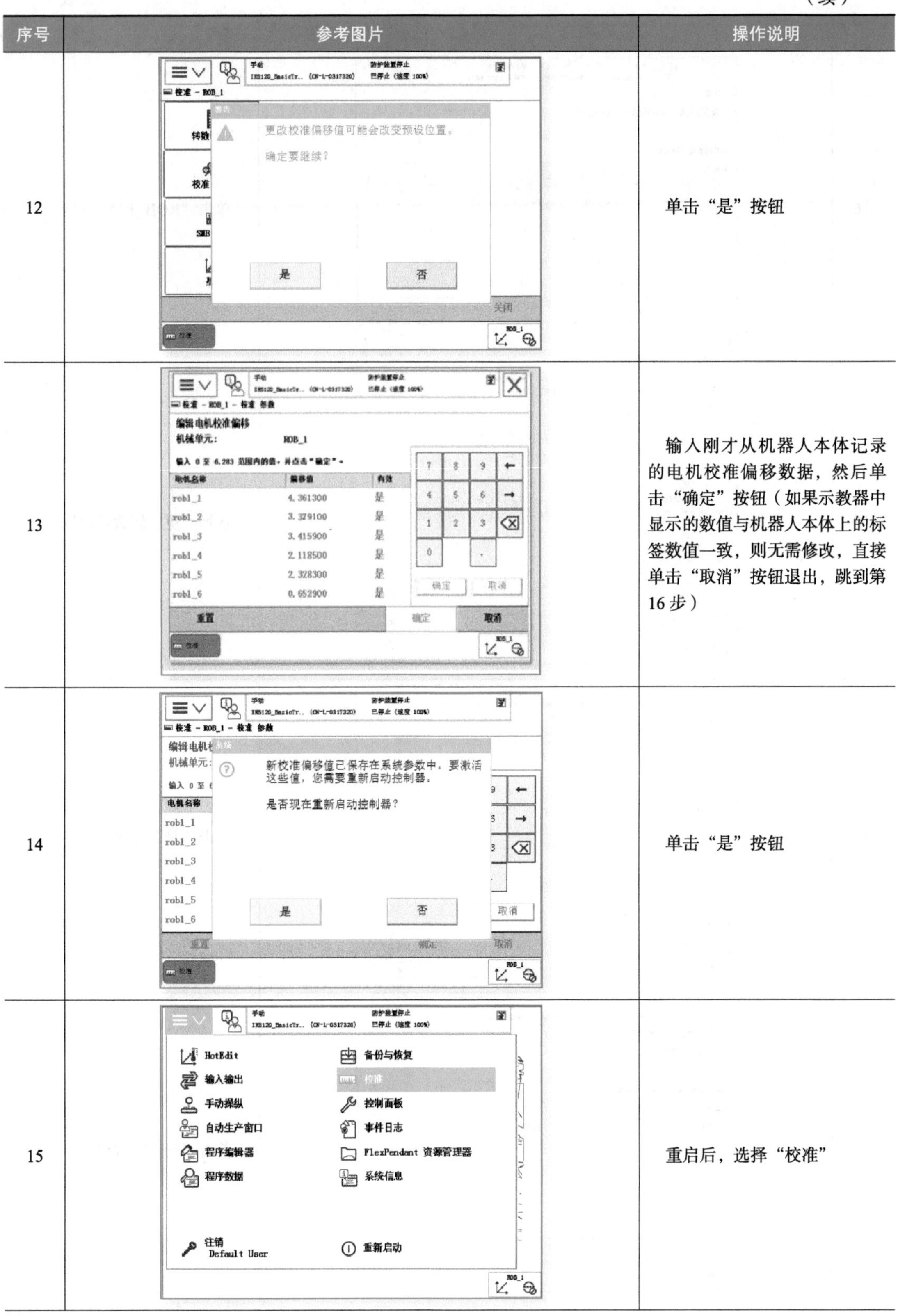

序号	参考图片	操作说明
12		单击“是”按钮
13		输入刚才从机器人本体记录的电机校准偏移数据，然后单击“确定”按钮（如果示教器中显示的数值与机器人本体上的标签数值一致，则无需修改，直接单击“取消”按钮退出，跳到第16步）
14		单击“是”按钮
15		重启后，选择“校准”

（续）

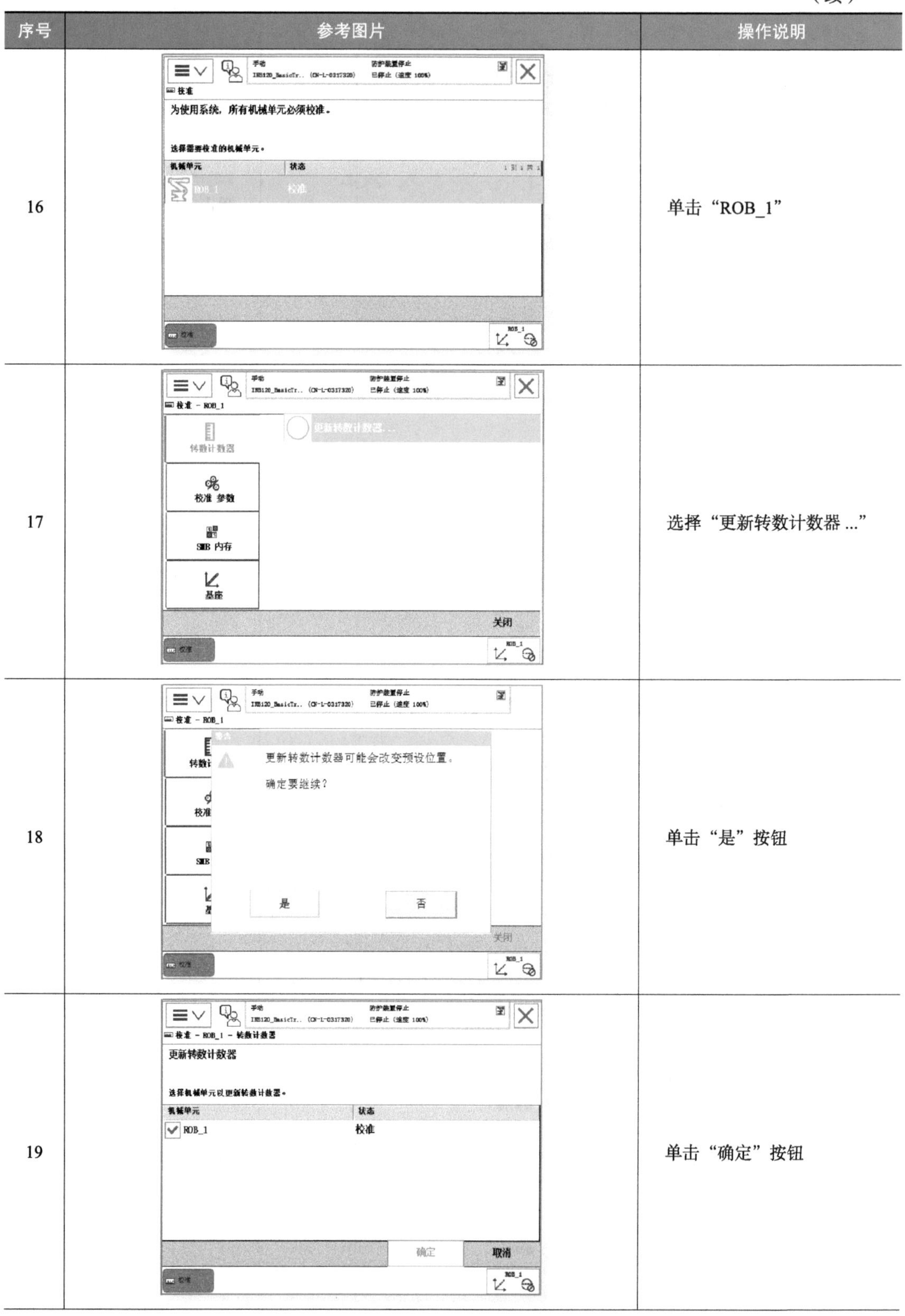

序号	参考图片	操作说明
16		单击“ROB_1”
17		选择“更新转数计数器 ...”
18		单击“是”按钮
19		单击“确定”按钮

（续）

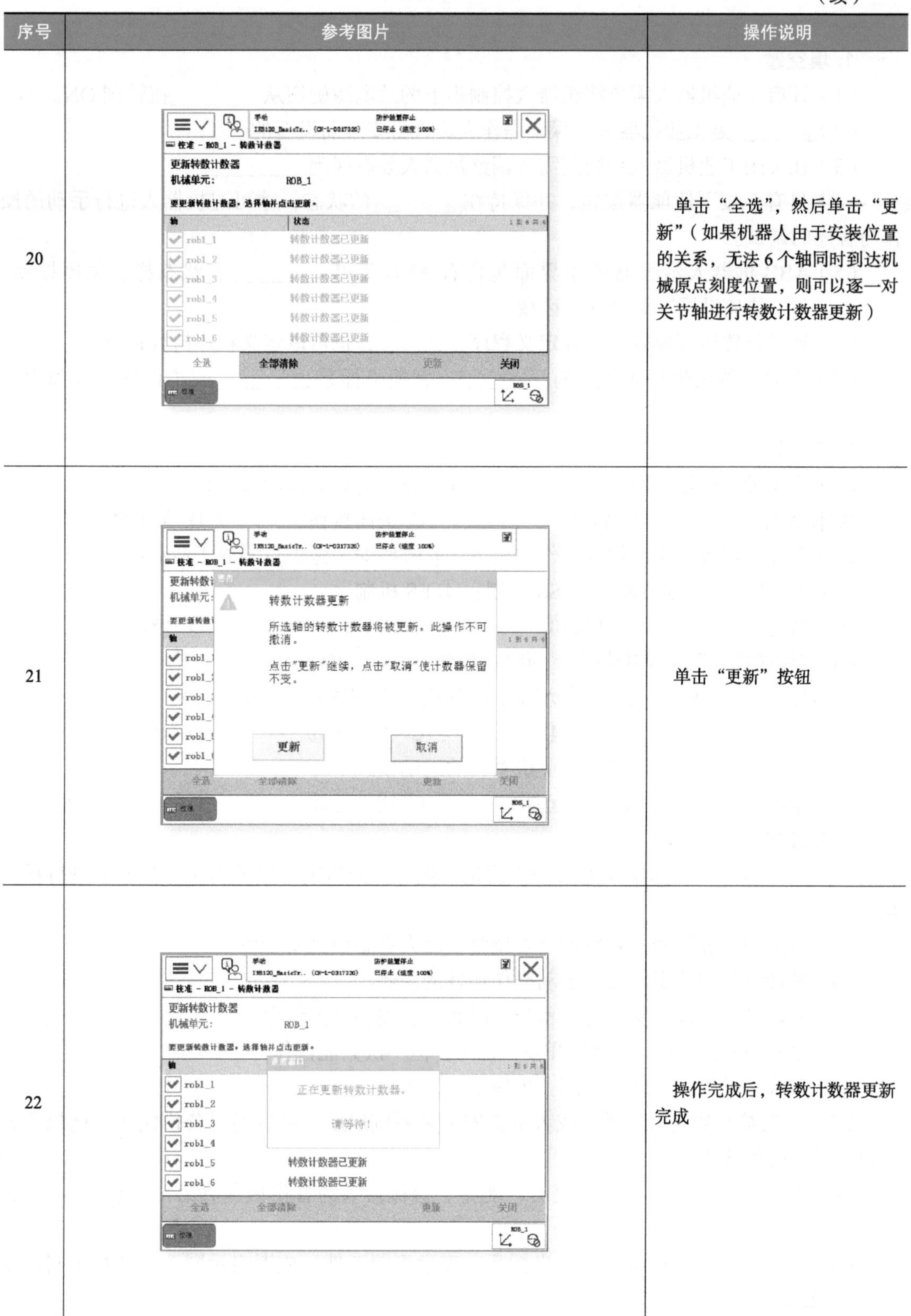

序号	参考图片	操作说明
20		单击“全选”，然后单击“更新”（如果机器人由于安装位置的关系，无法6个轴同时到达机械原点刻度位置，则可以逐一对关节轴进行转数计数器更新）
21		单击“更新”按钮
22		操作完成后，转数计数器更新完成

思考与练习

1. 填空题

（1）开启工业机器人需要将机器人控制柜上的总电源旋钮从________扭转到 ON。

（2）________是工业机器人为保证操作人员人身安全而设置的。

（3）在关闭工业机器人系统前需要调整机器人姿态回到________。

（4）只有在按下使能器按钮，并保持在________的状态，才可对机器人进行手动的操作与程序的调试。

（5）ABB 机器人示教器的主界面包含有 ABB 菜单、________、状态栏、关闭按钮、________和“快速设置”菜单 6 个区域。

（6）通过设置运行模式，可以定义程序________，也可以定义程序持续运行。

（7）工业机器人坐标系主要有________、大地坐标系、________、工件坐标系和用户坐标系。

2. 选择题

（1）在示教器操作界面上单击（　　）就可以查看机器人的事件日志。

A. 任务栏　　B. 状态栏　　C. 关闭按钮　　D. 菜单栏

（2）工业机器人在自动模式操作情况下，有哪些安全保护机制处于活动状态？（　　）

① GS 机制；② AS 机制；③ SS 机制；④ ES 机制

A. ①②③④　　B. ①②③　　C. ①③　　D. ②③④

（3）“快速设置”菜单中包含下面哪些按钮？（　　）

①机械单元；②运行模式；③增量；④速度；⑤配置；⑥任务

A. ①②④⑤　　B. ②③④⑤⑥　　C. ①③④⑤　　D. ①②③④⑥

（4）以下哪项不是手动操作工业机器人的运动模式？（　　）

A. 单轴运动　　B. 上下运动　　C. 线性运动　　D. 重定位运动

3. 判断题

（1）工业机器人实际操作的第一步就是开机，在开机前不需要对工业机器人进行任何检查。（　　）

（2）在关闭工业机器人系统前需要调整机器人姿态回到安全位置。（　　）

（3）使能器按钮位于示教器手动操作摇杆的左侧。（　　）

（4）示教器主界面的状态栏显示与系统状态有关的重要信息。（　　）

（5）透过 ABB 菜单，可以打开多个视图，但一次只能操作一个。（　　）

（6）仅在手动模式下才可使用“机械单元”菜单。（　　）

（7）当机器人系统出现错乱或者重新安装新系统以后，可以通过备份快速地把机器人恢复到备份时的状态。（　　）

（8）在对机器人数据进行恢复时，能将一台机器人的备份恢复到另一台机器人中去。（　　）

（9）机器人可以拥有若干工件坐标系，表示不同工件，或者表示同一工件在不同位置的若干状态。（　　）

（10）更换伺服电动机转数计数器电池后，需要对机械原点的位置进行转数计数器更新操作。（ ）

自我学习检测评分表

项目	目标要求	分值	评分细则	得分	备注
工业机器人的开、关机操作	1. 掌握工业机器人开机操作步骤 2. 掌握工业机器人关机操作步骤	10	1. 理解与掌握 2. 操作流程		
初识工业机器人示教器	1. 熟悉示教器面板组成和各硬件按钮的功能及使用方法 2. 熟悉示教器主界面的六大区域 3. 熟悉示教器主界面各区域的主要选项及功能	10	1. 理解与掌握 2. 操作流程		
示教器的一般操作	1. 学会设置示教器的语言和时间 2. 学会查看常用信息与事件日志 3. 掌握数据的备份与恢复的操作方法 4. 掌握导入程序模块及 EIO 文件的方法 5. 掌握工业机器人的安全操作规程	30	1. 理解与掌握 2. 操作流程		
工业机器人的基本操作	1. 掌握工业机器人常用坐标系的内涵及特点 2. 学会工业机器人单轴运动的手动操纵 3. 学会工业机器人线性运动的手动操纵 4. 学会工业机器人重定位运动的手动操纵 5. 学会工业机器人手动操纵快捷按钮的功能及操作方法 6. 掌握更新转数计数器的操作方法	40	1. 理解与掌握 2. 操作流程		
安全操作	符合工业机器人安全操作要求	10			

项目四　ABB工业机器人的I/O通信

➢ **项目描述**

通过学习本项目，大家可以了解 ABB 机器人常见的 I/O 通信接口以及常用的标准 I/O 板卡的种类，知道 DSQC 652 板各接口的分布及特点，学会 DSQC 652 板的配置方法，并学会建立数字量 I/O 信号和系统输入输出的关联。

➢ **学习目标**

1）了解 ABB 机器人的通信种类。

2）了解常用的 ABB 标准 I/O 板。

3）掌握 DSQC 652 板接口的分布及特点。

4）学会 DSQC 652 板的配置方法。

5）学会建立数字量 I/O 信号和系统输入输出的关联。

任务一　认识 ABB 工业机器人的通信种类

认识 ABB 工业机器人的通信

I/O 是 Input/Output 的缩写，即输入 / 输出端口，工业机器人可通过 I/O 与外部设备进行交互，举例如下。

数字量输入：各种开关信号反馈，如按钮、转换开关、接近开关等；传感器信号反馈，如光电传感器、光纤传感器；还有接触器、继电器触点信号反馈；另外还有触摸屏里的开关信号反馈。

数字量输出：控制各种继电器线圈，如接触器、继电器、电磁阀；控制各种指示类信号，如指示灯、蜂鸣器。

ABB 机器人的标准 I/O 板的输入输出都是 PNP 类型。

1. ABB 机器人 I/O 通信的种类

ABB 机器人提供了丰富的 I/O 通信接口，如 ABB 的标准通信、与 PLC 的现场总线通信、还有与 PC 的数据通信，如图 4-1 所示，可以轻松地实现与周边设备的通信。

关于 ABB 机器人 I/O 通信接口的说明。

1）ABB 的标准 I/O 板提供的常用信号处理有数字量输入 DI、数字量输出 DO、组输入 GI、组输出 GO、模拟量输入 AI、模拟量输出 AO，常用的标准 I/O 板有 DSQC 651 和 DSQC 652。

2）ABB 机器人可以选配标准 ABB 的 PLC，省去了原来与外部 PLC 进行通信设置的麻烦，并且在机器人的示教器上就能实现与 PLC 相关的操作。

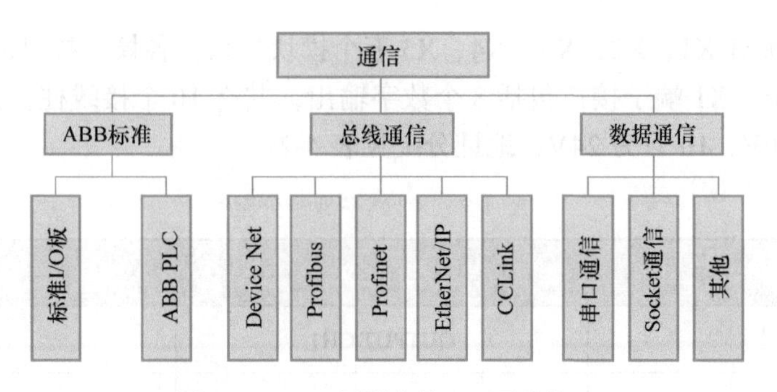

图 4-1　ABB 机器人的 I/O 通信接口

2. ABB 机器人常用标准 I/O 板

常用的 ABB 标准 I/O 板见表 4-1（具体规格参数以 ABB 官方最新公布为准）。在本书中将以 DSQC 652 为例对标准 I/O 板进行详细介绍。

表 4-1　ABB 标准 I/O 板

型号	说明
DSQC 651	分布式 I/O 模块 DI8、DO8、AO2
DSQC 652	分布式 I/O 模块 DI16、DO16
DSQC 653	分布式 I/O 模块 DI8、DO8 带继电器
DSQC 355A	分布式 I/O 模块 AI4、AO4
DSQC 377A	输送链跟踪单元

任务二　定义 DSQC 652 板

1. ABB 标准 I/O 板 DSQC 652

DSQC 652 作为 ABB 机器人的 I/O 板，可以提供 16 个数字输入信号和 16 个数字输出信号，其接口位置及说明如图 4-2 所示。

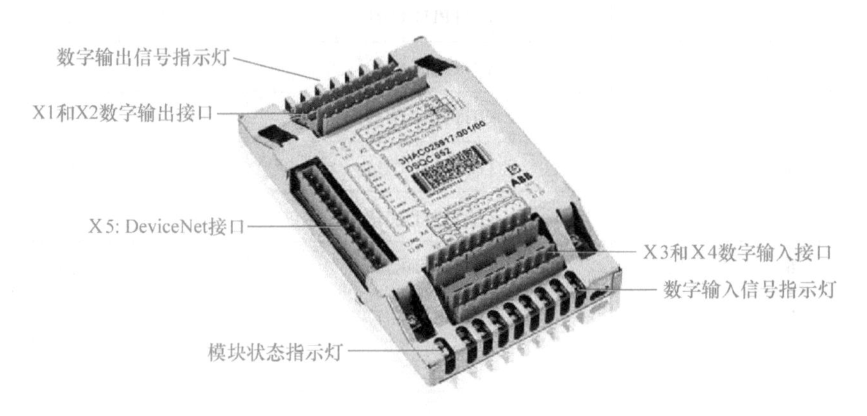

图 4-2　DSQC 652 接口说明

DSQC 652 板有 X1、X2、X3、X4、X5 五个模块接口，各模块接口说明如下。

（1）X1 端子　X1 端子接口包括 8 个数字输出，共有 10 个接线柱，其中 1 ~ 8 号为输出通道，9 号为 0V，10 号为 24V，地址分配见表 4-2。

表 4-2　X1 端子地址分配

X1 端子编号	使用定义	地址分配
1	OUTPUT CH1	0
2	OUTPUT CH2	1
3	OUTPUT CH3	2
4	OUTPUT CH4	3
5	OUTPUT CH5	4
6	OUTPUT CH6	5
7	OUTPUT CH7	6
8	OUTPUT CH8	7
9	0V	—
10	24V	—

（2）X2 端子　X2 端子接口包括 8 个数字输出，与 X1 端子一样，地址分配见表 4-3。在 X1 和 X2 的上方，分别有两排 LED 指示灯，每排 8 个，代表 8 个通道。当某一通道有信号输出时，该通道的 LED 指示灯会点亮，如图 4-3 所示。

表 4-3　X2 端子地址分配

X2 端子编号	使用定义	地址分配
1	OUTPUT CH1	8
2	OUTPUT CH2	9
3	OUTPUT CH3	10
4	OUTPUT CH4	11
5	OUTPUT CH5	12
6	OUTPUT CH6	13
7	OUTPUT CH7	14
8	OUTPUT CH8	15
9	0V	—
10	24V	—

图 4-3　输出通道的 LED 指示灯

（3）X3 端子　X3 端子接口包括 8 个数字输入，共有 10 个接线柱，其中 1~8 号为输入通道，9 号为 0V，10 号未使用，地址分配见表 4-4。

表 4-4　X3 端子地址分配

X3 端子编号	使用定义	地址分配
1	INPUT CH1	0
2	INPUT CH2	1
3	INPUT CH3	2
4	INPUT CH4	3
5	INPUT CH5	4
6	INPUT CH6	5
7	INPUT CH7	6
8	INPUT CH8	7
9	0V	—
10	未使用	—

（4）X4 端子　X4 端子接口包括 8 个数字输入，与 X3 端子一样，地址分配见表 4-5。与X1、X2端子一样，在X3和X4的下方，也有两排LED指示灯，每排8个，代表8个通道，用来指示相应通道的状态，当某一通道有信号输入时，该通道的 LED 指示灯会点亮。

（5）X5 端子　X5 端子是 DeviceNet 总线接口，共有 12 个接线柱，从下往上依次编号为 1~12，端子使用定义见表 4-6。

表 4-5　X4 端子地址分配

X4 端子编号	使用定义	地址分配
1	OUTPUT CH1	8
2	OUTPUT CH2	9
3	OUTPUT CH3	10
4	OUTPUT CH4	11
5	OUTPUT CH5	12
6	OUTPUT CH6	13
7	OUTPUT CH7	14
8	OUTPUT CH8	15
9	0V	—
10	24V	—

表 4-6　X5 端子使用定义

X5 端子编号	使用定义
1	0V BLACK（黑色）
2	CAN 信号线 low BLUE（蓝色）
3	屏蔽线
4	CAN 信号线 high WHITE（白色）
5	24V RED（红色）
6	GND 地址选择公共端
7	模块 ID bit 0（LSB）
8	模块 ID bit 1（LSB）
9	模块 ID bit 2（LSB）
10	模块 ID bit 3（LSB）
11	模块 ID bit 4（LSB）
12	模块 ID bit 5（LSB）

2. DSQC 652 板地址的硬件设置

ABB 标准 I/O 板是挂在 DeviceNet 网络上的，每一个 I/O 板都需要有唯一的 DeviceNet 地址（ID），所以要设定 I/O 板在网络中的地址。

DSQC 652 是通过 X5 端口来连接 DeviceNet 总线并设置 I/O 板在总线上的地址的。从表 4-6 可以看出，DSQC 652 的 X5 端子共有 12 个接线柱，其中 6~12 号接线柱是用来设定 I/O 板总线地址的。6 号为逻辑地（0V），7 ~ 12 号分别表示节点地址的第 0 位 ~ 第 5 位。第 7 号接线柱（第 0 位）代表 2 的 0 次方，第 8 号接线柱（第 1 位）代表 2 的 1 次方，依次类推，第 12 号接线柱（第 5 位）代表 2 的 5 次方，$2^0+2^1+2^2+2^3+2^4+2^5=63$，因此，I/O 板的地址的范围应为 0 ~ 63。

与其他厂家（如西门子）使用拨码开关来设定地址不同，ABB 的标准 I/O 板使用短接片来设定 DeviceNet 的地址。当使用短接片把第 6 号接线柱（0V）与其他接线柱（7 ~ 12 号）相连接时，则被连接的接线柱输入为 0V，视为逻辑 0；而没有连接的接线柱视为逻辑 1。

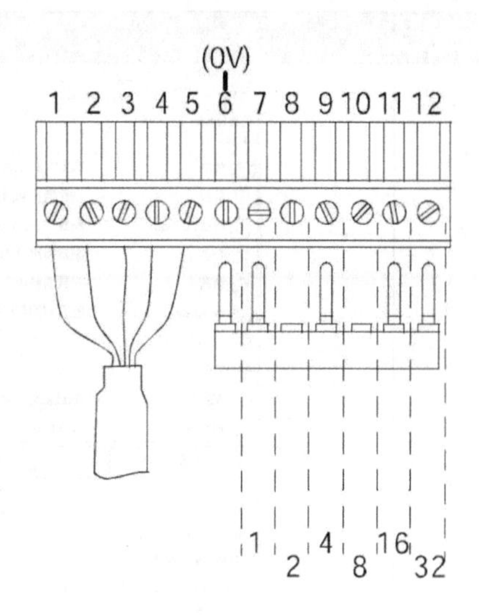

图 4-4　X5 端口设定模块地址

基于上述原理，可以来设置 ABB 标准 I/O 板的地址。如图 4-4 所示，把第 8 号接线柱（第 1 位，地址 2）和第 10 号接线柱（第 3 位，地址 8）的短接片剪去，其他位完好，那么 7 号、9 号、11 号和 12 号接线柱的输入均为 0V（逻辑 0），而 8 号和 10 号由于被切断，因此其输入视为高电压（逻辑 1），因此该节点的地址为 2+8=10，即 I/O 模块在 DeviceNet 上的地址为 10。

同样的道理，如果需要把该 I/O 板的地址设置成 20，需要使用一个新的短接片，然后把 9 号和 11 号对应的短接片切断，这样节点地址就等于 4+16=20；如果使用一个全新的短接片（没有任何位被切断）连接到 6 ~ 12 号接线柱上，则节点的地址为 0；相反，如果不连接短接片，则节点的地址为 63。

配置 DSQC 652 板

3. 定义 DSQC 652 板的总线连接

通过 X5 端子设置好 DSQC 652 板的地址后，还需要在系统中对 DSQC 652 板进行配置。定义 DSQC 652 板的总线连接的相关参数见表 4-7。

表 4-7　DSQC 652 板总线连接的相关参数

参数名称	设定值	说明
Name	IOboard_10	设定 I/O 板在系统中的名字
来自模板的值	DSQC 652 24 VDC I/O Device	选择 DeviceNet 设备
Address	10	设定 I/O 板在总线中的地址

在系统中定义 DSQC 652 板的操作步骤见表 4-8。

表 4-8　定义 DSQC 652 板的操作步骤

序号	参考图片	操作说明
1		单击左上角主菜单按钮，然后选择“控制面板”

（续）

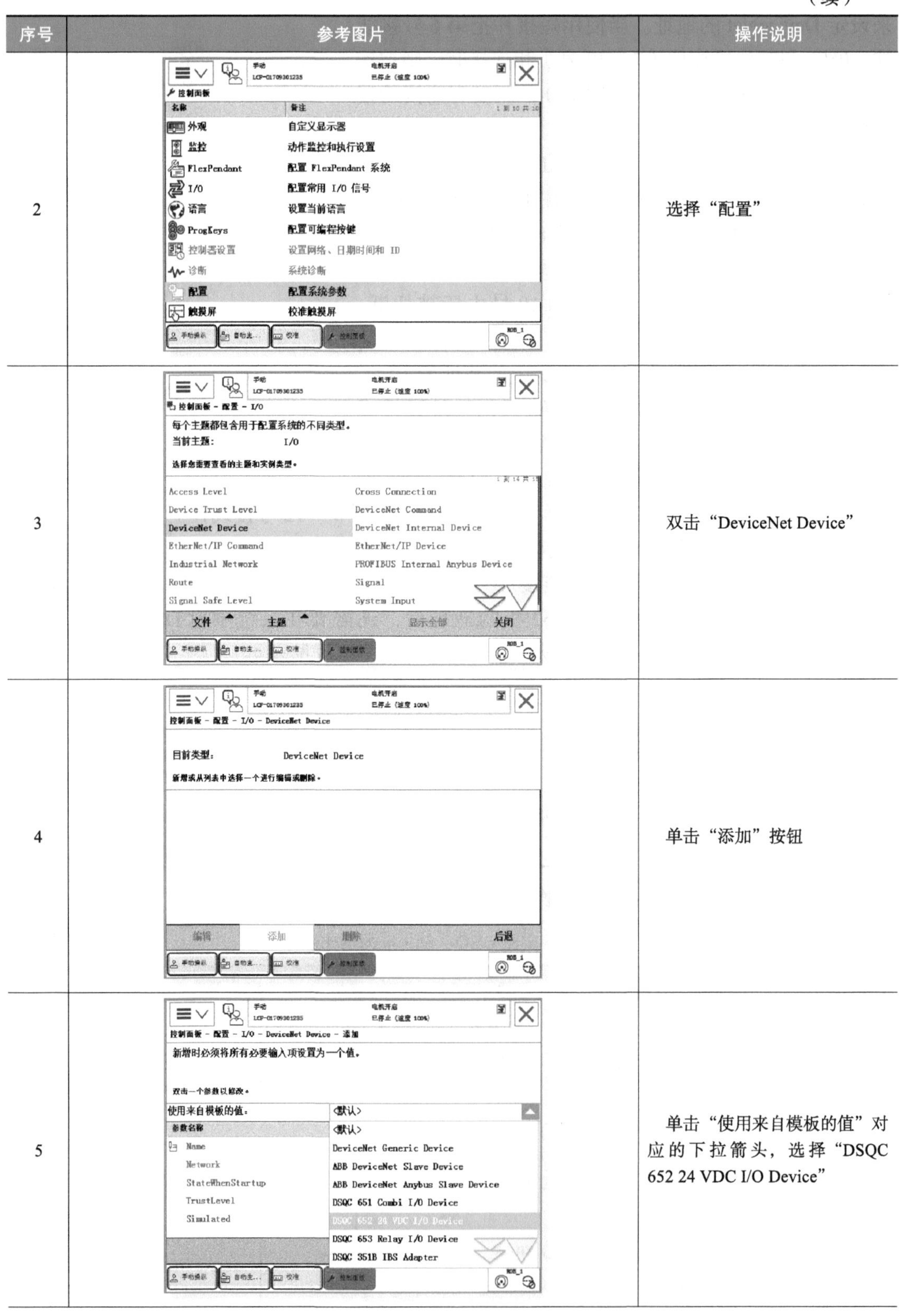

序号	参考图片	操作说明
2		选择“配置”
3		双击“DeviceNet Device”
4		单击“添加”按钮
5		单击“使用来自模板的值”对应的下拉箭头，选择“DSQC 652 24 VDC I/O Device”

（续）

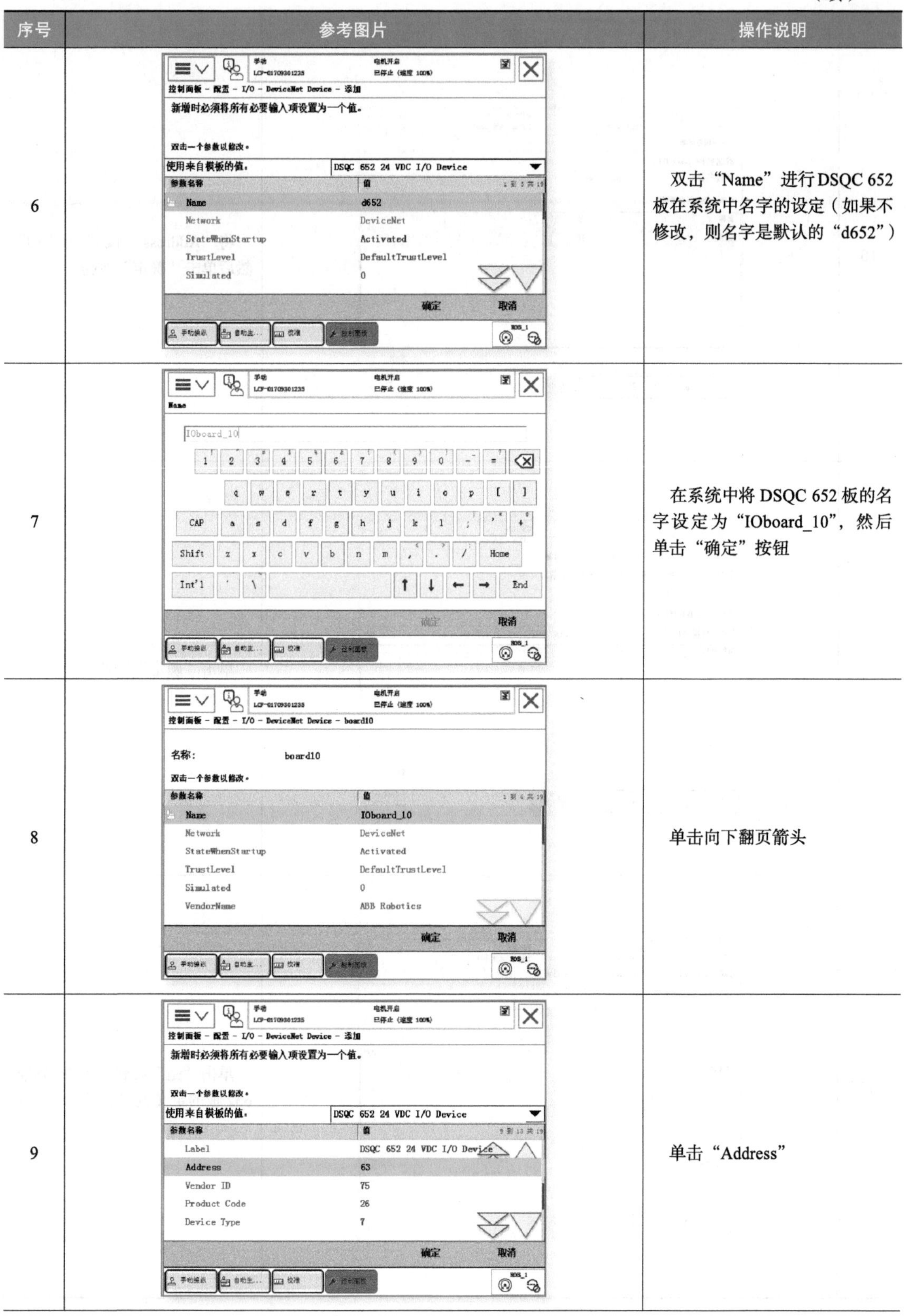

序号	参考图片	操作说明
6		双击“Name”进行DSQC 652板在系统中名字的设定（如果不修改，则名字是默认的“d652”）
7		在系统中将DSQC 652板的名字设定为“IOboard_10”，然后单击“确定”按钮
8		单击向下翻页箭头
9		单击“Address”

（续）

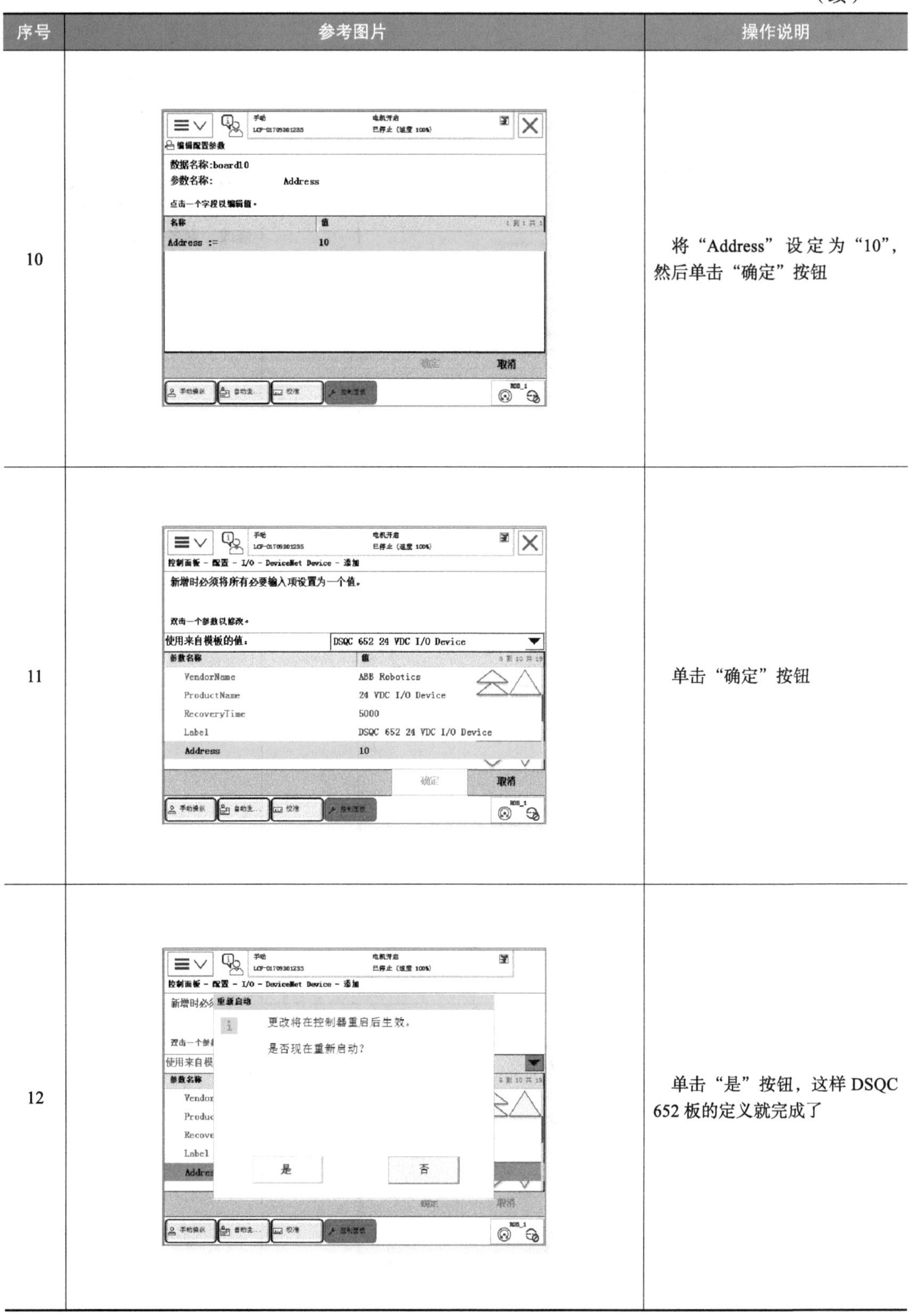

序号	参考图片	操作说明
10		将“Address”设定为“10”，然后单击“确定”按钮
11		单击“确定”按钮
12		单击“是”按钮，这样DSQC 652板的定义就完成了

任务三　定义数字输入信号

1. 认识数字输入信号

工业机器人的外部控制是通过按钮盒来实现的，另外，工业机器人工作站还设置有安全门和紧急停止按钮来保证操作的安全，如图 4-5 所示。按钮盒按键的开 / 关信号、紧急停止信号以及安全门传感器的输出信号均为 DSQC 652 的数字输入信号。除了紧急停止信号，在本任务中，共设置了 6 个 DSQC 652 的数字输入信号，其说明见表 4-9。各输入信号的接线图如图 4-6 所示，其中黑线（左边第一条）与安全门传感器相连接，其余 5 条线分别与图 4-5 的 5 个按钮对应相连。数字输入信号连接的电气原理图如图 4-7 所示。

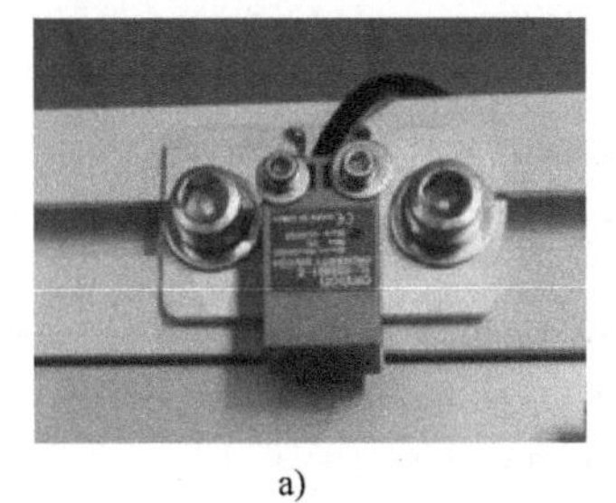
a)

b)

c)

图 4-5　工业机器人工作站主要数字输入信号

a）安全门传感器　b）按钮盒　c）紧急停止按钮

表 4-9　DSQC 652 数字输入信号的说明

序号	外部连接	数字输入信号名称	DSQC 652 地址	说明
1	门禁	security_gate	0	安全门信号
2	按钮 1	motor_on	1	电动机上电
3	按钮 2	start	2	启动
4	按钮 3	stop	3	停止
5	按钮 4	speed_set	4	速度设置
6	按钮 5	interrupt_set	5	中断调速

图 4-6　数字输入信号的接线图

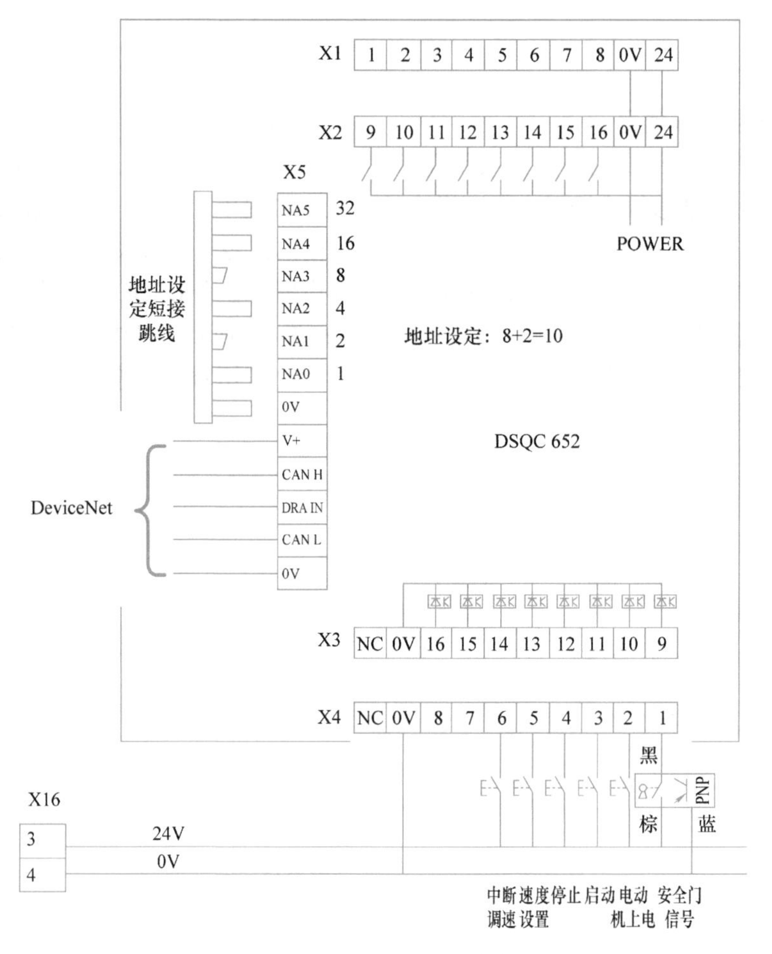

图 4-7　数字输入信号连接的电气原理图

2. 配置数字输入信号

DSQC 652 的数字输入信号需要进行相应地配置，每个信号需要配置的相关参数见表 4-10。各数字输入信号的配置方法基本相同，本节以信号 security_gate 为例讲解配置数字输入信号的详细步骤。

表 4-10　数字输入信号需要配置的参数

参数名称	设定值	说明
Name	参见表 4-9 “数字输入信号名称”	设定数字输入信号的名字
Type of Signal	Digital Input	设定信号的类型
Assigned to Device	IOboard_10	设定信号所在的 I/O 模块
Device Mapping	参见表 4-9 “DSQC 652 地址”	设定信号所占用的地址
Invert Physical Value	No	如果想将信号取反，可选 Yes

配置数字输入信号的操作步骤见表 4-11。

表 4-11　配置数字输入信号的操作步骤

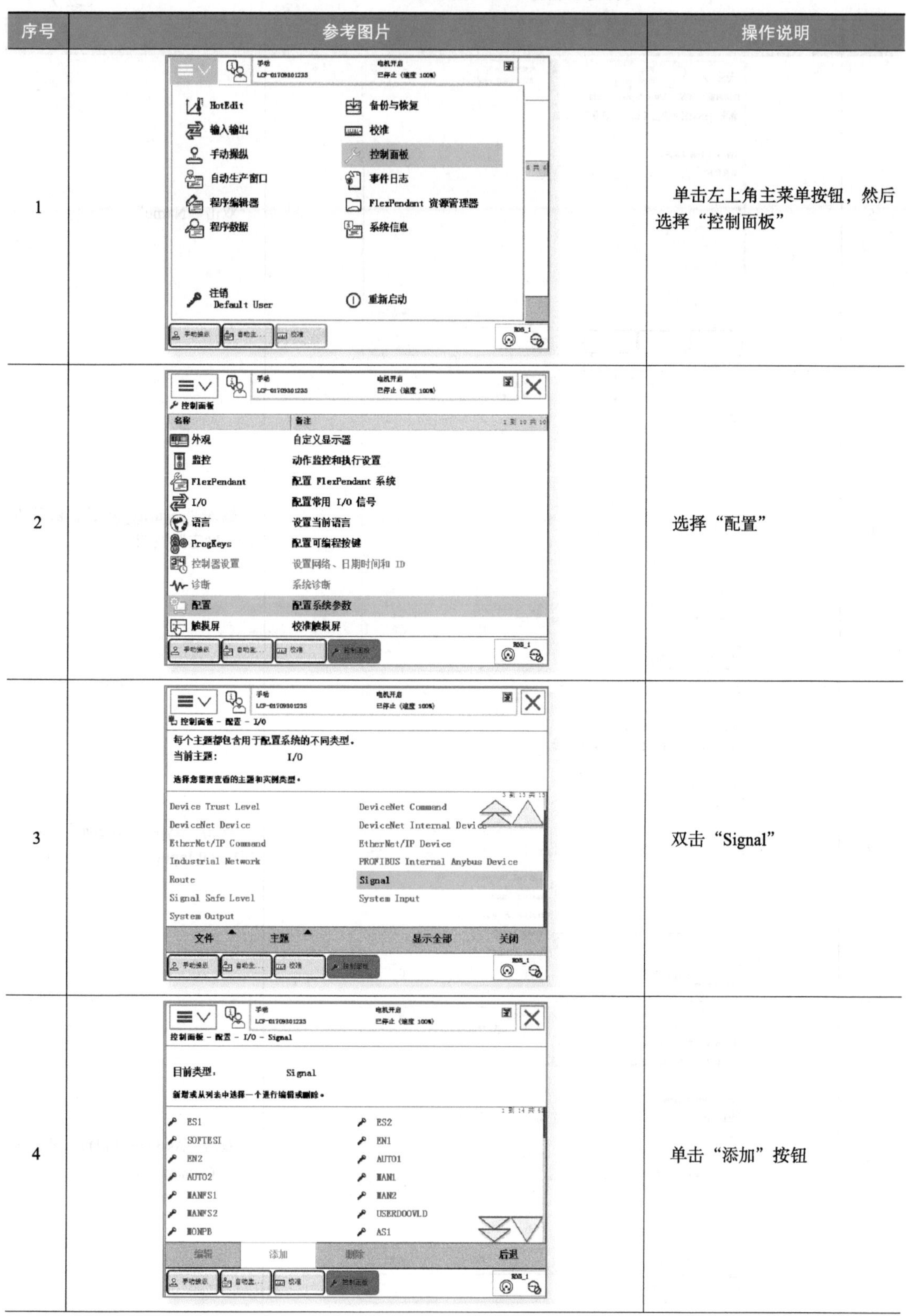

序号	参考图片	操作说明
1		单击左上角主菜单按钮，然后选择“控制面板”
2		选择“配置”
3		双击“Signal”
4		单击“添加”按钮

（续）

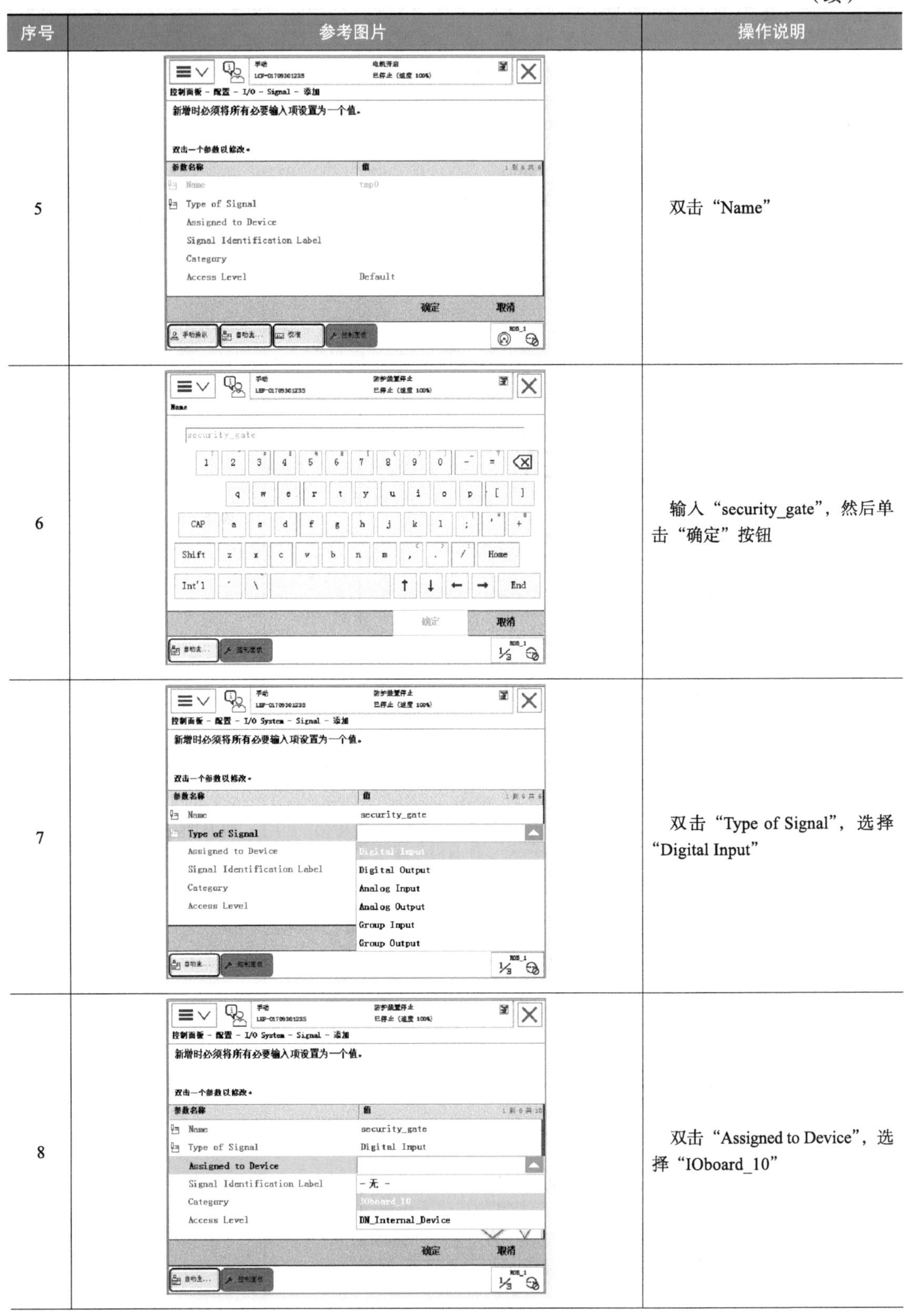

序号	参考图片	操作说明
5		双击“Name”
6		输入“security_gate”，然后单击“确定”按钮
7		双击“Type of Signal”，选择“Digital Input”
8		双击“Assigned to Device”，选择“IOboard_10”

（续）

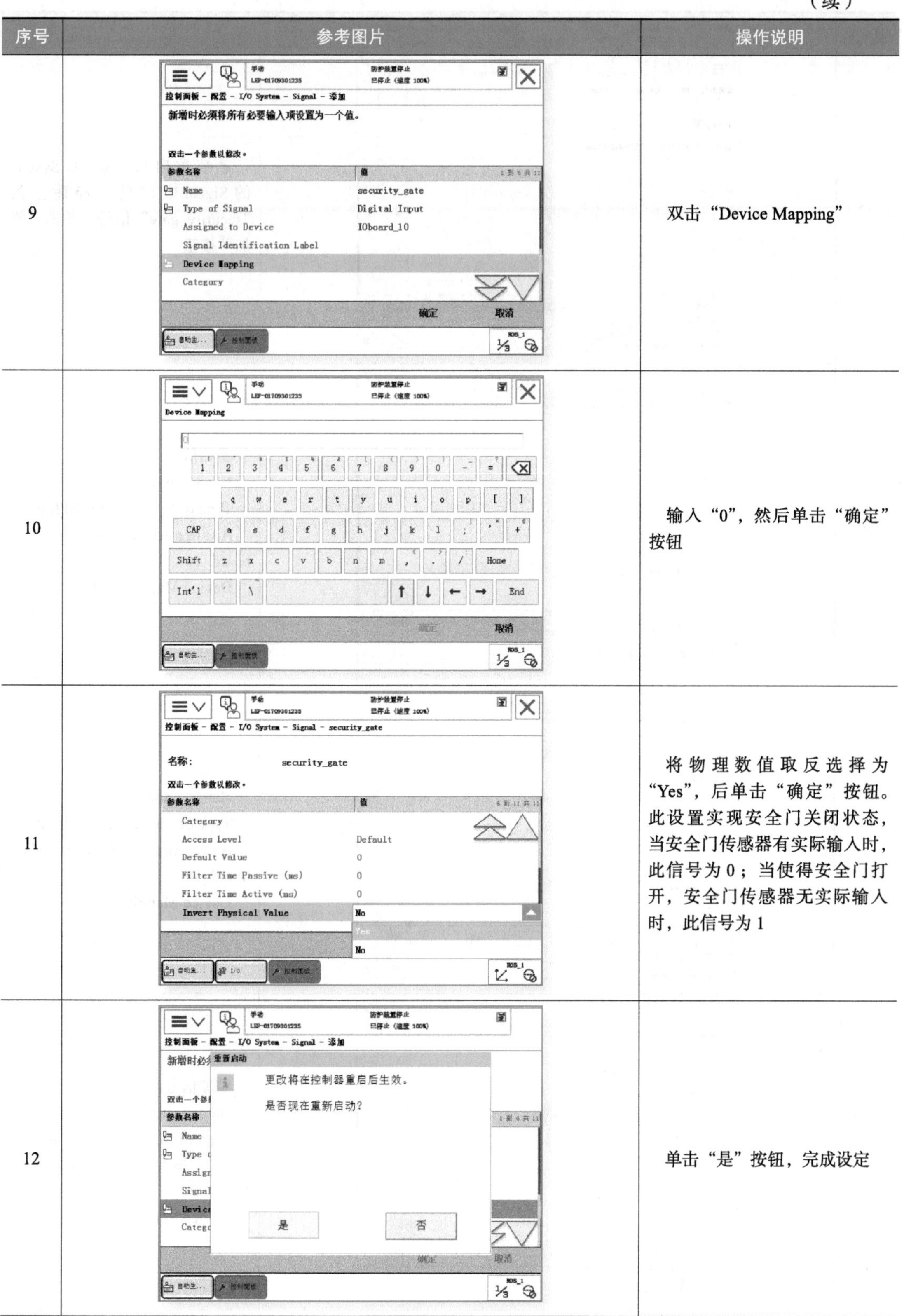

序号	参考图片	操作说明
9		双击“Device Mapping”
10		输入“0”，然后单击“确定”按钮
11		将物理数值取反选择为“Yes”，后单击“确定”按钮。此设置实现安全门关闭状态，当安全门传感器有实际输入时，此信号为0；当使得安全门打开，安全门传感器无实际输入时，此信号为1
12		单击“是”按钮，完成设定

（续）

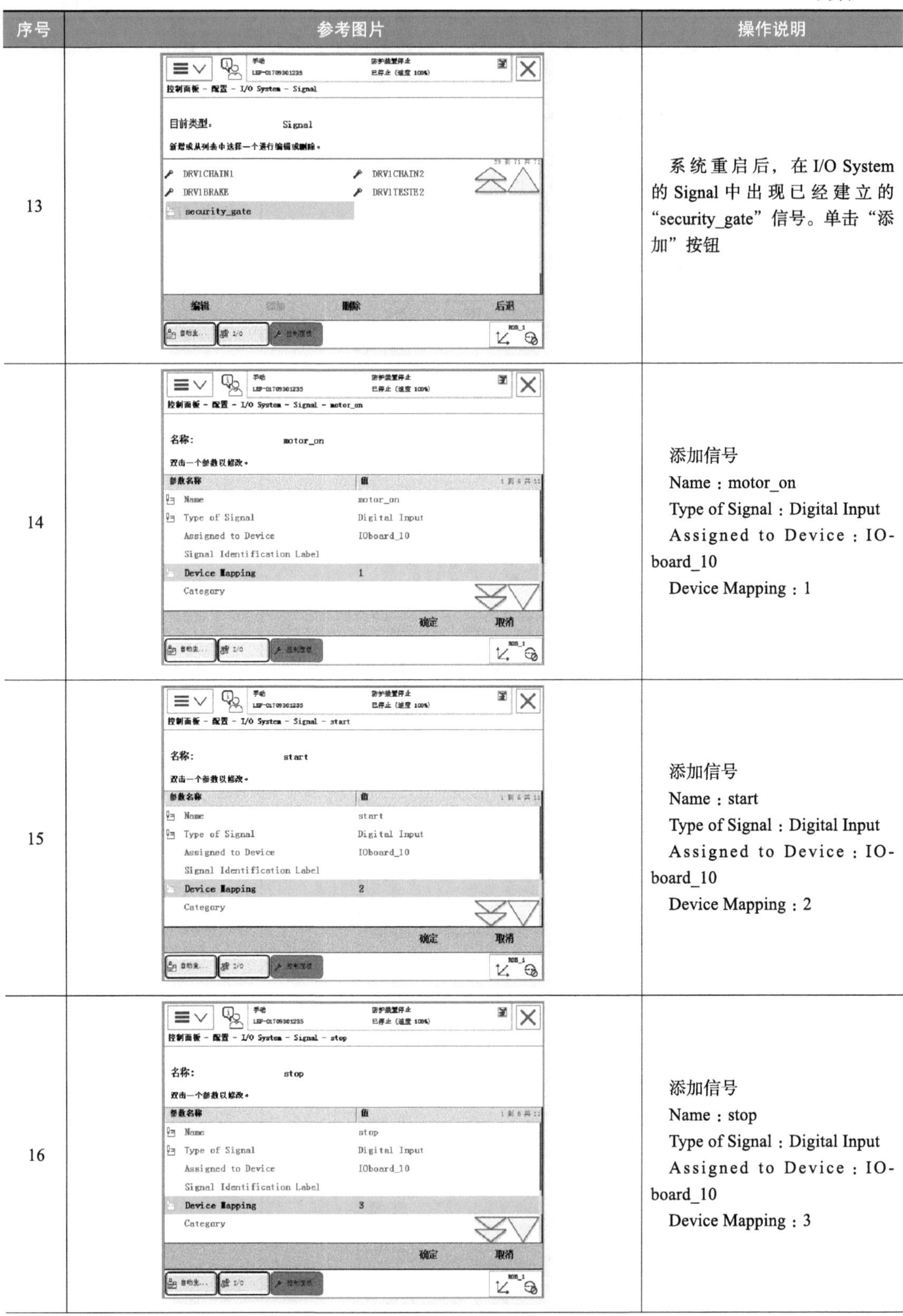

序号	参考图片	操作说明
13		系统重启后，在 I/O System 的 Signal 中出现已经建立的“security_gate”信号。单击“添加”按钮
14		添加信号 Name：motor_on Type of Signal：Digital Input Assigned to Device：IO-board_10 Device Mapping：1
15		添加信号 Name：start Type of Signal：Digital Input Assigned to Device：IO-board_10 Device Mapping：2
16		添加信号 Name：stop Type of Signal：Digital Input Assigned to Device：IO-board_10 Device Mapping：3

（续）

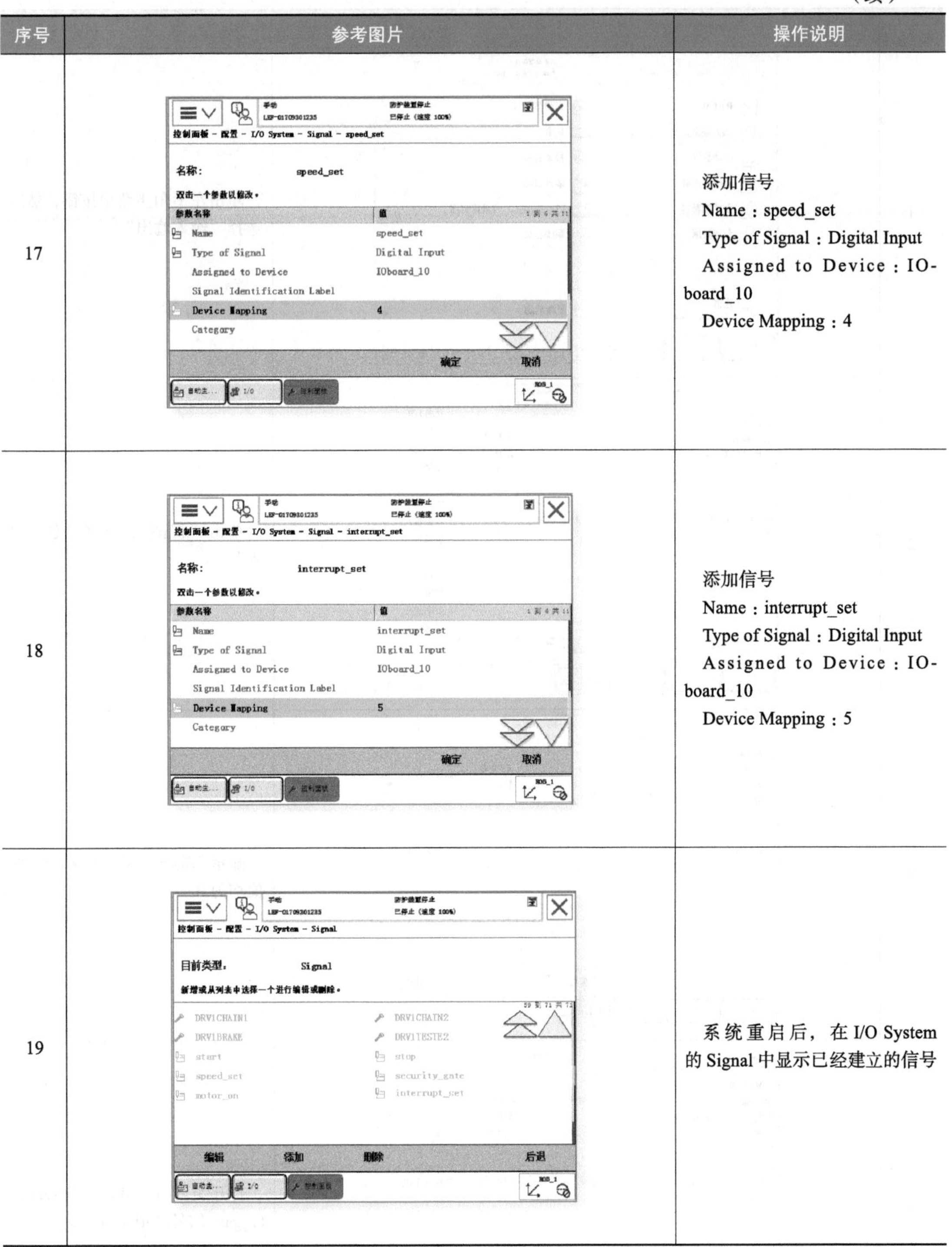

序号	参考图片	操作说明
17		添加信号 Name：speed_set Type of Signal：Digital Input Assigned to Device：IO-board_10 Device Mapping：4
18		添加信号 Name：interrupt_set Type of Signal：Digital Input Assigned to Device：IO-board_10 Device Mapping：5
19		系统重启后，在I/O System的Signal中显示已经建立的信号

3. 测试数字输入信号

建立好数字输入信号以后，可以采用表4-12所示的方法对建立的数字输入信号进行测试。

表 4-12 测试数字输入信号

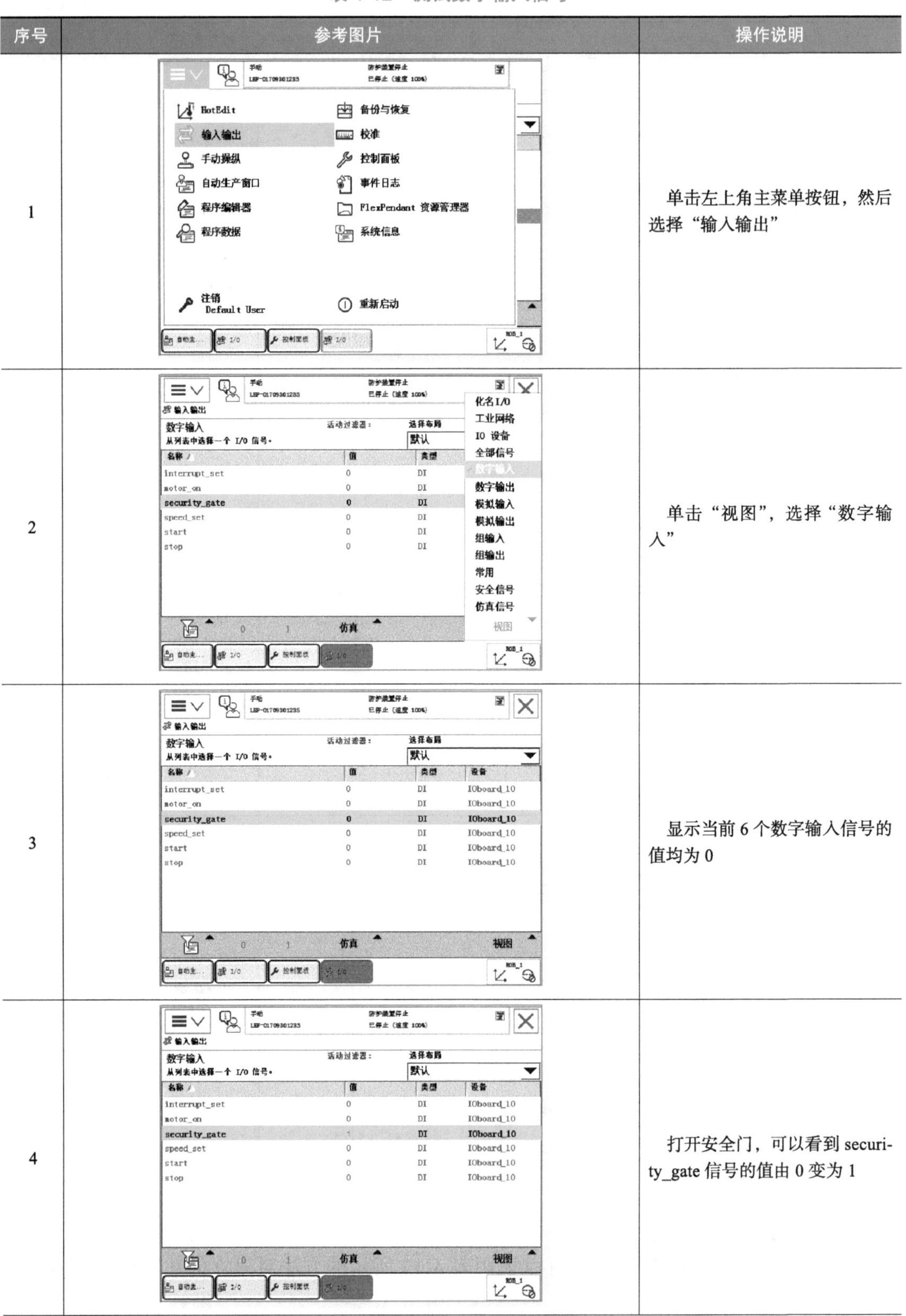

序号	参考图片	操作说明
1		单击左上角主菜单按钮，然后选择“输入输出”
2		单击“视图”，选择“数字输入”
3		显示当前 6 个数字输入信号的值均为 0
4		打开安全门，可以看到 security_gate 信号的值由 0 变为 1

（续）

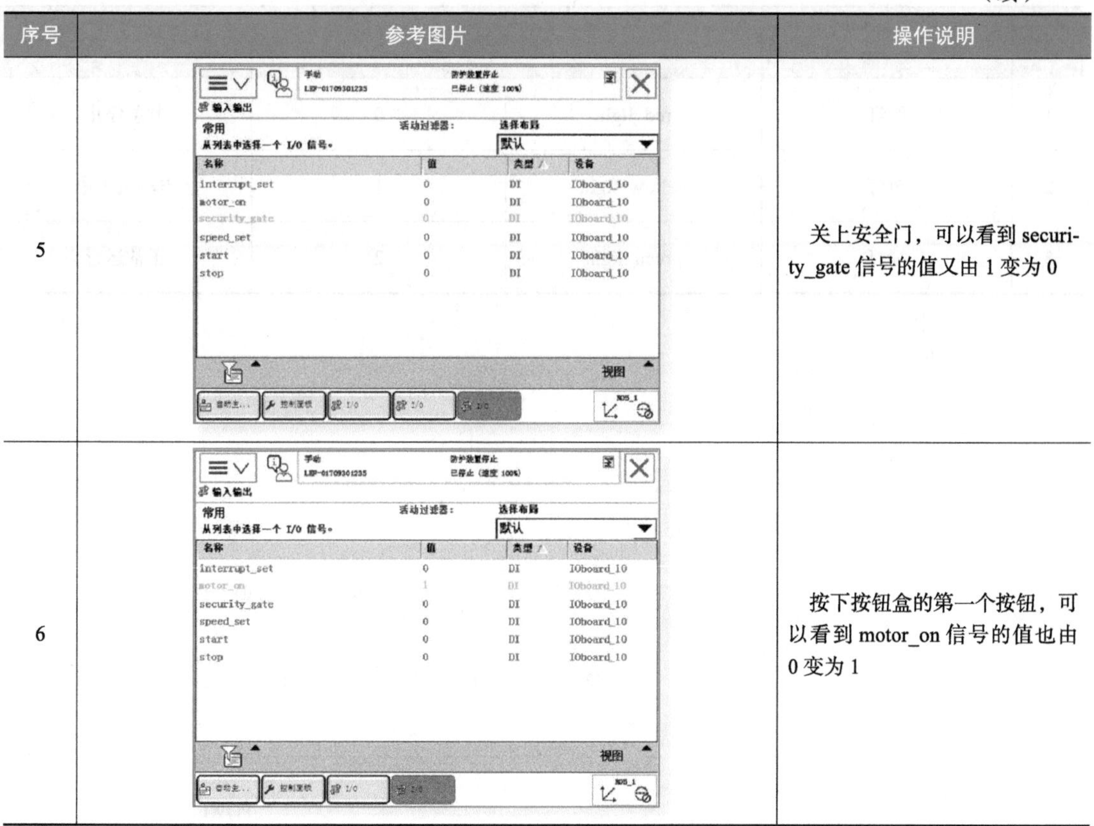

序号	参考图片	操作说明
5		关上安全门，可以看到 security_gate 信号的值又由 1 变为 0
6		按下按钮盒的第一个按钮，可以看到 motor_on 信号的值也由 0 变为 1

任务四　定义数字输出信号

配置数字量输出信号

1. 认识数字输出信号

工业机器人系统的状态信号也可以与DSQC 652的数字输出信号关联起来，将系统的状态输出给外围设备作控制之用（例如系统运行模式、报警、急停等）。在本任务中，共设置了3个DSQC 652的数字输出信号（红灯、黄灯、绿灯），如图4-8所示，其说明见表4-13。各输出信号的接线实物图如图4-9所示，电气原理图如图4-10所示。

图 4-8　3 个数字输出信号（红灯、黄灯、绿灯）

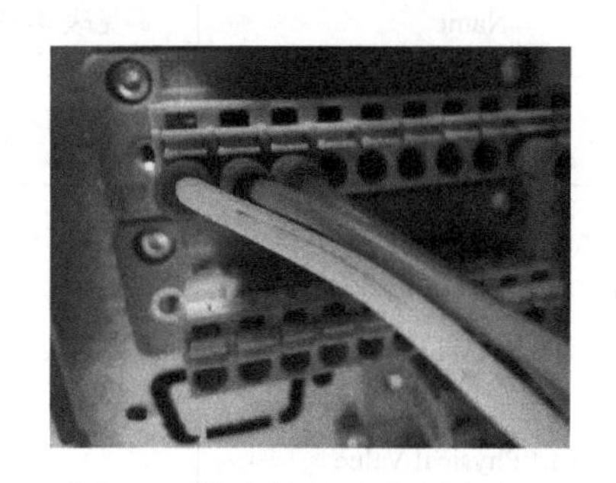

图 4-9　数字输出信号的接线图

表 4-13　DSQC 652 数字输出信号的说明

序号	外部连接	数字输出信号名称	DSQC 652 地址	说明
1	红灯	red_light	0	紧急停止
2	黄灯	yellow_light	1	电动机上电
3	绿灯	green_light	2	正常运行

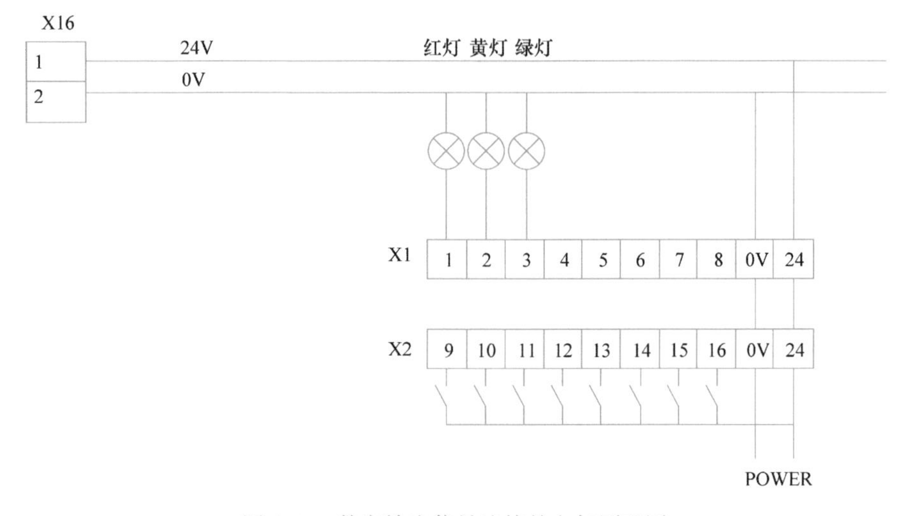

图 4-10　数字输出信号连接的电气原理图

2. 配置数字输出信号

与数字输入信号一样，对数字输出信号也需要进行相应地配置，各个信号需要配置的相关参数见表 4-14。各数字输出信号的配置方法与表 4-11 所示的数字输入信号的配制方法基本相同，3 个数字输出信号的配置步骤见表 4-15。

表 4-14　数字输出信号需要配置的相关参数

参数名称	设定值	说明
Name	参见表 4-13“数字输出信号名称”	设定数字输出信号的名称
Type of Signal	Digital Output	设定信号的类型
Assigned to Device	IOboard_10	设定信号所在的 I/O 模块
Device Mapping	参见表 4-13“DSQC 652 地址”	设定信号所占用的地址
Invert Physical Value	No	如果想将信号取反，可选 Yes

表 4-15　配置数字输出信号的操作步骤

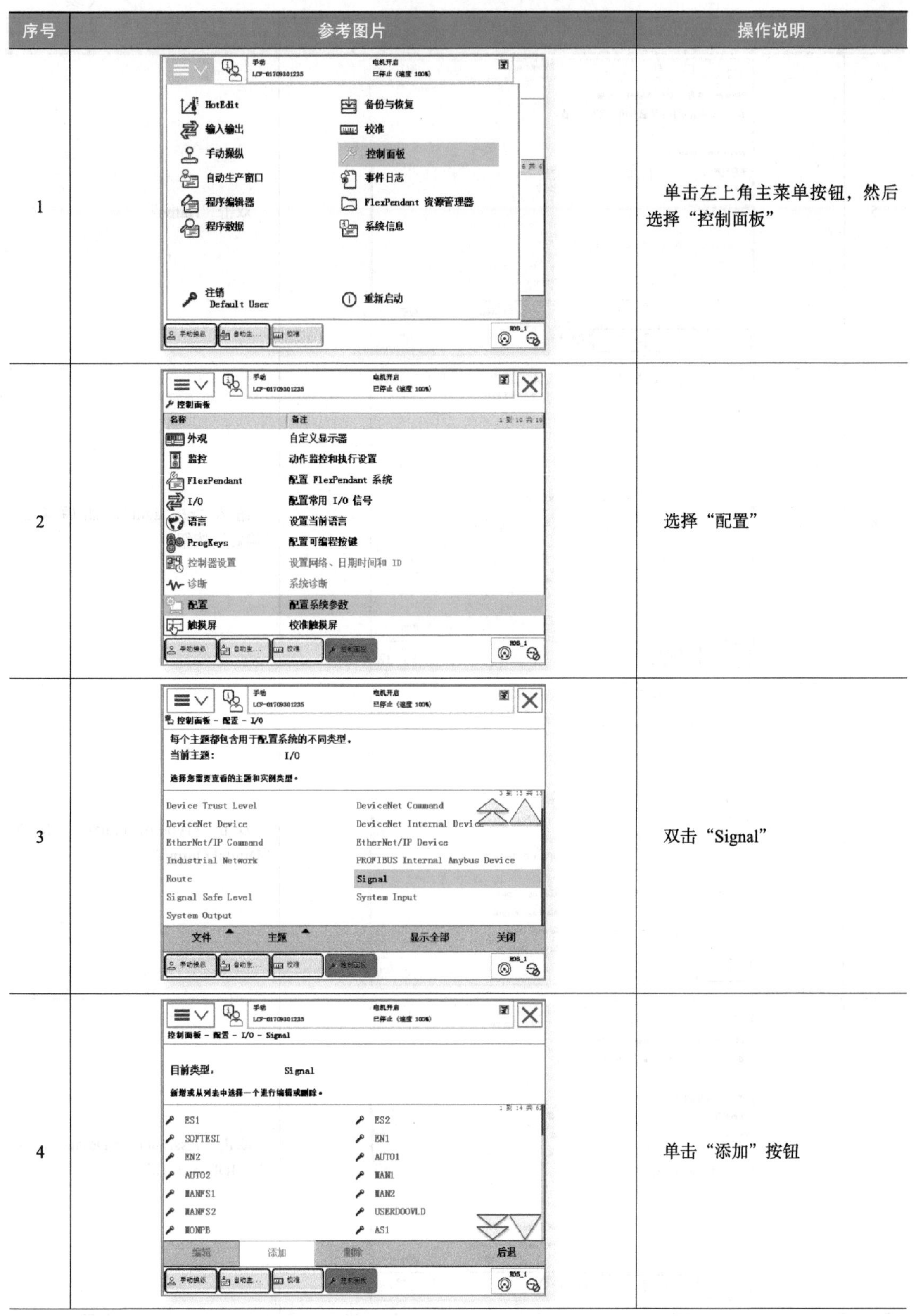

序号	参考图片	操作说明
1		单击左上角主菜单按钮，然后选择“控制面板”
2		选择“配置”
3		双击“Signal”
4		单击“添加”按钮

（续）

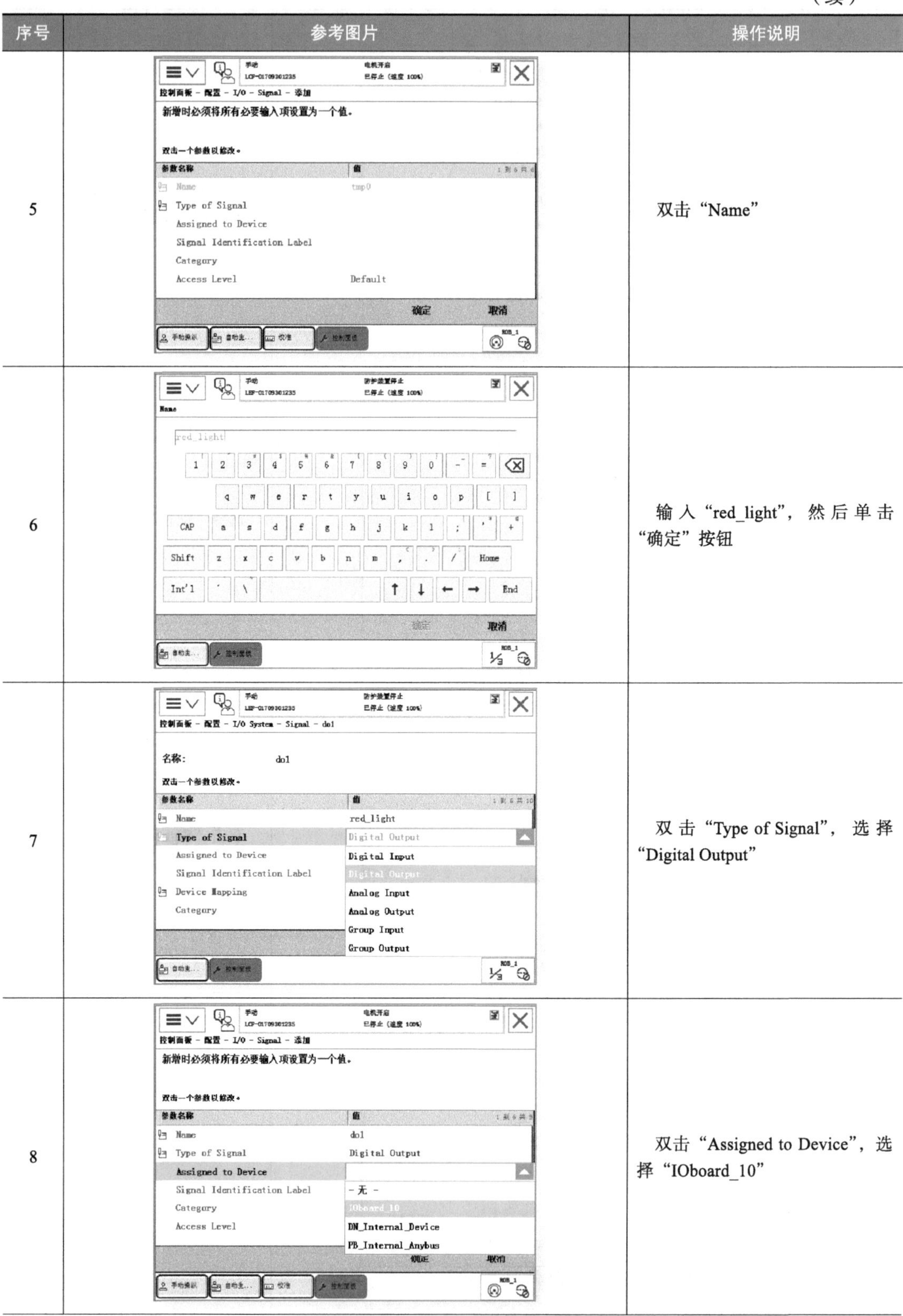

序号	参考图片	操作说明
5		双击“Name”
6		输入“red_light”，然后单击“确定”按钮
7		双击“Type of Signal”，选择“Digital Output”
8		双击“Assigned to Device”，选择“IOboard_10”

（续）

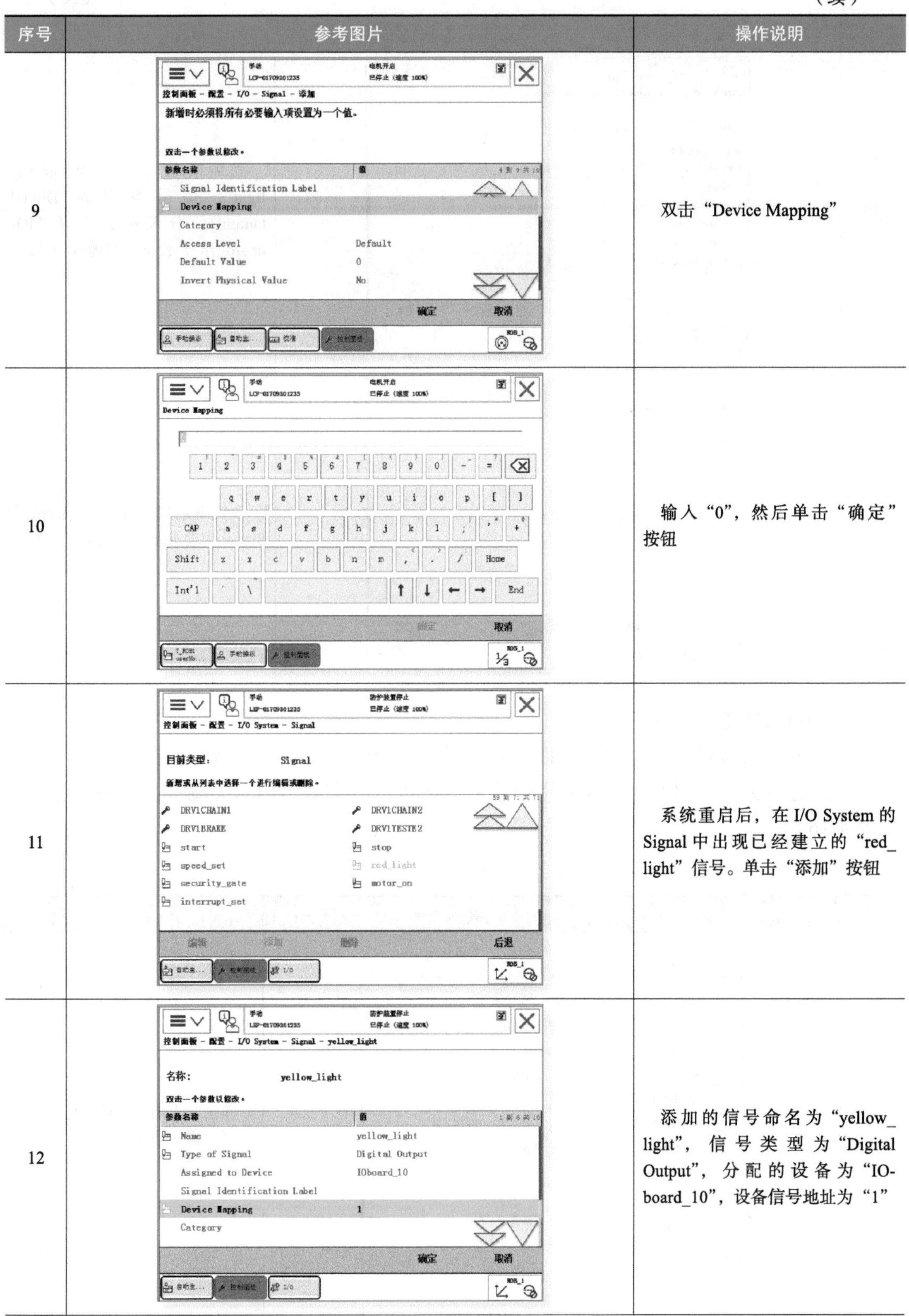

序号	参考图片	操作说明
9		双击“Device Mapping”
10		输入“0”，然后单击“确定”按钮
11		系统重启后，在I/O System的Signal中出现已经建立的“red_light”信号。单击“添加”按钮
12		添加的信号命名为“yellow_light”，信号类型为“Digital Output”，分配的设备为“IO-board_10”，设备信号地址为“1”

（续）

序号	参考图片	操作说明
13	控制面板 - 配置 - I/O System - Signal - green_light 名称: green_light Name: green_light Type of Signal: Digital Output Assigned to Device: IOboard_10 Signal Identification Label Device Mapping: 2 Category	添加的信号命名为“green_light”，信号类型为“Digital Output”，分配的设备为“IO-board_10”，设备信号地址为“2”
14	控制面板 - 配置 - I/O System - Signal 目前类型: Signal 新增或从列表中选择一个进行编辑或删除。	系统重启后，在 I/O System 的 Signal 中会显示已经建立的信号

3. 测试数字输出信号

数字输出信号建立好以后就可以进行测试了。由于当前建立的数字输出信号还没有和系统状态进行关联，因此，只能采用仿真的方法进行数字输出信号的测试，具体操作步骤见表 4-16。

表 4-16　测试数字输出信号的操作步骤

序号	参考图片	操作说明
1	HotEdit、输入输出、手动操纵、自动生产窗口、程序编辑器、程序数据、备份与恢复、校准、控制面板、事件日志、FlexPendant 资源管理器、系统信息、注销 Default User、重新启动	单击左上角主菜单按钮，然后选择“输入输出”

（续）

序号	参考图片	操作说明
2	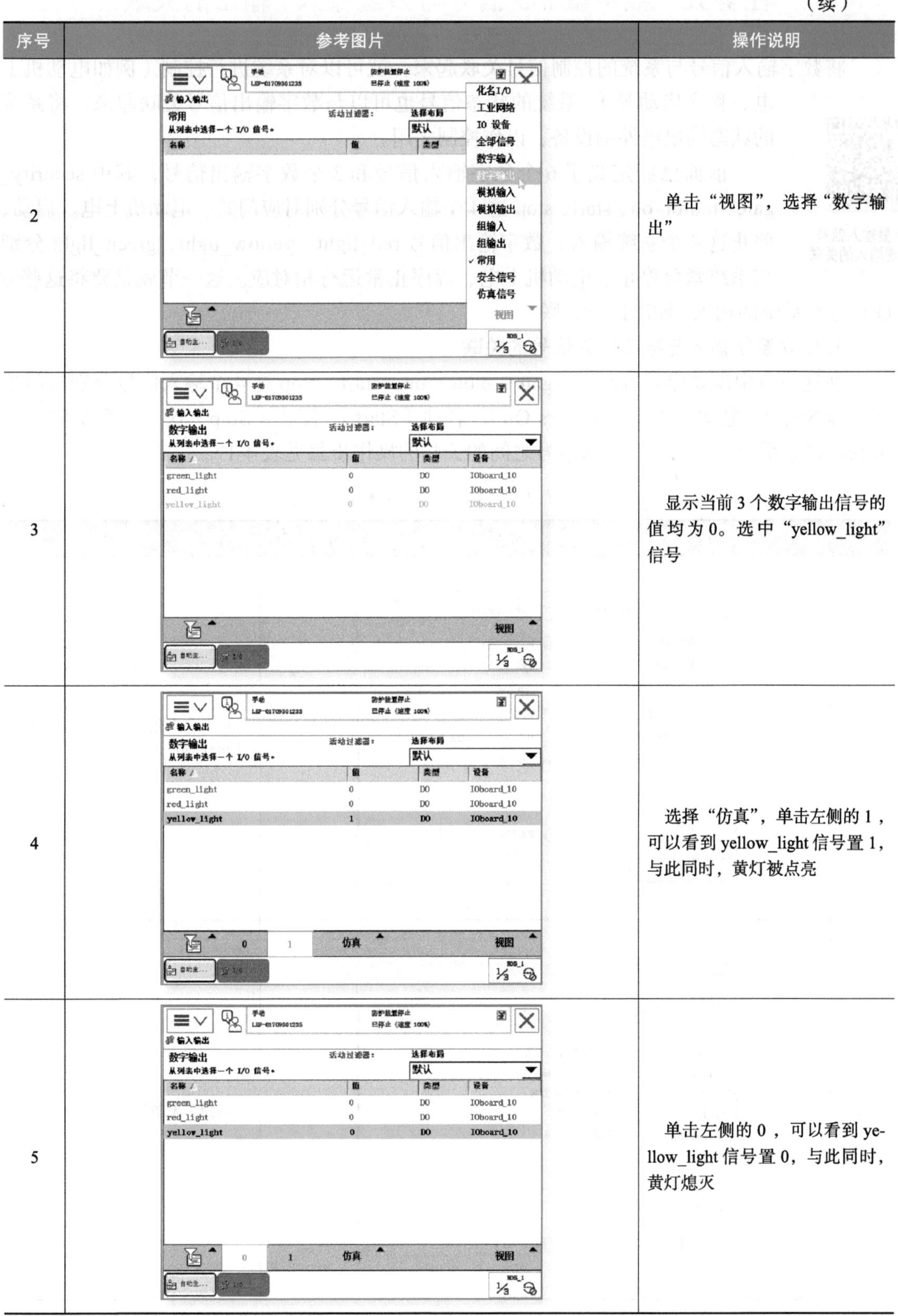	单击“视图”，选择“数字输出”
3		显示当前3个数字输出信号的值均为0。选中“yellow_light”信号
4		选择“仿真”，单击左侧的1，可以看到yellow_light信号置1，与此同时，黄灯被点亮
5		单击左侧的0，可以看到yellow_light信号置0，与此同时，黄灯熄灭

任务五　数字量 I/O 信号与系统输入 / 输出的关联

数字量输入信号与系统输入的关联

将数字输入信号与系统的控制信号关联起来，就可以对系统进行控制（例如电动机上电、程序启动等）。系统的状态信号也可以与数字输出信号关联起来，将系统的状态输出给外围设备，以作控制之用。

前面已经定义了 6 个数字输入信号和 3 个数字输出信号，其中 security_gate、motor_on、start、stop 这 4 个输入信号分别对应门禁、电动机上电、启动、停止这 4 个系统输入；数字输出信号 red_light、yellow_light、green_light 分别与系统紧急停止、电动机上电、程序正常运行相对应。这一节就是要将这些 I/O 信号与系统的输入 / 输出进行关联。

1. 建立系统输入与数字输入信号的关联

在这一节中需要建立 security_gate、motor_on、start、stop 这 4 个输入信号分别与门禁（Quick Stop）、电动机上电（Motors On）、启动（Start）、停止（Stop）这 4 个系统输入的关联。建立系统输入与数字输入信号之间的关联的操作步骤见表 4-17。

表 4-17　建立系统输入与数字输入信号的关联

序号	参考图片	操作说明
1		单击左上角主菜单按钮，选择“控制面板”
2		选择“配置”

（续）

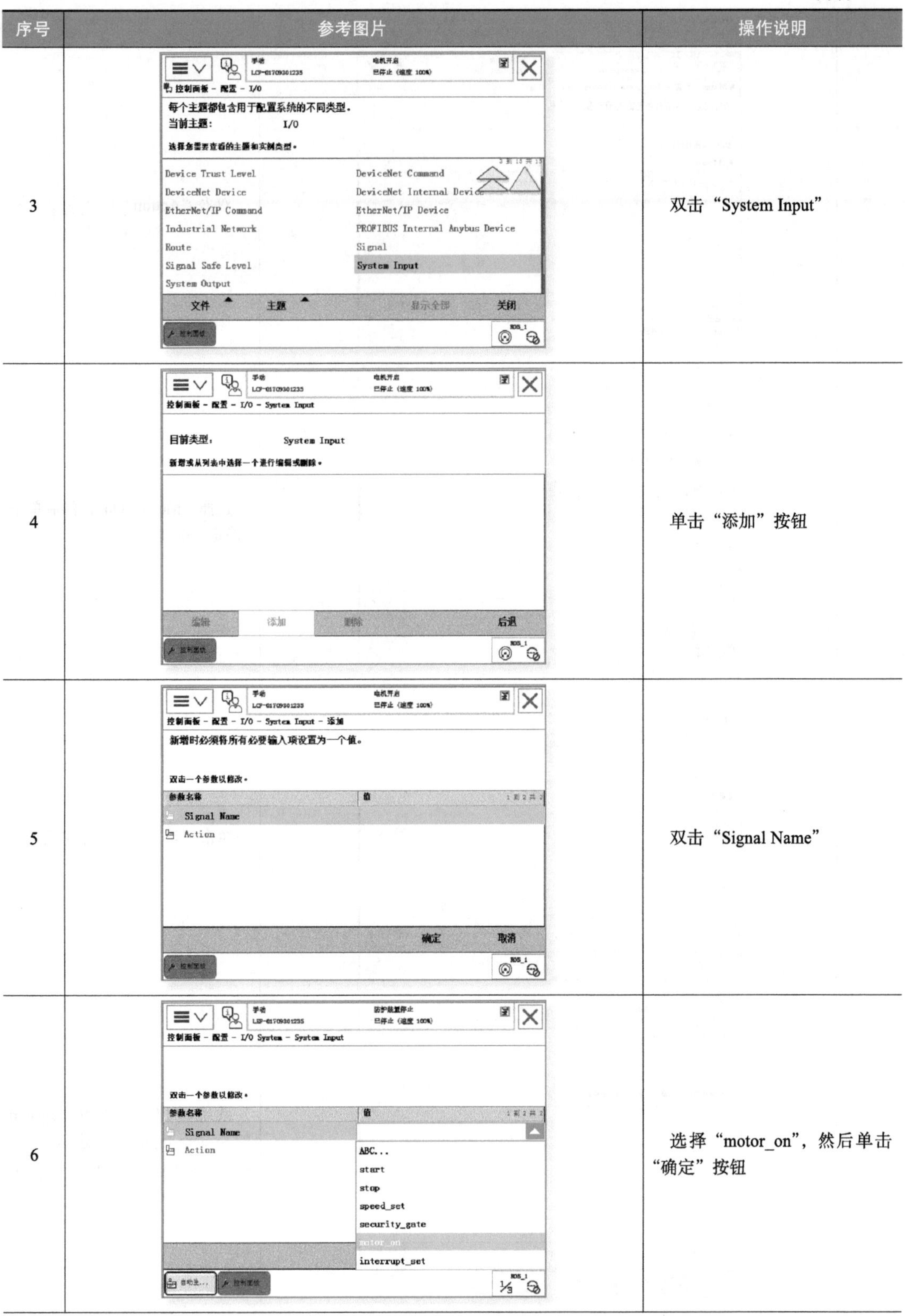

序号	参考图片	操作说明
3		双击“System Input”
4		单击“添加”按钮
5		双击“Signal Name”
6		选择“motor_on”，然后单击“确定”按钮

（续）

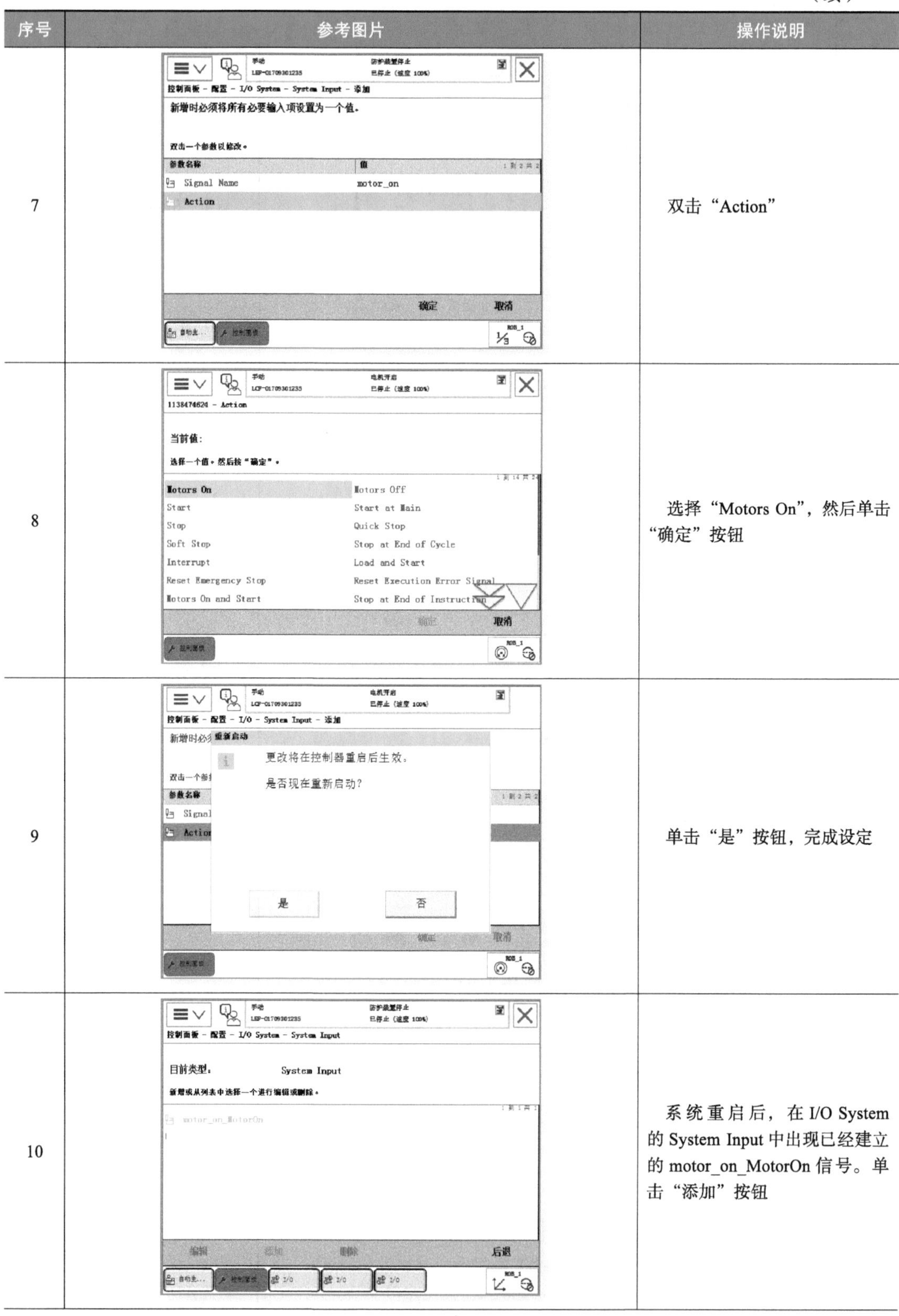

序号	参考图片	操作说明
7		双击“Action”
8		选择“Motors On”，然后单击“确定”按钮
9		单击“是”按钮，完成设定
10		系统重启后，在 I/O System 的 System Input 中出现已经建立的 motor_on_MotorOn 信号。单击“添加”按钮

（续）

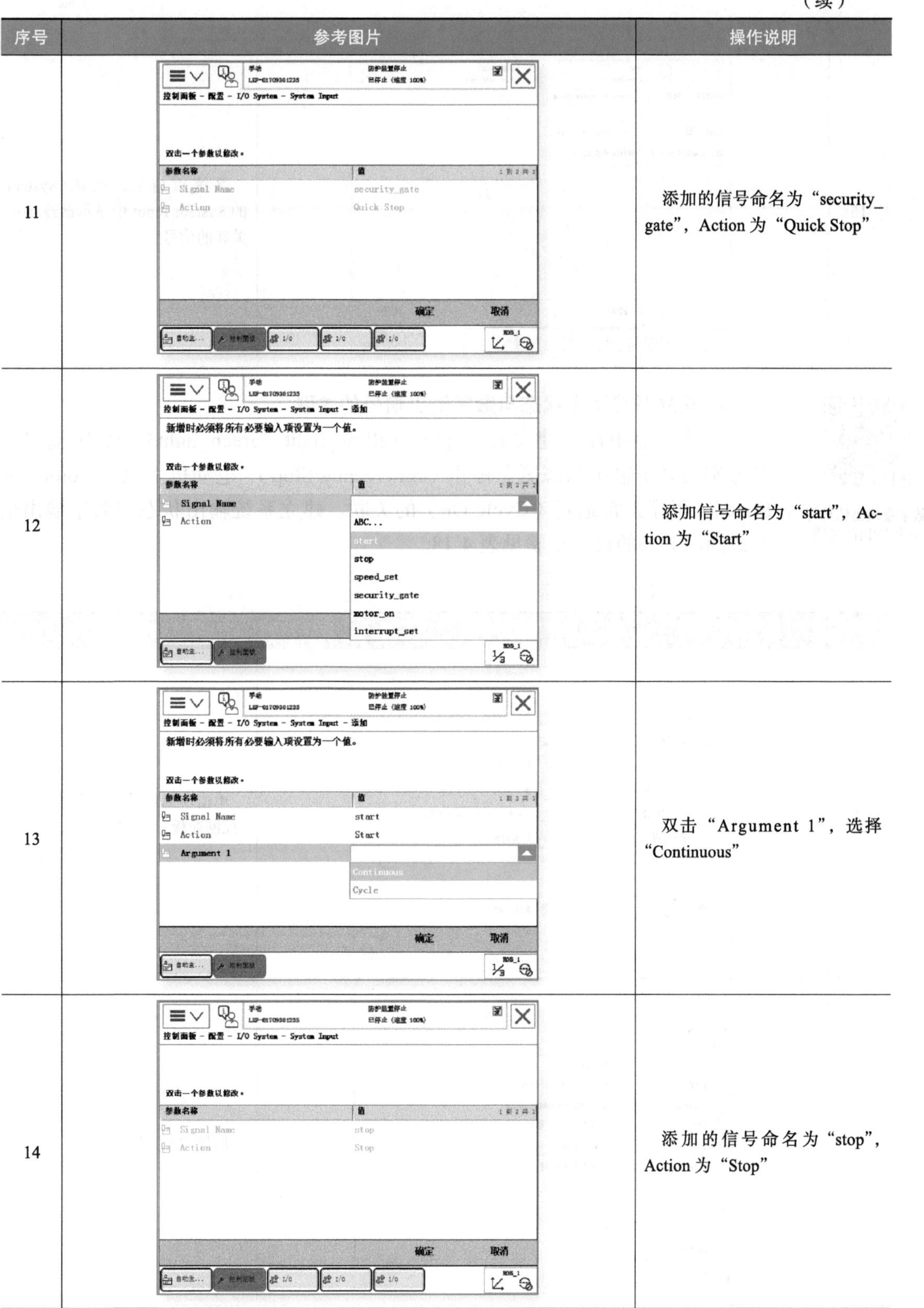

序号	参考图片	操作说明
11		添加的信号命名为“security_gate”，Action 为“Quick Stop”
12		添加信号命名为“start”，Action 为“Start”
13		双击“Argument 1”，选择“Continuous”
14		添加的信号命名为“stop”，Action 为“Stop”

（续）

序号	参考图片	操作说明
15	手动 LEP-01709301235 防护装置停止 已停止（速度 100%） 控制面板 - 配置 - I/O System - System Input 目前类型： System Input 新增或从列表中选择一个进行编辑或删除。 motor_on_MotorOn　security_gate_QuickStop start_Start　stop_Stop 编辑　添加　删除　后退 自动主...　控制面板　I/O　I/O　I/O　ROB_1	系统重启后，在 I/O System 的 System Input 中显示已经建立关联的信号

数字量输出信号与系统输出的关联

2. 建立系统输出状态与数字输出信号的关联

在这一节中需要建立 red_light、yellow_light、green_light3 个数字输出信号分别与系统输出状态紧急停止（Emergency Stop）、电动机上电（Motors On State）、程序正常运行（Cycle On）的关联。建立系统输出状态与数字输出信号之间的关联的操作步骤见表 4-18。

表 4-18　建立系统输出状态与数字输出信号的关联

序号	参考图片	操作说明
1	手动 LCP-01709301235 电机开启 已停止（速度 100%） HotEdit　备份与恢复 输入输出　校准 手动操纵　控制面板 自动生产窗口　事件日志 程序编辑器　FlexPendant 资源管理器 程序数据　系统信息 注销 Default User　重新启动 ROB_1	单击左上角主菜单按钮，选择“控制面板”
2	手动 LCP-01709301235 电机开启 已停止（速度 100%） 控制面板 名称　备注　1 到 10 共 10 外观　自定义显示器 监控　动作监控和执行设置 FlexPendant　配置 FlexPendant 系统 I/O　配置常用 I/O 信号 语言　设置当前语言 ProgKeys　配置可编程按键 控制器设置　设置网络、日期时间和 ID 诊断　系统诊断 配置　配置系统参数 触摸屏　校准触摸屏 控制面板　ROB_1	选择“配置”

（续）

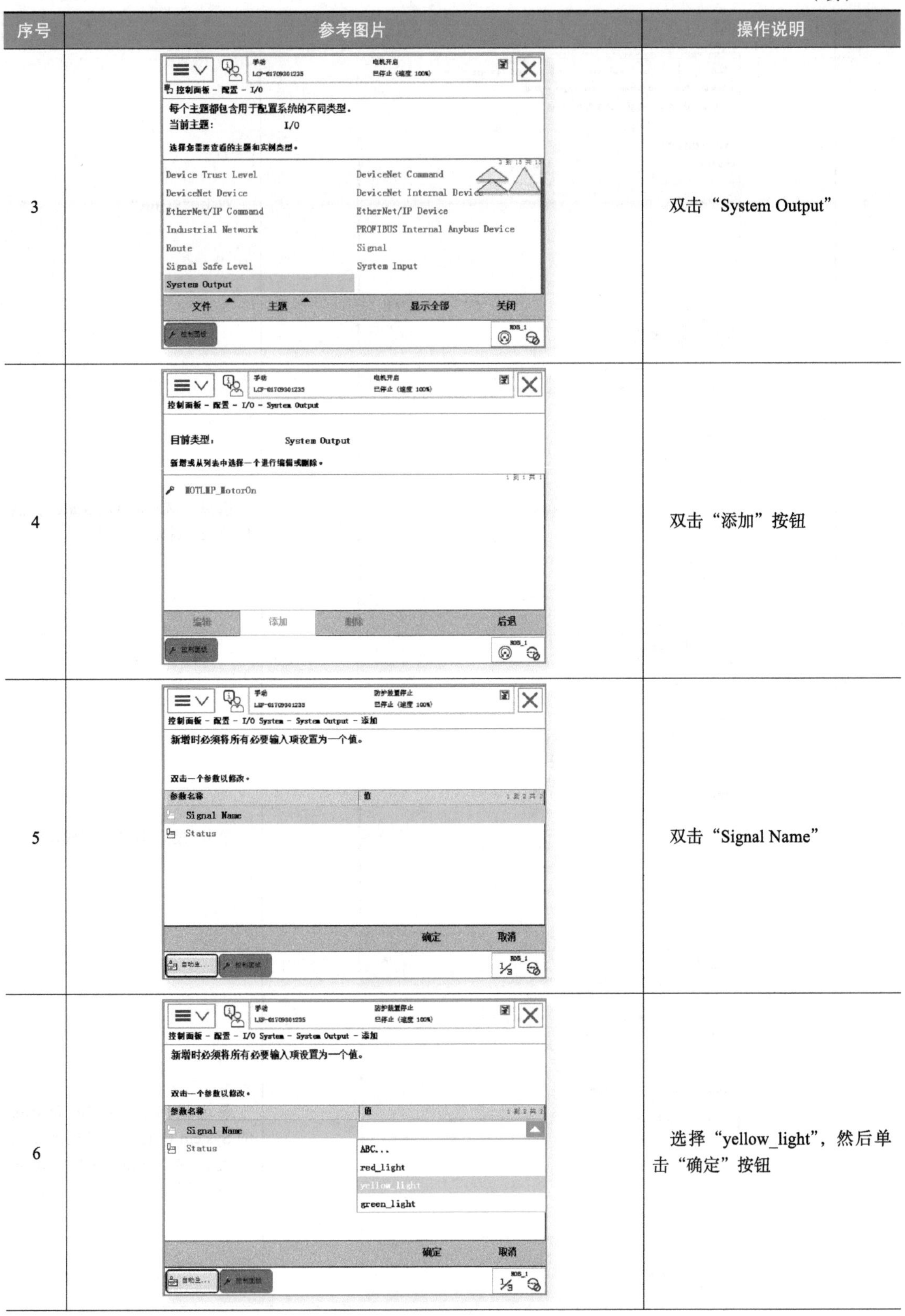

序号	参考图片	操作说明
3		双击“System Output”
4		双击“添加”按钮
5		双击“Signal Name”
6		选择“yellow_light”，然后单击“确定”按钮

（续）

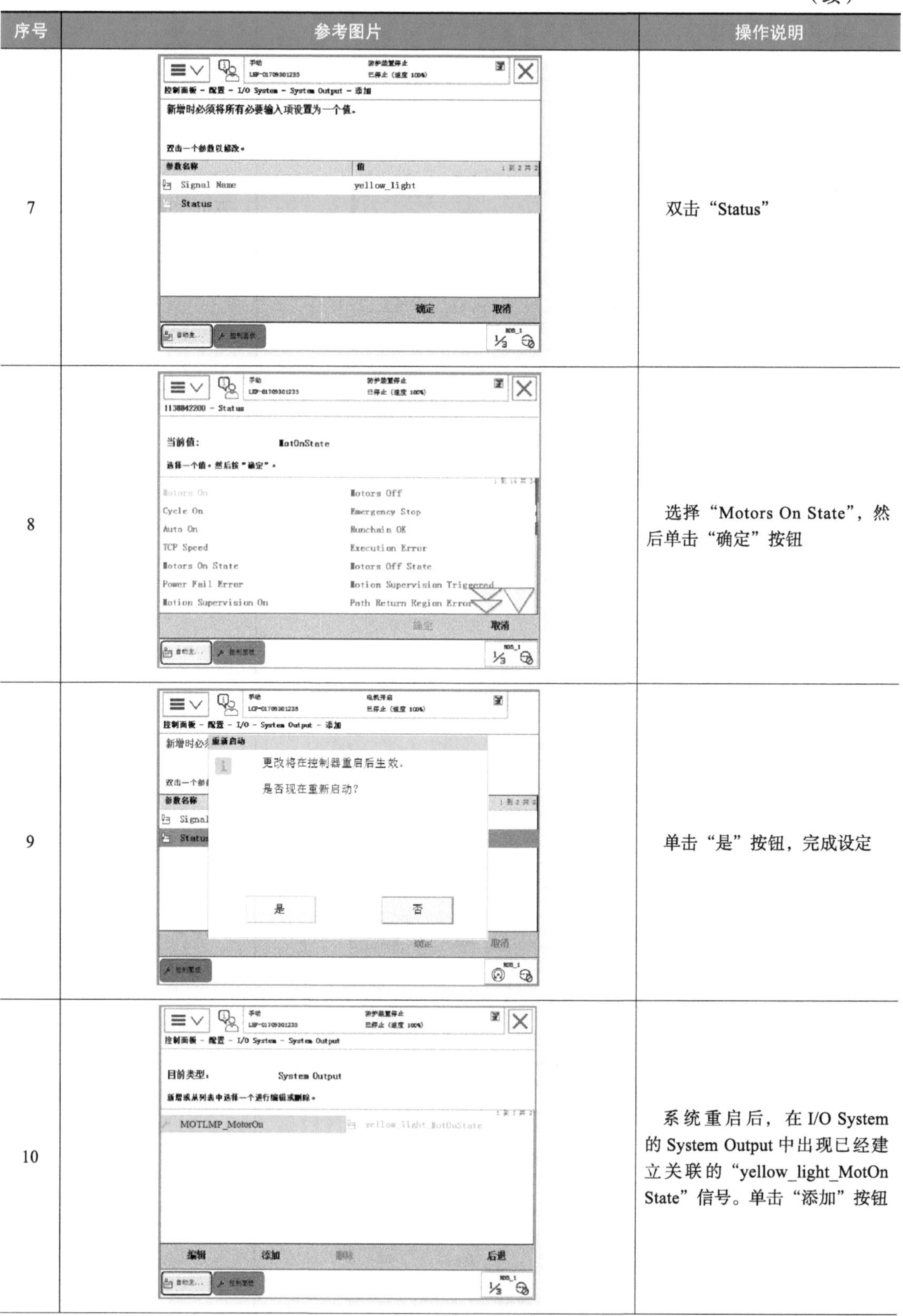

序号	参考图片	操作说明
7		双击“Status”
8		选择“Motors On State”，然后单击“确定”按钮
9		单击“是”按钮，完成设定
10		系统重启后，在 I/O System 的 System Output 中出现已经建立关联的“yellow_light_MotOn State”信号。单击“添加”按钮

（续）

序号	参考图片	操作说明
11		添加的信号命名为“red_light”，Status 为“Emergency Stop”
12		添加的信号命名为“green_light”，Status 为“Cycle On”
13		系统重启后，在 I/O System 的 System Output 中显示已经建立关联的信号

3. 测试 I/O 信号

将 I/O 信号配置好并与系统输入输出关联好以后，就可以实现工业机器人的外部控制了。对配置好的 I/O 信号进行测试的方案步骤见表 4-19。

表 4-19 测试 I/O 信号

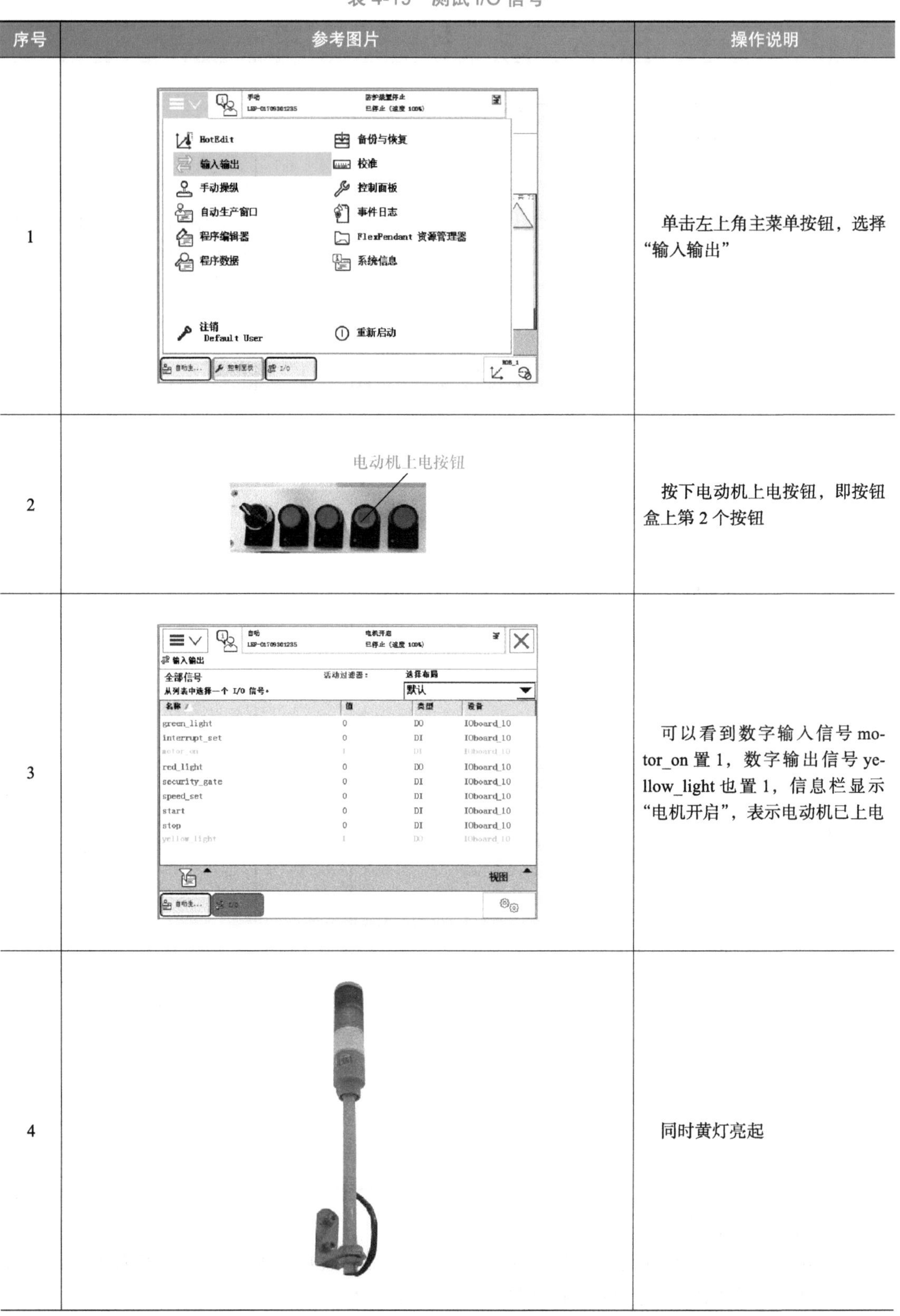

序号	参考图片	操作说明
1		单击左上角主菜单按钮，选择“输入输出”
2	电动机上电按钮	按下电动机上电按钮，即按钮盒上第 2 个按钮
3		可以看到数字输入信号 motor_on 置 1，数字输出信号 yellow_light 也置 1，信息栏显示“电机开启”，表示电动机已上电
4		同时黄灯亮起

（续）

序号	参考图片	操作说明
5	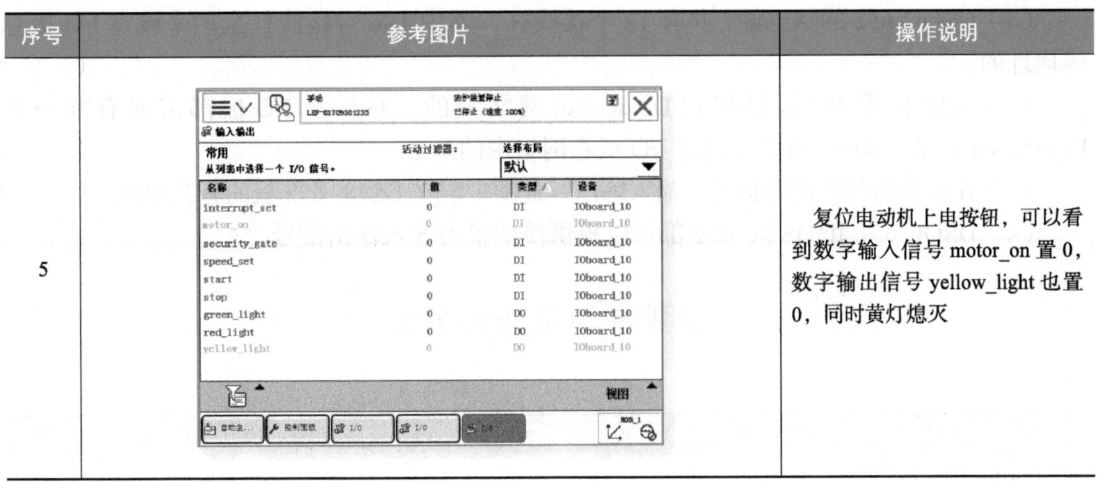	复位电动机上电按钮，可以看到数字输入信号 motor_on 置 0，数字输出信号 yellow_light 也置 0，同时黄灯熄灭

思考与练习

1. 填空题

（1）DSQC 652 板有 X1、X2、X3、X4、X5 五个模块接口，其中 X1 端子接口包括 8 个________接口。

（2）DSQC 652 板的 X3 端子共有 10 个接线柱，其中 1~8 号为输入通道，9 号为________，10 号为________。

（3）DSQC 652 板的 X5 端子是________接口。

（4）常用的 ABB 标准 I/O 板有 DSQC 651、________、DSQC 653、DSQC 355A、DSQC 377A。

2. 选择题

（1）配置 DSQC 652 的数字输入信号需要配置的参数不包含下列哪项？（　　）

A. Name　　B. Assigned to Device　　C. Device Mapping　　D. Address

（2）DSQC 652 是通过（　　）端口来连接 DeviceNet 总线并设置 I/O 板在总线上的地址的。

A. X1　　B. X3　　C. X4　　D. X5

（3）ABB 的标准 I/O 板提供的常用信号有（　　）。

①数字量输入 DI；②数字量输出 DO；③组输入 GI；④组输出 GO；⑤模拟量输入 AI；⑥模拟量输出 AO

A. ①②③④⑤⑥　　B. ①②③⑤　　C. ①③④⑤　　D. ②③④⑤

（4）DSQC 652 作为 ABB 机器人的 I/O 板可以提供（　　）。

① 8 个数字输入信号；② 16 个数字输入信号；③ 8 个数字输出信号；④ 16 个数字输出信号；⑤ 8 个模拟输入信号；⑥ 8 个模拟量输出信号

A. ①③　　B. ②④　　C. ①③⑤⑥　　D. ②④⑤⑥

3. 判断题

（1）DSQC 652 的 X5 端子共有 12 个接线柱，其中 1~6 号接线柱是用来设定 I/O 板总线地址的。（　　）

（2）ABB 标准 I/O 板是挂在 DeviceNet 网络上的，每一个 I/O 板都需要有唯一的 DeviceNet 地址（ID），所以要设定 I/O 板在网络中的地址。（　　）

（3）在示教器的控制面板的“输入输出”选项中定义 DSQC 652 板的总线连接。（　　）

（4）DSQC 651 和 DSQC 652 都可以提供模拟量的输入输出信号。（　　）

自我学习检测评分表

项目	目标要求	分值	评分细则	得分	备注
认识 ABB 工业机器人的通信种类	1. 了解 ABB 机器人的通信种类 2. 了解常用的 ABB 标准 I/O 板	10	理解与掌握		
定义 DSQC 652 板	1. 掌握 DSQC 652 板接口的分布及特点 2. 掌握 DSQC 652 板地址的硬件设置 3. 掌握对 DSQC 652 板进行配置的方法	20	1. 理解与掌握 2. 操作流程		
定义数字输入信号	1. 了解 ABB 工业机器人数字输入信号 2. 掌握数字输入信号的接线方法 3. 掌握 DSQC 652 数字输入信号的配置方法 4. 掌握测试数字输入信号的方法	20	1. 理解与掌握 2. 操作流程		
定义数字输出信号	1. 了解 ABB 工业机器人数字输出信号 2. 掌握数字输出信号的接线方法 3. 掌握 DSQC 652 数字输出信号的配置方法 4. 掌握测试数字输出信号的方法	20	1. 理解与掌握 2. 操作流程		
数字量 I/O 信号与系统输入 / 输出的关联	1. 掌握建立系统输入与数字输入信号关联的方法 2. 掌握建立系统输出状态与数字输出信号关联的方法 3. 掌握测试 I/O 信号与系统关联的方法	20	1. 理解与掌握 2. 操作流程		
安全操作	符合上机实训操作要求	10			

项目五　ABB工业机器人的程序数据

➢ 项目描述

通过学习本项目，大家可以了解 ABB 机器人编程用到的程序数据类型及分类，学会如何创建程序数据，并掌握最重要的 3 个关键程序数据（tooldata、wobjdata、loaddata）的设定方法。

➢ 学习目标

1）了解程序数据的类型与分类。
2）理解程序数据的存储类型。
3）学会建立程序数据。
4）掌握常用程序数据的含义及使用方法。
5）学会工具数据 tooldata 的设定。
6）学会工件数据 wobjdata 的设定。
7）学会载荷数据 loaddata 的设定。

任务一　认识程序数据

程序数据是在程序模块或系统模块中设定的值和定义的一些环境数据。创建好的程序数据可通过同一个模块或其他模块中的指令进行引用。ABB 机器人的程序数据共有 100 个左右，并且可以根据实际情况进行程序数据的创建，为 ABB 机器人的程序设计带来了无限的可能。在示教器中的“程序数据”窗口，可以查看和创建所需要的程序数据，如图 5-1 所示。

图 5-1　示教器中的“程序数据”窗口

根据不同的数据用途，定义了不同的程序数据，机器人系统常用的程序数据见表 5-1。

表 5-1　机器人系统常用的程序数据

程序数据	说　明
bool	布尔量
byte	整数数据 0~255
clock	计时数据
dionum	数字输入 / 输出信号
extjoint	外轴位置数据
intnum	中断标志符
jointtarget	关节位置数据
loaddata	负荷数据
mecunit	机械装置数据
num	数值数据
orient	姿态数据
pos	位置数据（只有 X、Y 和 Z）
pose	坐标转换
robjoint	机器人轴角度数据
robtarget	机器人与外轴的位置数据
speeddata	机器人与外轴的速度数据
string	字符串
tooldata	工具数据
trapdata	中断数据
wobjdata	工件数据
zonedata	TCP 转弯半径数据

常用的程序数据

1. 常用的程序数据

ABB 工业机器人系统常用的程序数据有以下几种。

（1）数值数据 num　num 用于存储数值数据，num 数据类型的值可以为整数（如 7）或小数（如 7.32），也可以指数的形式写入，如：3E2（$=3\times10^2=300$），4.1E−2（$=4.1\times10^{-2}=0.041$）。

当 num 为整数数值时，是作为准确的整数进行储存；当 num 为小数数值时，则只是近似数字，因此，不得用于等于或不等于对比。若为使用小数的除法和运算，则结果也将为小数。

数值数据 num 的使用示例如下。

```
MODULE MainModule
PERS num data;
PROC main( )
data := 7;
ENDPROC
ENDMODULE
```

上述程序实现了将整数 7 赋值给名称为 data 的数值数据。

（2）逻辑值数据 bool　bool 用于存储逻辑值（真 / 假）数据，即 bool 型数据值可以为 TRUE 或 FALSE。逻辑值数据 bool 的使用示例如下。

```
MODULE MainModule
VAR num data;
VAR bool result;
PROC main( )
result := data>50;
ENDPROC
ENDMODULE
```

该例子实现的功能是：首先判断 data 的数值是否大于 50，如果是大于 50，则向 result 赋值 TRUE，否则赋值 FALSE。

（3）字符串数据 string　string 用于存储字符串数据。字符串是由一串前后附有引号（""）的字符（最多 80 个）组成，例如 "How do you do"。如果字符串中包括反斜线（\），则必须写两个反斜线符号，例如 "This is a book \\ desk"。字符串数据 string 的使用示例如下。

```
MODULE MainModule
VAR string text;
PROC main( )
text := "It is an apple";
TPWrite text;
ENDPROC
ENDMODULE
```

上述程序段实现的功能是将字符串 It is an apple 赋值给 text，运行程序后，在示教器中的操作员窗口将会显示 It is an apple 这段字符串。

（4）位置数据 robtarget　robtarget 用于存储机器人和附加轴的位置数据。位置数据的内容是在运动指令中机器人和外轴将要移动到的位置。robtarget 由表 5-2 所示的 4 个部分组成。

表 5-2　robtarget 的组件

组件	描　述
trans	• translation • 数据类型：pos • 工具中心点的所在位置（x、y 和 z），单位为 mm • 存储当前工具中心点在当前工件坐标系的位置。如果未指定任何工件坐标系，则当前工件坐标系为大地坐标系
rot	• rotation • 数据类型：orient • 工具姿态，以四元数的形式表示（q1、q2、q3 和 q4） • 存储相对于当前工件坐标系方向的工具姿态。如果未指定任何工件坐标系，则当前工件坐标系为大地坐标系
robconf	• robot configuration • 数据类型：confdata • 机械臂的轴配置（cf1、cf4、cf6 和 cfx）。以轴 1、轴 4 和轴 6 当前 1/4 旋转的形式进行定义。将第一个正 1/4 旋转 0~90° 定义为 0。组件 cfx 的含义取决于机械臂类型
extax	• external axes • 数据类型：extjoint • 附加轴的位置 • 对于旋转轴，其位置定义为从校准位置起旋转的度数 • 对于线性轴，其位置定义为与校准位置的距离（mm）

位置数据 robtarget 的使用示例如下。

CONST robtarget p10 :=[[100,50,22],[1,0,0,0],[1,1,0,0],[11,12.3,9E9,9E9,9E9,9E9]];

上述语句定义了位置 p10，含义如下。

1）机器人在工件坐标系中的位置：x=100mm、y=50mm、z=22mm。

2）工具的姿态与工件坐标系的方向一致。

3）机器人的轴配置：轴 1 和轴 4 位于 90°~180°，轴 6 位于 0~90°。

4）附加逻辑轴 a 和轴 b 的位置以度或毫米表示（根据轴的类型）。未定义轴 c~ 轴 f。

（5）关节位置数据 jointtarget　jointtarget 用于存储机器人和附加轴的每个单独轴的角度位置。通过 moveabsj 可以使机器人和附加轴运动到 jointtarget 关节位置处。jointtarget 由两个部分组成，见表 5-3。

表 5-3　jointtarget 的组件

组件	描　述
robax	• robot axes • 数据类型：robjoint • 机械臂轴的轴位置，单位：度（°） • 将轴位置定义为各轴（臂）从轴校准位置沿正方向或反方向旋转的度数
extax	• external axes • 数据类型：extjoint • 附加轴的位置 • 对于旋转轴，其位置定义为从校准位置起旋转的度数 • 对于线性轴，其位置定义为与校准位置的距离（mm）

关节位置数据 jointtarget 的使用示例如下。

CONST jointtarget calib_pos :=[[0,0,0,0,0,0],[0,9E9,9E9,9E9,9E9,9E9]];

上述语句功能：通过关节位置数据 jointtarget，在 calib_pos 存储了机器人的机械原点位置，同时定义外部轴 a 的原点位置 0（° 或 mm），未定义外轴 b~ 轴 f。

（6）速度数据 speeddata　speeddata 用于存储机器人和附加轴运动时的速度数据。速度数据定义了工具中心点移动时的速度、工具的重定位速度、线性或旋转外轴移动时的速度。speeddata 由表 5-4 所示的 4 个部分组成。

表 5-4　speeddata 的组件

组件	描述
v_tcp	• velocity tcp • 数据类型：num • 工具中心点（TCP）的速度，单位：mm/s • 如果使用固定工具或协同的外轴，则是相对于工件的速率
v_ori	• external axes • 数据类型：num • TCP 的重定位速度，单位：°/s • 如果使用固定工具或协同的外轴，则是相对于工件的速率
v_leax	• velocity linear external axes • 数据类型：num • 线性外轴的速度，单位：mm/s
v_reax	• velocity rotational external axes • 数据类型：num • 旋转外轴的速率，单位：°/s

速度数据 speeddata 的使用示例如下。

VAR speeddata vmedium := [800,28,180,15];

上述语句定义了速度数据 vmedium：TCP 速度为 800mm/s；工具的重定位速度为 28°/s；线性外轴的速度为 180mm/s；旋转外轴速度为 15°/s。

（7）转角区域数据 zonedata　zonedata 用于规定如何结束一个位置，也就是在朝下一个位置移动之前，机器人必须如何接近编程位置。可以以停止点或飞越点的形式来终止一个位置。停止点意味着机械臂和外轴必须在使用下一个指令来继续程序执行之前达到指定位置（静止不动）。飞越点意味着在未达到编程位置之前改变运动方向。zonedata 由 7 个部分组成，见表 5-5。

表 5-5　zonedata 的组件

组件	描　述
finep	• fine point • 数据类型：bool • 规定运动是否以停止点（fine 点）或飞越点结束 • TRUE：运动随停止点而结束，且程序执行将不再继续，直至机械臂达到停止点。未使用区域数据中的其他组件数据 • FALSE：运动随飞越点而结束，且程序执行在机械臂达到区域之前继续行进大约 100ms
pzone_tcp	• path zone TCP • 数据类型：num • TCP 区域的尺寸（半径），单位：mm • 根据以下组件 pzone_ori...zone_reax 和编程运动，将扩展区域定义为区域的最小相对尺寸
pzone_ori	• path zone orientation • 数据类型：num • 有关工具重新定位的区域半径。将半径定义为 TCP 距编程点的距离，单位：mm • 数值必须大于 pzone_tcp 的对应值。如果低于，则数值自动增加，以使其与 pzone_tcp 相同
pzone_eax	• path zone external axes • 数据类型：num • 有关外轴的区域半径。将半径定义为 TCP 距编程点的距离，以 mm 计 • 数值必须大于 pzone_tcp 的对应值。如果低于，则数值自动增加，以使其与 pzone_tcp 相同
zone_ori	• zone orientation • 数据类型：num • 工具重定位的区域范围大小，单位：度（°） • 如果机械臂正夹持着工件，则是指工件的旋转角度
zone_leax	• zone linear external axes • 数据类型：num • 线性外轴的区域半径大小，单位：mm
zone_reax	• zone rotational external axes • 数据类型：num • 旋转外轴的区域范围大小，单位：度（°）

转角区域数据 zonedata 的使用示例如下。

程序数据的储存类型

VAR zonedata path : = [FALSE,25,40,40,10,35,5];

上述语句定义了转角区域数据 path：TCP 路径的区域半径为 25mm；工具重定位的区域半径为 40mm（TCP 运动）；外轴的区域半径为 40mm（TCP 运动）；如果 TCP 静止不动，或存在大幅度重新定位，或存在有关该区域的外轴大幅度运动，则应用以下规定。

1）旋转工具重定位的区域范围为 10°。

2）线性外轴的区域半径为 35mm。

3）旋转外轴的区域范围为 5°。

2. 程序数据的存储类型

（1）变量 VAR　变量型数据在程序执行的过程中和停止时，会保持当前的值。但如果程序指针复位或者机器人控制器重启，数值会恢复为声明变量时赋予的初始值。

（2）可变量 PERS　无论程序的指针如何变化，无论机器人控制器是否重启，可变量型的数据都会保持最后赋予的值。

（3）常量 CONST　常量的特点是在定义时已赋予了数值，并不能在程序中进行修改，只能手动修改。

举例说明，当前已经建立 3 个数据，即 count1（变量 VAR）、count2（可变量 PERS）、count3（常量 CONST），如图 5-2 所示。

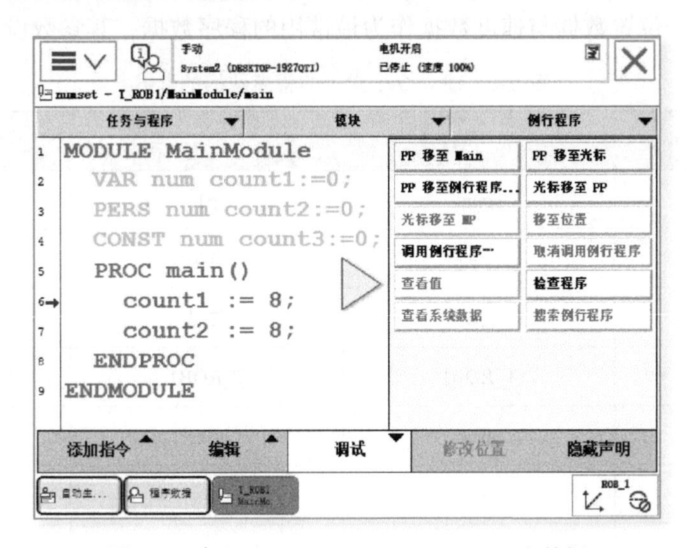

图 5-2　建立 count1、count2、count3 三个数据

count1、count2 初始数值均为 0，count3 定义赋值为 0。在主程序中将 count1 与 count2 均重新赋值为 8，count3 作为常量存储类型，无法在程序中进行修改。将程序运行一个周期，程序指针复位后如图 5-3 所示。

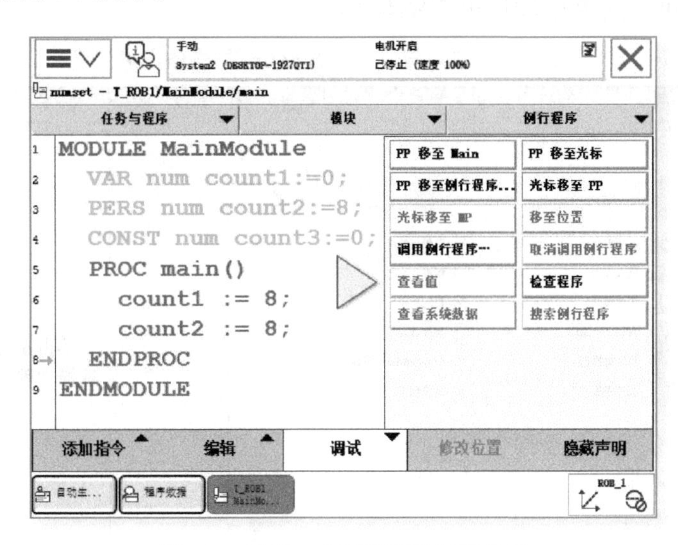

图 5-3　运行一个周期后数据当前值

count1 作为变量存储类型，由于数值恢复为声明变量时赋予的初始值，初始数值仍为 0。count2 作为可变量存储类型，数据保持上一周期赋值数值，初始数值变更为 8。

建立三个常见的程序数据

3. 程序数据的建立

程序数据的建立一般可以分为两种形式，一种是直接在示教器中的程序数据画面中建立程序数据，另一种是在建立程序指令时，同时自动生成对应的程序数据。

数值型数据、位置数据与速度数据作为最常用的程序数据，其参数设置见表 5-6。

表 5-6 建立 3 个常见的程序数据的参数

数据类型	num	robtarget	speeddata
名称	count	p1	running_speed
范围	全局	全局	全局
存储类型	变量	常量	变量
任务	T_ROB1	T_ROB1	T_ROB1
模块	user	user	user
例行程序	—	—	—
维数	—	—	—
初始值	0	—	（200,500,5000,1000）

建立数值型数据 count 的操作步骤见表 5-7，建立位置数据 p1 的操作步骤见表 5-8，建立速度数据 running_speed 的操作步骤见表 5-9。

表 5-7 建立数值型数据 count 的操作步骤

序号	参考图片	操作说明
1		单击左上角主菜单按钮，然后选择“程序数据”

（续）

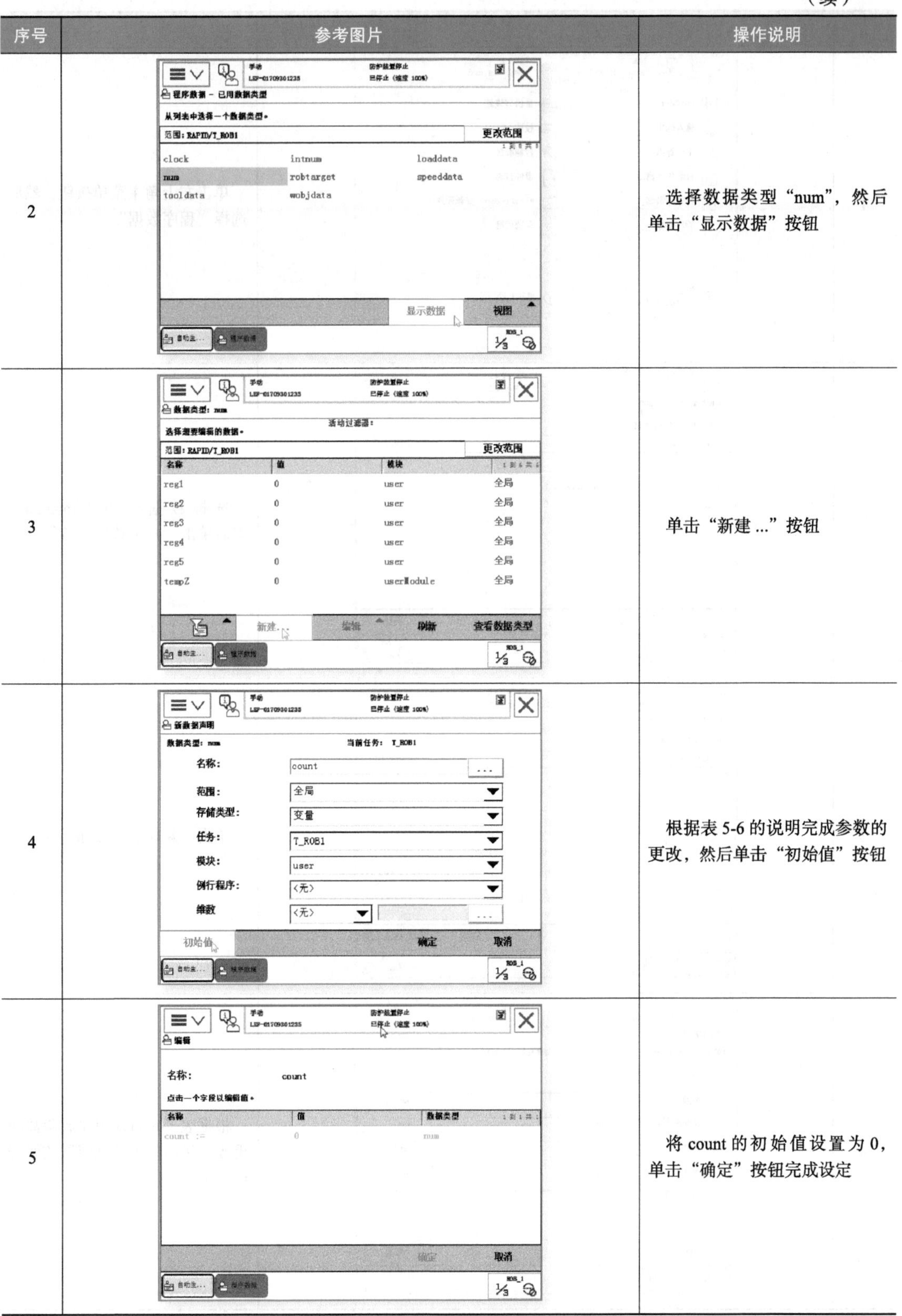

序号	参考图片	操作说明
2		选择数据类型“num”，然后单击“显示数据”按钮
3		单击“新建...”按钮
4		根据表5-6的说明完成参数的更改，然后单击“初始值”按钮
5		将count的初始值设置为0，单击“确定”按钮完成设定

表 5-8　建立位置数据 p1 的操作步骤

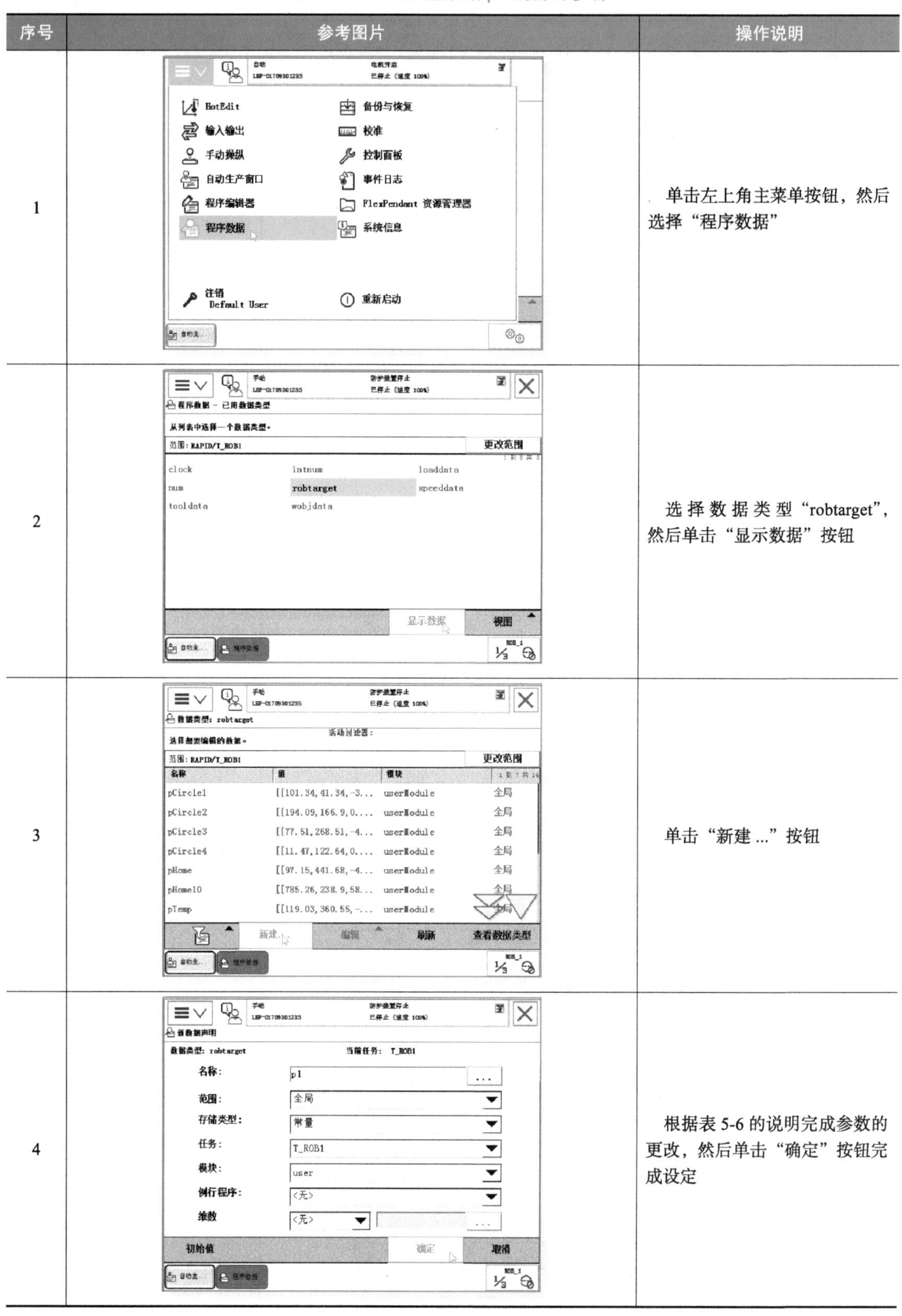

序号	参考图片	操作说明
1		单击左上角主菜单按钮，然后选择“程序数据”
2		选择数据类型“robtarget”，然后单击“显示数据”按钮
3		单击“新建 ...”按钮
4		根据表 5-6 的说明完成参数的更改，然后单击“确定”按钮完成设定

表 5-9　建立速度数据 running_speed 的操作步骤

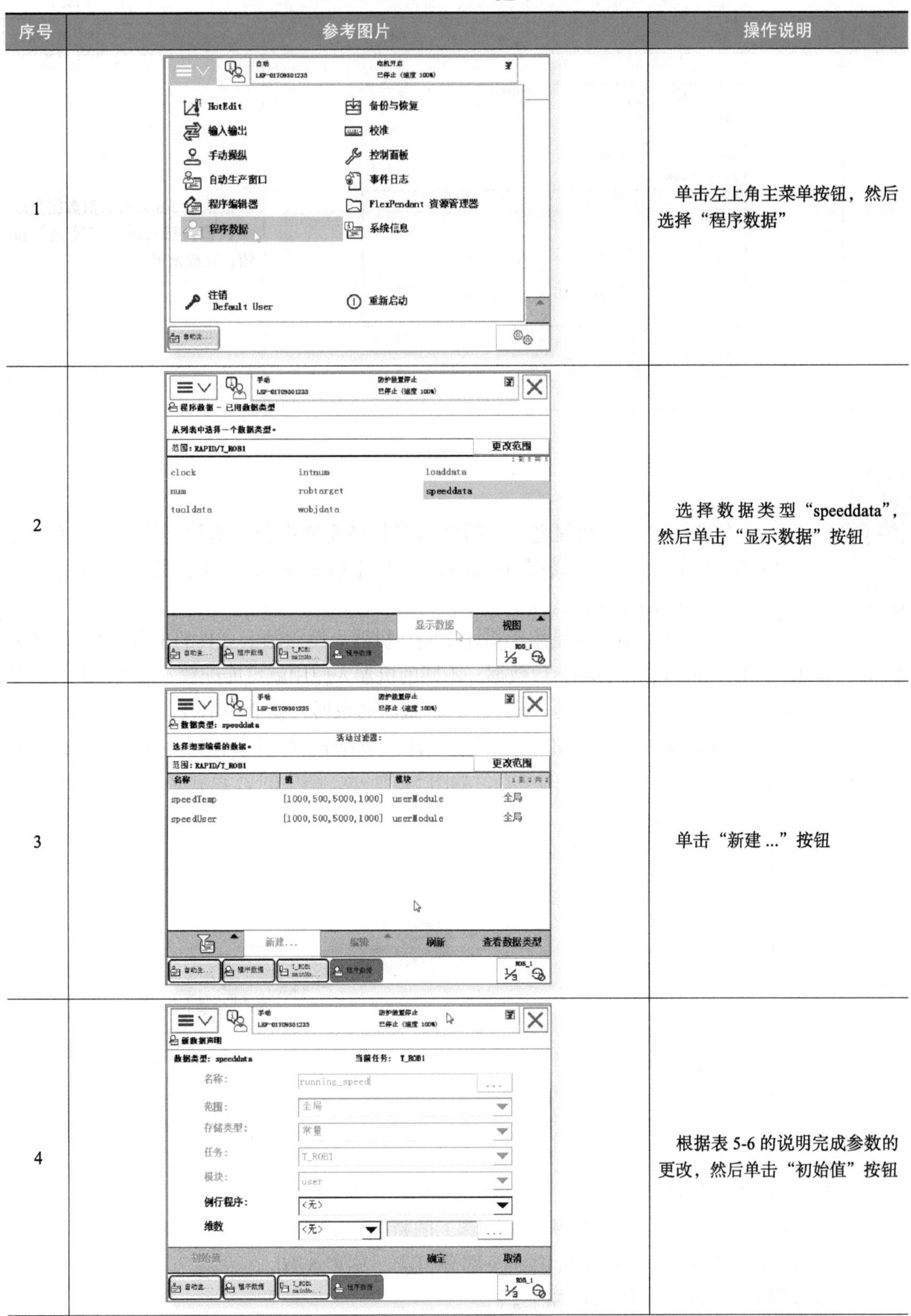

序号	参考图片	操作说明
1		单击左上角主菜单按钮，然后选择“程序数据”
2		选择数据类型“speeddata”，然后单击“显示数据”按钮
3		单击“新建 ...”按钮
4		根据表 5-6 的说明完成参数的更改，然后单击“初始值”按钮

（续）

序号	参考图片	操作说明
5	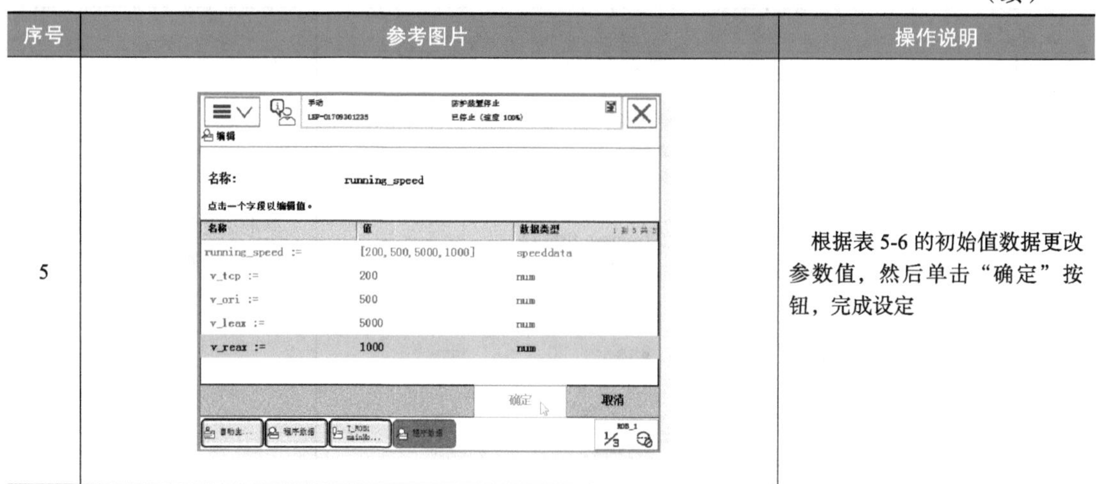	根据表 5-6 的初始值数据更改参数值，然后单击“确定”按钮，完成设定

任务二　建立工具数据 tooldata

建立工具数据 tooldata（一）

在进行正式的编程之前，需要构建起必要的机器人编程环境，其中有 3 个必需的程序数据（工具数据 tooldata、工件坐标 wobjdata、负荷数据 loaddata）就需要在编程前进行定义。

工具数据 tooldata 是用于描述安装在机器人第六轴上工具的工具中心点（Tool Center Ponit，TCP）、重量、重心等参数数据。不同的机器人应用就可能配置不同的工具，比如说弧焊的机器人使用弧焊枪作为工具，而用于搬运板材的机器人就会使用吸盘式的夹具作为工具。本书中的示例操作采用的工业机器人 ABB IRB 1410 配置的工具如图 5-4 所示。默认工具（tool0）的 TCP 位于机器人安装法兰的中心，如图 5-5 所示，图中的 A 点就是原始的 TCP 点。

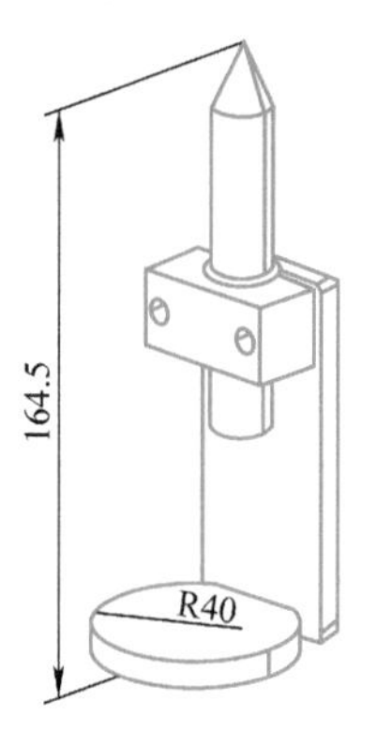

图 5-4　工业机器人工具

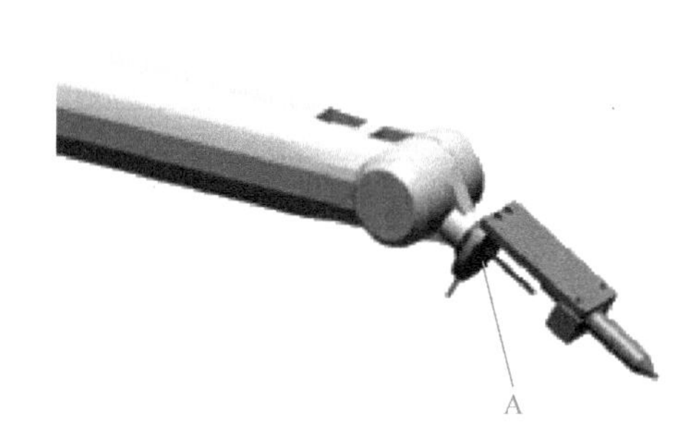

图 5-5　默认工具（tool0）的 TCP

1. tooldata 数据组成

tooldata 用于描述工具（例如焊枪或夹具）的特征。此类特征包括 TCP 的位置和方位，以及工具负载的物理特征。tooldata 由 3 个部分组成，见表 5-10。

工具数据 tooldata 的使用示例如下。

PERS tooldata gripper :=[TRUE,[[1.25,0,164.5],[0.924,0,0.383,0]],[0.1,[0,0,75],[1,0,0,0],0,0,0]];

表 5-10 tooldata 数据组成

组件	描述
robhold	robot hold 数据类型：bool 定义机械臂是否夹持工具 • TRUE：机械臂正夹持着工具 • FALSE：机械臂未夹持工具，即固定工具
tframe	tool frame 数据类型：pose 工具坐标系，即 • TCP 的位置（x、y 和 z），单位：mm，相对于腕坐标系（tool0） • 工具坐标系的方向，相对于腕坐标系
tload	tool load 数据类型：loaddata 机械臂夹持着工具 工具的负载，即 • 工具的质量（重量），单位：kg • 工具负载的重心（x、y 和 z），单位：mm，相对于腕坐标系 • 工具力矩主惯性轴的方位，相对于腕坐标系 • 围绕力矩惯性轴的惯性矩，单位：kg · m²。如果将所有惯性部件定义为 0kg · m²，则将工具作为一个点质量来处理 固定工具 用于描述夹持工件的夹具的负载，即 • 所移动夹具的质量（重量），单位：kg • 所移动夹具的重心（x、y 和 z），以 mm 计，相对于腕坐标系 • 所移动夹具力矩主惯性轴的方位，相对于腕坐标系 • 围绕力矩惯性轴的惯性矩，单位：kg · m²。如果将所有惯性部件定义为 0 kg · m²，则将夹具作为一个点质量来处理

上述语句定义了工具数据 gripper，内容如下。

1）机械臂正夹持着工具。

2）TCP 所在点沿着工具坐标系 X 方向偏移 1.25mm，沿工具坐标系 Z 方向偏移 164.5mm。

建立工具数据 tooldata（二）

3）工具的 X 方向和 Z 方向相对于腕坐标系 Y 方向旋转 45°。

4）工具质量为 0.1 kg。

5）重心所在点沿着腕坐标系 Z 方向偏移 75mm。

6）可将负载视为一个点质量，即不带转矩惯量。

2. tooldata 数据的设定

本节将新建一个工具坐标系 tool1，其 TCP 点设定在图 5-6 中的 B 点（工具尖端中心位置），tool1 的 TCP 点是从默认 tool0 的 Z 正方向偏移 164.5mm；工具质量是 0.1kg，重心在默认 tool0 的 Z 正方向偏移 100mm。下面介绍相应的工具数据设定的方法。

（1）新建工具坐标系　新建工具坐标系 tool1 的步骤见表 5-11。

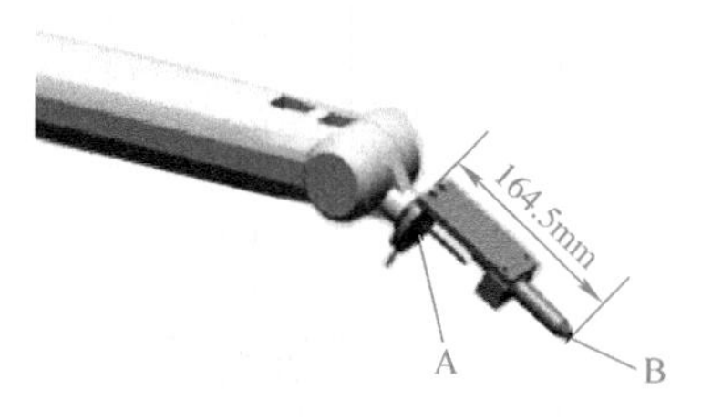

图 5-6　工具坐标系 tool1

表 5-11　新建工具坐标系 tool1 的步骤

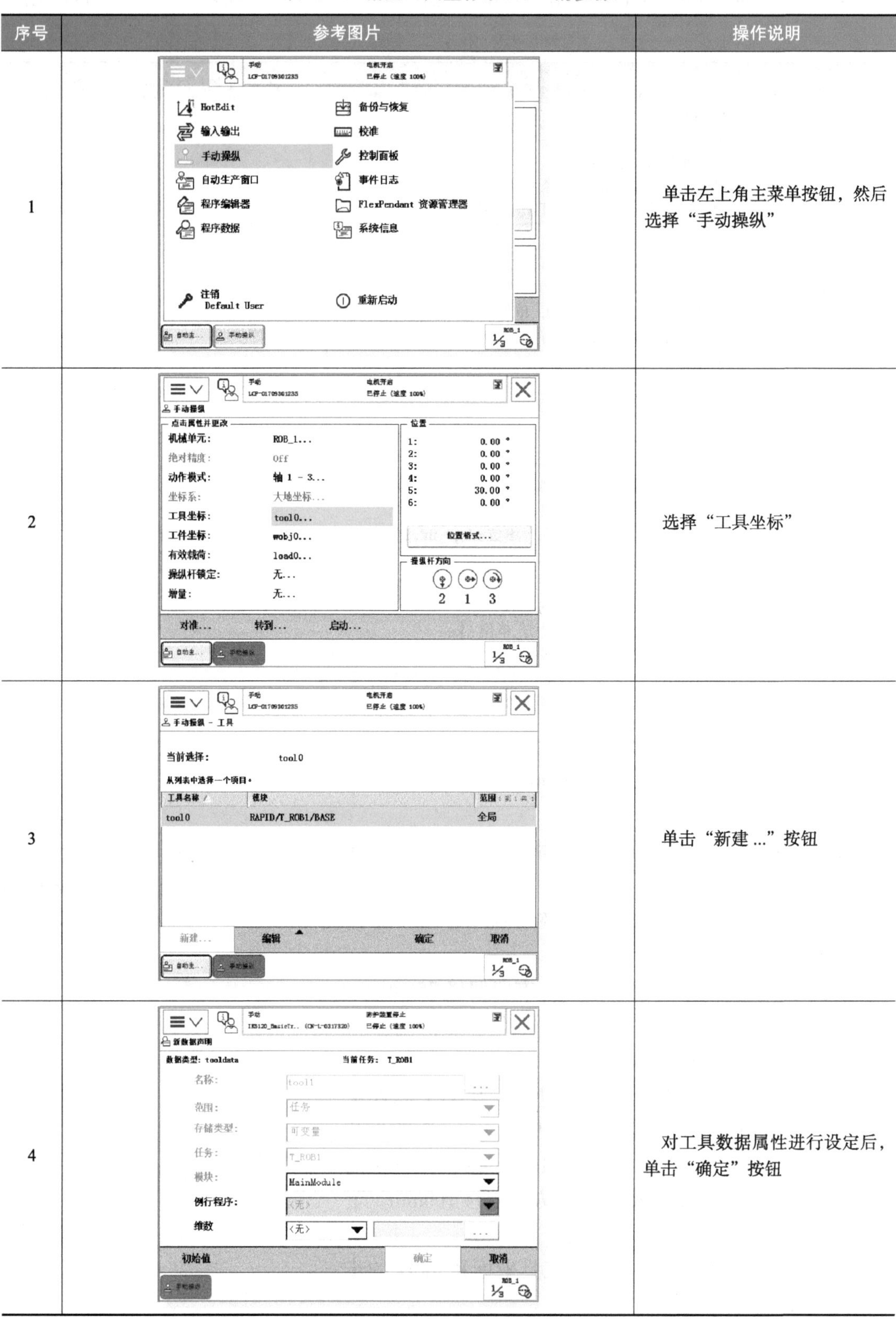

序号	参考图片	操作说明
1		单击左上角主菜单按钮，然后选择“手动操纵”
2		选择“工具坐标”
3		单击“新建 ...”按钮
4		对工具数据属性进行设定后，单击“确定”按钮

（2）TCP 点定义　TCP 点的设定原理如下。

1）在机器人工作范围内找一个非常精确的固定点作为参考点。

2）在工具上确定一个参考点（最好是工具的中心点）。

3）用之前学习到的手动操纵机器人的方法，去移动工具上的参考点，以最少 4 种不同的机器人姿态尽可能与固定点刚好碰上（为了获得更准确的 TCP，在以下的例子中使用 6 点法进行操作，第 4 点是用工具的参考点垂直于固定点，第 5 点是工具参考点从固定点向将要设定为 TCP 的 X 方向移动，第 6 点是工具参考点从固定点向将要设定为 TCP 的 Z 方向移动）。

4）机器人就可以通过这 4 个位置点的位置数据计算求得 TCP 的数据，然后 TCP 的数据就保存在 tooldata 这个程序数据中被程序进行调用。

设定 TCP 点的具体操作步骤见表 5-12。

表 5-12　设定 TCP 点的步骤

序号	参考图片	操作说明
1	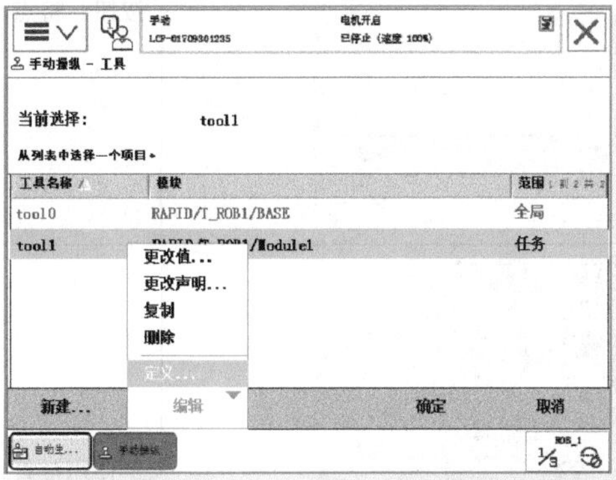	选中新建的 tool1 后，单击“编辑”菜单中的“定义...”选项
2	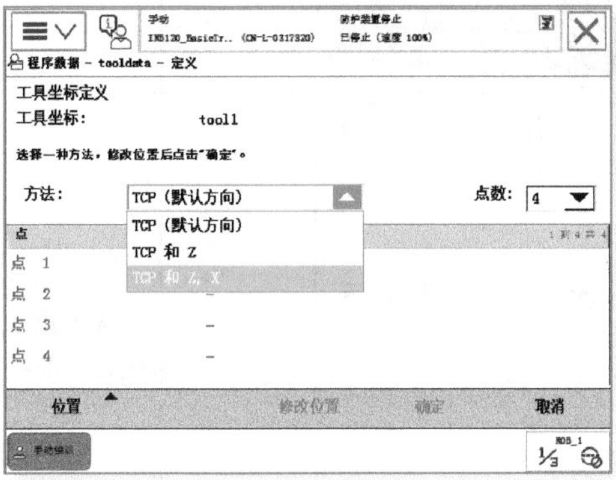	在定义方法中选择“TCP 和 Z，X”方法设定 TCP

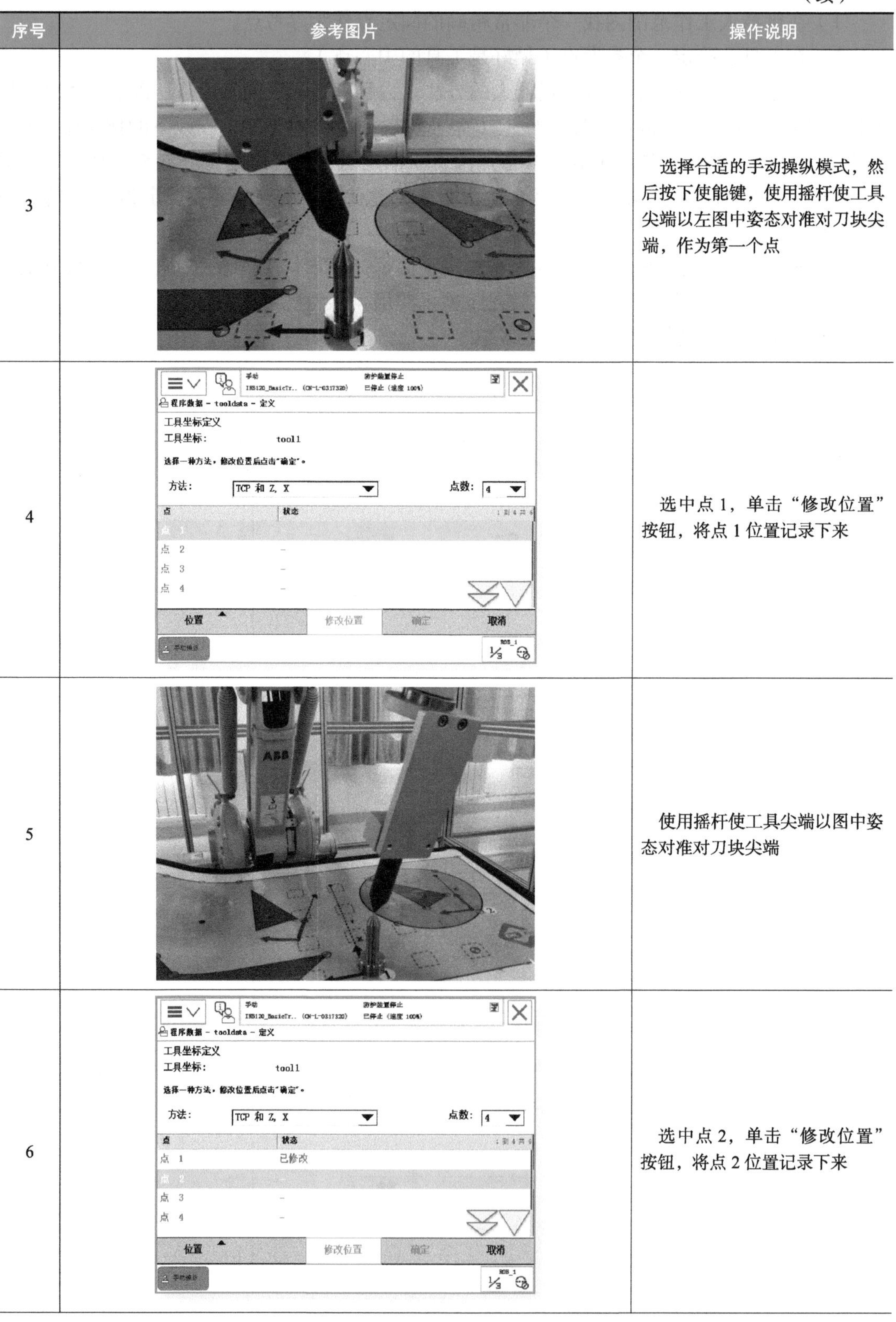

（续）

序号	参考图片	操作说明
3		选择合适的手动操纵模式，然后按下使能键，使用摇杆使工具尖端以左图中姿态对准对刀块尖端，作为第一个点
4		选中点 1，单击“修改位置”按钮，将点 1 位置记录下来
5		使用摇杆使工具尖端以图中姿态对准对刀块尖端
6		选中点 2，单击“修改位置”按钮，将点 2 位置记录下来

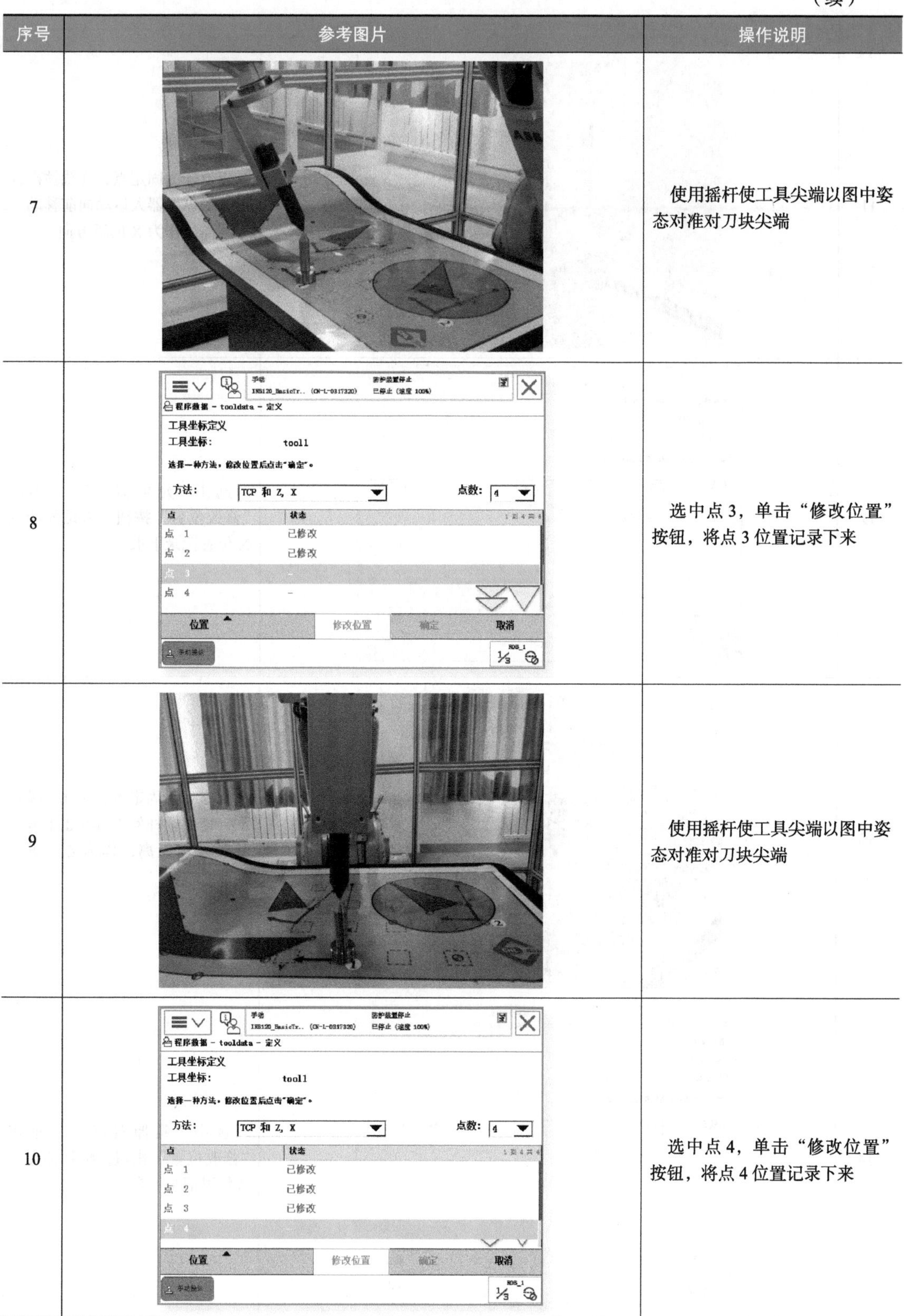

（续）

序号	参考图片	操作说明
7		使用摇杆使工具尖端以图中姿态对准对刀块尖端
8		选中点 3，单击“修改位置”按钮，将点 3 位置记录下来
9		使用摇杆使工具尖端以图中姿态对准对刀块尖端
10		选中点 4，单击“修改位置”按钮，将点 4 位置记录下来

（续）

序号	参考图片	操作说明
11		以点4为固定点，在线性模式下，操纵机器人运动向前移动一定距离，作为X的正方向
12		选中“延伸器点X”，单击“修改位置”按钮，将延伸器点X位置记录下来
13		以点4为固定点，在线性模式下，使用摇杆使工具向正上方向移动一定距离，作为Z的正方向
14		选中“延伸器点Z”，单击“修改位置”按钮，将延伸器点Z位置记录下来

（续）

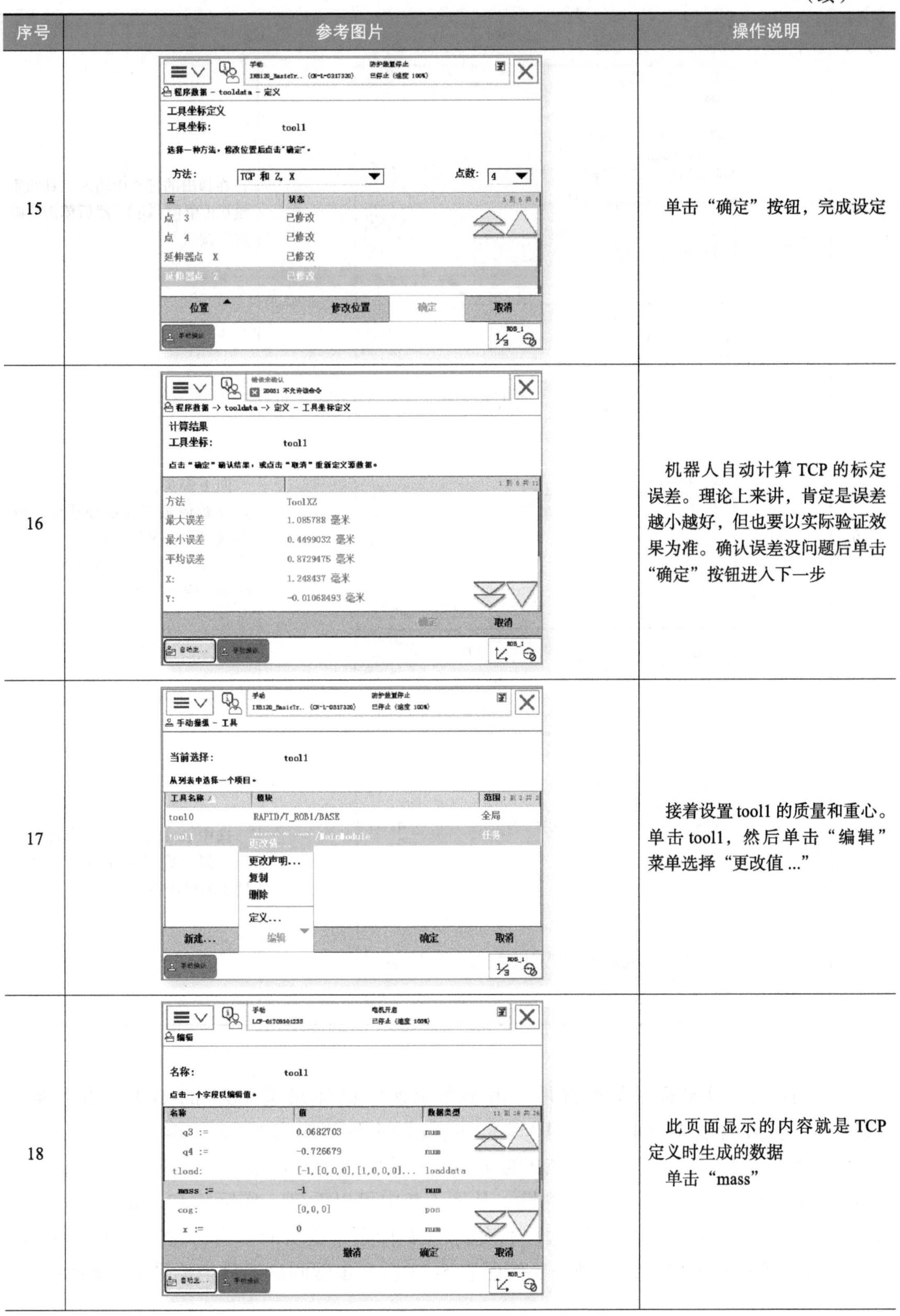

序号	参考图片	操作说明
15		单击“确定”按钮，完成设定
16		机器人自动计算TCP的标定误差。理论上来讲，肯定是误差越小越好，但也要以实际验证效果为准。确认误差没问题后单击“确定”按钮进入下一步
17		接着设置tool1的质量和重心。单击tool1，然后单击“编辑”菜单选择“更改值...”
18		此页面显示的内容就是TCP定义时生成的数据 单击“mass”

（续）

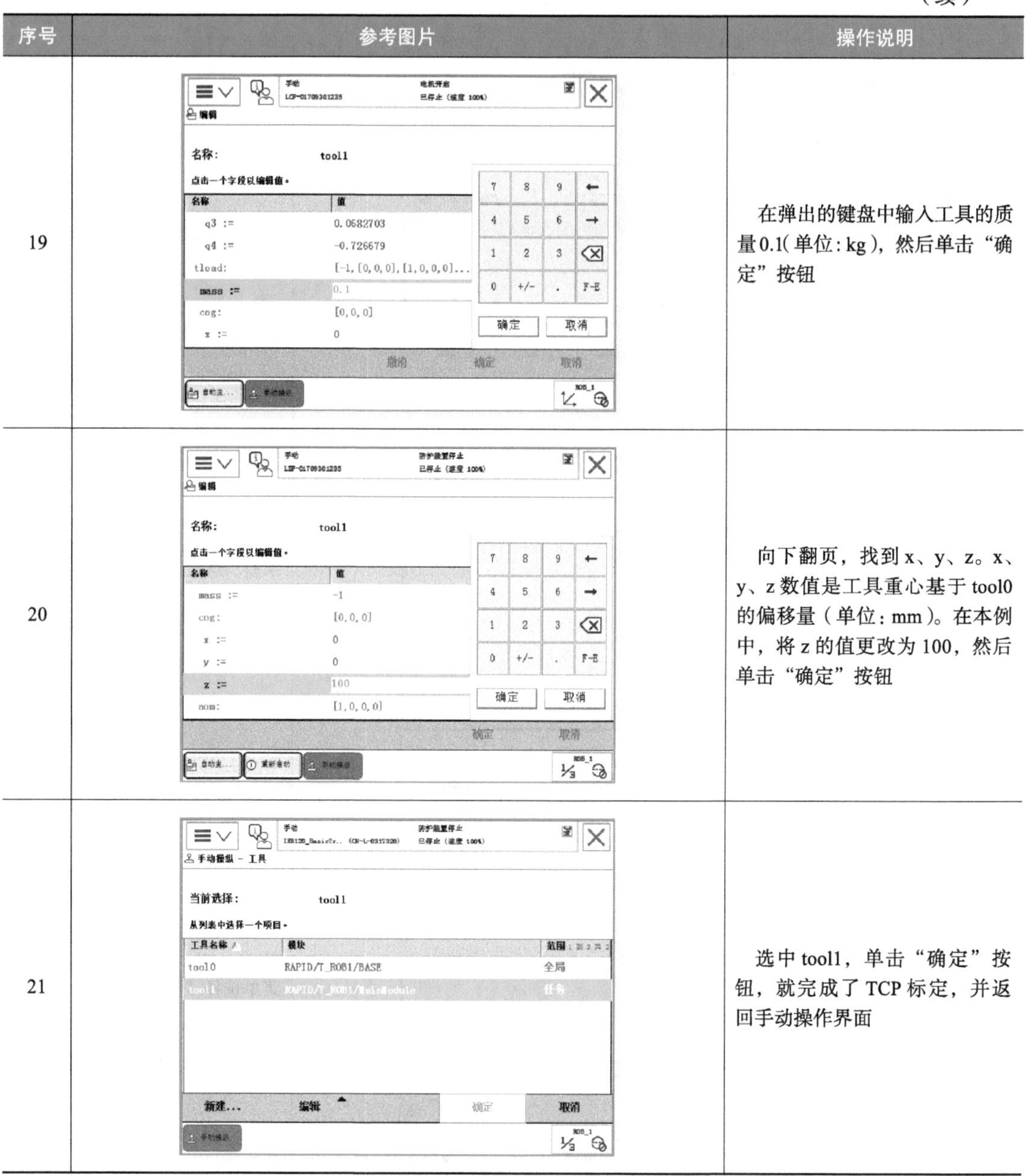

序号	参考图片	操作说明
19		在弹出的键盘中输入工具的质量0.1（单位：kg），然后单击“确定”按钮
20		向下翻页，找到x、y、z。x、y、z数值是工具重心基于tool0的偏移量（单位：mm）。在本例中，将z的值更改为100，然后单击“确定”按钮
21		选中tool1，单击“确定”按钮，就完成了TCP标定，并返回手动操作界面

（3）测试工具坐标系的准确性　由于本示例中已经知道tool1的TCP点是从默认tool0的Z正方向偏移164.5mm，即其x、y、z的理论值应为0、0、164.5，因此，只要把表5-12中6点法标定得到的TCP的x、y、z的实际值（图5-7）与理论值进行比较，就可以判断出该新建坐标系的准确性。从图5-7中可以看到，实际值和理论值的误差较小，在实验误差允许范围内，因此，本次的TCP标定是成功的。当新建工具坐标系TCP的x、y、z理论值不确定时，则需要按照表5-13所列步骤测试工具坐标系的准确性。

图 5-7　tool1 TCP 的 x、y、z 的实际值

表 5-13　测试工具坐标系的准确性

序号	参考图片	操作说明
1		在手动操作界面，单击“动作模式”
2		选择“重定位”，然后单击“确定”按钮返回

（续）

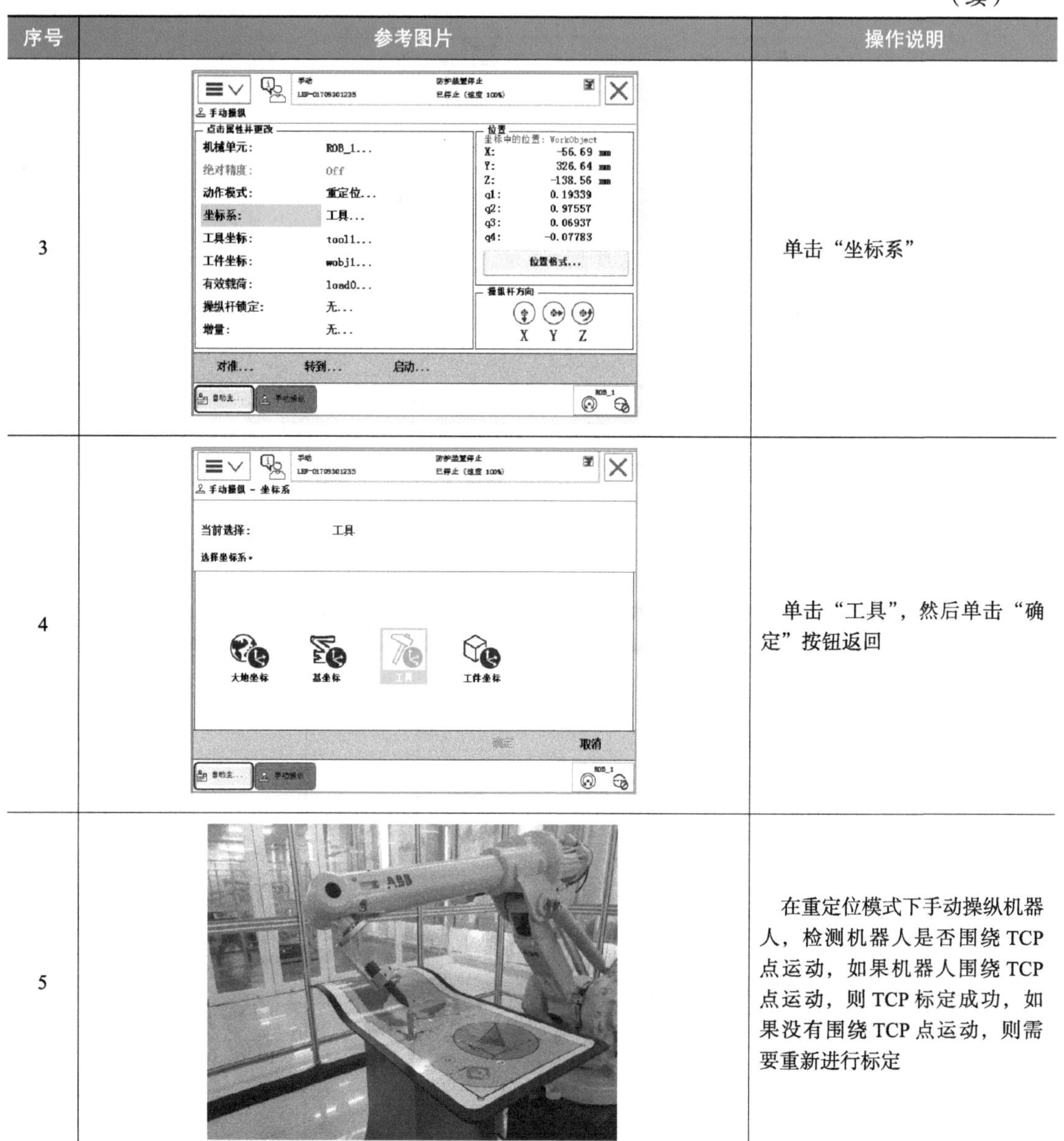

序号	参考图片	操作说明
3		单击“坐标系”
4		单击“工具”，然后单击“确定”按钮返回
5		在重定位模式下手动操纵机器人，检测机器人是否围绕 TCP 点运动，如果机器人围绕 TCP 点运动，则 TCP 标定成功，如果没有围绕 TCP 点运动，则需要重新进行标定

任务三　建立工件坐标数据 wobjdata

建立工件坐标数据 wobjdata（一）

工件坐标系对应工件，它定义工件相对于大地坐标系（或其他坐标系）的位置。机器人可以拥有若干工件坐标系，或者表示不同工件，或者表示同一工件在不同位置的若干副本。对机器人进行编程时就是在工件坐标系中创建目标和路径。这带来很多优点。

1）重新定位工作站中的工件时，只需更改工件坐标系的位置，所有路径将即刻随之更新。

2）允许操作以外轴或传送导轨移动的工件，因为整个工件可连同其路径一起移动。

1. wobjdata 的组成

如果在运动指令中指定了工件，则目标点位置将基于该工件坐标系。优势如下。

1）便捷地手动输入位置数据，例如离线编程，则可从图样获得位置数值。

2）轨迹程序可以根据变化，快速重新使用。例如，如果移动了工作台，则仅需重新定义工作台工件坐标系即可。

3）可根据变化对工件坐标系进行补偿。利用传感器获得偏差数据来定位工件。

wobjdata 由 5 个部分组成，见表 5-14。

表 5-14　wobjdata 的组成

组件	描　述
robhold	robot hold 数据类型：bool 定义机械臂是否夹持工件 • TRUE：机械臂正夹持着工件，即使用了固定工具 • FALSE：机械臂未夹持工件，即机械臂夹持工具
ufprog	user frame programmed 数据类型：bool 规定是否使用固定的用户坐标系 • TRUE：固定的用户坐标系 • FALSE：可移动的用户坐标系，即使用协调外轴 也用于 MultiMove 系统的半协调或同步协调模式
ufmec	user frame mechanical unit 数据类型：string 与机械臂协调移动的机械单元。仅在可移动的用户坐标系中进行指定（ufprog 为 FALSE） 指定系统参数中所定义的机械单元名称，例如 orbit_a
uframe	user frame 数据类型：pose 用户坐标系，即当前工作面或固定装置的位置 • 坐标系原点的位置（x、y 和 z），以 mm 计 • 坐标系的旋转，表示为一个四元数（q1、q2、q3 和 q4） 如果机械臂正夹持着工具，则在大地坐标系中定义用户坐标系（如果使用固定工具，则在腕坐标系中定义） 对于可移动的用户坐标系（ufprog 为 FALSE），由系统对用户坐标系进行持续定义
oframe	object frame 数据类型：pose 目标坐标系，即当前工件的位置 • 坐标系原点的位置（x、y 和 z），以 mm 计 • 坐标系的旋转，表示为一个四元数（q1、q2、q3 和 q4） 在用户坐标系中定义目标坐标系

以下为工件数据 wobjdata 的使用示例。

```
PERS wobjdata wobj1 :=[ FALSE,TRUE,"",[[300,600,200],[1,0,0,0]],[[0,200,30],[1,0,0,0]]];
```

上述语句定义了工件数据 wobj1，内容如下。

1）机械臂未夹持着工件。

2）使用固定的用户坐标系。

3）用户坐标系不旋转，且在大地坐标系中用户坐标系的原点为 x=300、y=600 和 z=200mm。

4）目标坐标系不旋转，且在用户坐标系中目标坐标系的原点为 x=0、y=200 和 z=30mm。

2. wobjdata 数据的设定

建立工件坐标数据 wobjdata（二）

在对象的平面上，只需要定义 3 个点，就可以建立一个工件坐标，如图 5-8 所示。

1）X1、X2 确定工件坐标 X 正方向。

2）Y1 确定工件坐标 Y 正方向。

3）工件坐标系的原点是 Y1 在工件坐标 X 上的投影。

工件坐标符合右手定则，如图 5-9 所示。

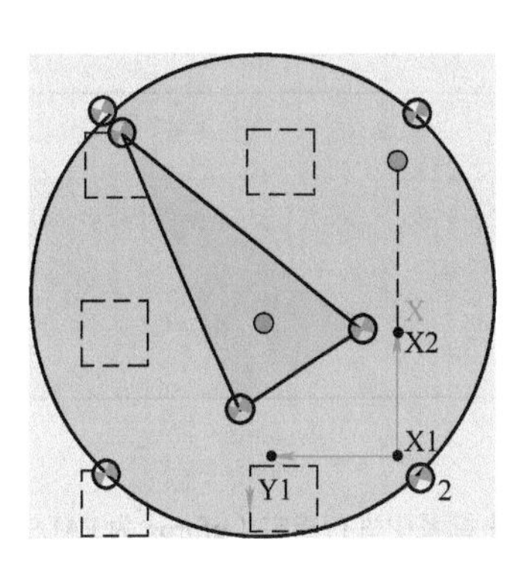

图 5-8　三点法建立工件坐标

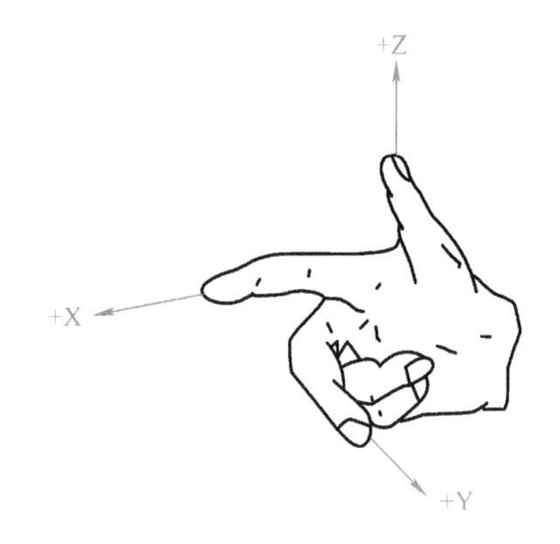

图 5-9　右手定则

下面介绍工件坐标系标定的方法。

（1）新建工件坐标系　表 5-15 为新建工件坐标系 wobj1 的操作步骤。

表 5-15　新建工件坐标系 wobj1 的操作步骤

序号	参考图片	操作说明
1	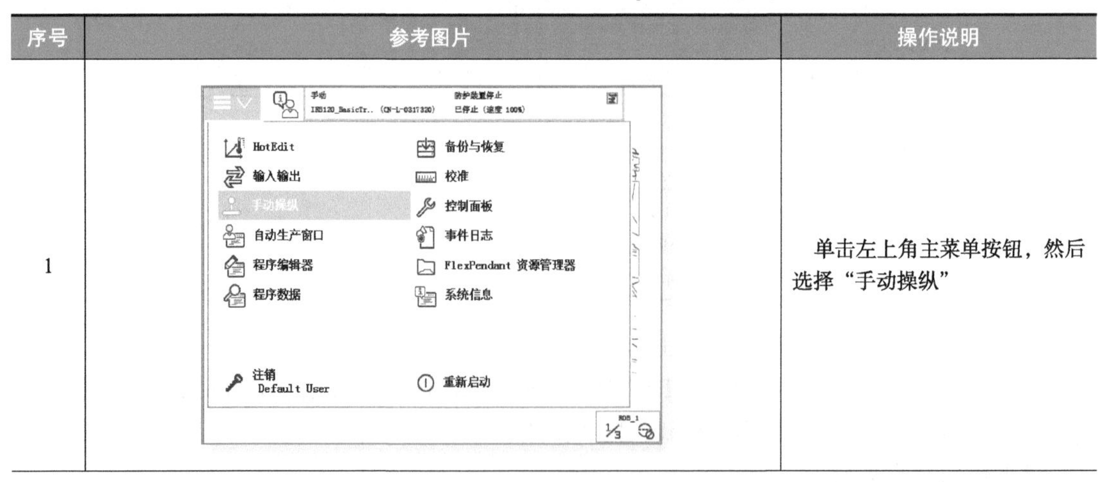	单击左上角主菜单按钮，然后选择“手动操纵”

（续）

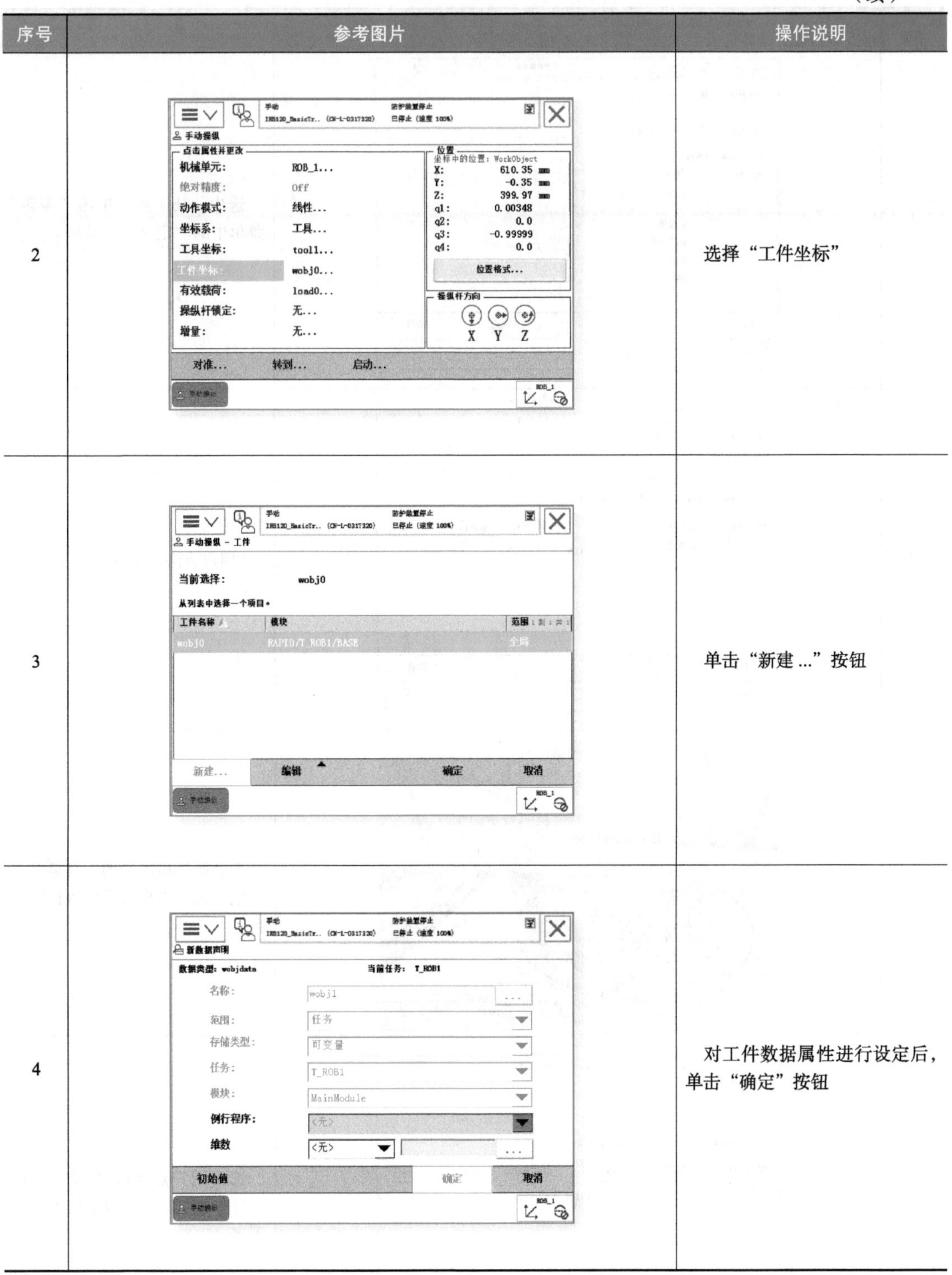

序号	参考图片	操作说明
2		选择“工件坐标”
3		单击“新建 ...”按钮
4		对工件数据属性进行设定后，单击“确定”按钮

（2）定义工件坐标系　表 5-16 为定义工件坐标系的操作步骤。

表 5-16　定义工件坐标系的操作步骤

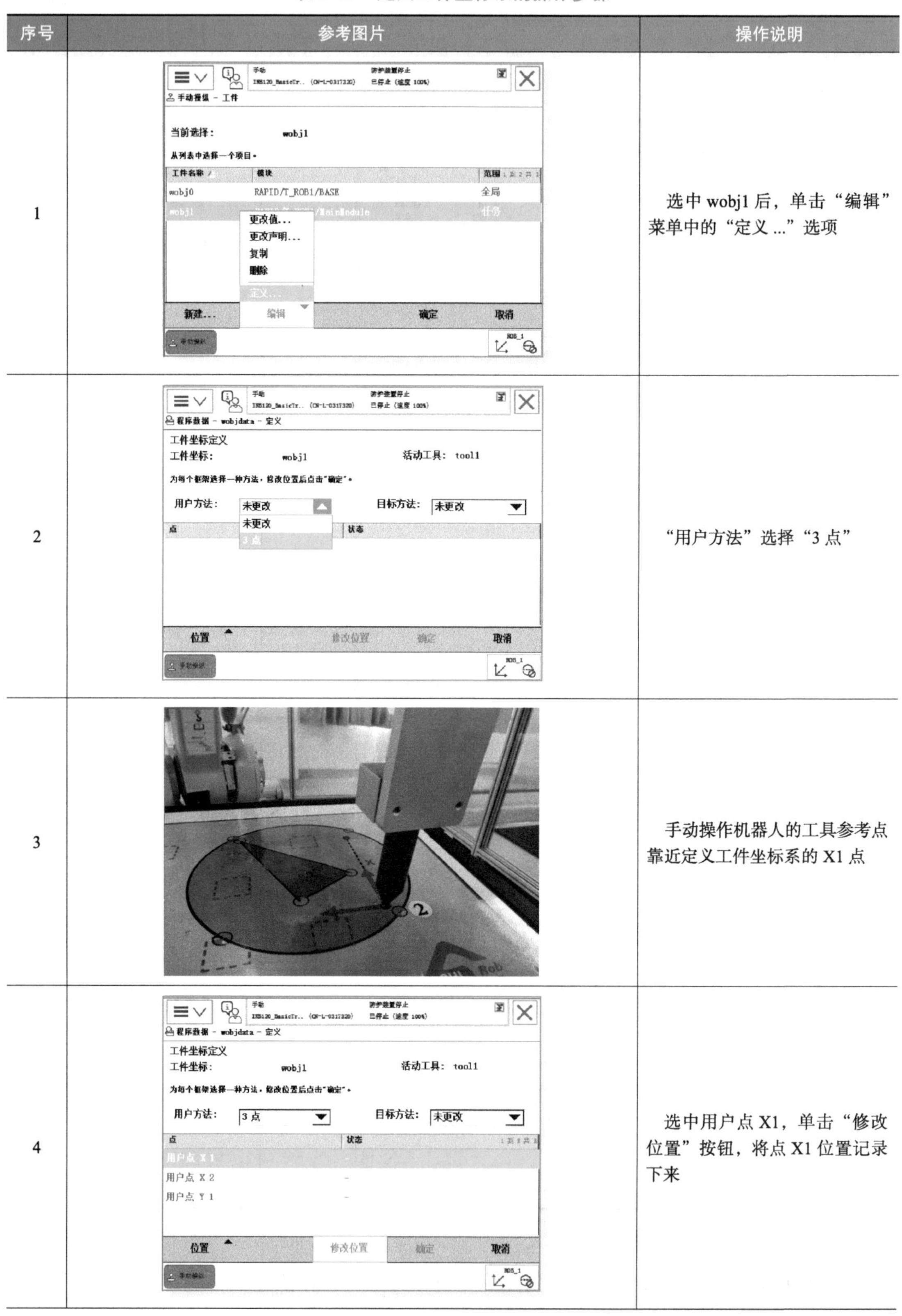

序号	参考图片	操作说明
1		选中 wobj1 后，单击“编辑”菜单中的“定义 ...”选项
2		“用户方法”选择“3 点”
3		手动操作机器人的工具参考点靠近定义工件坐标系的 X1 点
4		选中用户点 X1，单击“修改位置”按钮，将点 X1 位置记录下来

（续）

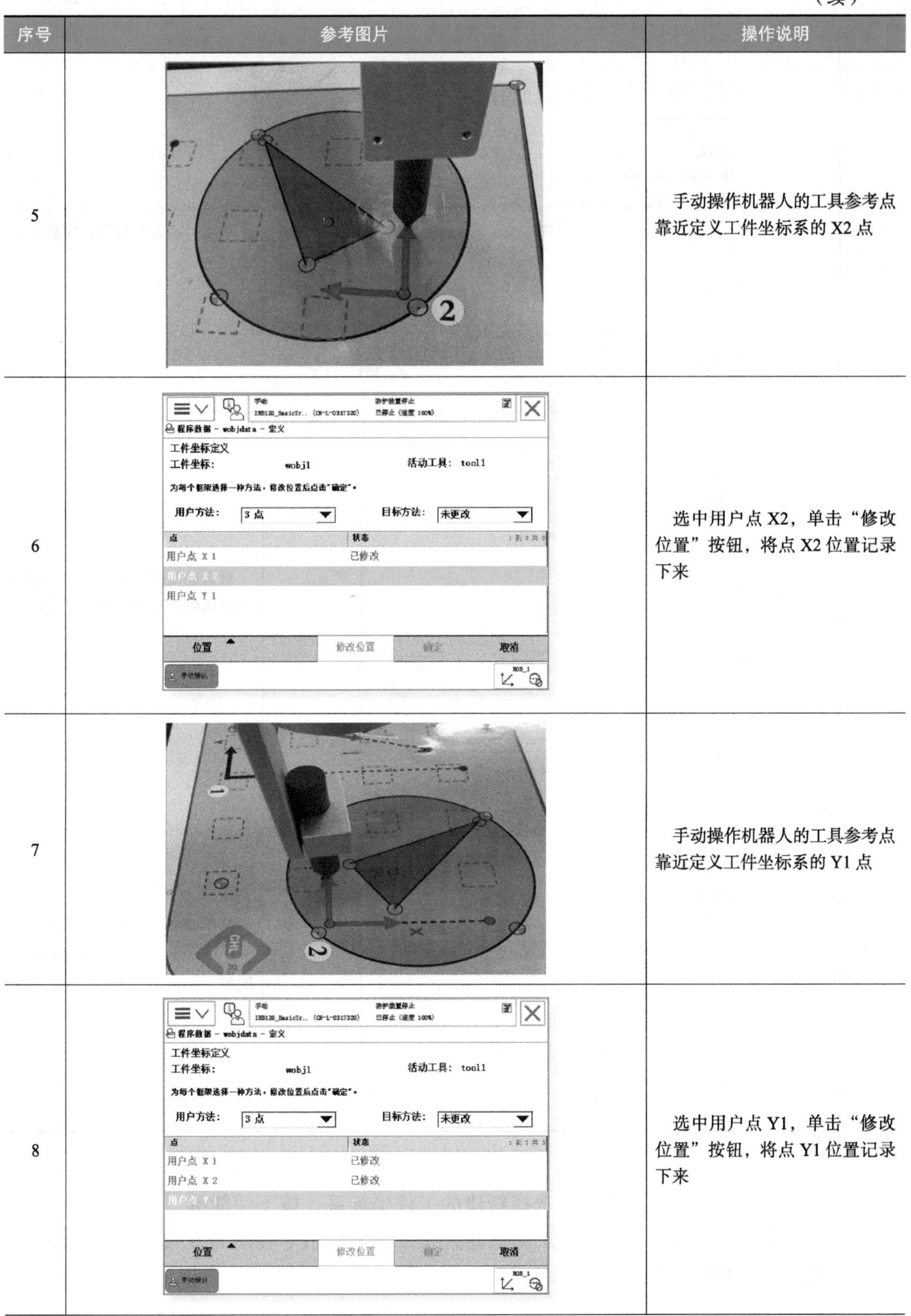

序号	参考图片	操作说明
5		手动操作机器人的工具参考点靠近定义工件坐标系的 X2 点
6		选中用户点 X2，单击“修改位置”按钮，将点 X2 位置记录下来
7		手动操作机器人的工具参考点靠近定义工件坐标系的 Y1 点
8		选中用户点 Y1，单击“修改位置”按钮，将点 Y1 位置记录下来

（续）

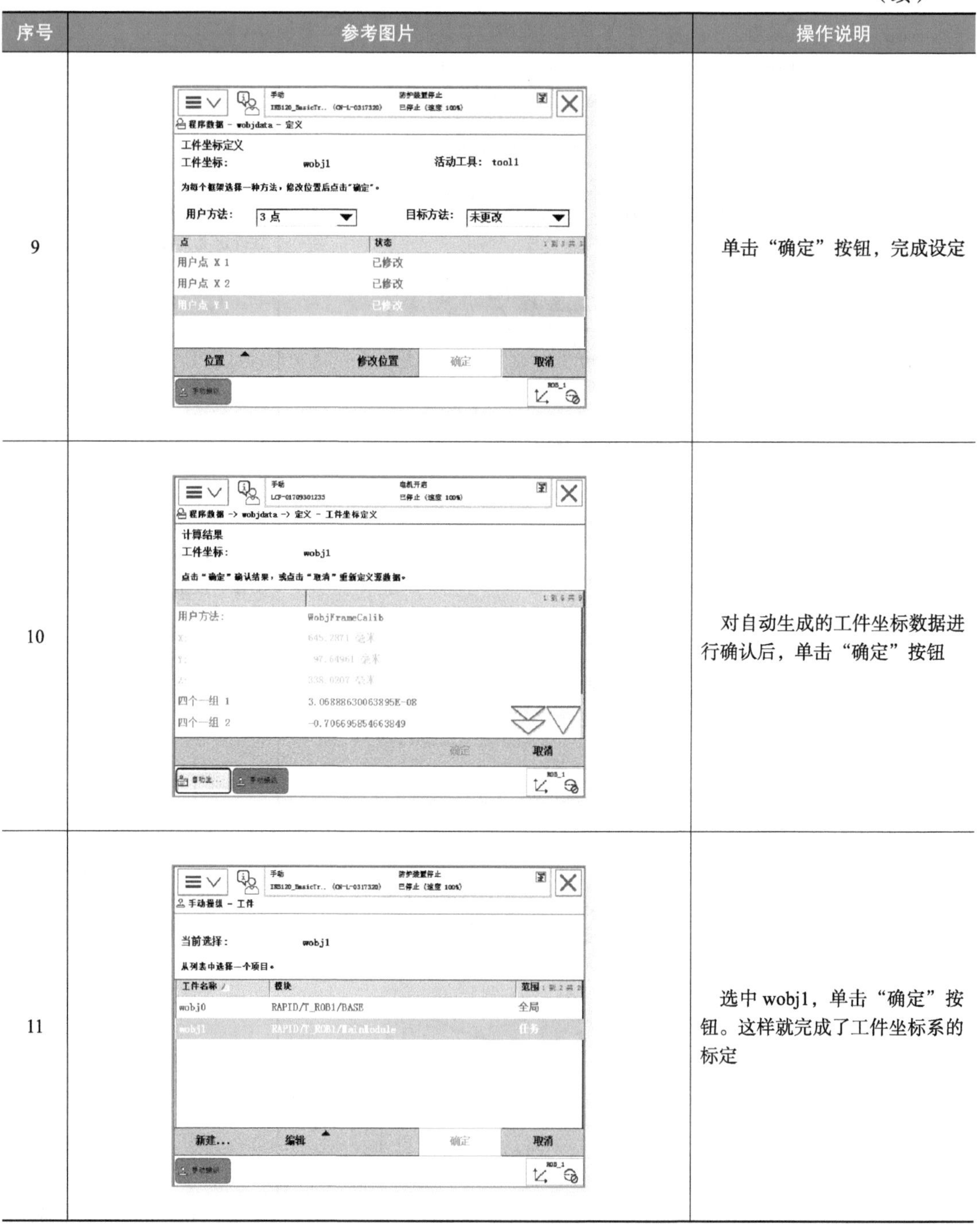

序号	参考图片	操作说明
9		单击“确定”按钮，完成设定
10		对自动生成的工件坐标数据进行确认后，单击“确定”按钮
11		选中 wobj1，单击“确定”按钮。这样就完成了工件坐标系的标定

（3）测试工件坐标系准确性　选择新建的工件坐标系，按下使能键，在线性动作模式下拨动示教器手动操纵摇杆，观察工业机器人在工件坐标系下移动的方式，测试工件坐标系的准确性。具体操作步骤见表 5-17。

表 5-17　测试工件坐标系准确性的步骤

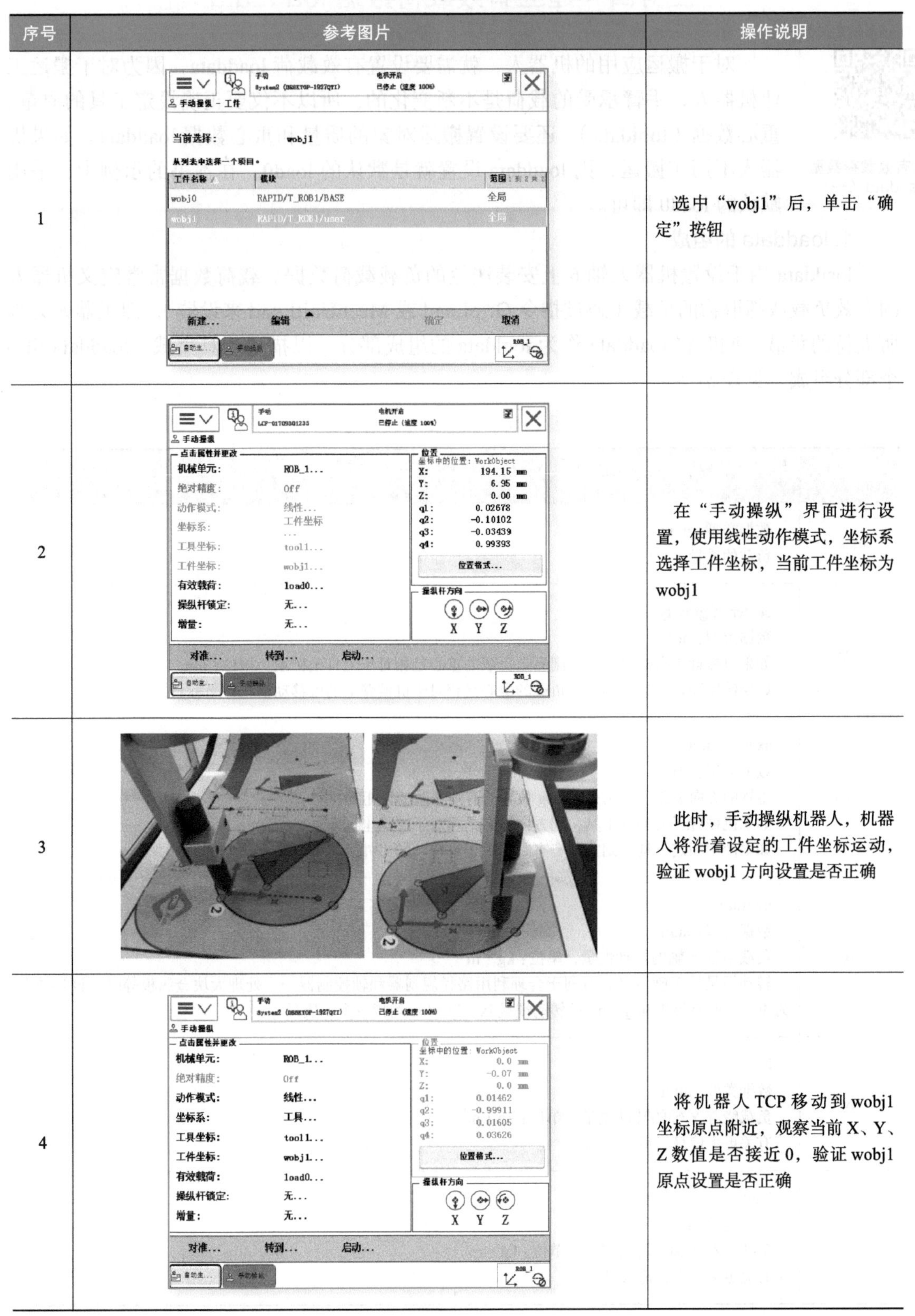

序号	参考图片	操作说明
1		选中“wobj1”后，单击“确定”按钮
2		在“手动操纵”界面进行设置，使用线性动作模式，坐标系选择工件坐标，当前工件坐标为 wobj1
3		此时，手动操纵机器人，机器人将沿着设定的工件坐标运动，验证 wobj1 方向设置是否正确
4		将机器人 TCP 移动到 wobj1 坐标原点附近，观察当前 X、Y、Z 数值是否接近 0，验证 wobj1 原点设置是否正确

任务四　建立有效载荷数据 loaddata

建立有效载荷数据 loaddata（一）

对于搬运应用的机器人，就需要设置有效载荷 loaddata，因为对于搬运工业机器人，手臂承受的载荷是不断变化的，所以不仅要正确设定工具的质量、重心数据（tooldata），还要设置搬运对象的质量和重心数据 loaddata。如果机器人不用于搬运，则 loaddata 设置就是默认的 load0。在本书的示例中，采用默认的 load0 即可。

1. loaddata 的组成

loaddata 用于设置机器人轴 6 上安装法兰的负载载荷数据。载荷数据常常定义机器人的有效负载或抓取物的负载（通过指令 GripLoad 或 MechUnitLoad 来设置），即机器人夹具所夹持的负载。同时将 loaddata 作为 tooldata 的组成部分，以描述工具负载。loaddata 由 6 个部分组成，见表 5-18。

表 5-18　loaddata 的组成

组件	描　述
mass	数据类型：num 负载的质量，单位：kg
cog	center of gravity 数据类型：pos 如果机械臂正夹持着工具，则有效负载的重心是相对于工具坐标系，单位：mm 如果使用固定工具，则有效负载的重心是相对于机械臂上的可移动的工件坐标系
aom	axes of moment 数据类型：orient 矩轴的方向姿态。是指处于 cog 位置的有效负载惯性矩的主轴 如果机械臂正夹持着工具，则方向姿态是相对于工具坐标系 如果使用固定工具，则方向姿态是相对于可移动的工件坐标系
ix	inertia x 数据类型：num 负载绕着 X 轴的转动惯量，单位：$kg \cdot m^2$ 转动惯量的正确定义，有利于合理利用路径规划器和轴控制器。当处理大块金属板等时，该参数尤为重要。所有等于 $0kg \cdot m^2$ 的转动惯量 ix、iy 和 iz 均指一个点质量
iy	inertia y 数据类型：num 负载绕着 Y 轴的转动惯量，单位：$kg \cdot m^2$ 有关更多信息，请参见 ix
iz	inertia z 数据类型：num 负载绕着 Z 轴的转动惯量，单位：$kg \cdot m^2$ 有关更多信息，请参见 ix

载荷数据 loaddata 的使用示例如下。

PERS loaddata piece1 := [5,[50,0,50], [1,0,0,0],0,0,0];

上述语句定义了载荷数据 piece1：质量为 5kg；相对于工具坐标系，重心为 x=50mm，y=0mm 和 z=50mm；有效负载为一个点质量。

建立有效载荷数据 loaddata（二）

2. loaddata 的设定

已知某搬运机器人需建立有效载荷 piece1 数据，见表 5-19。有效载荷数据 piece1 的创建步骤见表 5-20。

表 5-19 搬运机器人设置的有效载荷数据

序号	名称	参数	数值
1	有效载荷质量	load.mass	5kg
2	有效载荷重心相对 tool0 在 X 方向的偏移量	load.cog.x	50mm
3	有效载荷重心相对 tool0 在 Y 方向的偏移量	load.cog.y	0mm
4	有效载荷重心相对 tool0 在 Z 方向的偏移量	load.cog.z	50mm

表 5-20 有效载荷数据 piece1 的创建步骤

序号	参考图片	操作说明
1		单击左上角主菜单按钮，然后选择“手动操纵”
2		选择“有效载荷”

（续）

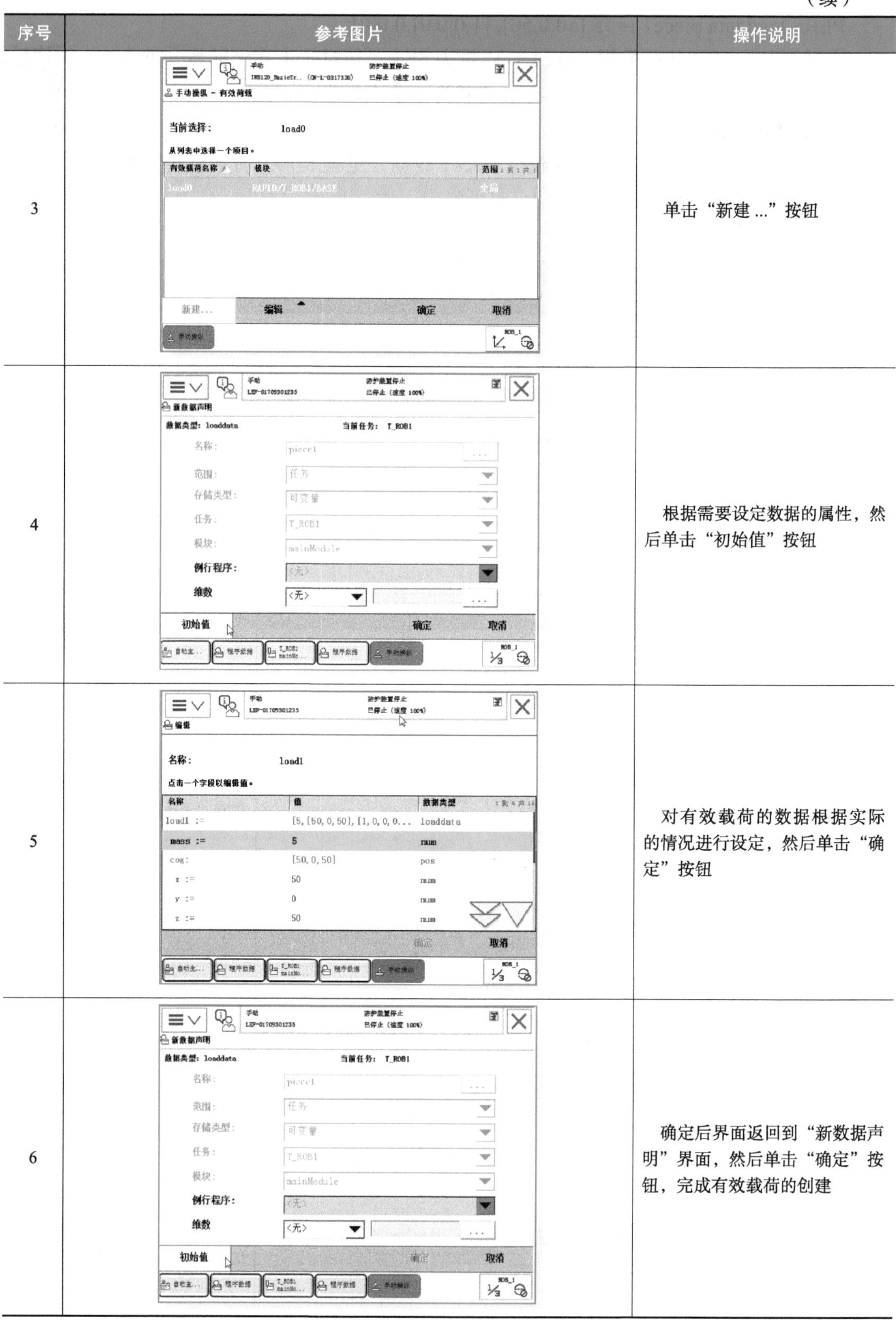

序号	参考图片	操作说明
3		单击“新建 ...”按钮
4		根据需要设定数据的属性，然后单击“初始值”按钮
5		对有效载荷的数据根据实际的情况进行设定，然后单击“确定”按钮
6		确定后界面返回到“新数据声明”界面，然后单击“确定”按钮，完成有效载荷的创建

思考与练习

1. 填空题

（1）bool 型数据值可以为________或________。

（2）________数据用于存储机器人和附加轴的每个单独轴的角度位置。

（3）________定义了工具中心点移动时的速度，工具的重定位速度，线性或旋转外轴移动时的速度。

（4）语句 VAR speeddata vmedium:=[600,26,180,15]; 定义了速度数据 vmedium：TCP 速度为________；工具的重定位速度为________；线性外轴的速度为________；旋转外轴速度为________。

（5）在进行正式的编程之前，需要构建起必要的机器人编程环境，其中有 3 个必需的程序数据需要在编程前进行定义，它们是________________、工件坐标数据 wobjdata、________________。

（6）语句 PERS loaddata piece1 := [5,[50,0,50], [1,0,0,0],0,0,0]; 定义了载荷数据 piece1：质量为________；相对于工具坐标系，重心为 x=________，y=________和 z=________；有效负载为一个点质量。

2. 选择题

（1）速度数据 speeddata 的组成部分不包含下列哪项（　　）。

A. v_tcp　　B. v_tax　　C. v_ori　　D. v_leax

（2）程序数据的存储类型不包含下列哪项（　　）。

A. 变量 VAR　　B. 可变量 PERS

C. 常量 CONST　　D. 转角区域数据 zonedata

（3）（　　）是用于描述安装在机器人第 6 轴上工具的 TCP、质量、重心等参数数据。

A. 工具数据 tooldata　　B. 工件坐标数据 wobjdata

C. 有效载荷数据 loaddata　　D. 位置数据 robtarget

（4）位置数据 robtarget 的 4 个组成部分为（　　）。

① trans；② robax；③ robconf；④ extax；⑤ rot；⑥ extax

A. ①③⑤⑥　　B. ①②③⑤　　C. ①③④⑤　　D. ②③④⑤

3. 判断题

（1）在示教器中的“程序数据”窗口，可以查看和创建所需要的程序数据。（　　）

（2）num 用于存储字符串数据。（　　）

（3）默认工具（tool0）的 TCP 位于机器人安装法兰的中心。（　　）

（4）loaddata 用于设置机器人轴 6 上安装法兰的负载载荷数据。（　　）

（5）在对象的平面上，只需要定义三个点，就可以建立一个工件坐标。（　　）

自我学习检测评分表

项目	目标要求	分值	评分细则	得分	备注
认识程序数据	1. 了解程序数据的类型与分类 2. 理解程序数据的存储类型 3. 学会建立程序数据	20	1. 理解与掌握 2. 操作流程		
建立工具数据 tooldata	1. 了解 tooldata 数据的组成与使用 2. 掌握设定 tooldata 数据的方法	20	1. 理解与掌握 2. 操作流程		
建立工件坐标数据 wobjdata	1. 了解 wobjdata 数据的组成与使用 2. 掌握设定 wobjdata 数据的方法	20	1. 理解与掌握 2. 操作流程		
建立有效载荷数据 loaddata	1. 了解 loaddata 数据的组成与使用 2. 掌握设定 loaddata 数据的方法	20	1. 理解与掌握 2. 操作流程		
安全操作	符合上机实训操作要求	20			

项目六　ABB工业机器人程序编写

➢ 项目描述

通过学习本项目，学生可以了解 ABB 机器人编程语言 RAPID 的基本概念及任务、模块、例行程序之间的关系，掌握常用 RAPID 指令和中断程序、带参数子程序、外部 I/O 控制、功能 FUNCTION 等的用法，学会基本 RAPID 程序的建立。

➢ 学习目标

1）了解 ABB 机器人编程语言 RAPID。

2）了解任务、程序模块、例行程序。

3）掌握常用的 RAPID 指令。

4）掌握中断程序 TRAP。

5）掌握带参数子程序的用法。

6）掌握外部 I/O 控制的用法。

7）掌握功能 FUNCTION 的用法。

8）学会建立一个可以运行的基本 RAPID 程序。

认识 RAPID 程序的基本构架

任务一　认识 RAPID 程序

RAPID 是一种英文编程语言，所包含的指令可以移动机器人、设置输出、读取输入，还能实现决策、重复其他指令、构造程序与系统操作员交流等功能。

RAPID 程序的基本构架见表 6-1。

表 6-1　RAPID 程序的基本构架

RAPID 程序（任务）				
程序模块 1	程序模块 2	程序模块 3	……	系统模块
程序数据 主程序 main（） 例行程序 中断程序 功能	程序数据 例行程序 中断程序 功能	程序数据 例行程序 中断程序	…… …… …… …… ……	程序数据 例行程序 中断程序 功能

关于 RAPID 程序架构的说明如下。

1）一个 RAPID 程序称为一个任务，一个任务是由一系列的模块组成，由程序模块与系统模块组成。一般地，只通过新建程序模块来构建机器人的程序，而系统模块多用于系统方面的控制之用。

2）可以根据不同的用途创建多个程序模块，如专门用于主控制的程序模块，用于位置计算的程序模块，用于存放数据的程序模块，这样的目的在于方便归类管理不同用途的例行程序与数据。

3）每一个程序模块包含了程序数据、例行程序、中断程序和功能 4 种对象，但不一定在一个模块都有这 4 种对象的存在，程序模块之间的数据、例行程序、中断程序和功能是可以互相调用的。

4）在 RAPID 程序中，只有一个主程序 main，并且存在于任意一个程序模块中，作为整个 RAPID 程序执行的起点。

新建一个任务“project”，其程序构架要求见表 6-2，构建该程序框架的操作步骤见表 6-3。

表 6-2　构建程序构架的要求

任务	模块	程序	用途
project	MainMoudle	main（ ）主程序	用于主线构架调用其他应用程序
		rInit（ ）例行程序	用于初始化
	userModule	rGoHome（ ）例行程序	用于回归工作原点运动
		userMoudleLine（ ）例行程序	用于直线轨迹运动

表 6-3　创建程序框架的操作步骤

序号	参考图片	操作说明
1		单击左上角主菜单按钮，选择“控制面板”
2		选择“配置”

（续）

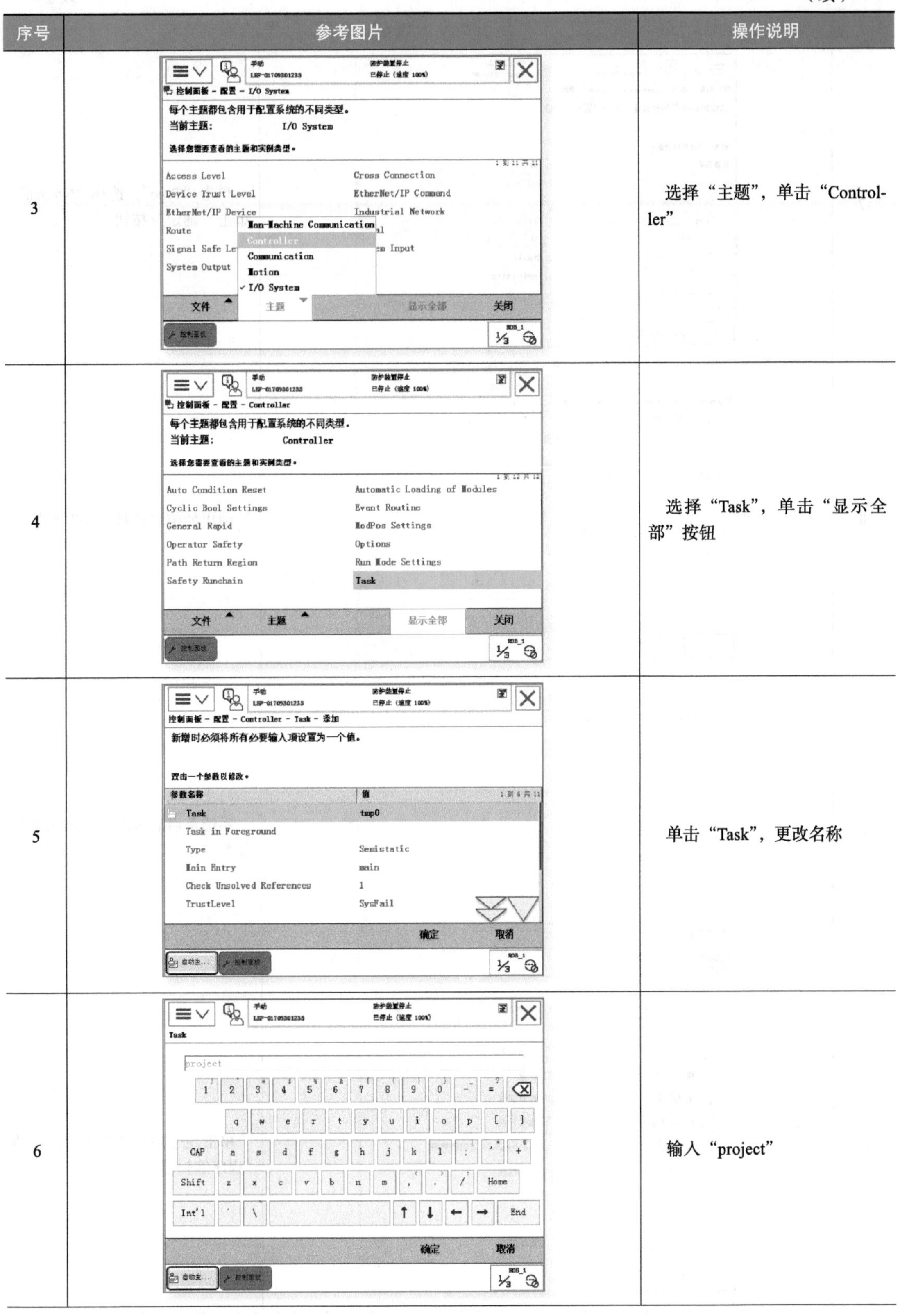

序号	参考图片	操作说明
3		选择“主题”，单击“Controller”
4		选择“Task”，单击“显示全部”按钮
5		单击“Task”，更改名称
6		输入“project”

（续）

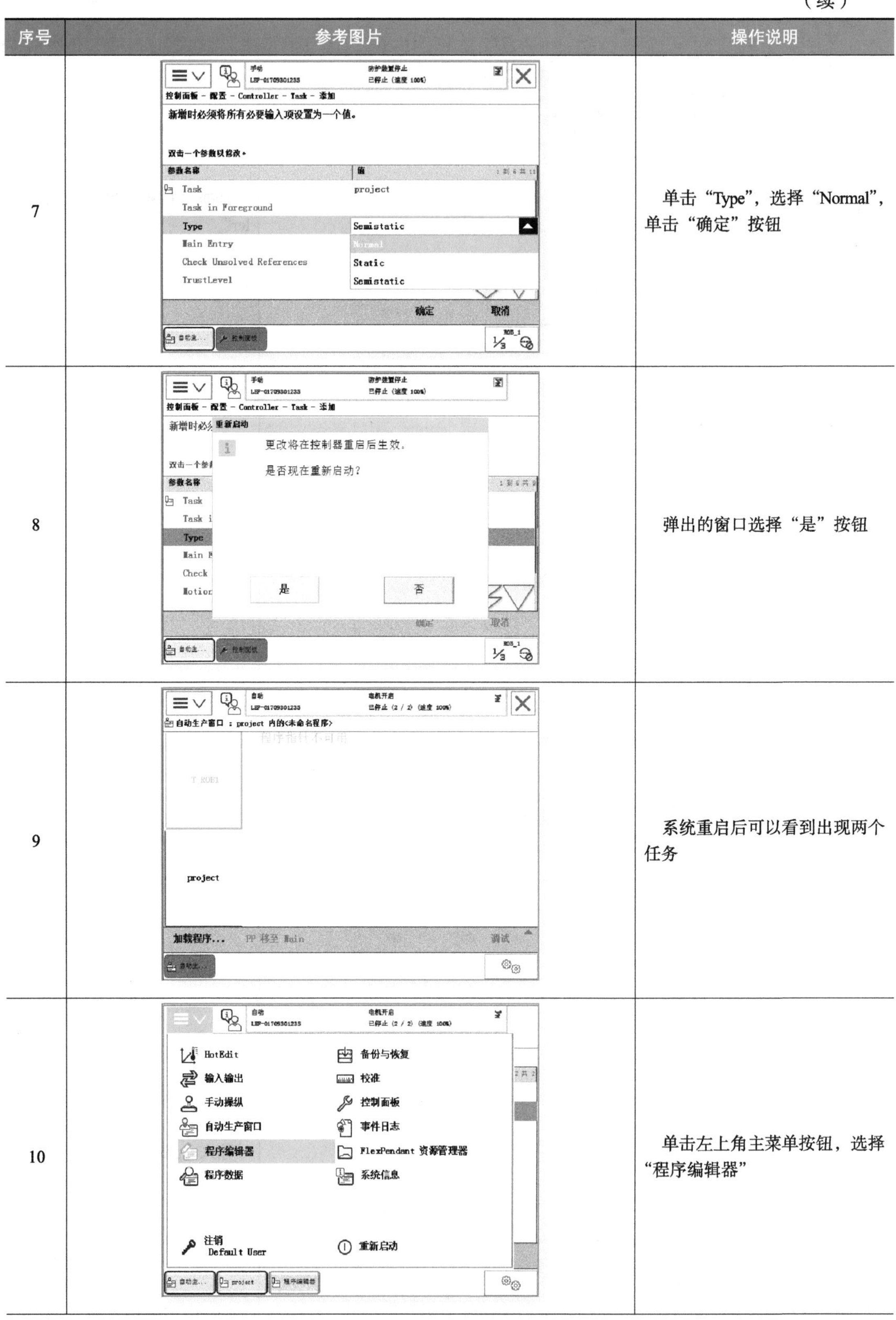

序号	参考图片	操作说明
7		单击“Type”，选择“Normal”，单击“确定”按钮
8		弹出的窗口选择“是”按钮
9		系统重启后可以看到出现两个任务
10		单击左上角主菜单按钮，选择“程序编辑器”

（续）

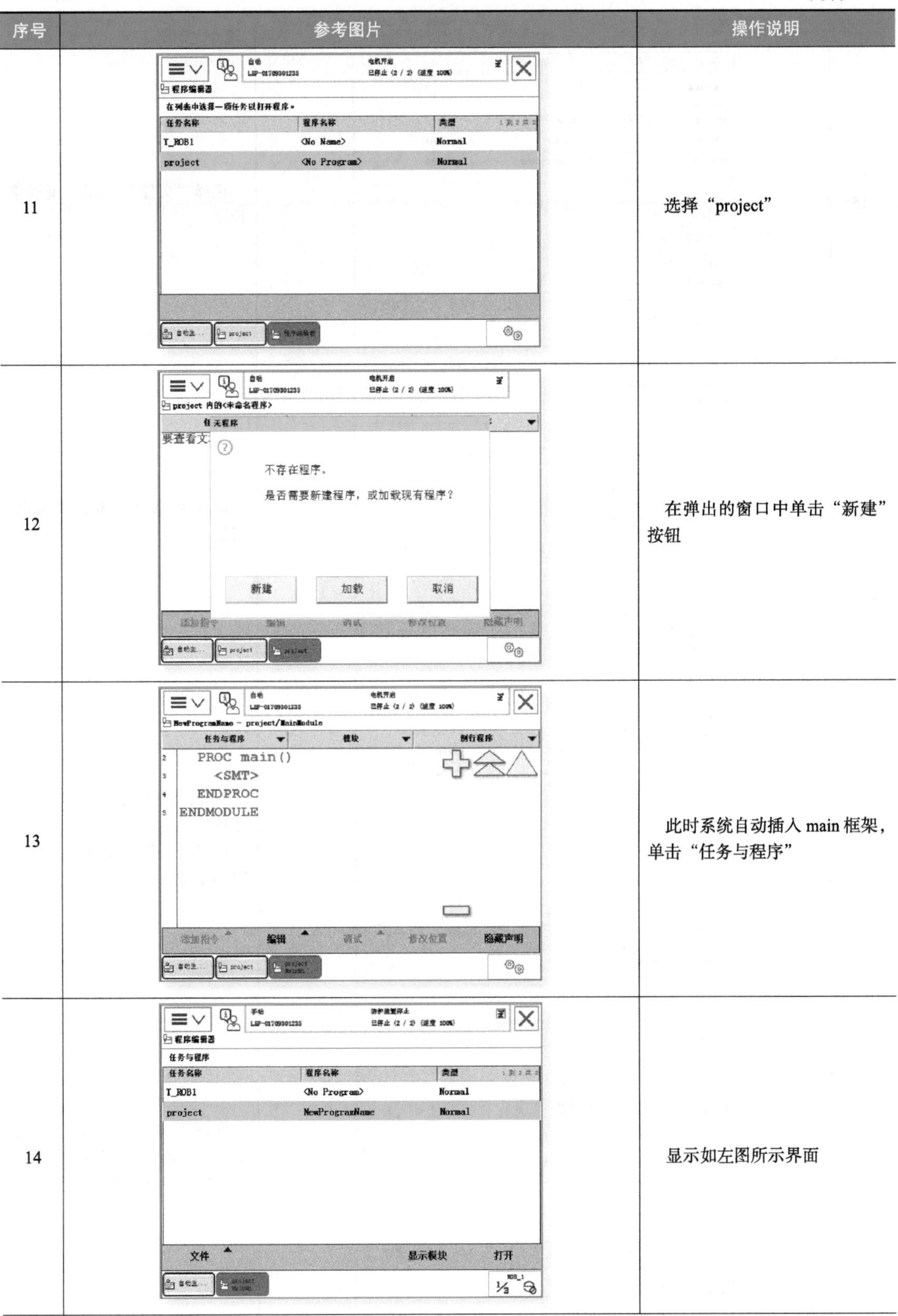

序号	参考图片	操作说明
11		选择“project”
12		在弹出的窗口中单击“新建”按钮
13		此时系统自动插入 main 框架，单击“任务与程序”
14		显示如左图所示界面

（续）

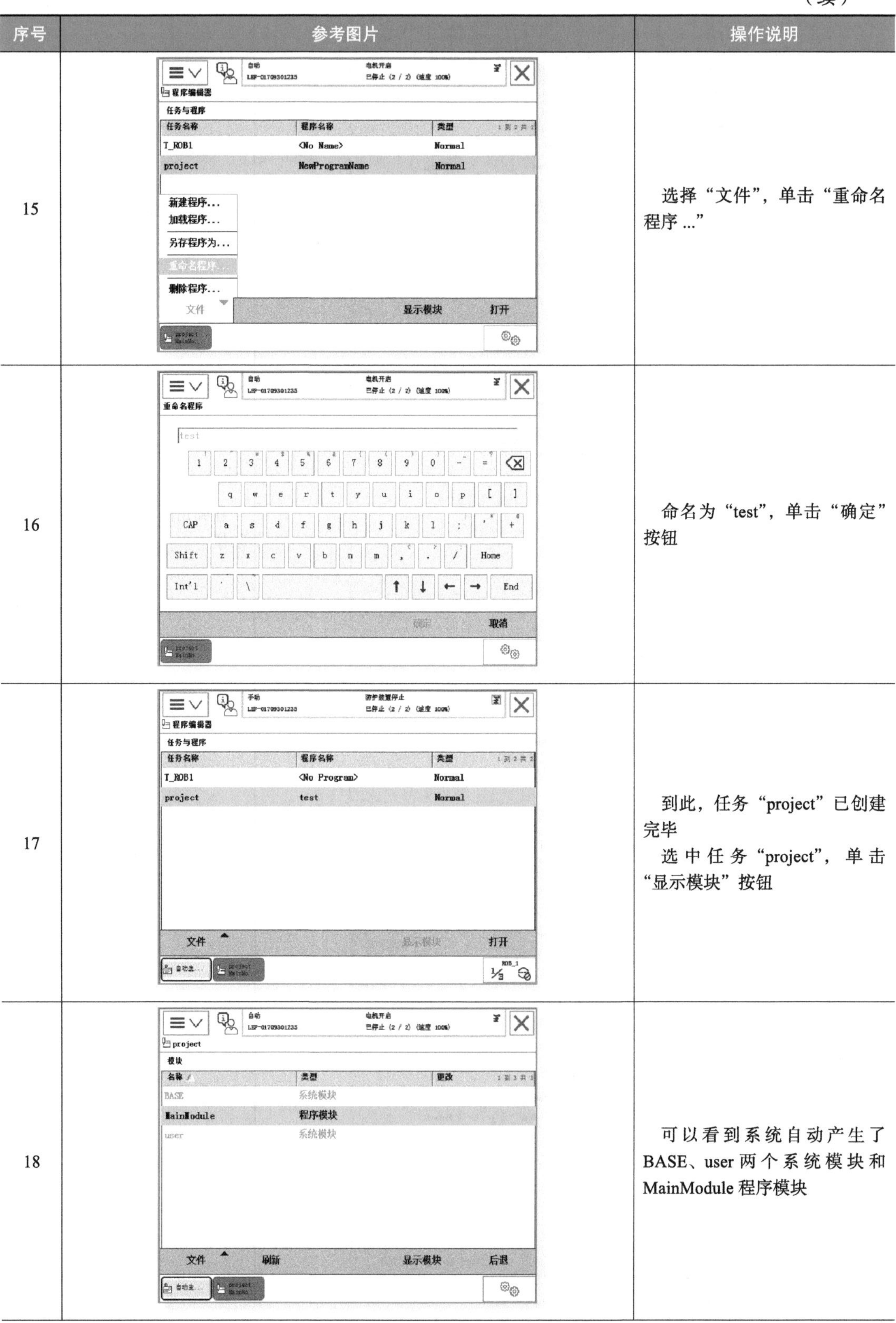

序号	参考图片	操作说明
15		选择“文件”，单击“重命名程序 ...”
16		命名为“test”，单击“确定”按钮
17		到此，任务“project”已创建完毕 选中任务“project”，单击“显示模块”按钮
18		可以看到系统自动产生了BASE、user两个系统模块和MainModule程序模块

（续）

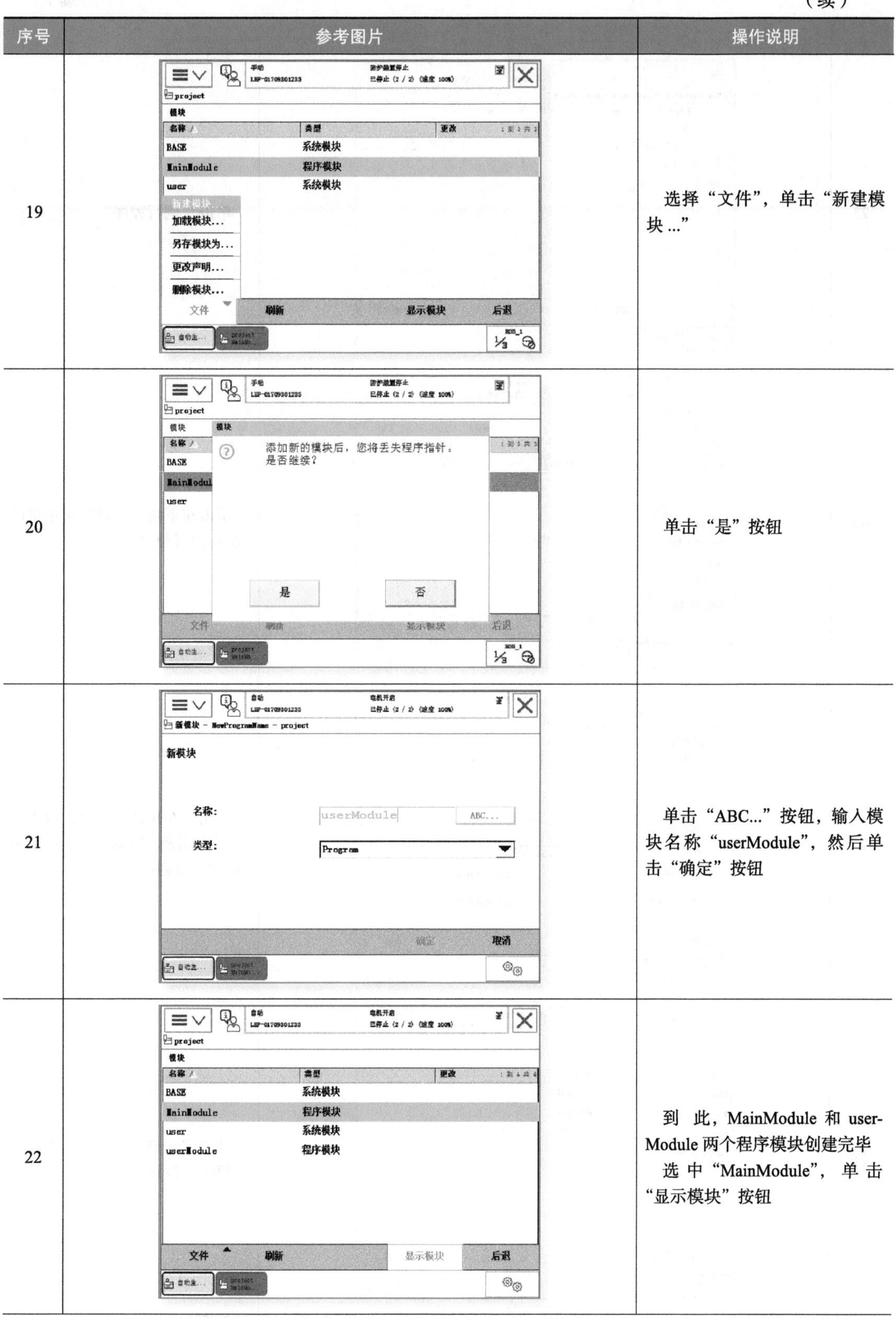

序号	参考图片	操作说明
19		选择“文件”，单击“新建模块 ...”
20		单击“是”按钮
21		单击“ABC...”按钮，输入模块名称“userModule”，然后单击“确定”按钮
22		到此，MainModule 和 userModule 两个程序模块创建完毕 选中“MainModule”，单击“显示模块”按钮

（续）

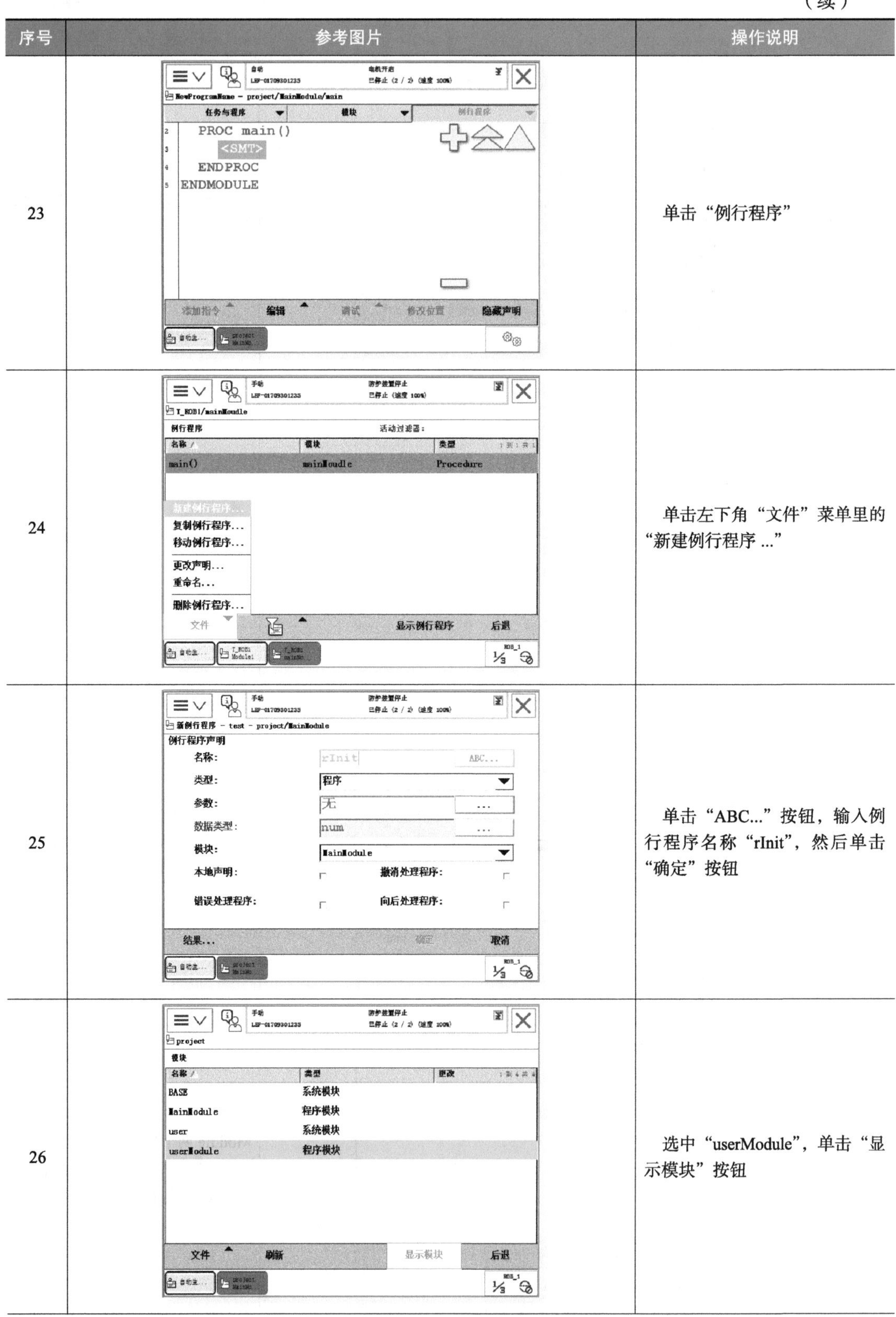

序号	参考图片	操作说明
23		单击“例行程序”
24		单击左下角“文件”菜单里的“新建例行程序...”
25		单击“ABC...”按钮，输入例行程序名称“rInit”，然后单击“确定”按钮
26		选中“userModule”，单击“显示模块”按钮

（续）

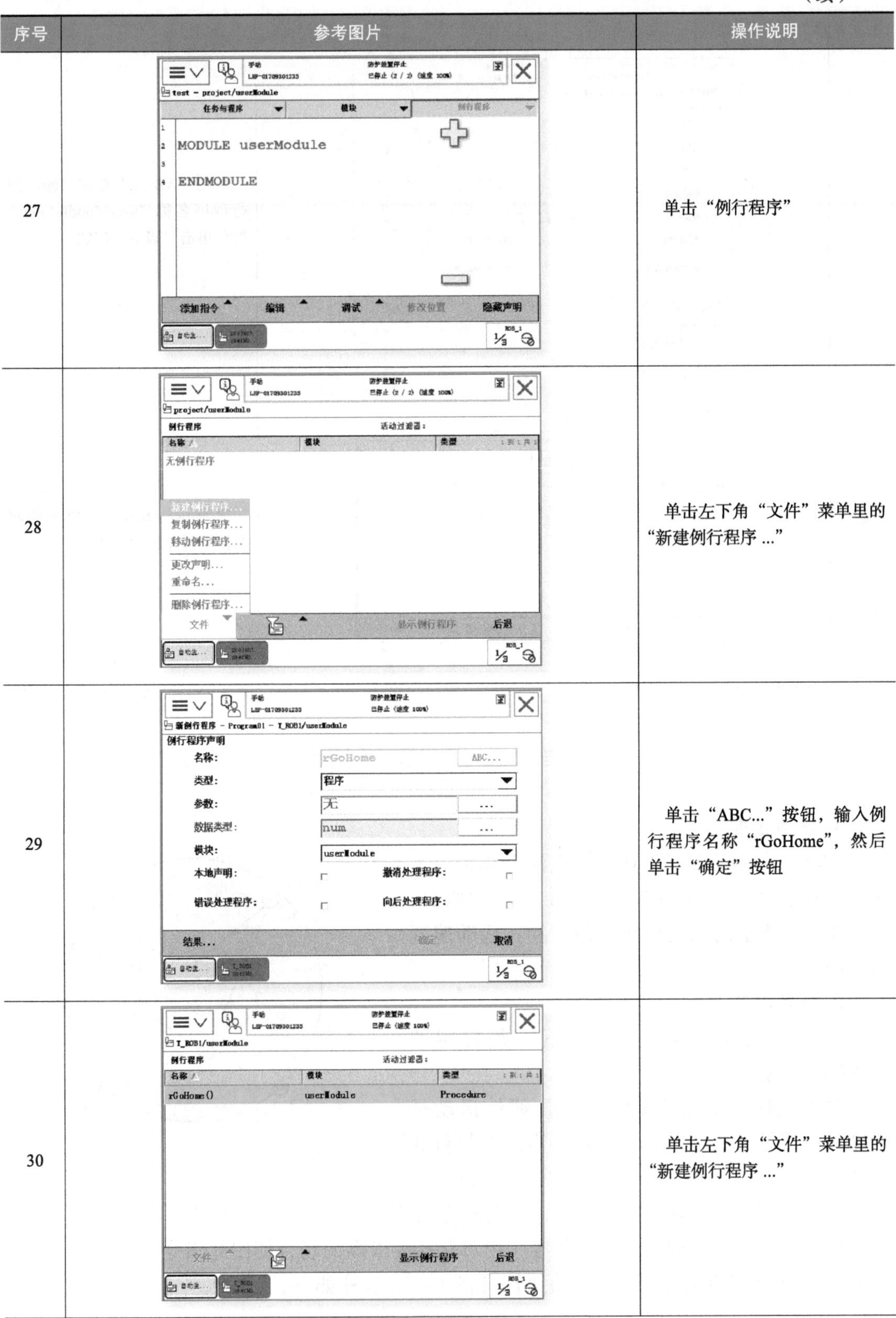

序号	参考图片	操作说明
27		单击“例行程序”
28		单击左下角“文件”菜单里的“新建例行程序 ...”
29		单击“ABC...”按钮，输入例行程序名称“rGoHome”，然后单击“确定”按钮
30		单击左下角“文件”菜单里的“新建例行程序 ...”

（续）

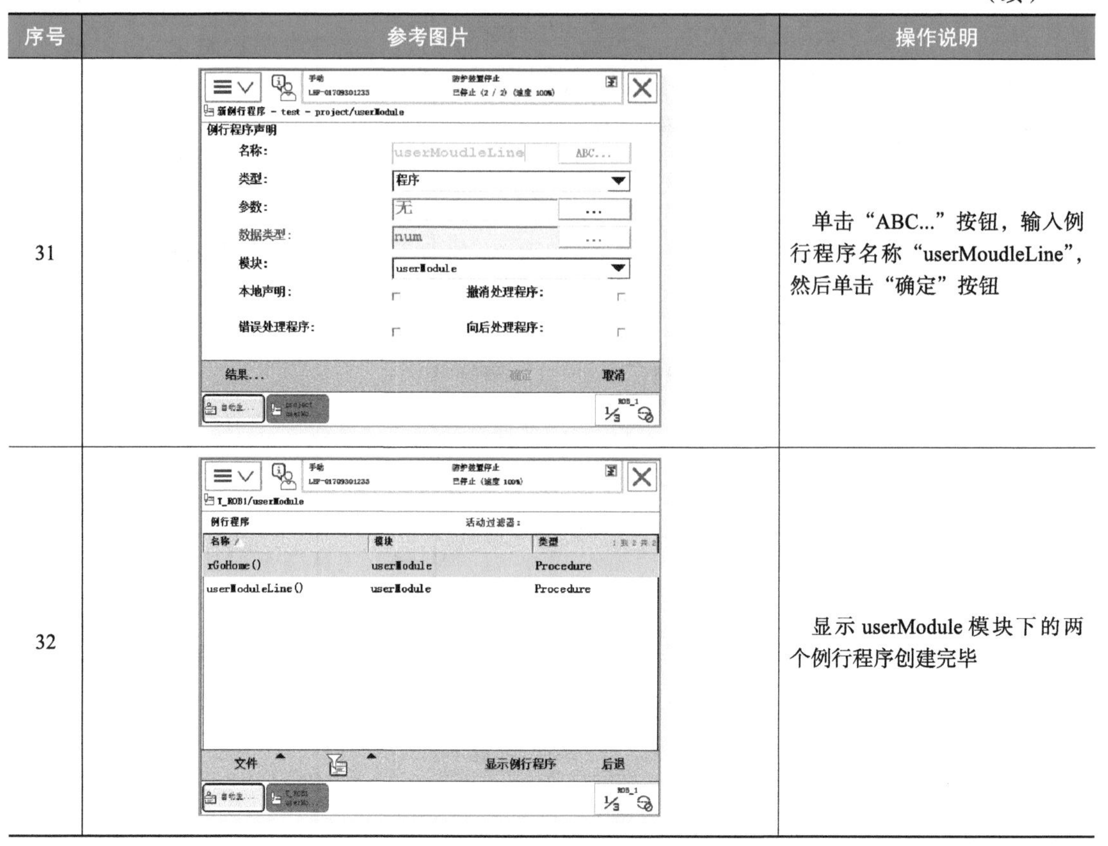

序号	参考图片	操作说明
31		单击“ABC...”按钮，输入例行程序名称“userMoudleLine”，然后单击“确定”按钮
32		显示 userModule 模块下的两个例行程序创建完毕

任务二　运动指令实现三角形轨迹运动的应用

1. 任务要求

在该任务中，要求工业机器人沿着路径：工作原点→点 1→点 2→点 3→点 1→工作原点，完成图 6-1 所示的三角形轨迹的运动，运动速度为 500mm/s。

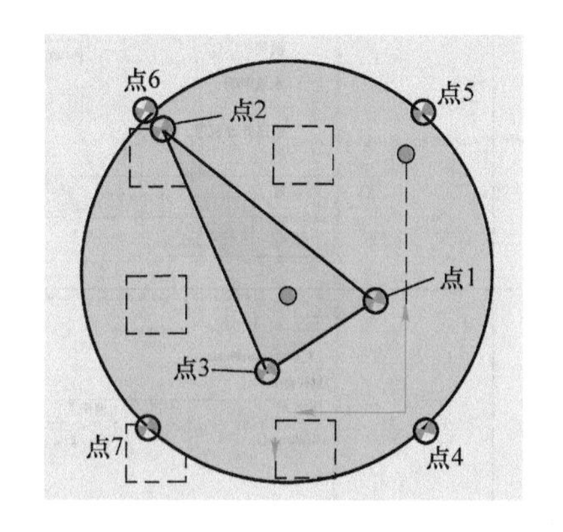

图 6-1　三角形运动轨迹路线图

2. 任务准备

实施该任务，需要用到以下一些常用的 RAPID 程序指令。

（1）线性运动指令（MoveL）　线性运动是机器人以线性方式运动至目标点，当前点与目标点两点决定一条直线。线性运动方式下，机器人运动状态可控，运动路径保持唯一，不能离得太远，否则可能出现死点，常用于机器人在工作状态移动。一般如焊接、涂胶等应用对路径要求高的场合使用此指令。例如，为实现机器人 TCP 从当前位置沿直线运动到 p2（图 6-2），程序如下。

MoveL p2, v1000, z50, tool 1 \WObj:= wobj1;

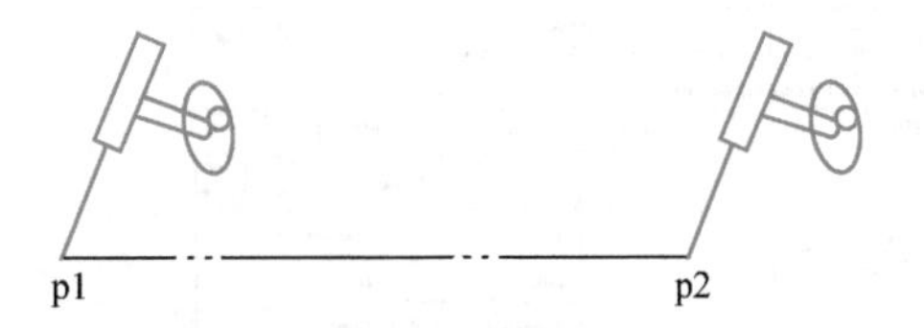

图 6-2 线性运动轨迹

上述程序语句的解析见表 6-4。

表 6-4 MoveL 指令解析

参数	含 义
p2	目标点位置数据 定义当前机器人 TCP 在工件坐标系中的位置，通过单击“修改位置”进行修改
v1000	运动速度数据，1000mm/s 定义速度（mm/s）。速度一般最高只有 5000mm/s，在手动限速状态下，所有的运动速度被限速在 250mm/s
z50	转弯区域数据 定义转弯区的大小，单位：mm。转弯区数值越大，机器人的动作路径就越圆滑与流畅
tool1	工具数据 定义当前指令使用的工具坐标
wobj1	工件坐标数据 定义当前指令使用的工件坐标

（2）关节运动指令 MoveJ　当运动不必是直线的时候，对路径的精度要求不高时，MoveJ 用来快速将机器人从一个点运动到另一个点。机器人以最快捷的方式运动至目标点，机器人运动状态不完全可控，但运动路径保持唯一，关节运动指令适合机器人大范围运动时使用，不容易在运动过程中出现关节轴进入机械死点的问题。例如：

MoveJ p2, v1000, fine, tool 1 \WObj := wobj 1;

上述程序语句实现了将机器人 TCP 从当前位置处运动至 p2 处，且运动轨迹并不是一条直线，如图 6-3 所示。运动速度是 1000mm/s，转弯区数据是 fine（指机器人 TCP 达到目标点，在目标点速度降为零。机器人动作有所停顿然后再向下一目标点运动，如果是一段路径的最后一个点一定要为 fine），使用的工具数据是 tool1，工件坐标数据是 wobj1。

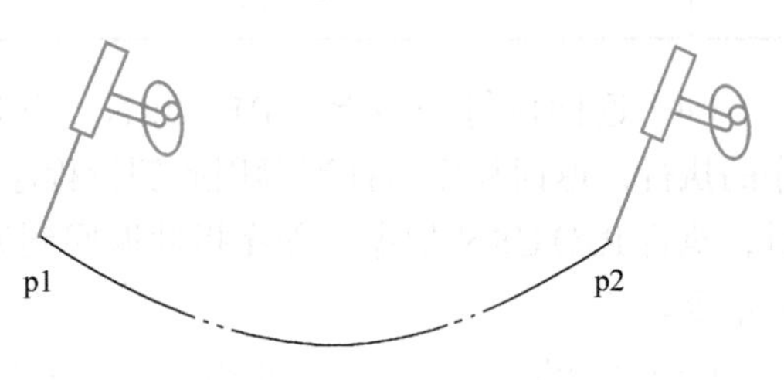

图 6-3 关节运动轨迹

（3）调用例行程序指令 ProcCall　通过使用 ProcCall 指令在指定的位置调用例行程序。ProcCall 指令的使用方法见表 6-5。

表 6-5　ProcCall 指令的使用方法

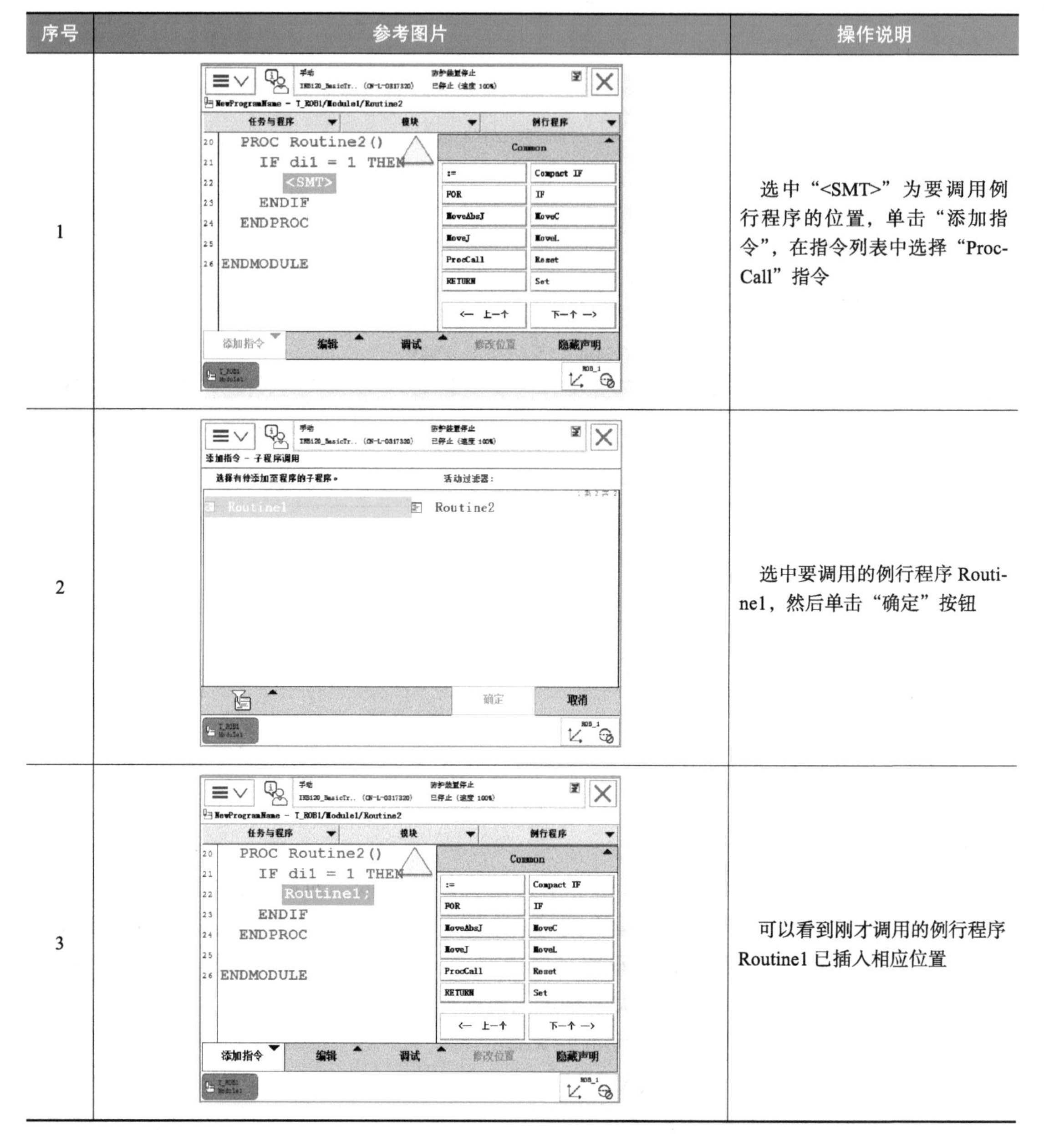

序号	参考图片	操作说明
1		选中“<SMT>”为要调用例行程序的位置，单击“添加指令”，在指令列表中选择“ProcCall”指令
2		选中要调用的例行程序 Routine1，然后单击“确定”按钮
3		可以看到刚才调用的例行程序 Routine1 已插入相应位置

（4）返回例行程序指令 RETURN　当 RETURN 指令被执行时，则马上结束本例行程序的执行，返回程序指针到调用此例行程序的位置。例如图 6-4 所示的程序，表示当 di1=1 时，执行 RETURN 指令，程序指针返回到调用 Routine2 的位置并继续向下执行 Set do1 这个指令。

（5）AccSet 指令　AccSet 指令是用来修改加速度的。处理脆弱负载时，使用 AccSet 指令可允许更低的加速度和减速度，使得机械臂的移动更加顺畅。AccSet 指令的使用示例如下。

AccSet 50, 80;

该语句各部分含义见表 6-6。

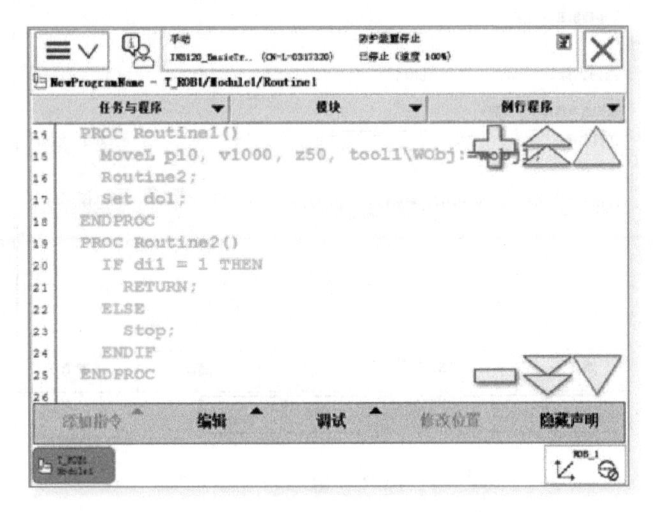

图 6-4 RETURN 指令应用示例

表 6-6 AccSet 指令各部分含义

序号	参数	说 明
1	AccSet	指令名称：设置加速度
2	50	加速度倍率：加速度和减速度占正常值的百分比为 50%
3	80	加速度坡度：加速度和减速度增加的速率占正常值的百分比为 80%

（6）VelSet 指令　VelSet 指令用于编程速率的设定，用于增加或减少后续定位指令的编程速率，直至执行新的 VelSet 指令，其使用示例如下。

VelSet 80, 700;

该语句各部分含义见表 6-7。

表 6-7 VelSet 指令各部分含义

序号	参数	说 明
1	VelSet	指令名称：设置速度
2	80	速度倍率：所需速率占编程速率的百分比为 80%
3	700	最大 TCP 速率：该值限制当前最大 TCP 速率为 700mm/s

3. 任务实施

（1）建立工具数据　本任务中的工具数据设定方法可参考项目五任务二中设定 TCP 点的具体操作，因此，只需要在手动操纵界面，单击“工具坐标”，选择工具坐标 tool1 作为当前工具坐标即可，如图 6-5 所示。

（2）建立工件数据　本任务中的工件数据设定方法可见项目五任务三中定义工件坐标的操作步骤，因此，只需要在手动操纵界面，单击“工件坐标”，选择工件坐标 wobj1 作为当前工件坐标即可，如图 6-6 所示。

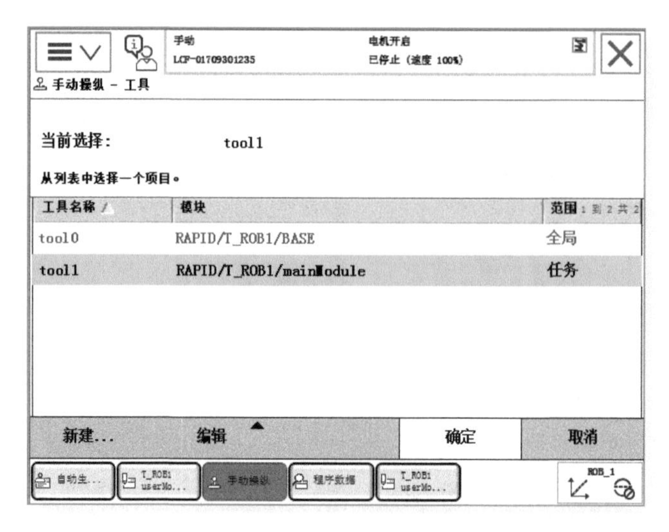

图 6-5　选择当前工具坐标 tool1

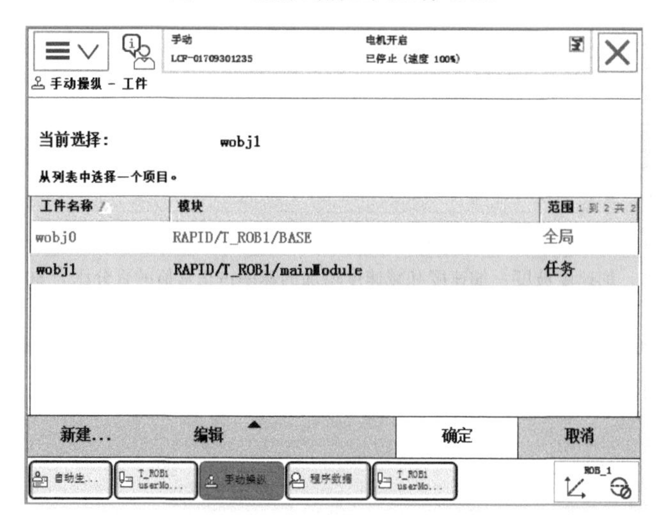

图 6-6　选择工件坐标 wobj1

运动指令实现三角形轨迹的应用——建立 RAPID 程序构架

（3）建立 RAPID 程序构架　本任务需要构建的程序框架要求见表 6-8。与本章任务一构建的程序框架“project”基本相同，只是任务名称改成了“T_ROB1”，因此，该程序框架的构建可以参考任务一中的表 6-3。在此基础上，还需要在“userMoudle”模块中再新建一个例行程序 rTriangle。创建例行程序 rTriangle 的步骤见表 6-9。

表 6-8　构建程序框架的要求

任务	模块	程序	用途
T_ROB1	mainMoudle	main（）主程序	用于主线构架调用其他应用程序
		rInit（）例行程序	用于速度、加速度控制的初始化
	userMoudle	rGoHome（）例行程序	用于回归工作原点运动
		rTriangle（）例行程序	用于三角形轨迹运动

表 6-9 创建例行程序 rTriangle 的步骤

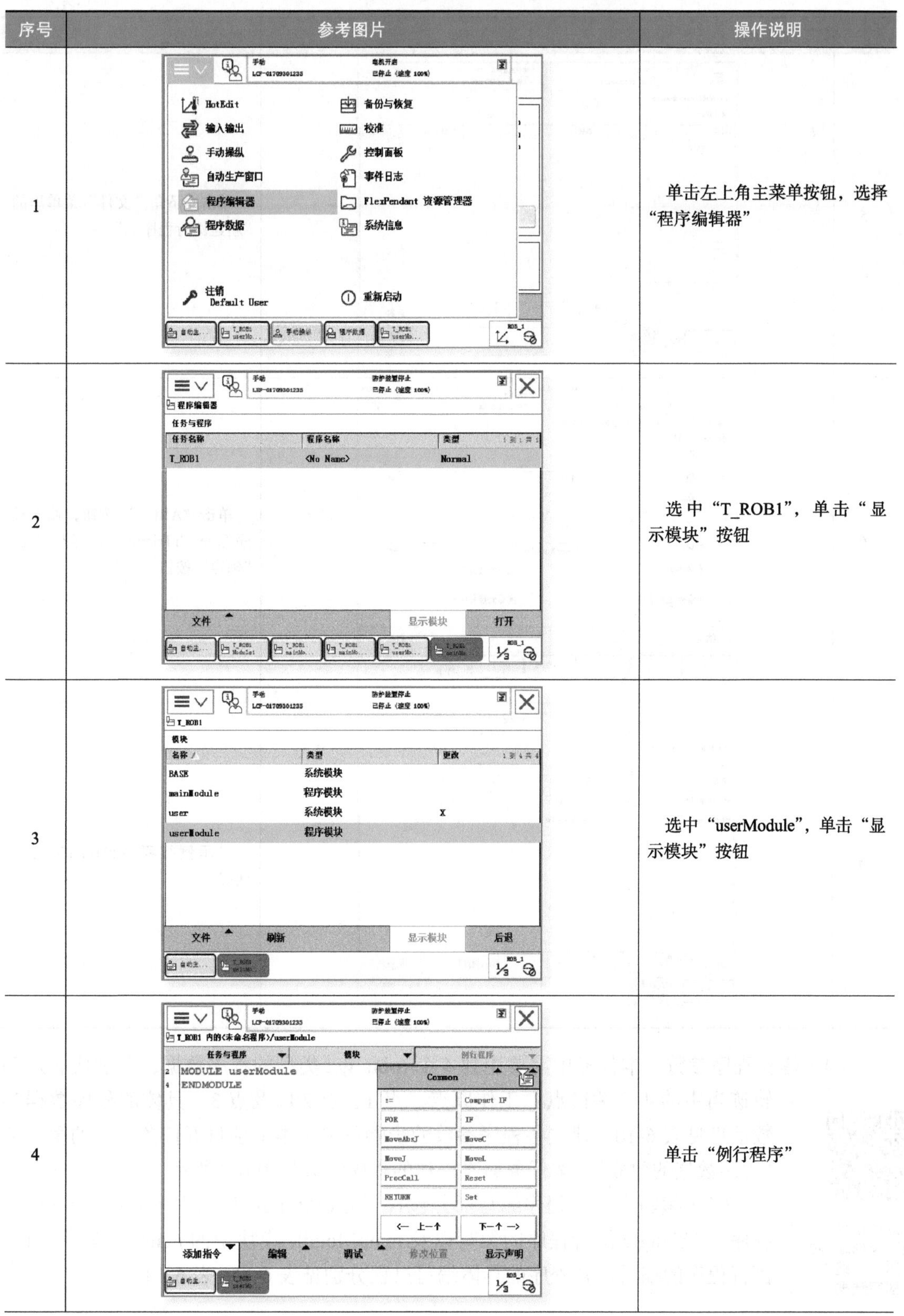

序号	参考图片	操作说明
1		单击左上角主菜单按钮，选择“程序编辑器”
2		选中“T_ROB1”，单击“显示模块”按钮
3		选中“userModule”，单击“显示模块”按钮
4		单击“例行程序”

（续）

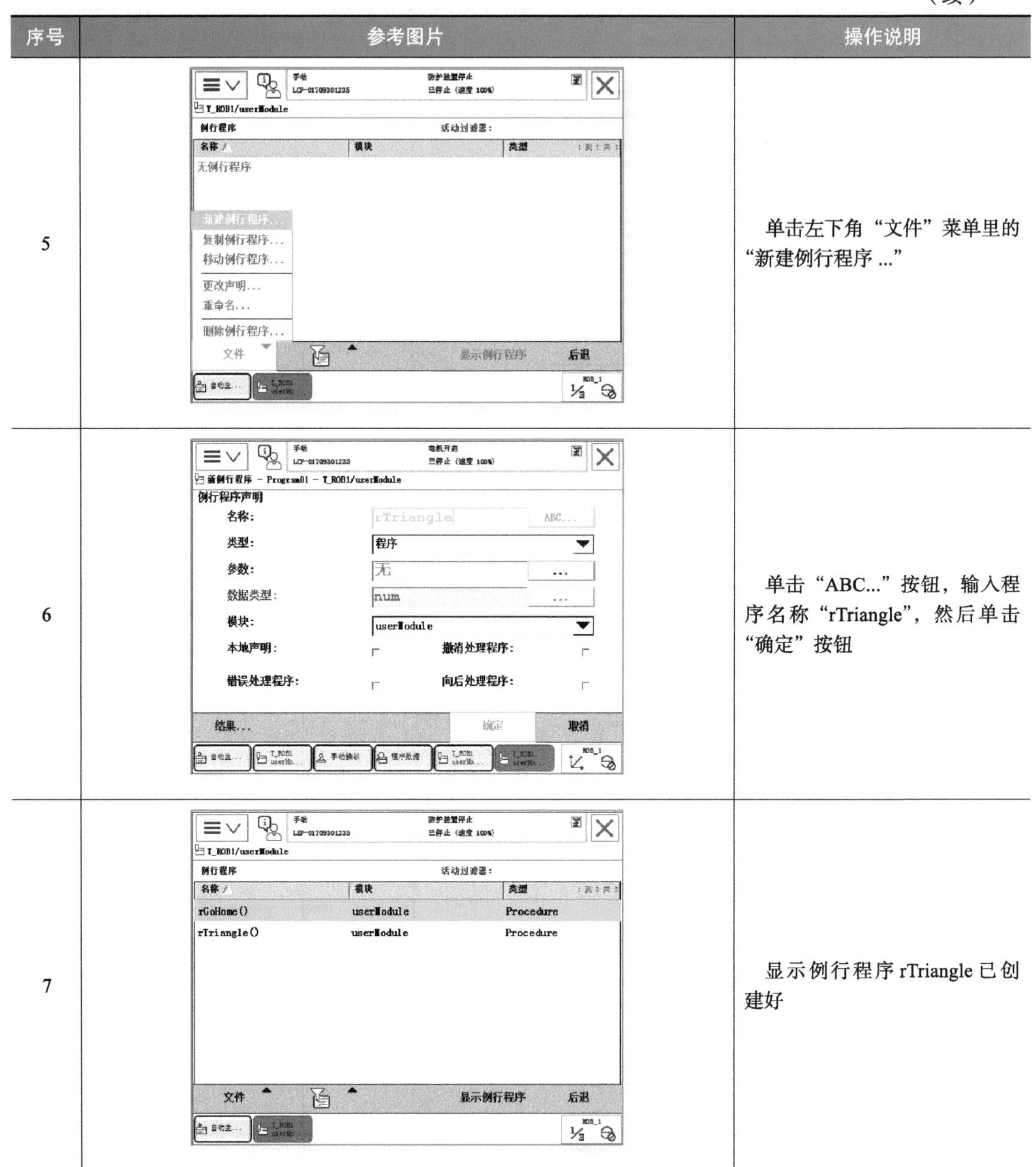

序号	参考图片	操作说明
5		单击左下角“文件”菜单里的“新建例行程序 ...”
6		单击“ABC...”按钮，输入程序名称“rTriangle”，然后单击“确定”按钮
7		显示例行程序 rTriangle 已创建好

（4）建立程序参数　本任务中需要用到 4 个 robtarget 类型的程序数据，分别代表运动轨迹当中的 4 个关键点：工作原点、点 1、点 2 以及点 3。具体的程序数据参数信息见表 6-10。建立各程序参数的步骤可参考本书项目五任务一中的第 3 节“程序数据的建立”。本任务最终创建的程序参数如图 6-7 所示。

运动指令实现三角形轨迹的应用——建立程序数据

（5）编写程序　程序编写部分包含了 userMoudle 模块中的 rGoHome 例行程序、rTriangle 例行程序的编写以及 mainMoudle 模块中的 main 主程序、rInit 例行程序的编写。各程序的具体编写过程分别见表 6-11~ 表 6-14。

表 6-10　需要建立的程序参数

名称	pHome	pTriangle1	pTriangle2	pTriangle3
数据类型	robtarget	robtarget	robtarget	robtarget
范围	全局	全局	全局	全局
存储类型	常量	常量	常量	常量
任务	T_ROB1	T_ROB1	T_ROB1	T_ROB1
模块	userModule	userModule	userModule	userModule
说明	工作原点	点 1 位置	点 2 位置	点 3 位置

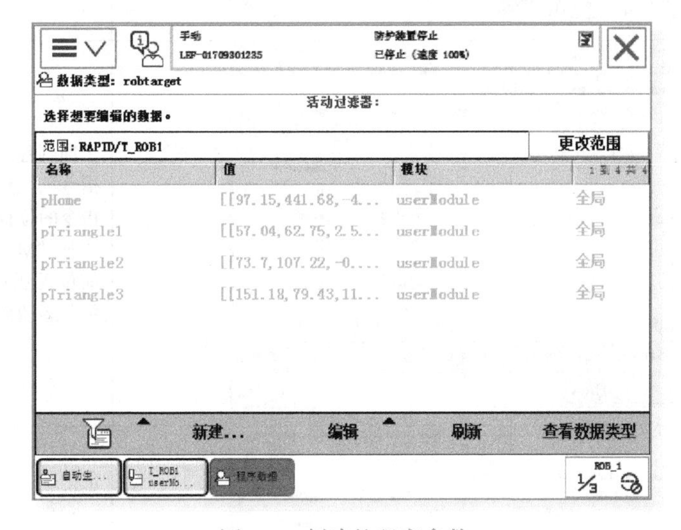

图 6-7　创建的程序参数

表 6-11　编写 rGoHome 例行程序的步骤

序号	参考图片	操作说明
1		选择“rGoHome ( )”，然后单击“显示例行程序”按钮

（续）

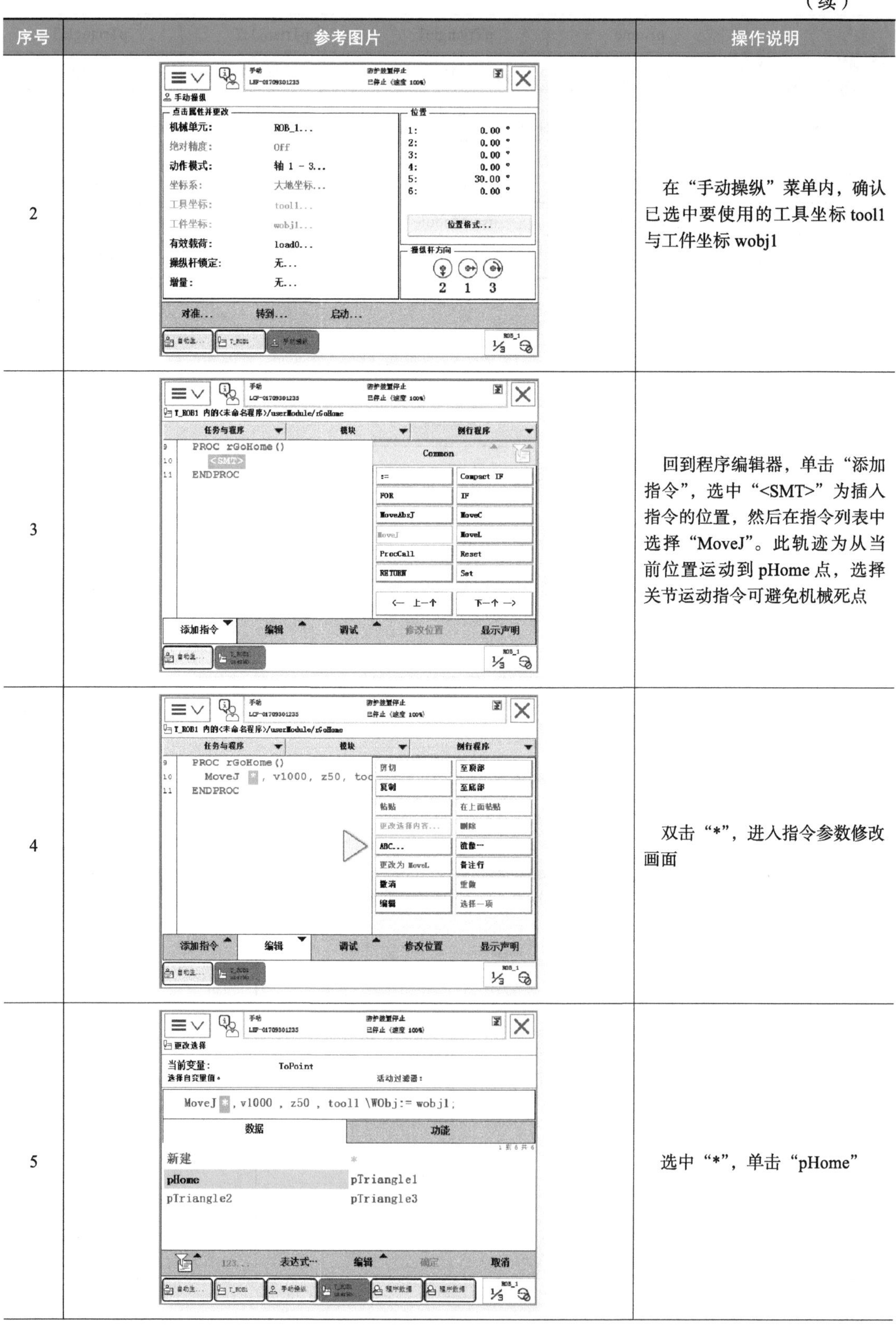

序号	参考图片	操作说明
2		在“手动操纵”菜单内，确认已选中要使用的工具坐标 tool1 与工件坐标 wobj1
3		回到程序编辑器，单击“添加指令”，选中“<SMT>”为插入指令的位置，然后在指令列表中选择“MoveJ”。此轨迹为从当前位置运动到 pHome 点，选择关节运动指令可避免机械死点
4		双击“*”，进入指令参数修改画面
5		选中“*”，单击“pHome”

（续）

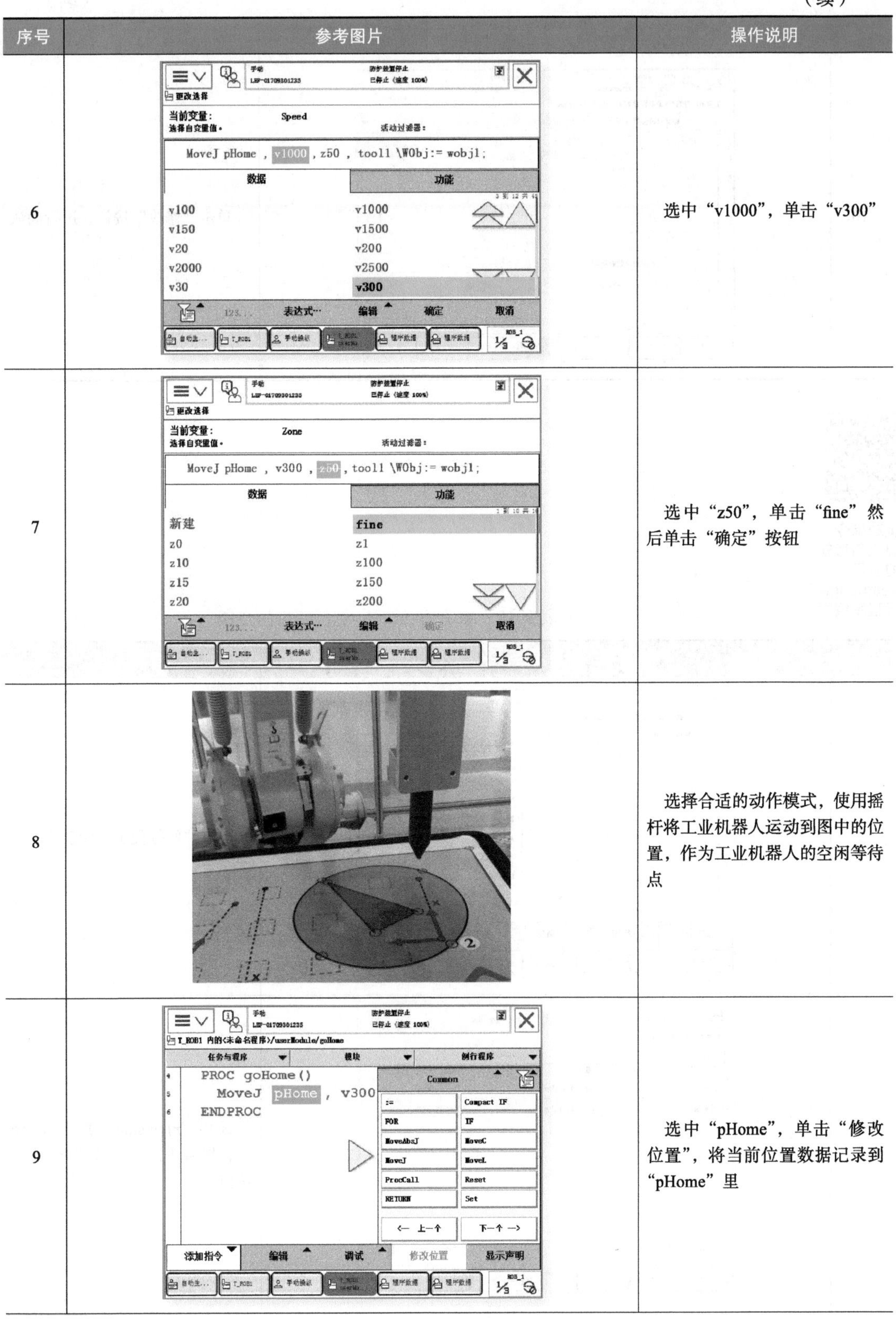

序号	参考图片	操作说明
6		选中“v1000”，单击“v300”
7		选中“z50”，单击“fine”然后单击“确定”按钮
8		选择合适的动作模式，使用摇杆将工业机器人运动到图中的位置，作为工业机器人的空闲等待点
9		选中“pHome”，单击“修改位置”，将当前位置数据记录到“pHome”里

（续）

序号	参考图片	操作说明
10	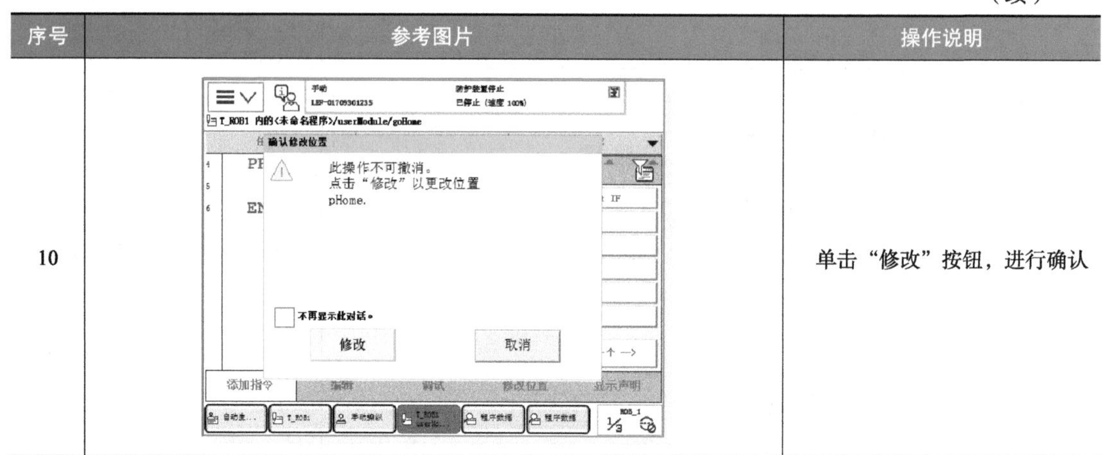	单击“修改”按钮，进行确认

运动指令实现三角形轨迹的应用——rmovestriangle1例行程序编写

表 6-12　编写 rTriangle 例行程序的步骤

序号	参考图片	操作说明
1	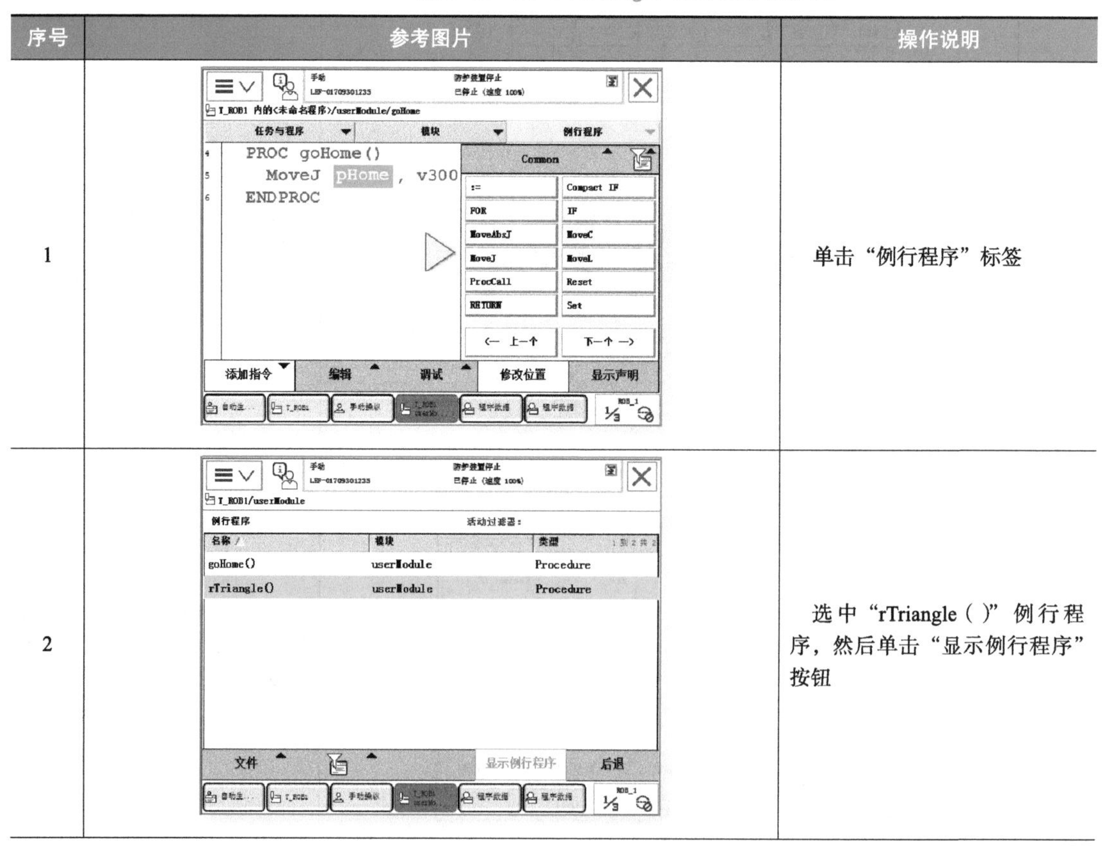	单击“例行程序”标签
2		选中“rTriangle ( )”例行程序，然后单击“显示例行程序”按钮

（续）

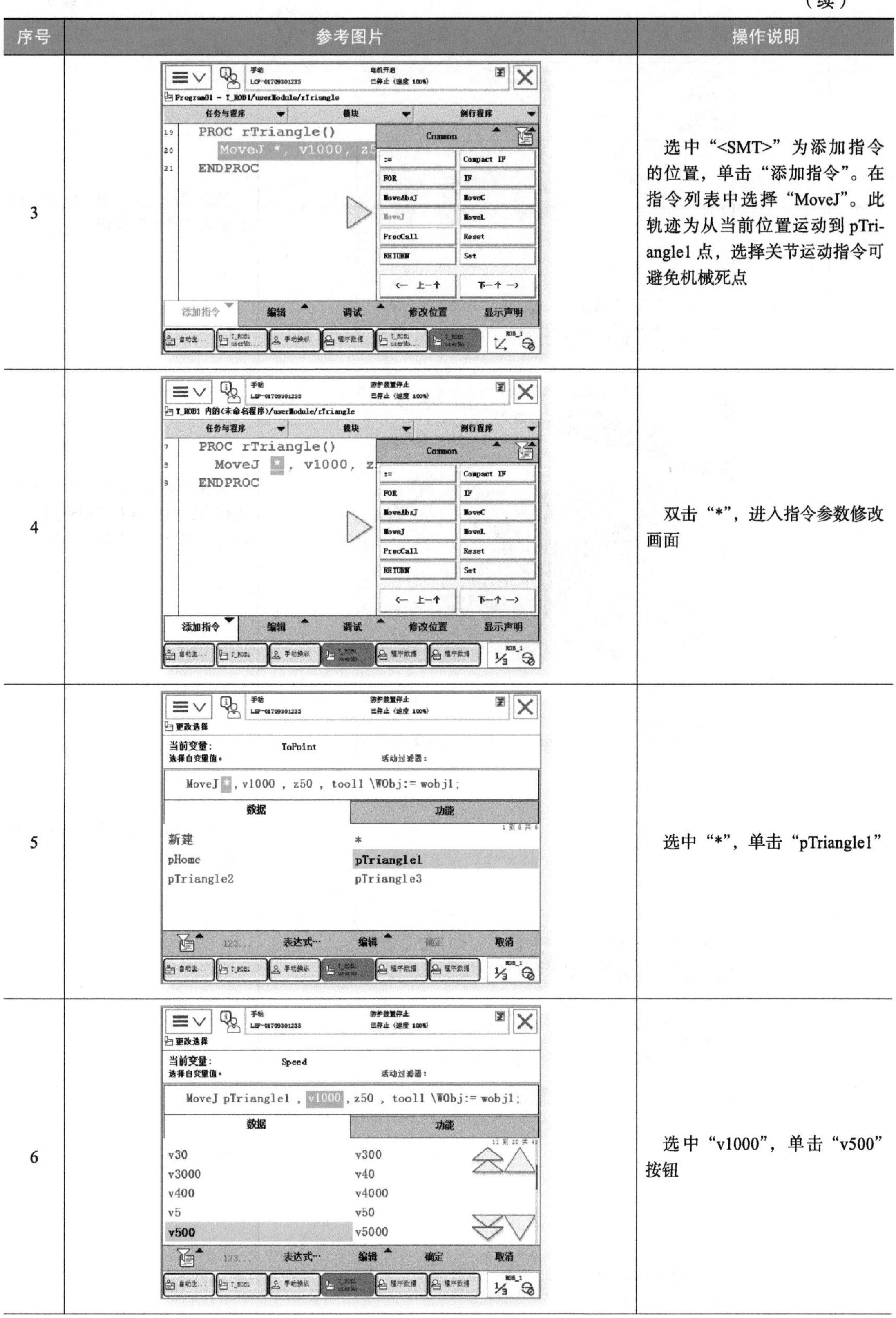

序号	参考图片	操作说明
3		选中“<SMT>”为添加指令的位置，单击“添加指令”。在指令列表中选择“MoveJ”。此轨迹为从当前位置运动到 pTriangle1 点，选择关节运动指令可避免机械死点
4		双击“*”，进入指令参数修改画面
5		选中“*”，单击“pTriangle1”
6		选中“v1000”，单击“v500”按钮

（续）

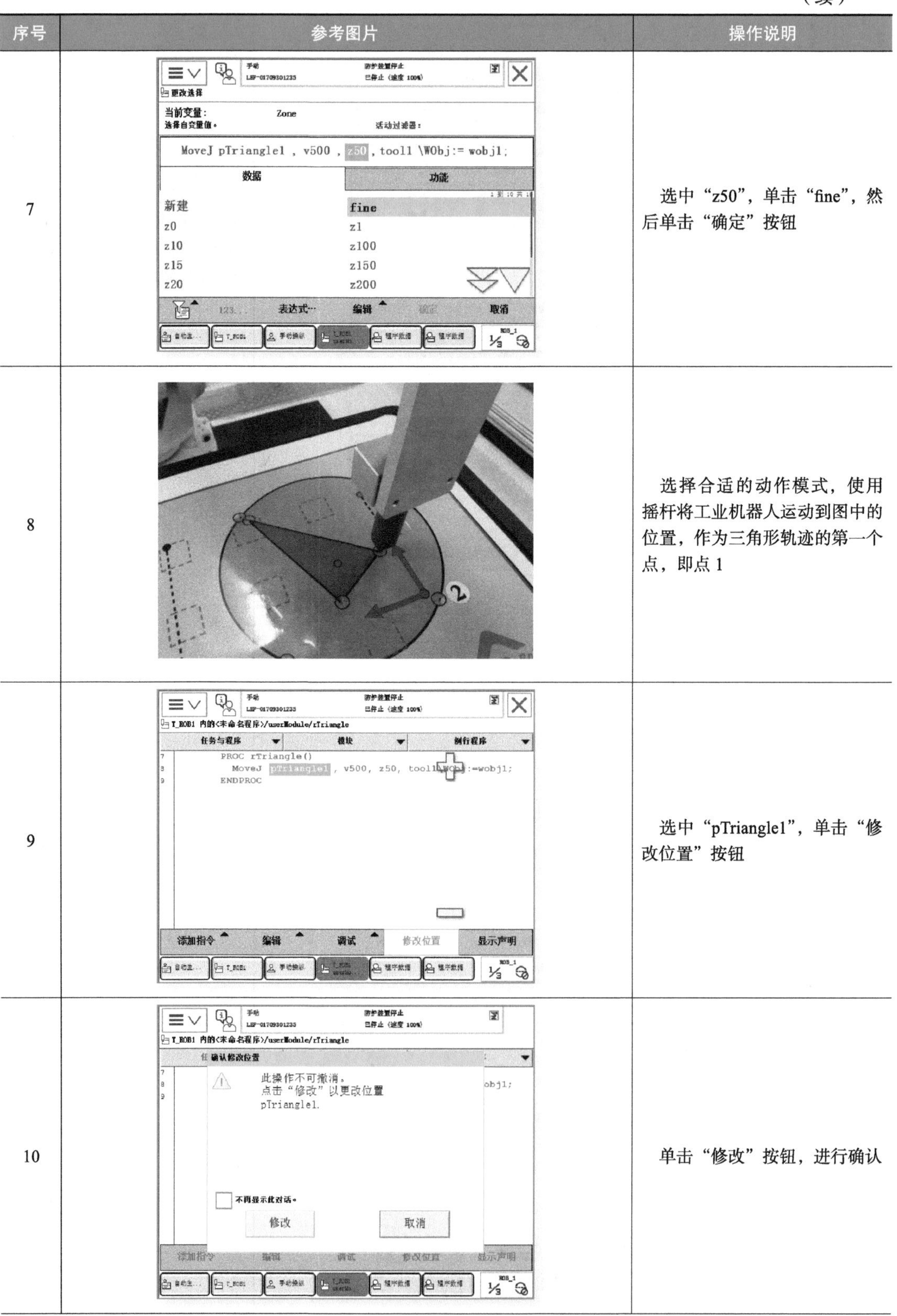

序号	参考图片	操作说明
7		选中“z50”，单击“fine”，然后单击“确定”按钮
8		选择合适的动作模式，使用摇杆将工业机器人运动到图中的位置，作为三角形轨迹的第一个点，即点 1
9		选中“pTriangle1”，单击“修改位置”按钮
10		单击“修改”按钮，进行确认

（续）

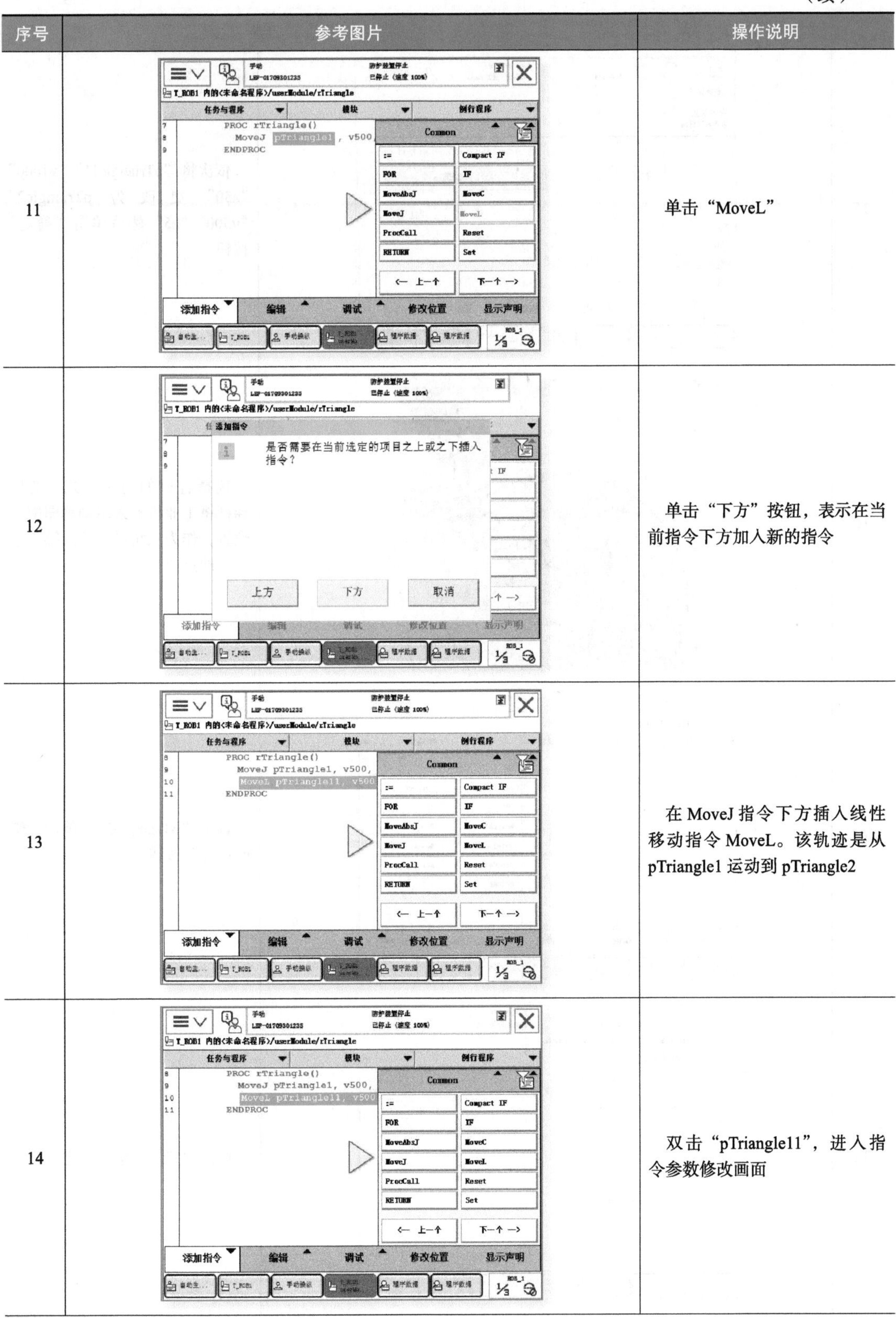

序号	参考图片	操作说明
11		单击“MoveL”
12		单击“下方”按钮，表示在当前指令下方加入新的指令
13		在 MoveJ 指令下方插入线性移动指令 MoveL。该轨迹是从 pTriangle1 运动到 pTriangle2
14		双击“pTriangle11”，进入指令参数修改画面

（续）

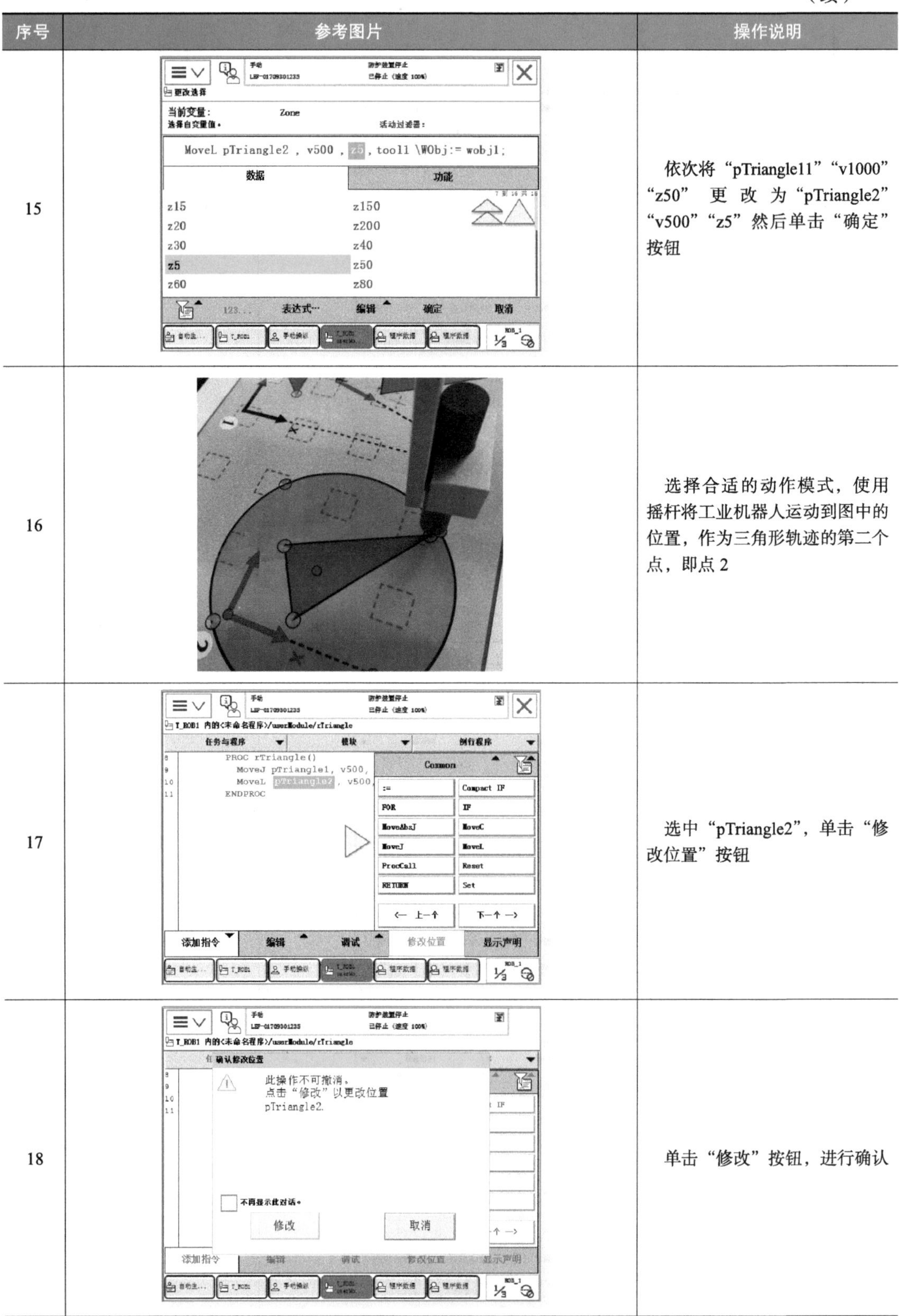

序号	参考图片	操作说明
15		依次将“pTriangle11”“v1000”“z50”更改为“pTriangle2”“v500”“z5”然后单击“确定”按钮
16		选择合适的动作模式，使用摇杆将工业机器人运动到图中的位置，作为三角形轨迹的第二个点，即点 2
17		选中“pTriangle2”，单击“修改位置”按钮
18		单击“修改”按钮，进行确认

（续）

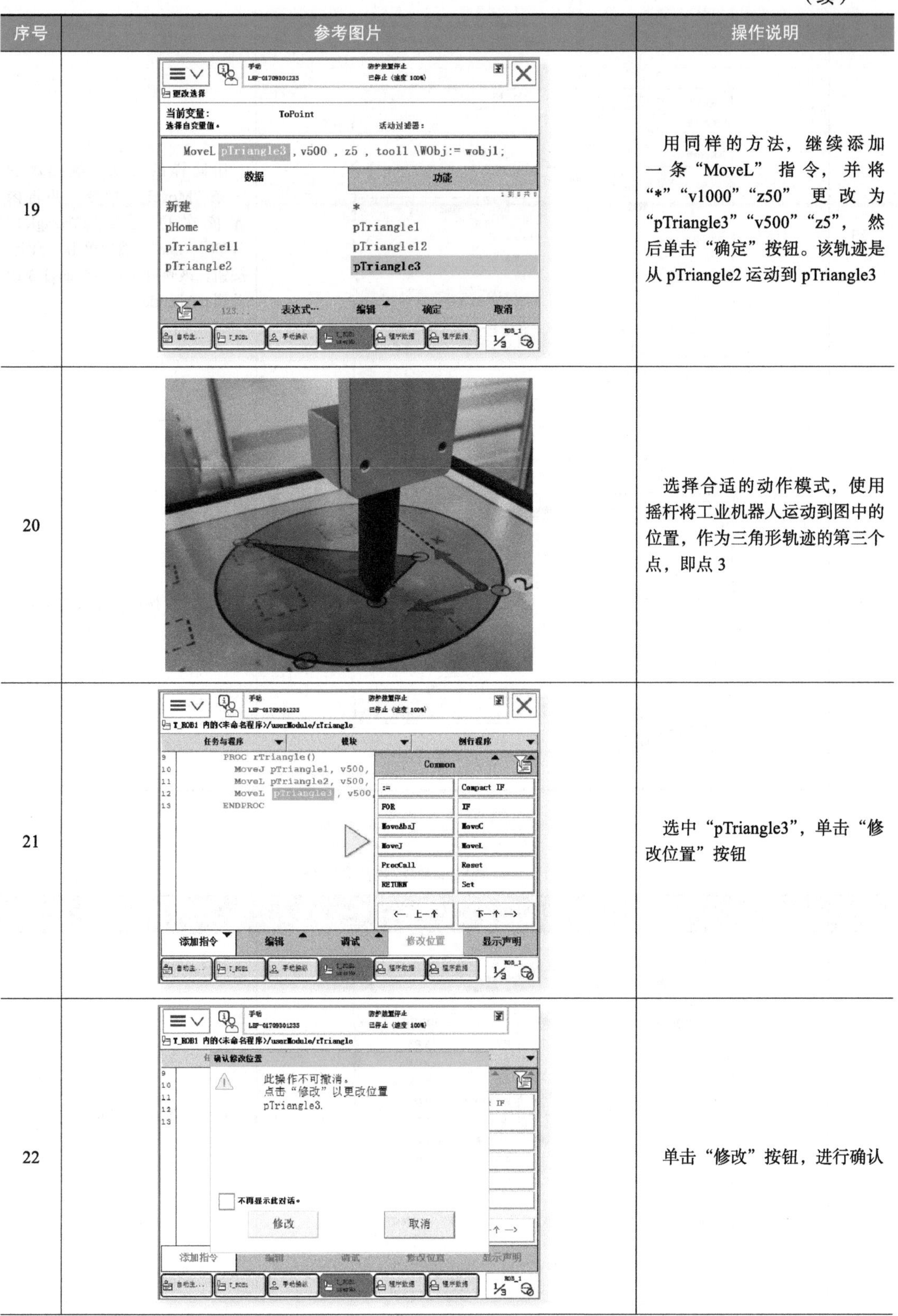

序号	参考图片	操作说明
19		用同样的方法，继续添加一条“MoveL”指令，并将“*”“v1000”“z50”更改为“pTriangle3”“v500”“z5”，然后单击“确定”按钮。该轨迹是从pTriangle2运动到pTriangle3
20		选择合适的动作模式，使用摇杆将工业机器人运动到图中的位置，作为三角形轨迹的第三个点，即点3
21		选中“pTriangle3”，单击“修改位置”按钮
22		单击“修改”按钮，进行确认

（续）

序号	参考图片	操作说明
23	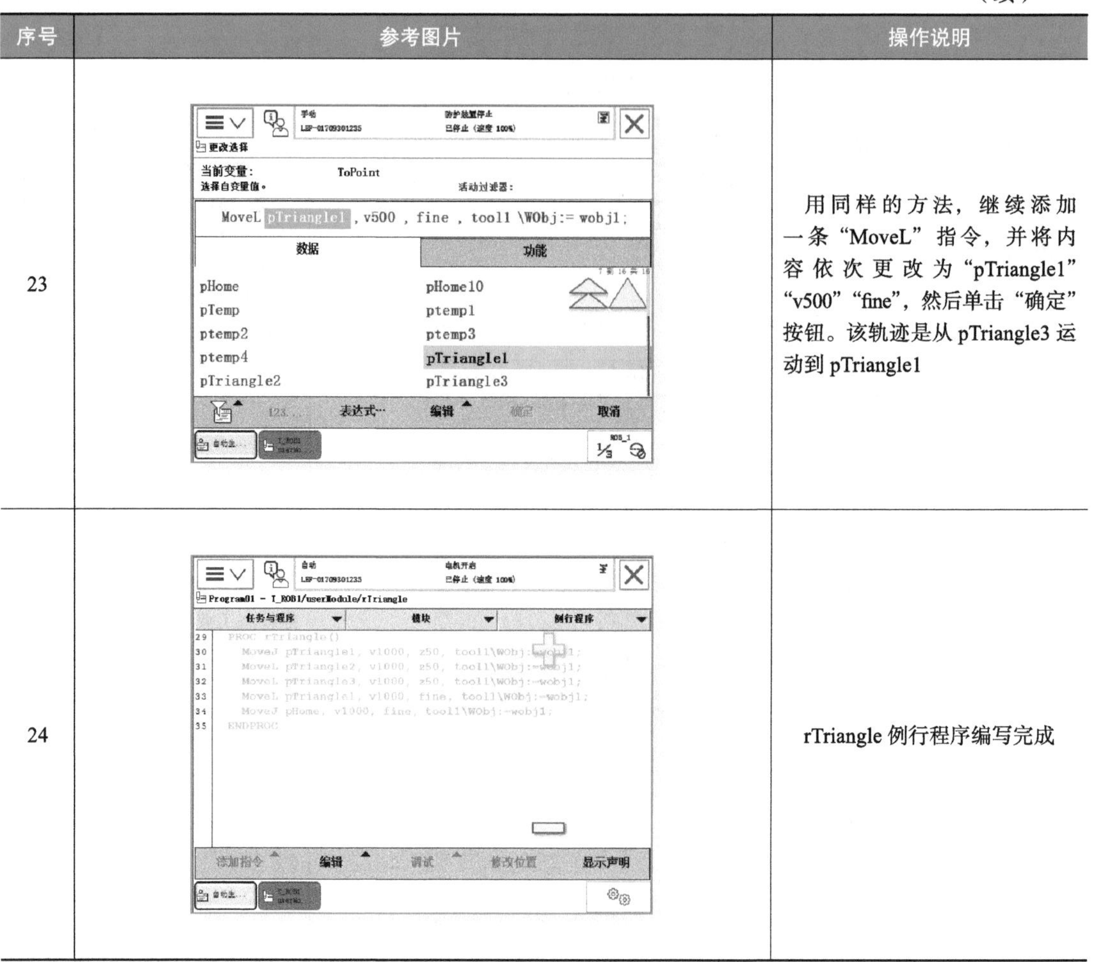	用同样的方法，继续添加一条“MoveL”指令，并将内容依次更改为“pTriangle1”“v500”“fine”，然后单击“确定”按钮。该轨迹是从pTriangle3运动到pTriangle1
24		rTriangle例行程序编写完成

表 6-13　编写 rInit 例行程序的步骤

序号	参考图片	操作说明
1	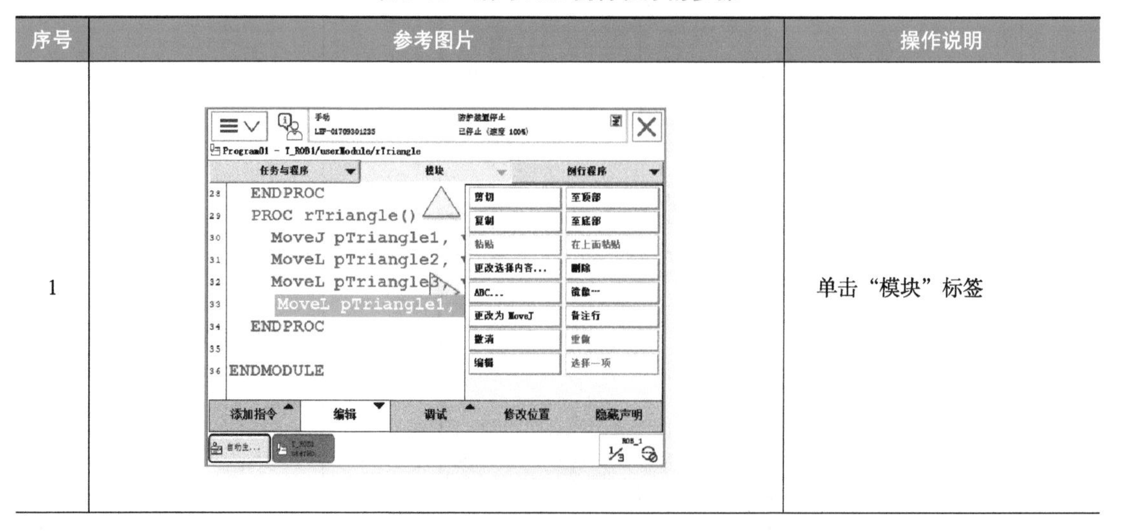	单击“模块”标签

（续）

序号	参考图片	操作说明
2		选中“mainModule”模块，单击“显示模块”按钮
3		选中例行程序“rInit ( )”，单击“显示例行程序”按钮
4		单击“Common”下拉列表，选择“Settings”
5		单击“AccSet”，该指令用来设置加速度，后面有两个参数，第一个参数表示加速度倍率，第二个参数表示加速度坡度，这里两个参数都设置为100%

（续）

序号	参考图片	操作说明
6		单击“下一个”，选择“VelSet”。该指令用来设置速度，后面有两个参数，第一个参数表示速度倍率，第二个参数表示最大TCP速率
7		单击第二个参数“5000”
8		单击“123...”
9		将“5000”更改为“1000”

（续）

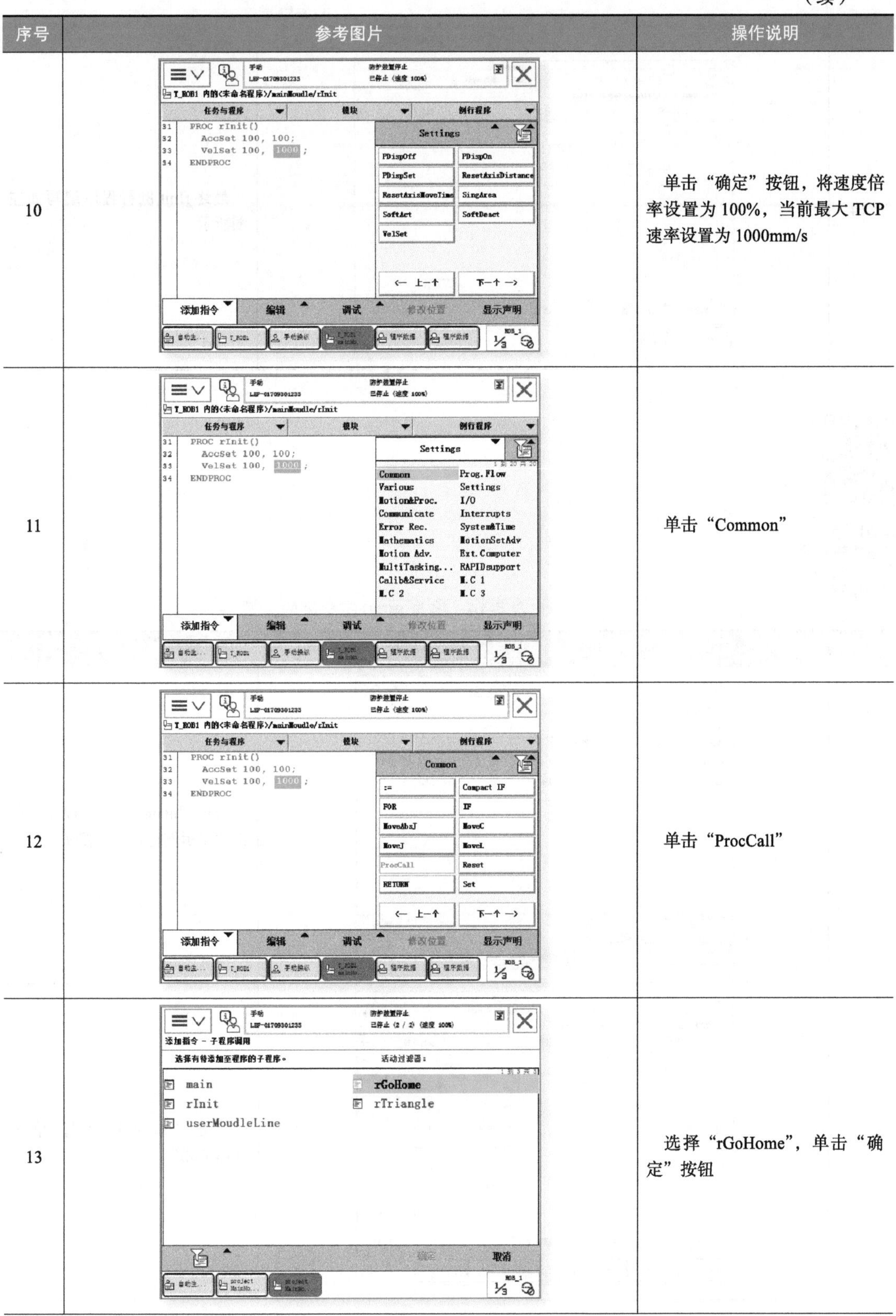

序号	参考图片	操作说明
10		单击“确定”按钮，将速度倍率设置为100%，当前最大TCP速率设置为1000mm/s
11		单击“Common”
12		单击“ProcCall”
13		选择“rGoHome”，单击“确定”按钮

（续）

序号	参考图片	操作说明
14	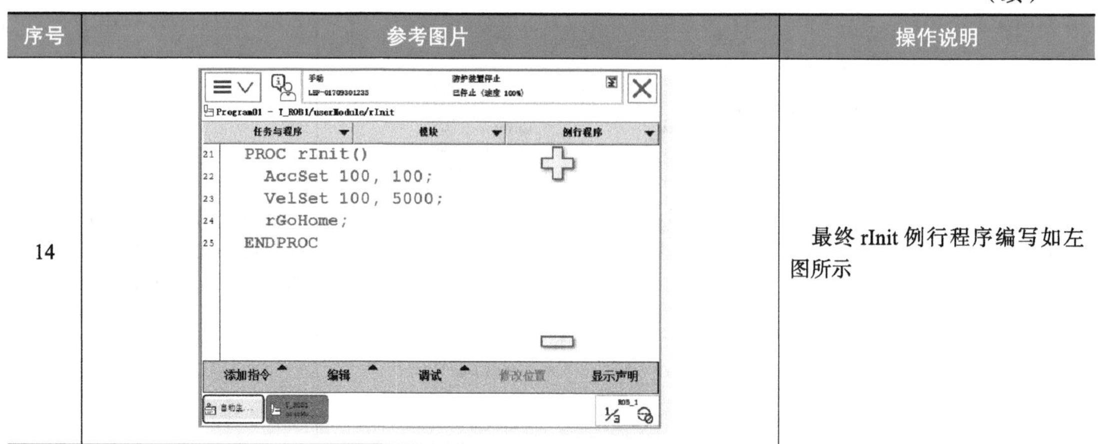	最终rInit例行程序编写如左图所示

运动指令实现三角形轨迹的应用——main主程序编写

表6-14 编写main主程序的步骤

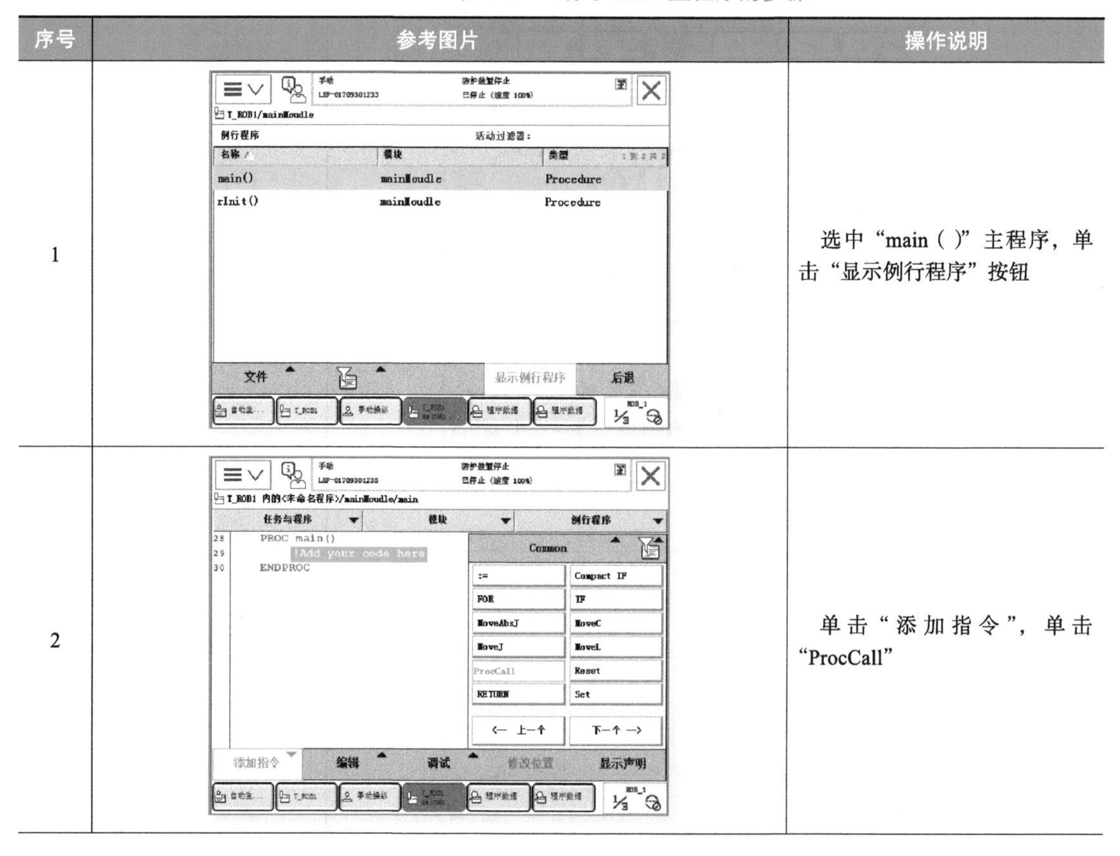

序号	参考图片	操作说明
1		选中“main ( )”主程序，单击“显示例行程序”按钮
2		单击“添加指令”，单击“ProcCall”

（续）

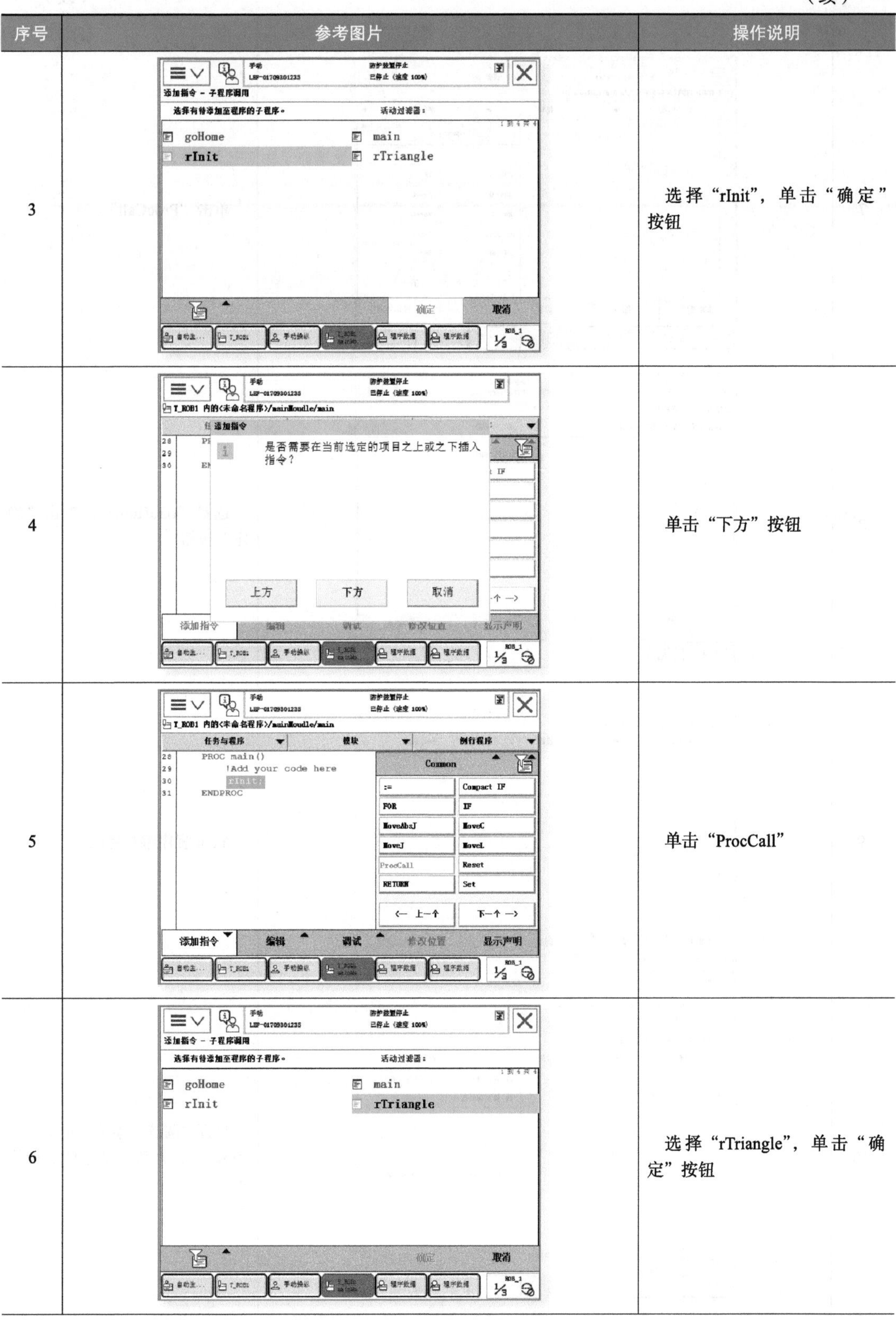

序号	参考图片	操作说明
3		选择“rInit”，单击“确定”按钮
4		单击“下方”按钮
5		单击“ProcCall”
6		选择“rTriangle”，单击“确定”按钮

（续）

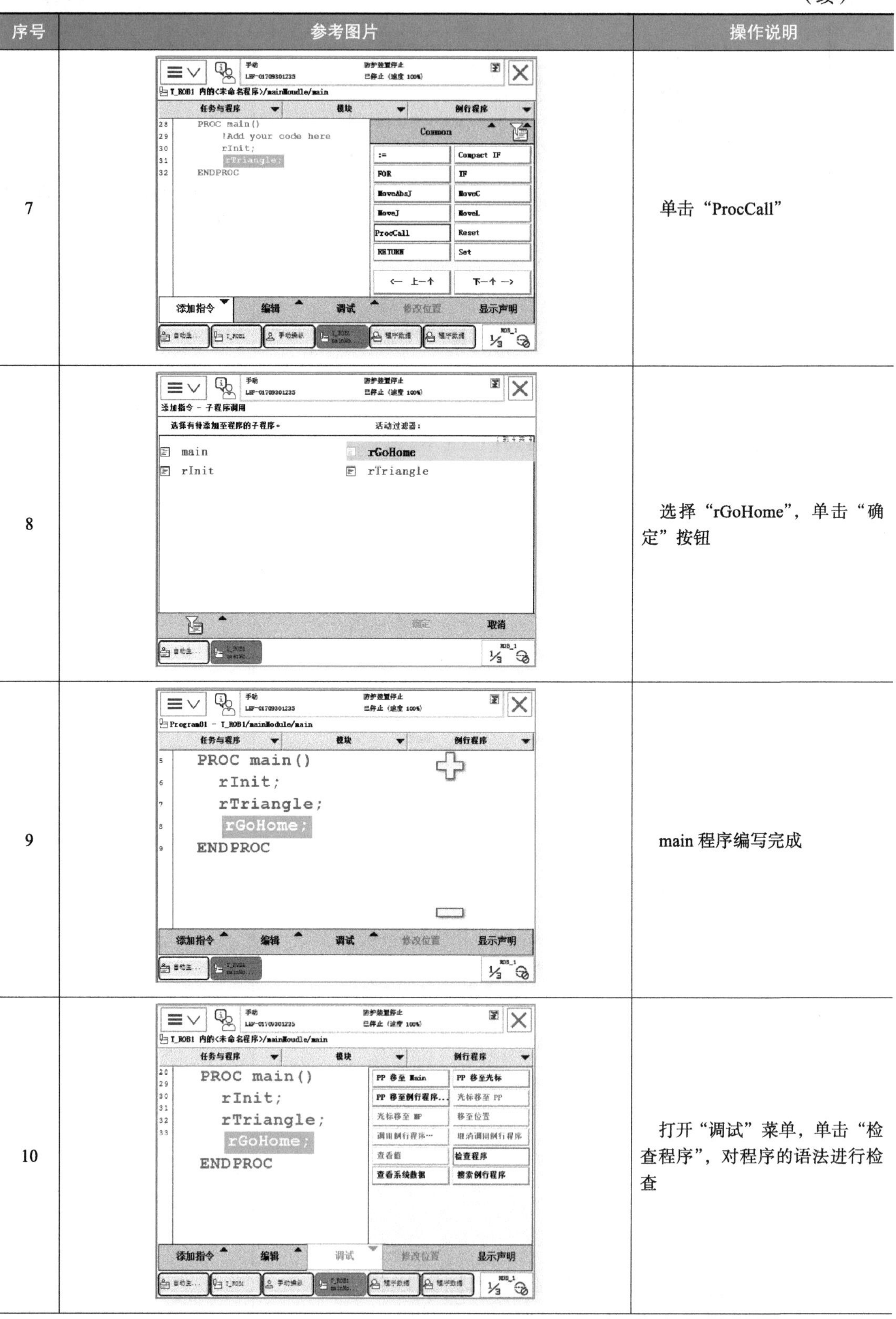

序号	参考图片	操作说明
7		单击“ProcCall”
8		选择“rGoHome”，单击“确定”按钮
9		main 程序编写完成
10		打开“调试”菜单，单击“检查程序”，对程序的语法进行检查

（续）

序号	参考图片	操作说明
11	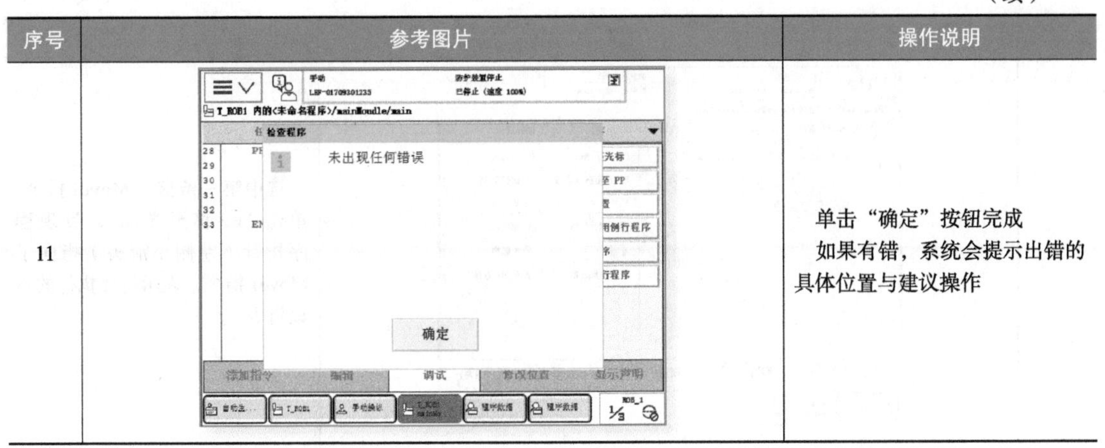	单击“确定”按钮完成 如果有错，系统会提示出错的具体位置与建议操作

（6）手动调试程序　在完成了程序的编辑和语法检查以后，接下来的工作就是对这个程序进行手动调试。在手动模式下运行整个程序，测试程序运行过程是否达到任务要求，及时修改程序以防止自动运行时出现碰撞等问题。本任务需要对例行程序 rGoHome（ ）、rTriangle（ ）和主程序 main（ ）进行调试，手动调试 3 个程序的操作步骤分别见表 6-15~ 表 6-17。

运动指令实现三角形轨迹的应用——手动调试程序

表 6-15　手动调试 rGoHome（ ）程序操作步骤

序号	参考图片	操作说明
1	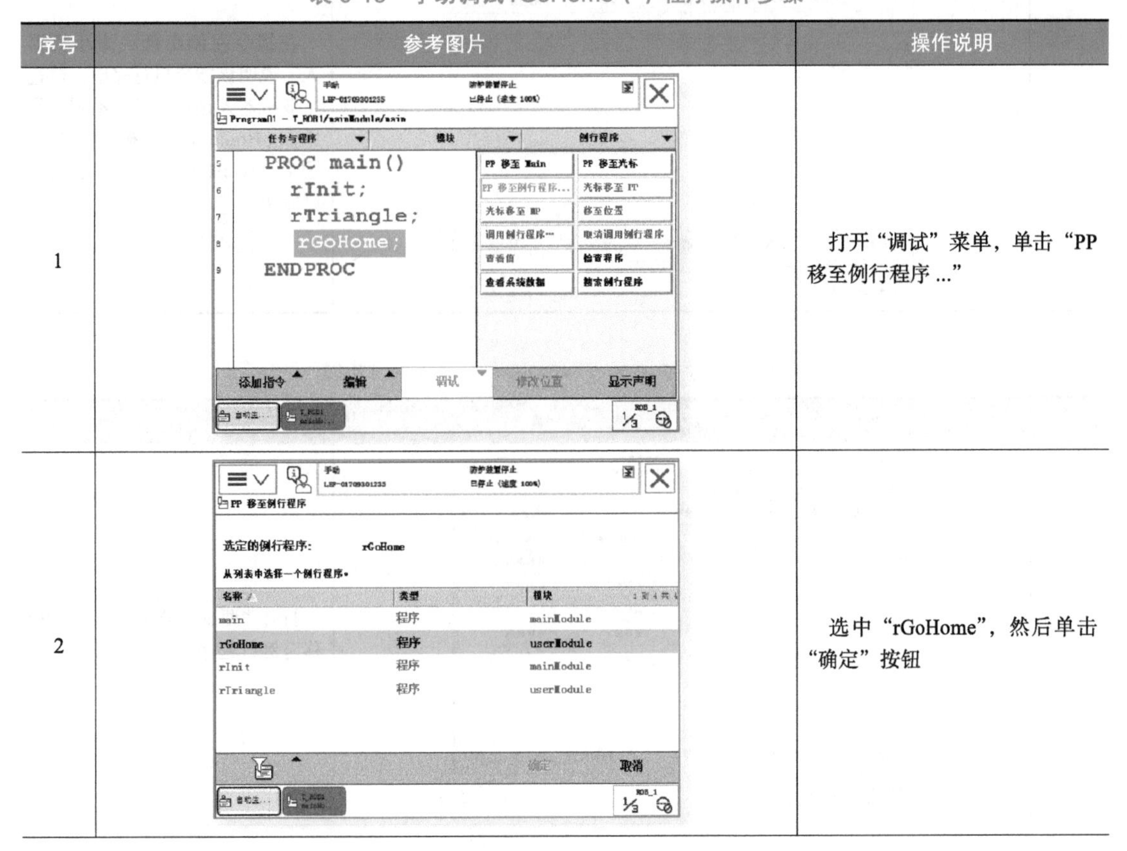	打开“调试”菜单，单击“PP 移至例行程序 ...”
2		选中“rGoHome”，然后单击“确定”按钮

（续）

序号	参考图片	操作说明
3	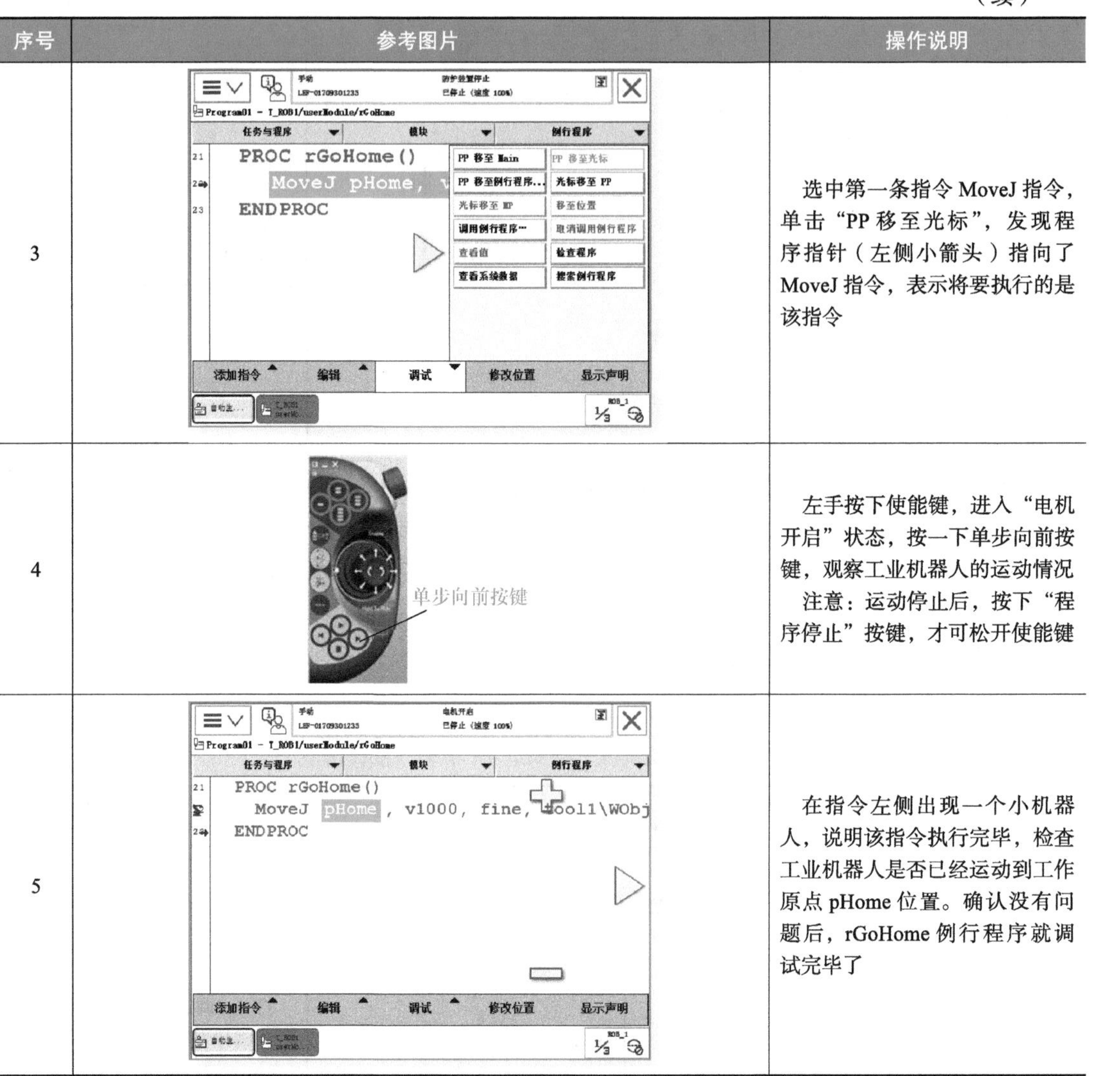	选中第一条指令 MoveJ 指令，单击“PP 移至光标”，发现程序指针（左侧小箭头）指向了 MoveJ 指令，表示将要执行的是该指令
4		左手按下使能键，进入“电机开启”状态，按一下单步向前按键，观察工业机器人的运动情况 注意：运动停止后，按下“程序停止”按键，才可松开使能键
5		在指令左侧出现一个小机器人，说明该指令执行完毕，检查工业机器人是否已经运动到工作原点 pHome 位置。确认没有问题后，rGoHome 例行程序就调试完毕了

表 6-16　手动调试 rTriangle（ ）程序操作步骤

序号	参考图片	操作说明
1	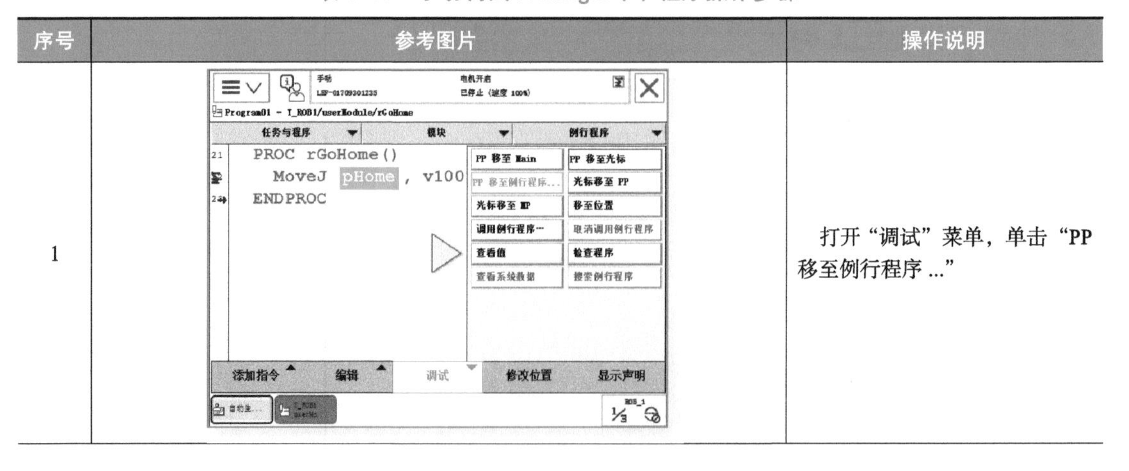	打开“调试”菜单，单击“PP 移至例行程序 ...”

（续）

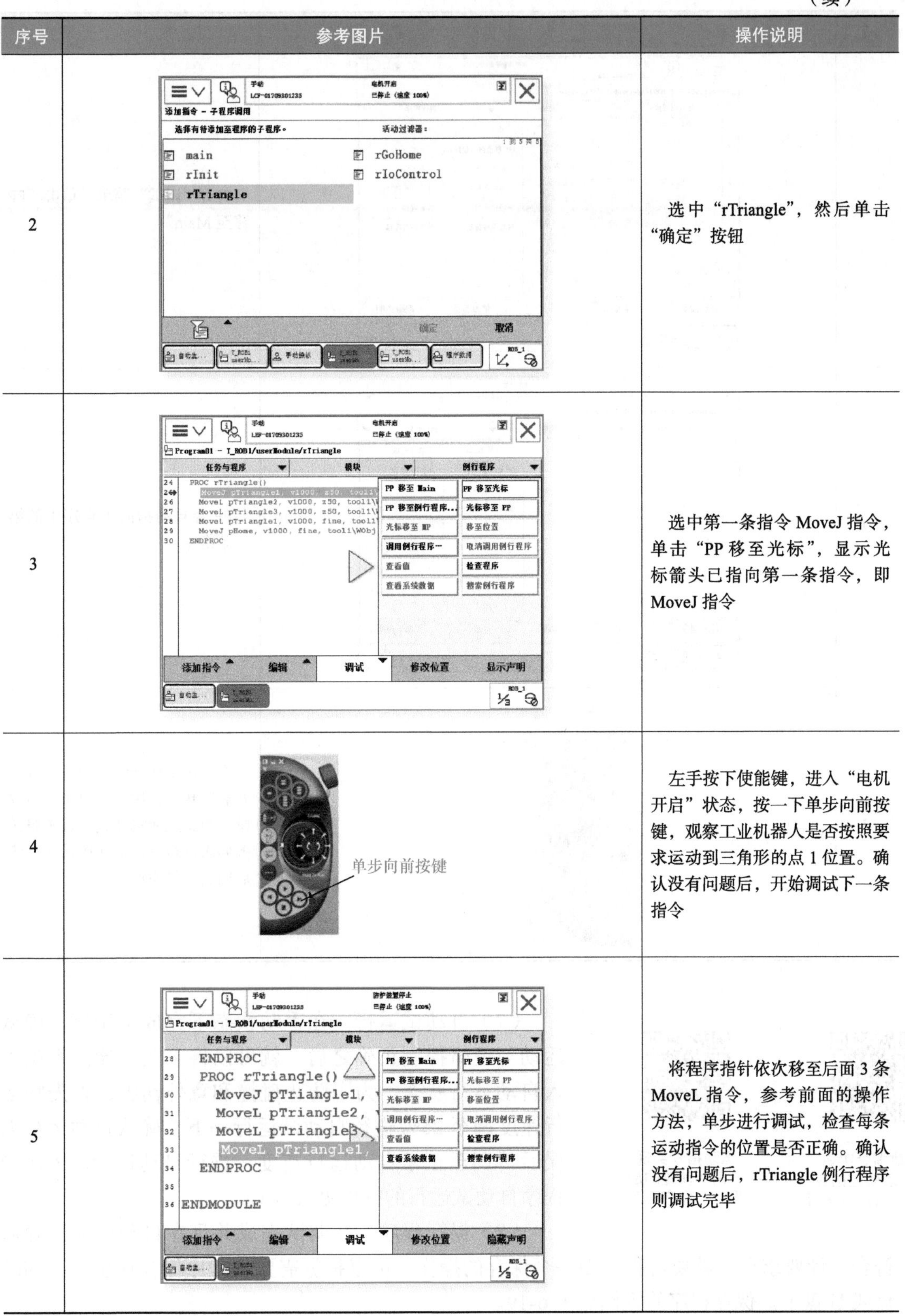

序号	参考图片	操作说明
2		选中“rTriangle”，然后单击“确定”按钮
3		选中第一条指令 MoveJ 指令，单击“PP 移至光标”，显示光标箭头已指向第一条指令，即 MoveJ 指令
4		左手按下使能键，进入“电机开启”状态，按一下单步向前按键，观察工业机器人是否按照要求运动到三角形的点 1 位置。确认没有问题后，开始调试下一条指令
5		将程序指针依次移至后面 3 条 MoveL 指令，参考前面的操作方法，单步进行调试，检查每条运动指令的位置是否正确。确认没有问题后，rTriangle 例行程序则调试完毕

表 6-17 手动调试 main ( ) 主程序操作步骤

序号	参考图片	操作说明
1		打开“调试”菜单，单击“PP 移至 Main”
2		PP 会自动指向主程序中的第一条指令
3		左手按下使能键，进入“电机开启”状态，按一下程序启动按键，观察工业机器人是否按照任务要求进行三角形轨迹运动，然后回到工作原点

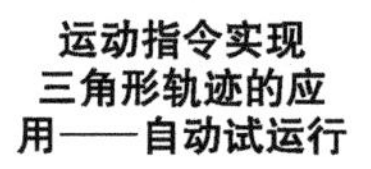

运动指令实现三角形轨迹的应用——保存程序

（7）自动试运行　在手动状态下完成了调试，确认运动与逻辑控制正确之后，就可以将工业机器人系统投入自动运行状态。为了防止碰撞和意外伤害，首先将运行速度调至 25% 进行自动试运行一下，确认自动运行无误后再调至正常自动运行速度，进行自动运行。RAPID 程序自动试运行的操作见表 6-18。

（8）保存程序　在调试完成并且在自动试运行确认符合设计要求后，就要对程序做一个保存的操作，可以根据需要将程序保存在机器人的硬盘或 U 盘上。保存程序的操作见表 6-19。

表 6-18 RAPID 程序自动试运行的操作

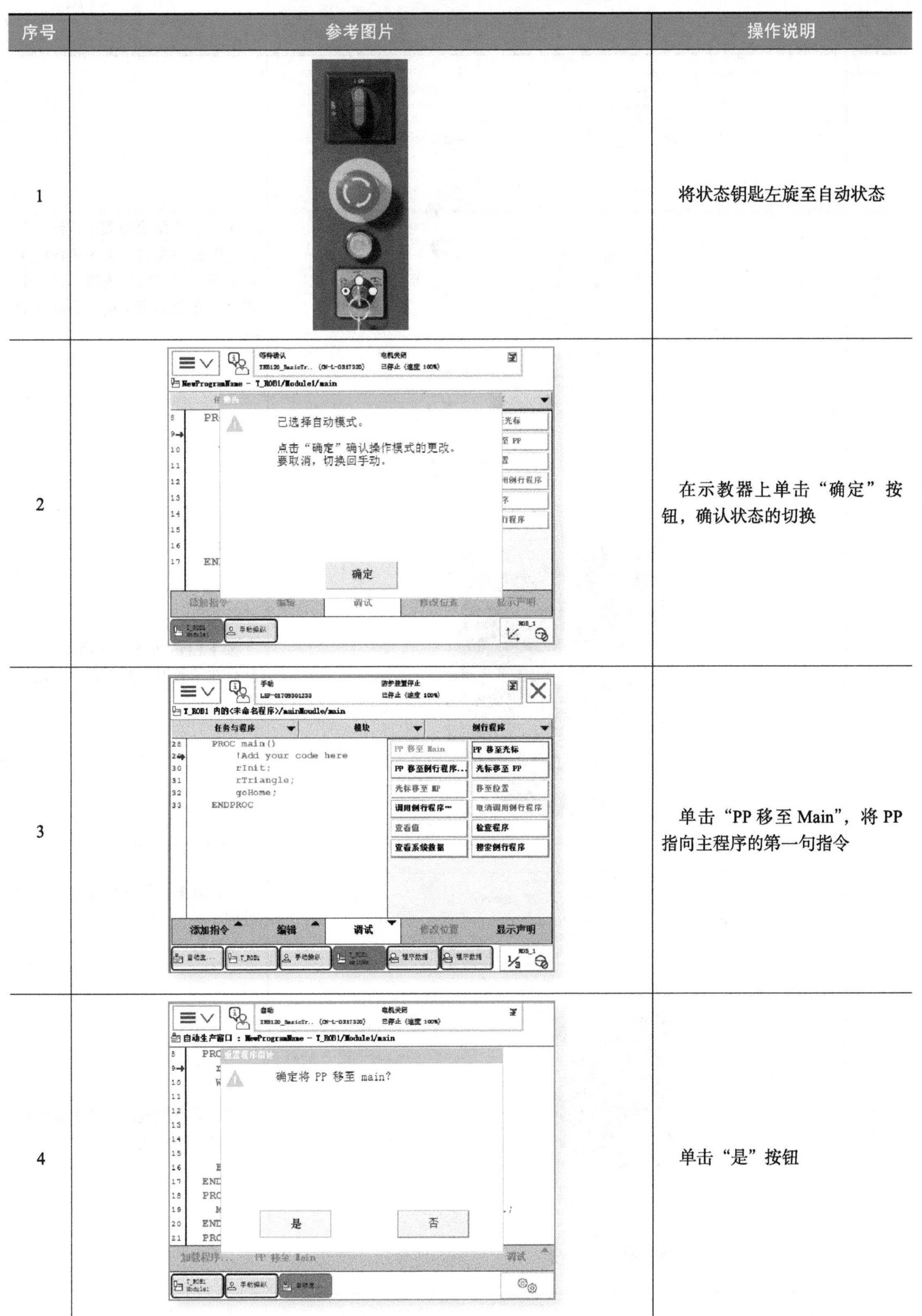

序号	参考图片	操作说明
1		将状态钥匙左旋至自动状态
2		在示教器上单击“确定”按钮，确认状态的切换
3		单击“PP 移至 Main”，将 PP 指向主程序的第一句指令
4		单击“是”按钮

（续）

序号	参考图片	操作说明
5	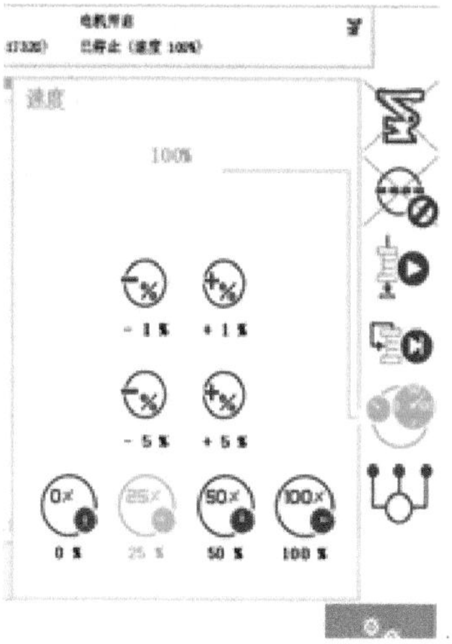 电机开启 已停止（速度 100%） 速度 100% -1%　+1% -5%　+5% 0%　25%　50%　100%	单击左下角快捷菜单按钮。单击速度调整按钮（第 5 个按钮），然后单击“25%”按钮，让工业机器人在此速度下进行自动试运行
6	Enable Hold To Run	按下白色按钮，开启电动机，然后在示教器上按下程序启动按键
7	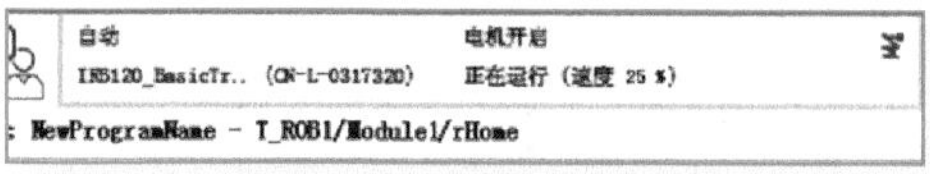 自动　电机开启 IRB120_BasicTr.. (CN-L-0317320)　正在运行（速度 25 %） : NewProgramName - T_ROB1/Module1/rHome	可以观察到程序已在自动运行过程中
8	Enable Hold To Run 程序停止按键	程序运行完成后，按下程序停止按键，停止程序运行

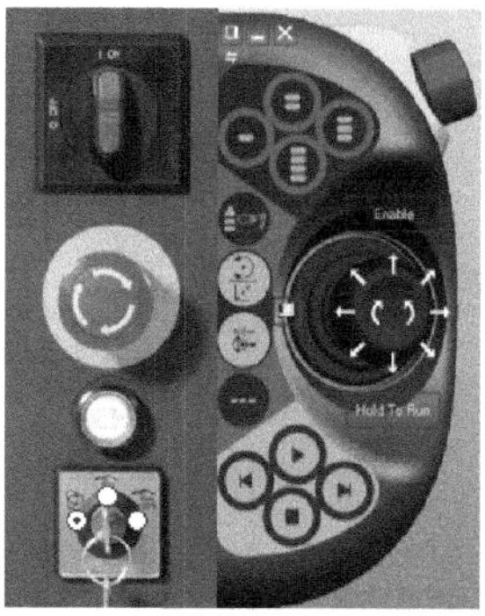

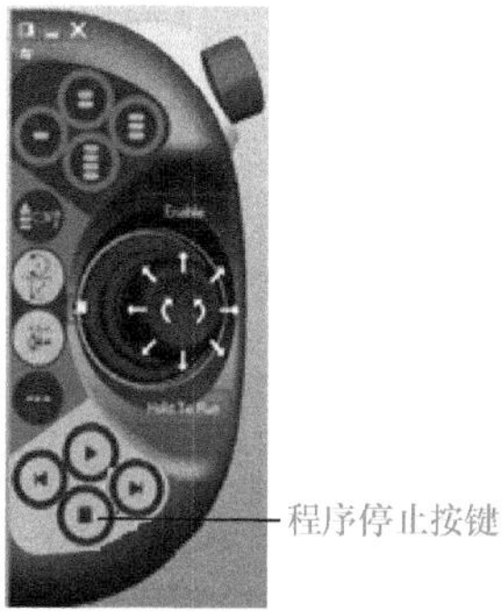

（续）

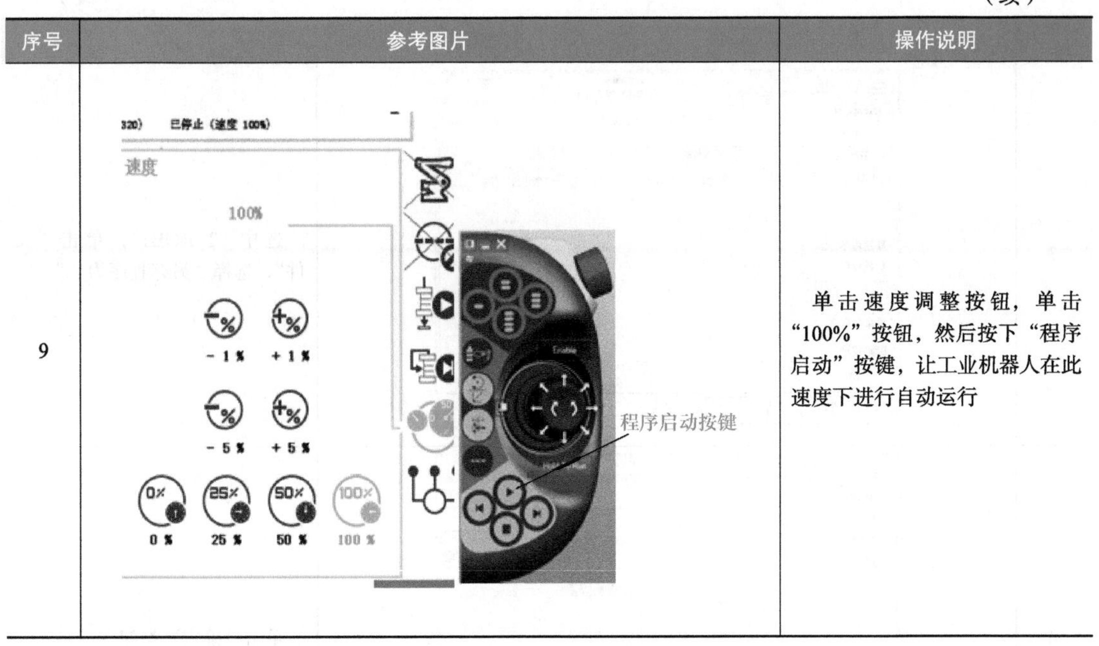

序号	参考图片	操作说明
9		单击速度调整按钮，单击“100%”按钮，然后按下“程序启动”按键，让工业机器人在此速度下进行自动运行

表 6-19　保存程序的操作

序号	参考图片	操作说明
1		单击左上角主菜单按钮，选择“程序编辑器”
2		单击“任务与程序”标签

（续）

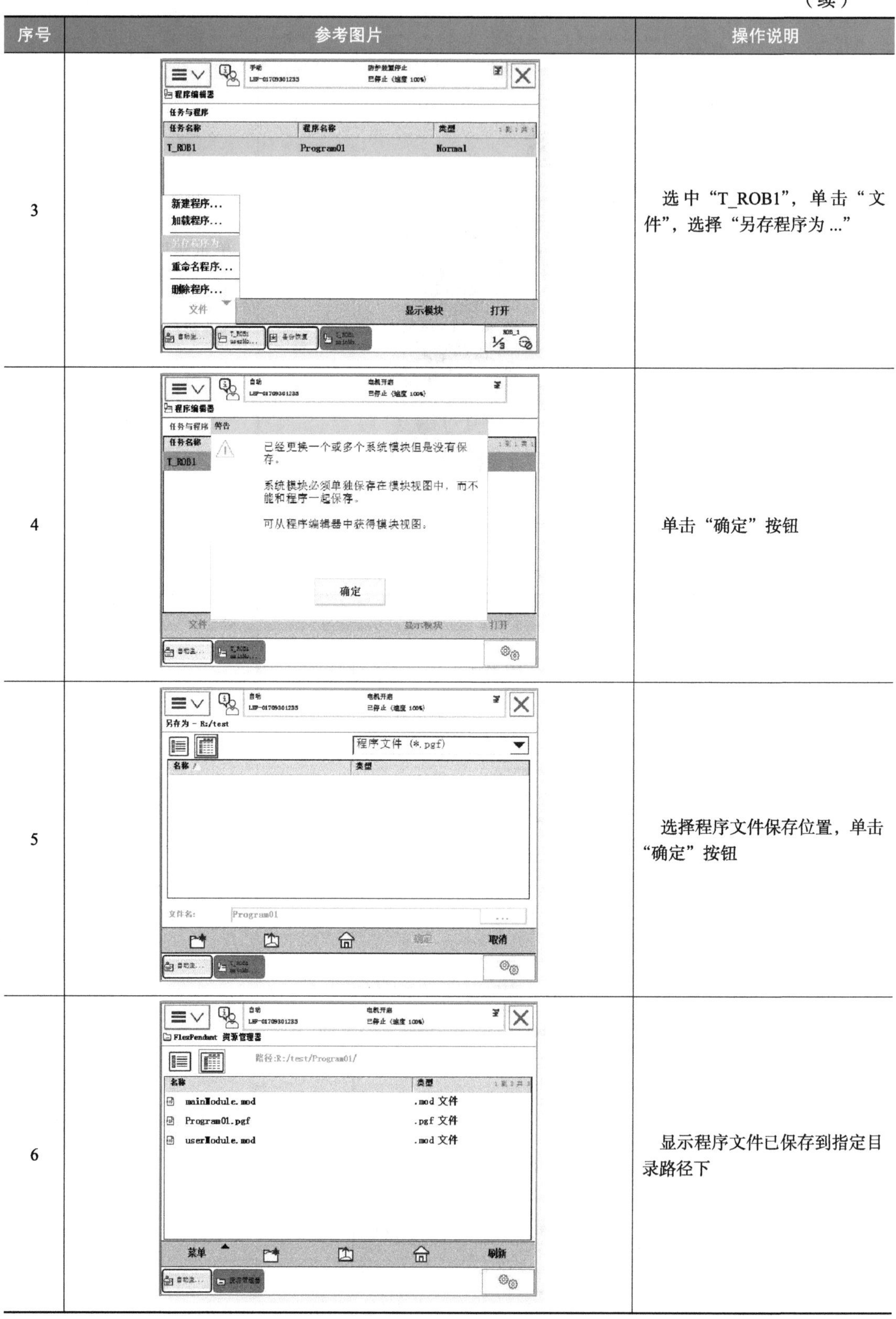

序号	参考图片	操作说明
3		选中“T_ROB1”，单击“文件”，选择“另存程序为 ...”
4		单击“确定”按钮
5		选择程序文件保存位置，单击“确定”按钮
6		显示程序文件已保存到指定目录路径下

4. 任务拓展

（1）任务要求　基于前面三角形轨迹运动的应用，在两个不同的工件坐标系下完成如图 6-8 所示的两个三角形轨迹的运动。其中三角形 1 与三角形 2 为相同工件，三角形 1 工件坐标数据为 wobj1，三角形 2 工件坐标数据为 wobj2，工业机器人从工作原点位置，依次运行到点 1→点 2→点 3→点 1→点 4→点 5→点 6→点 4，最后回到工作原点位置。

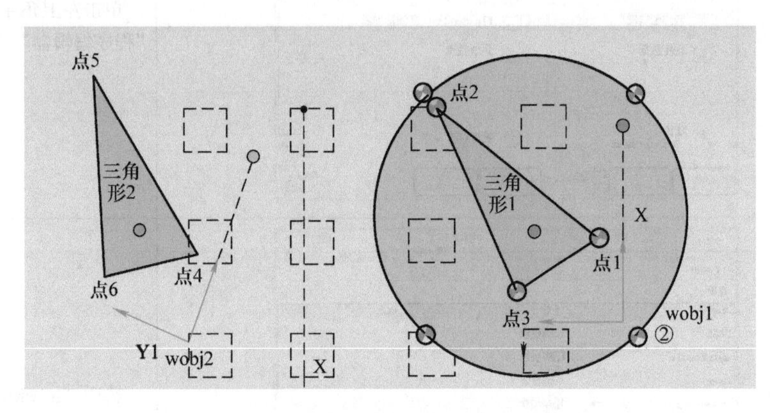

图 6-8　双工件坐标三角形轨迹示意图

拓展任务
双三角形轨运行轨迹——工具数据建立

（2）任务实施

1）创建工件坐标系 wobj2。基于图 6-9 所示的 X1、X2 及 Y1 三点，建立一个新的工件坐标系 wobj2。建立工件坐标系的方法可参考本书项目五任务三中的表 5-15。

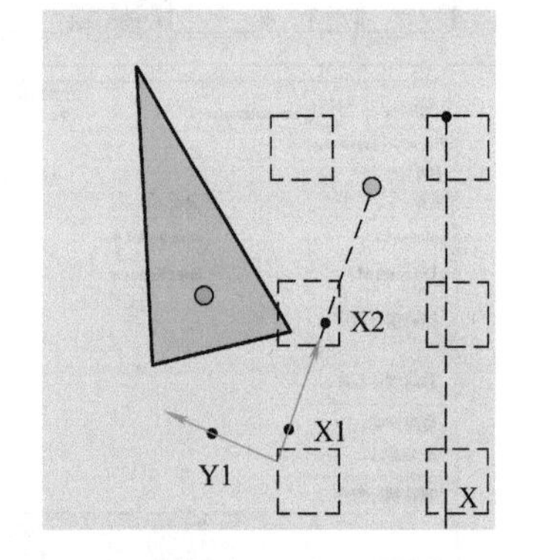

图 6-9　工件坐标系 wobj2 关键点

拓展任务
双三角形轨运行轨迹——程序编写

2）编写程序。双工件坐标系三角形轨迹运动的程序编写可以分为以下三步。

① 编写例行程序，实现在工件坐标系 wobj1 下的第 1 个三角形轨迹运动。这个例行程序可以直接调用前面的单工件坐标系三角形轨迹运动的例行程序 rTriangle。

② 编写例行程序 rTriangle2，在工件坐标系 wobj2 下执行第 2 个三角形轨迹运动。这个例行程序与前面的例行程序 rTriangle 是一样的，只是坐标系都要更改成 wobj2。例行程序 rTriangle2 的程序编写过程见表 6-20。

③ 编写主程序 main。实现双工件坐标系三角形轨迹运动的主程序如图 6-10 所示，主程序的编写步骤可参考前面的表 6-14。

拓展任务
双三角形轨运行轨迹——手动及自动运行

3）程序编写完成后，与前面第 3 节中单个三角形轨迹运动操作方法一样，进行程序的手动调试和自动试运行，然后保存程序即可。

表 6-20　例行程序 rTriangle2 的程序编写过程

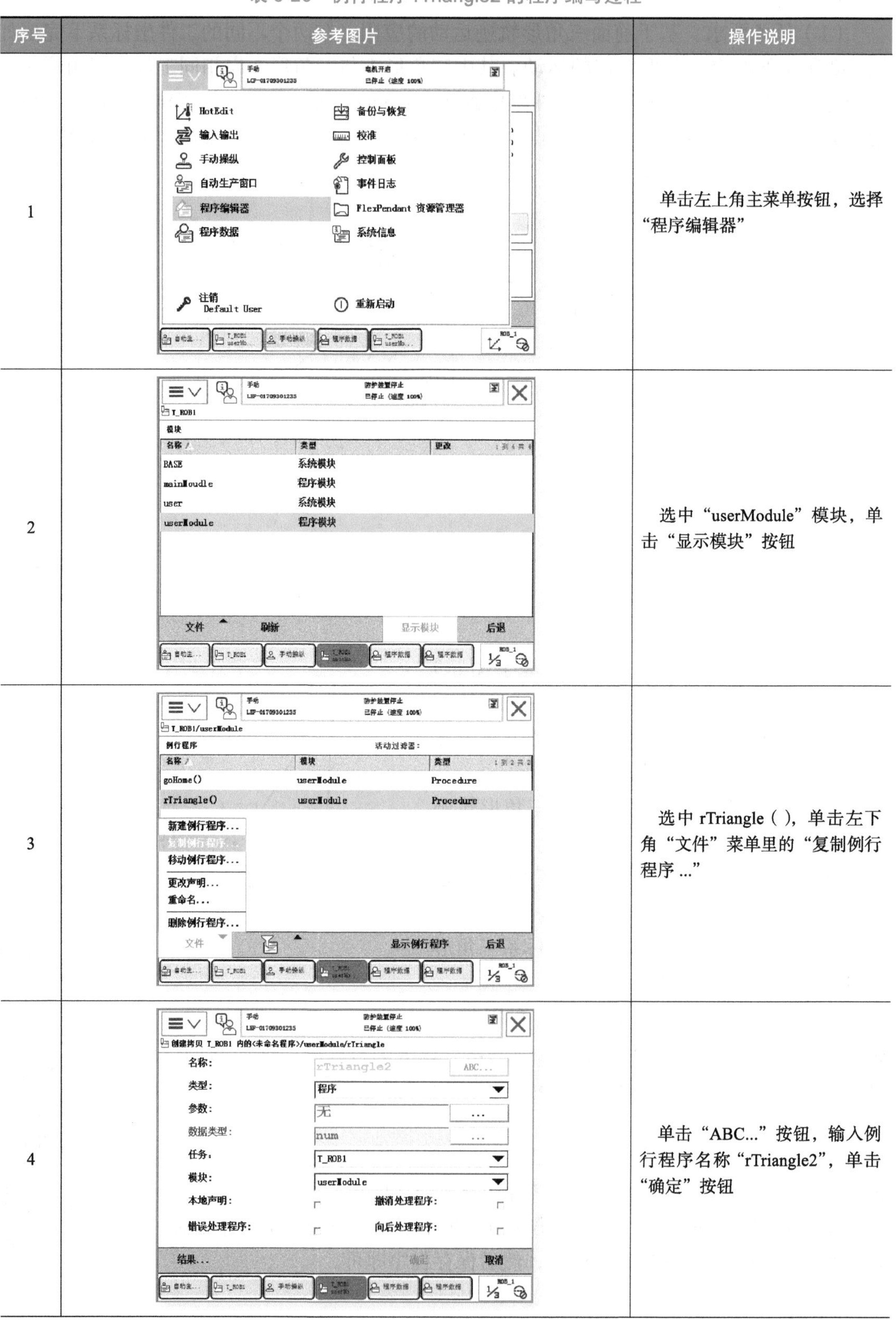

序号	参考图片	操作说明
1		单击左上角主菜单按钮，选择“程序编辑器”
2		选中“userModule”模块，单击“显示模块”按钮
3		选中 rTriangle ( )，单击左下角“文件”菜单里的“复制例行程序 ...”
4		单击“ABC...”按钮，输入例行程序名称“rTriangle2”，单击“确定”按钮

（续）

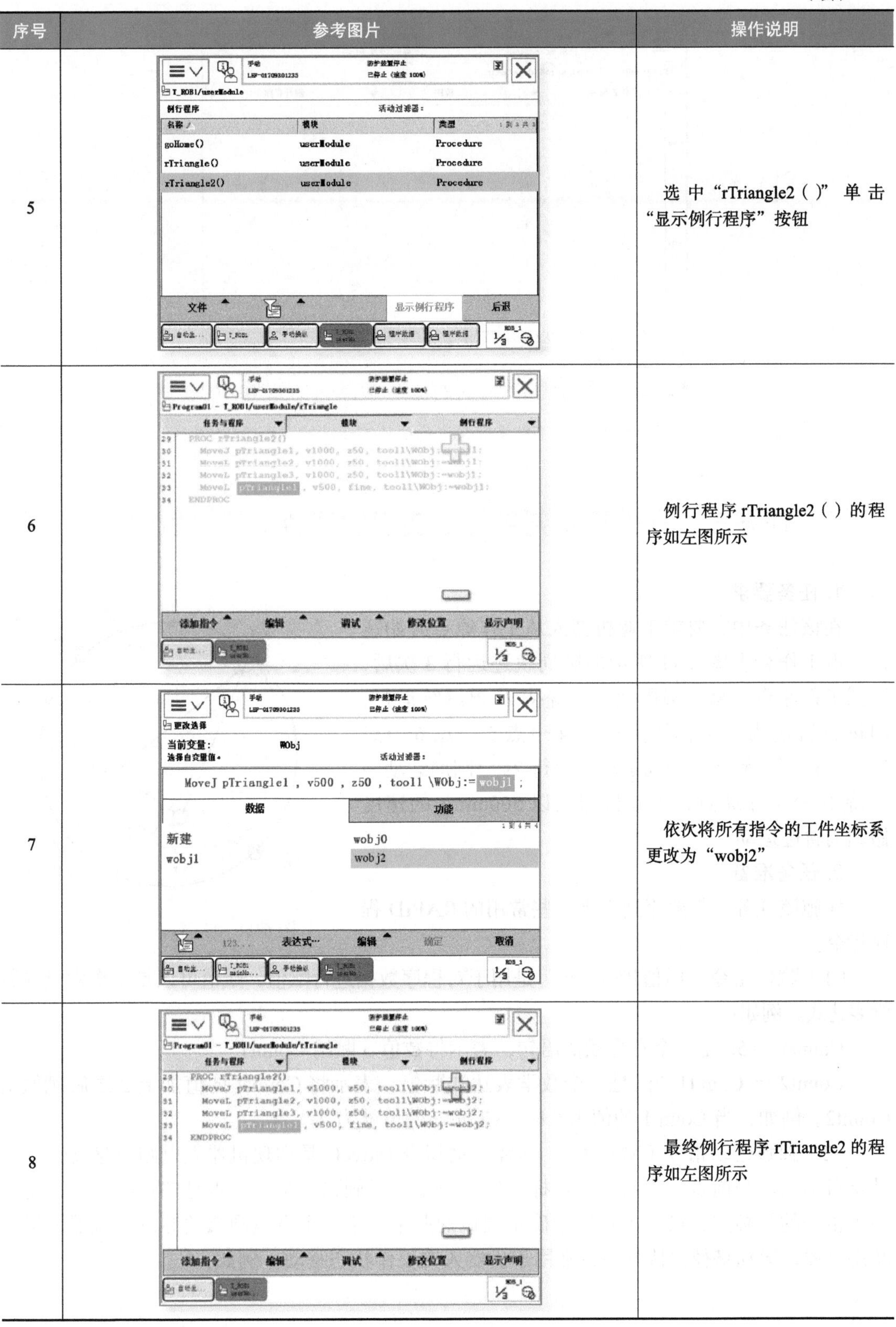

序号	参考图片	操作说明
5		选中“rTriangle2（）”单击“显示例行程序”按钮
6		例行程序 rTriangle2（）的程序如左图所示
7		依次将所有指令的工件坐标系更改为“wobj2”
8		最终例行程序 rTriangle2 的程序如左图所示

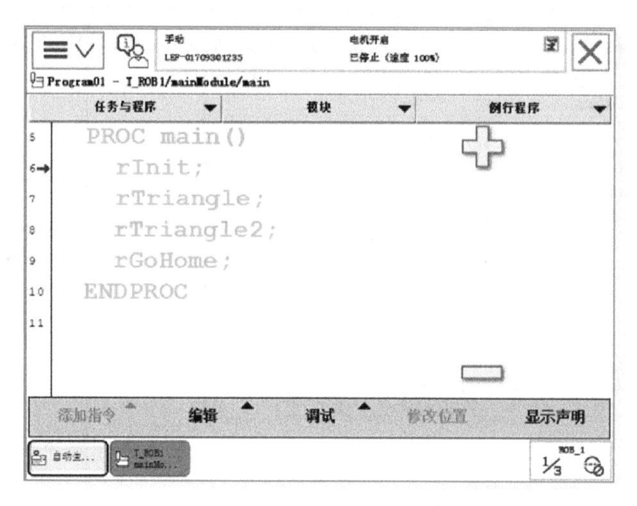

图 6-10　双工件坐标系三角形轨迹运动的主程序

任务三　条件逻辑判断指令实现圆周轨迹运动的应用

1. 任务要求

在该任务中，要求工业机器人从工作原点开始运行，沿工作台上图 6-11 所示的圆周轨迹运行 3 次后，回到工作原点，每次圆周运动后等待 2s 再继续运行，即运行轨迹为：工作原点→点 4→点 5→点 6→点 7→点 4→等待 2s→圆周运动→等待 2s→圆周运动→等待 2s→工作原点，工业机器人以 500mm/s 的速度做圆周轨迹运动。

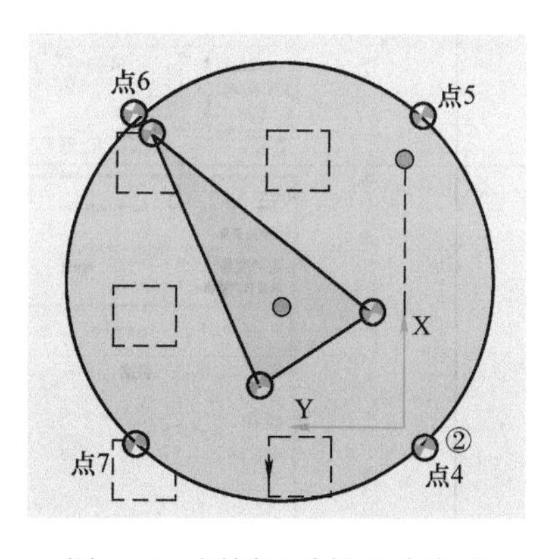

图 6-11　圆周运动轨迹路线图

2. 任务准备

实施该任务，需要用到以下一些常用的 RAPID 程序指令。

（1）赋值指令　赋值指令“:=”是用于对程序数据进行赋值，赋值可以是一个常量或数学表达式。例如：

Count1 := 5; 是一个常量赋值语句，表示将数值 5 赋给 Count1。

Count2 := Count1+2; 是一个数学表达式赋值，表示将 Count1 的值加上 2 之后赋值给 Count2。例如，当 Count1 的值为 5 时，Count2 的值就为 7。

（2）圆弧运动指令（MoveC）　圆弧运动指令 MoveC 是实现机器人以圆弧移动方式运动至目标点。当前点、中间点与目标点三点决定一段圆弧，第一个点是圆弧的起点，是上一个指令的目标点，第二个点用于确定圆弧的曲率，第三个点是圆弧的终点。机器人运动状态可控，运动路径保持唯一，常用于机器人在工作状态移动。例如：

```
MoveC p2, p3, v500, z50, tool1\wobj:=wobj1;
```

该段语句实现的功能是：工具 tool1 在工件坐标系 wobj1 下，从起始点开始，经过 p2 点以圆弧轨迹运动到 p3 点（图 6-12），运动速度为 500mm/s，转弯区的大小为 50mm。

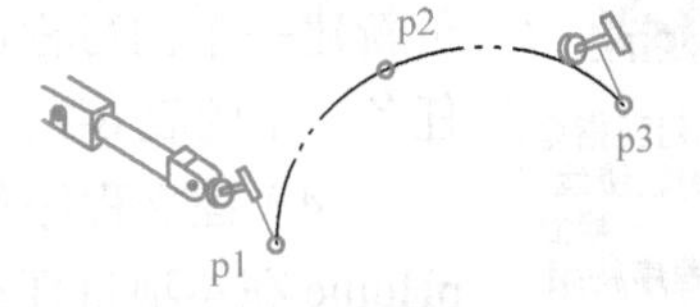

图 6-12 MoveC 指令实现圆弧运动

需要注意的是，圆弧指令最大只能画一段 240° 的圆弧，所以无法只通过一个 MoveC 指令完成一个圆。通过两个 MoveC 指令完成一个圆的程序如下。

```
PROC rCircle ( )
MoveJ p1, v1000, fine, tool1\wobj:=wobj1;
MoveC p2, p3, v500, z50, tool1\wobj:=wobj1;
MoveC p4, p1, v500, fine, tool1\wobj:=wobj1;
MoveJ pHome, v1000, fine, tool1\wobj:=wobj1;
ENDPROC
```

（3）逻辑判断指令 FOR　逻辑判断指令 FOR 是重复执行判断指令，用于一个或多个指令需要重复执行数次的情况。例如：

```
PROC rCircle2 ( )
  FOR count FROM 1 TO 3 DO
    rCircle;
  ENDFOR
ENDPROC
```

该段程序表示将例行程序 rCircle 重复执行 3 次。

（4）等待指令 WaitTime　WaitTime 时间等待指令，用于程序在等待一个指定的时间以后，再继续向下执行，也称为延时指令。例如：

```
PROC rCircle2 ( )
  FOR countset FROM 1 TO 3 DO
    rCircle;
    WaitTime 5;
  ENDFOR
ENDPROC
```

该段程序表示将例行程序 rCircle 重复执行 3 次，并且在每次执行完例行程序 rCircle 后，都要延时等待 5s。

3. 任务实施

（1）建立工具数据　本任务中的工具数据设定方法可见项目五任务二中设定 TCP 点的具体操作，因此，只需要在手动操纵界面，单击“工具坐标”，选择工具坐标 tool1 作为当前工具坐标系即可。

（2）建立工件数据　本任务中的工件数据设定方法可见项目五任务三中定义工件坐标系的操作步骤，因此，只需要在手动操纵界面，单击“工件坐标”，选择工件坐标 wobj1 作为当前工件坐标系即可。

条件逻辑判断指令实现圆周轨迹运动的应用——建立RAPID程序构架

条件逻辑判断指令实现圆周轨迹运动的应用——建立程序参数

（3）建立 RAPID 程序构架　本任务需要构建的程序框架要求见表 6-21，因此可以在本项目任务二构建的程序框架的基础上，在“userModule”模块中再新建一个例行程序 rCircle 即可。创建例行程序 rCircle 的步骤可参考本项目任务二中的表 6-7。

（4）建立程序参数　本任务需要用到 5 个 robtarget 类型的程序数据，其中 pHome 在本项目任务二中已经创建过了。另外，为了增加 rCircle（）例行程序的通用性，方便在后序任务中调用 rCircle（）实现圆周运动速度的调节，增加了一个速度数据 speedUser，以方便运动速度的设置。因此，本任务需要新建的程序数据参数信息见表 6-22。建立各程序数据的方法可参考本书项目五任务一中的第 3 节“程序数据的建立”。最终创建的程序数据如图 6-13 所示。

在建立程序参数后，可以修改设定参数点的位置，其操作步骤见表 6-23。

表 6-21　构建程序框架的要求

任务	模块	程序	用途
T_ROB1	mainModule	main（）主程序	用于主线构架调用其他应用程序
		rInit（）例行程序	用于速度控制初始化和回到工作原点
	userModule	rGoHome（）例行程序	用于回归工作原点运动
		rCircle（）例行程序	用于三角形轨迹运动

表 6-22　需要建立的程序参数

名称	speedUser	pCircle 1	pCircle 2	pCircle 3	pCircle 4
数据类型	speeddata	robtarget	robtarget	robtarget	robtarget
范围	全局	全局	全局	全局	全局
存储类型	变量	常量	常量	常量	常量
任务	T_ROB1	T_ROB1	T_ROB1	T_ROB1	T_ROB1
模块	userModule	userModule	userModule	userModule	userModule
说明	运行速度	点 4 位置	点 5 位置	点 6 位置	点 7 位置

a)

b)

图 6-13　创建的程序数据

a）robtarget 数据　b）speeddata 数据

表 6-23　设定参数点的位置

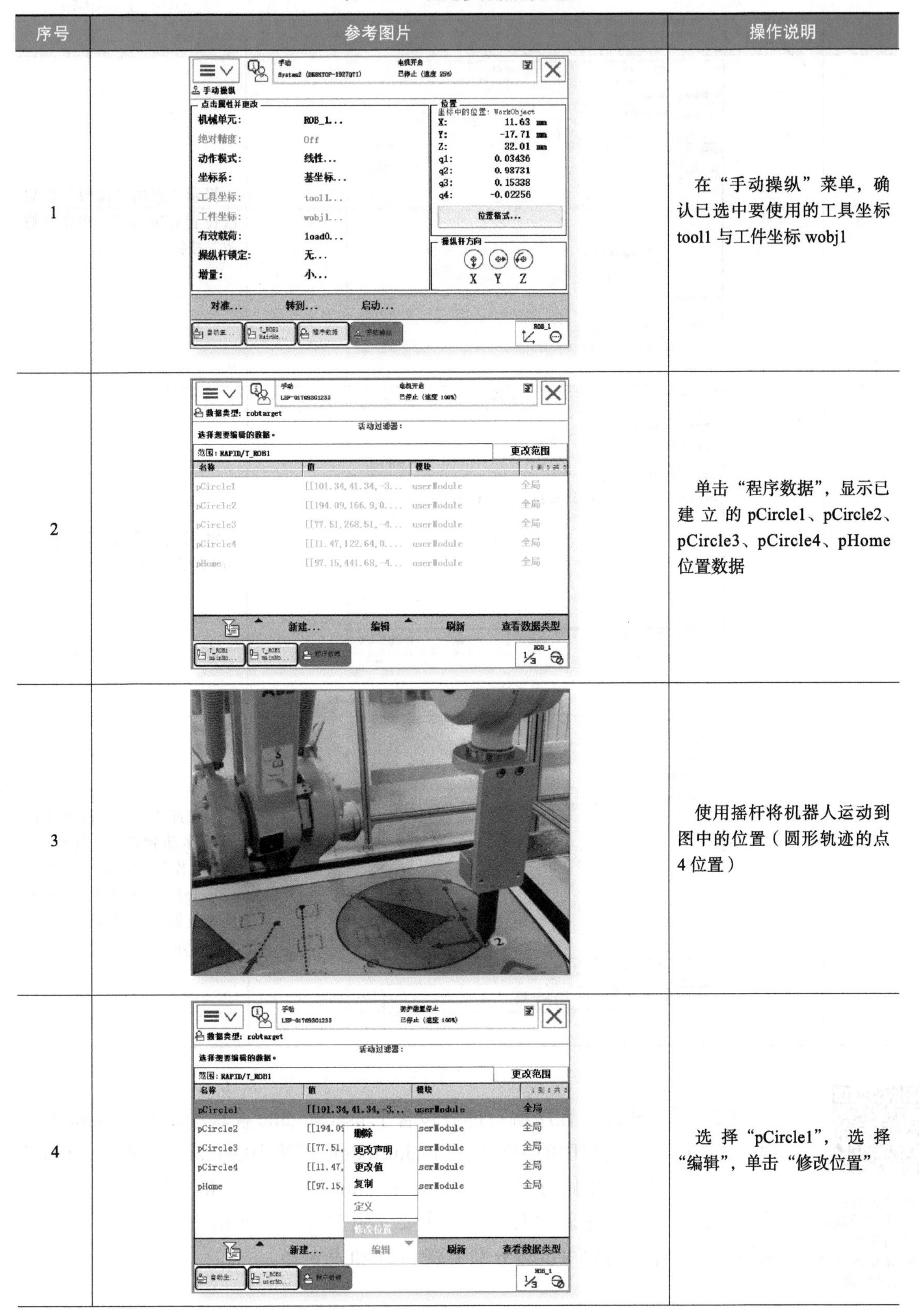

序号	参考图片	操作说明
1		在“手动操纵”菜单，确认已选中要使用的工具坐标 tool1 与工件坐标 wobj1
2		单击“程序数据”，显示已建立的 pCircle1、pCircle2、pCircle3、pCircle4、pHome 位置数据
3		使用摇杆将机器人运动到图中的位置（圆形轨迹的点 4 位置）
4		选择“pCircle1”，选择“编辑”，单击“修改位置”

（续）

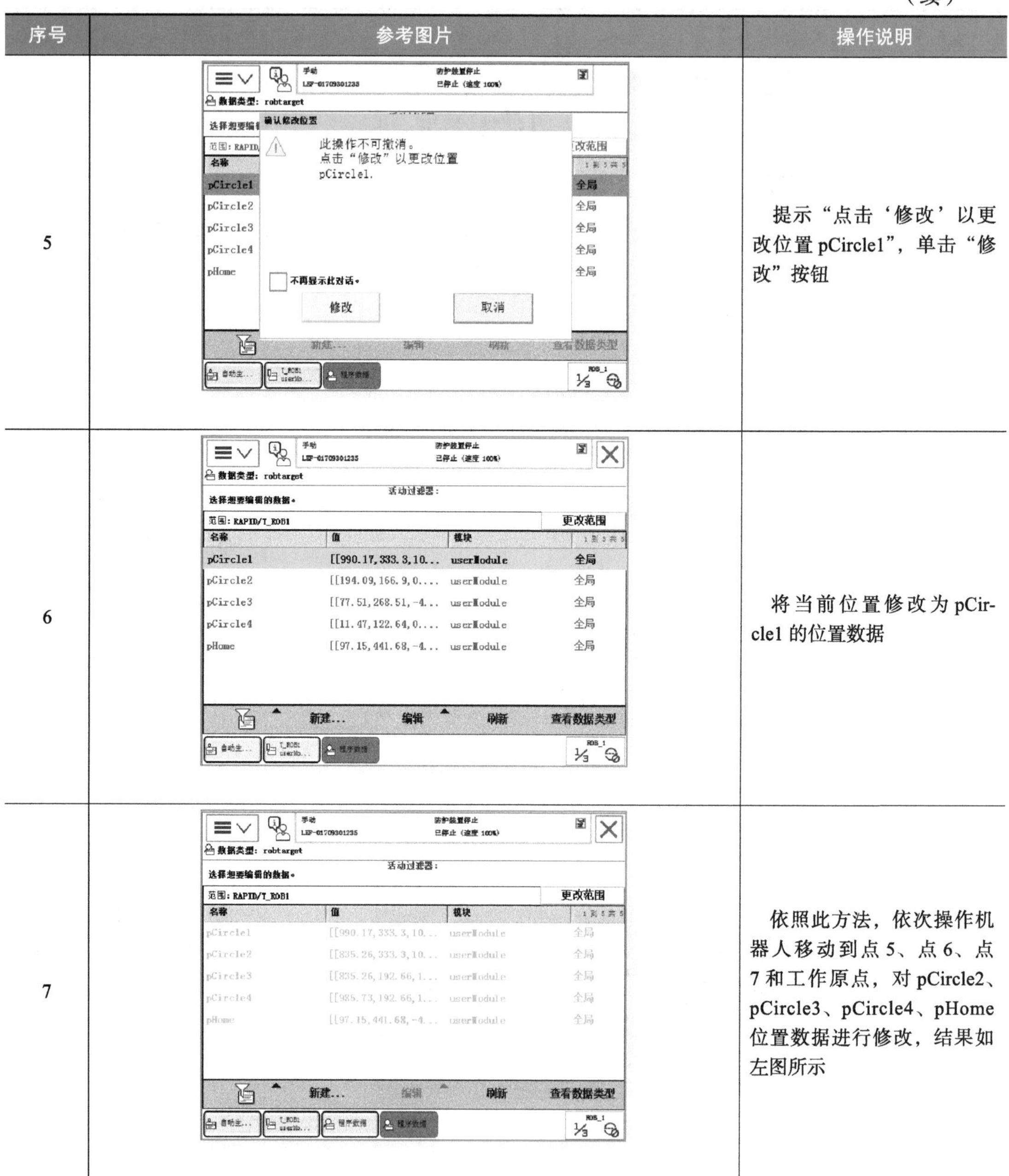

序号	参考图片	操作说明
5		提示“点击‘修改’以更改位置 pCircle1”，单击“修改”按钮
6		将当前位置修改为 pCircle1 的位置数据
7		依照此方法，依次操作机器人移动到点 5、点 6、点 7 和工作原点，对 pCircle2、pCircle3、pCircle4、pHome 位置数据进行修改，结果如左图所示

条件逻辑判断指令实现圆周轨迹运动的应用——rmovehome 例行程序编写

（5）编写程序　程序编写部分包含了 userModule 模块中的 rGoHome 例行程序、rCircle 例行程序的编写以及 mainModule 模块中的 main 主程序、rInit 例行程序的编写，其中例行程序 rGoHome、rInit 和任务二中的一样，所以可以直接调用，不需要再重新编写。下面主要介绍例行程序 rCircle 和主程序 main 的编写。两个程序的编写步骤分别见表 6-24 和表 6-25。

表 6-24　编写例行程序 rCircle

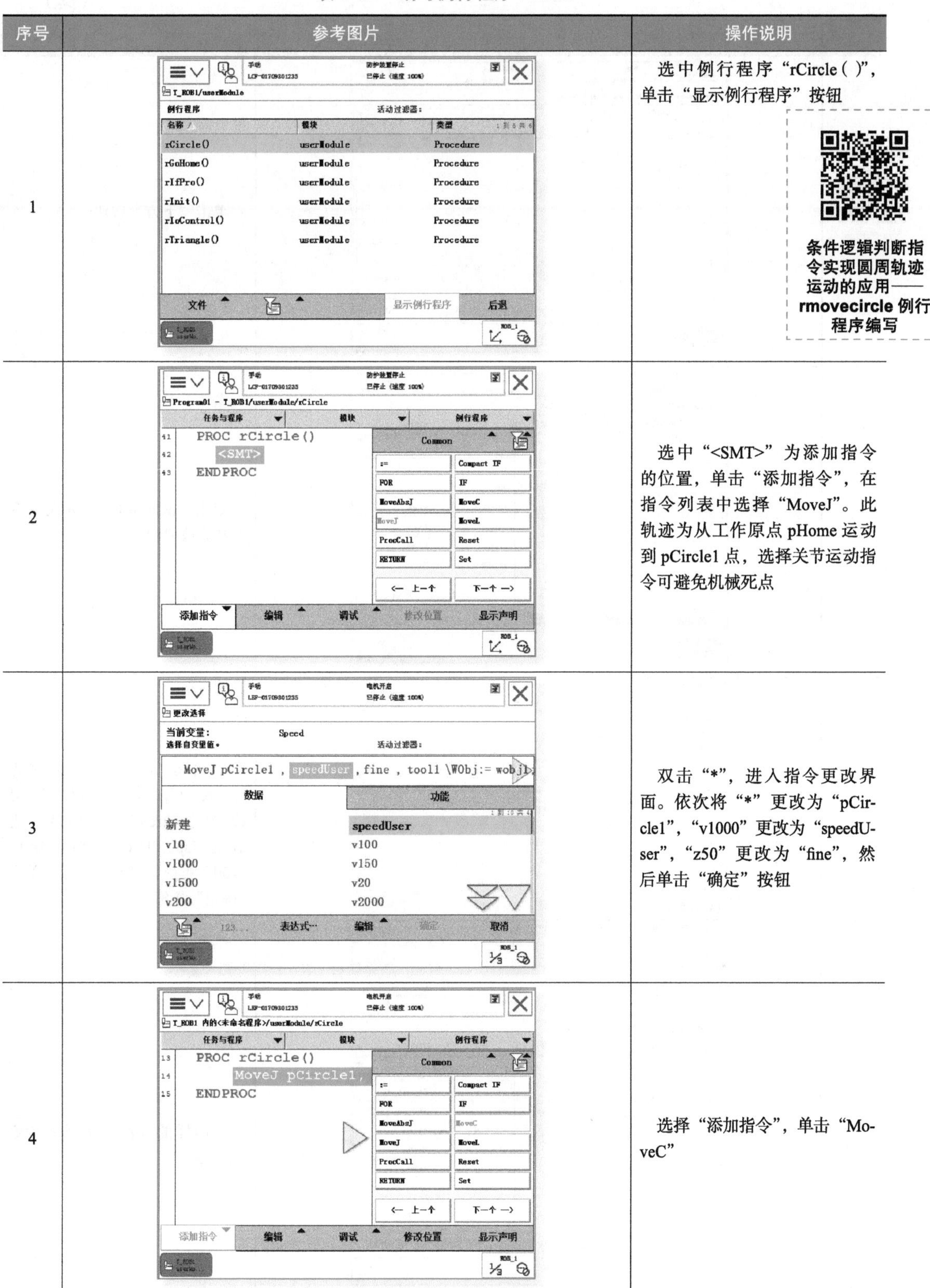

序号	参考图片	操作说明
1		选中例行程序“rCircle( )”，单击“显示例行程序”按钮 条件逻辑判断指令实现圆周轨迹运动的应用——rmovecircle 例行程序编写
2		选中“<SMT>”为添加指令的位置，单击“添加指令”，在指令列表中选择“MoveJ”。此轨迹为从工作原点 pHome 运动到 pCircle1 点，选择关节运动指令可避免机械死点
3		双击“*”，进入指令更改界面。依次将“*”更改为“pCircle1”，“v1000”更改为“speedUser”，“z50”更改为“fine”，然后单击“确定”按钮
4		选择“添加指令”，单击“MoveC”

（续）

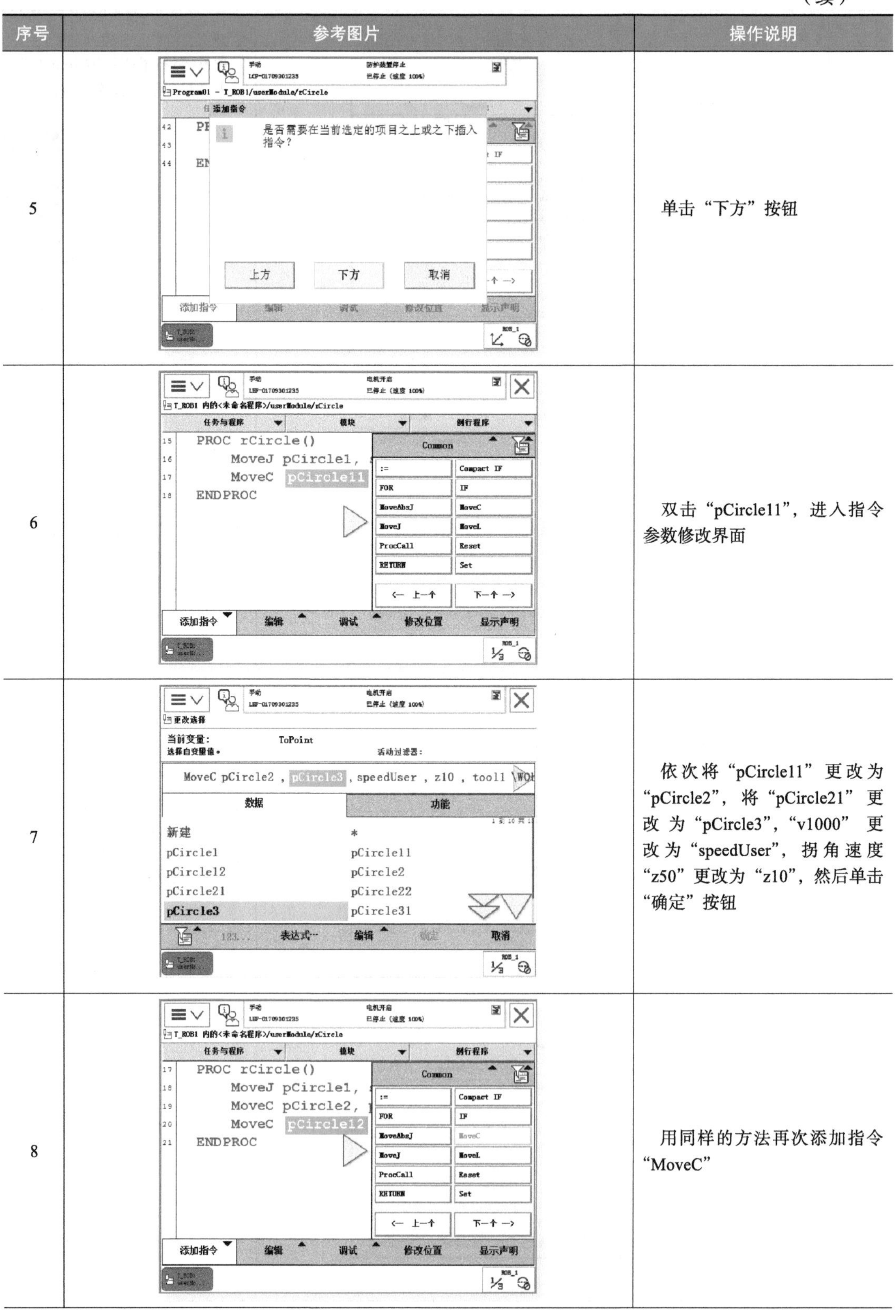

序号	参考图片	操作说明
5		单击“下方”按钮
6		双击“pCircle11”，进入指令参数修改界面
7		依次将“pCircle11”更改为“pCircle2”，将“pCircle21”更改为“pCircle3”，“v1000”更改为“speedUser”，拐角速度“z50”更改为“z10”，然后单击“确定”按钮
8		用同样的方法再次添加指令“MoveC”

（续）

序号	参考图片	操作说明
9	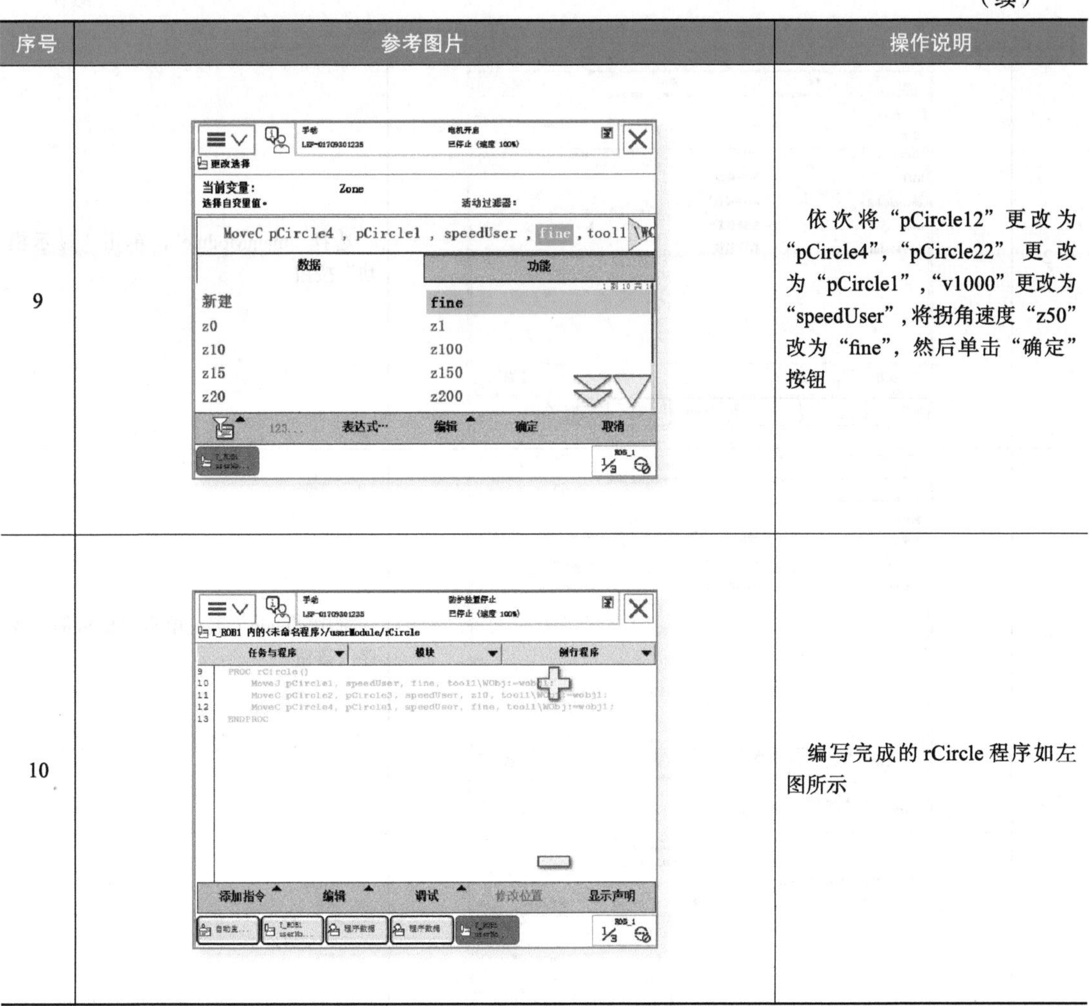	依次将“pCircle12”更改为“pCircle4”，“pCircle22”更改为“pCircle1”，“v1000”更改为“speedUser”，将拐角速度“z50”改为“fine”，然后单击“确定”按钮
10		编写完成的rCircle程序如左图所示

表 6-25　编写主程序 main（ ）

序号	参考图片	操作说明
1	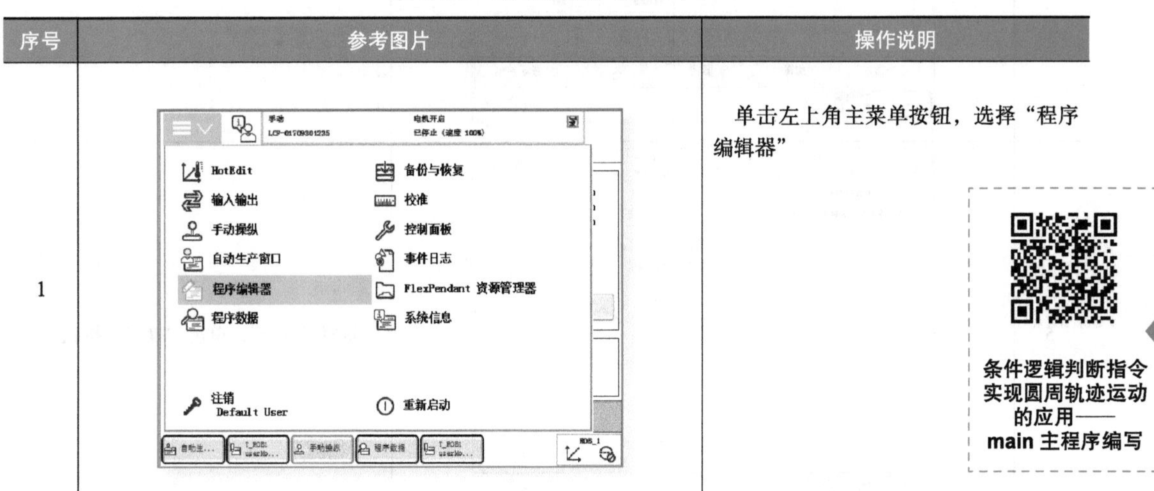	单击左上角主菜单按钮，选择“程序编辑器”

条件逻辑判断指令实现圆周轨迹运动的应用——main主程序编写

（续）

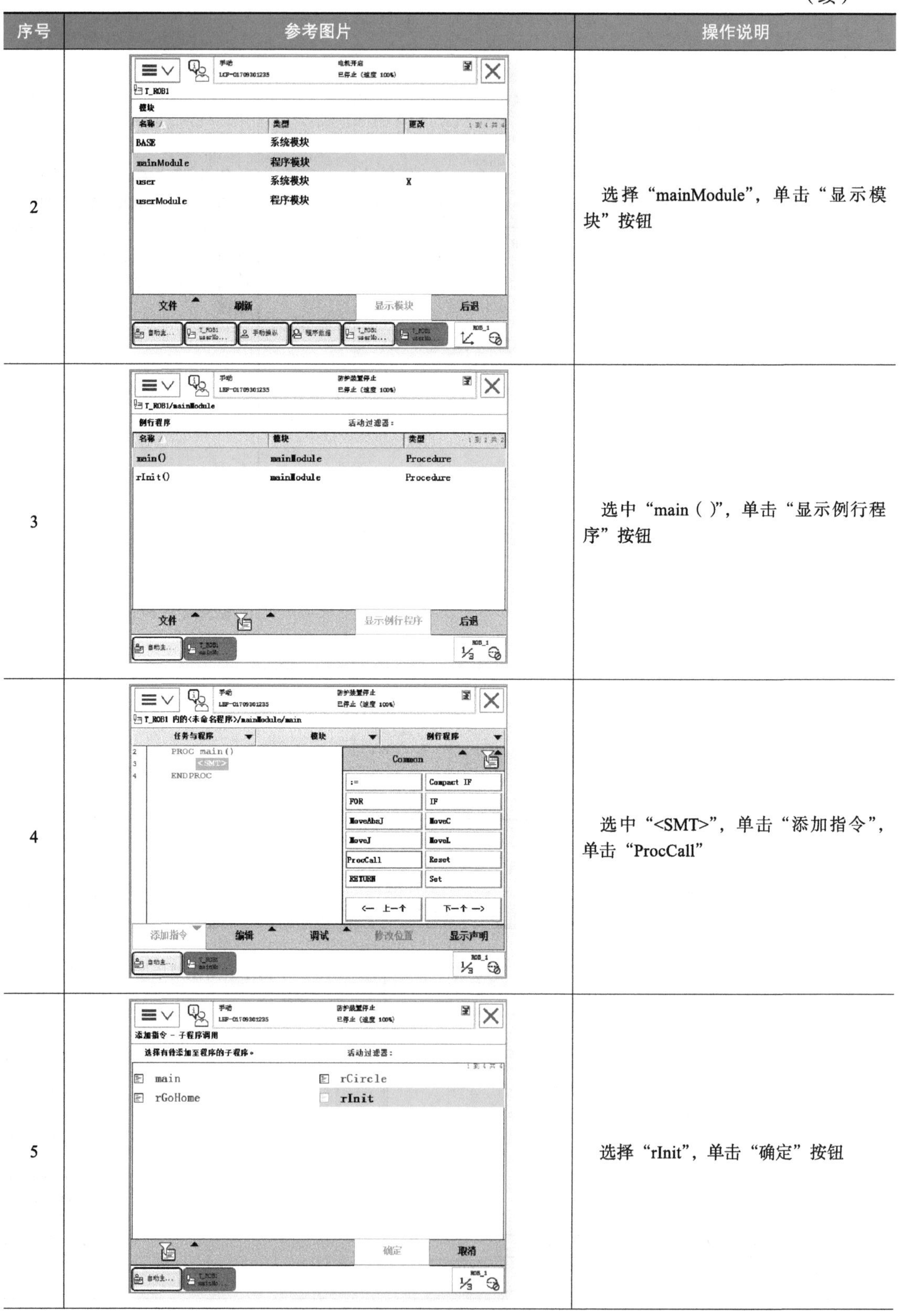

序号	参考图片	操作说明
2		选择“mainModule”，单击“显示模块”按钮
3		选中“main ( )”，单击“显示例行程序”按钮
4		选中“<SMT>”，单击“添加指令”，单击“ProcCall”
5		选择“rInit”，单击“确定”按钮

（续）

序号	参考图片	操作说明
6		选择“添加指令”，单击“:=”
7		单击“更改数据类型…”按钮
8		在列表中找到“speeddata”并选中，然后单击“确定”按钮
9		单击“speedUser”

（续）

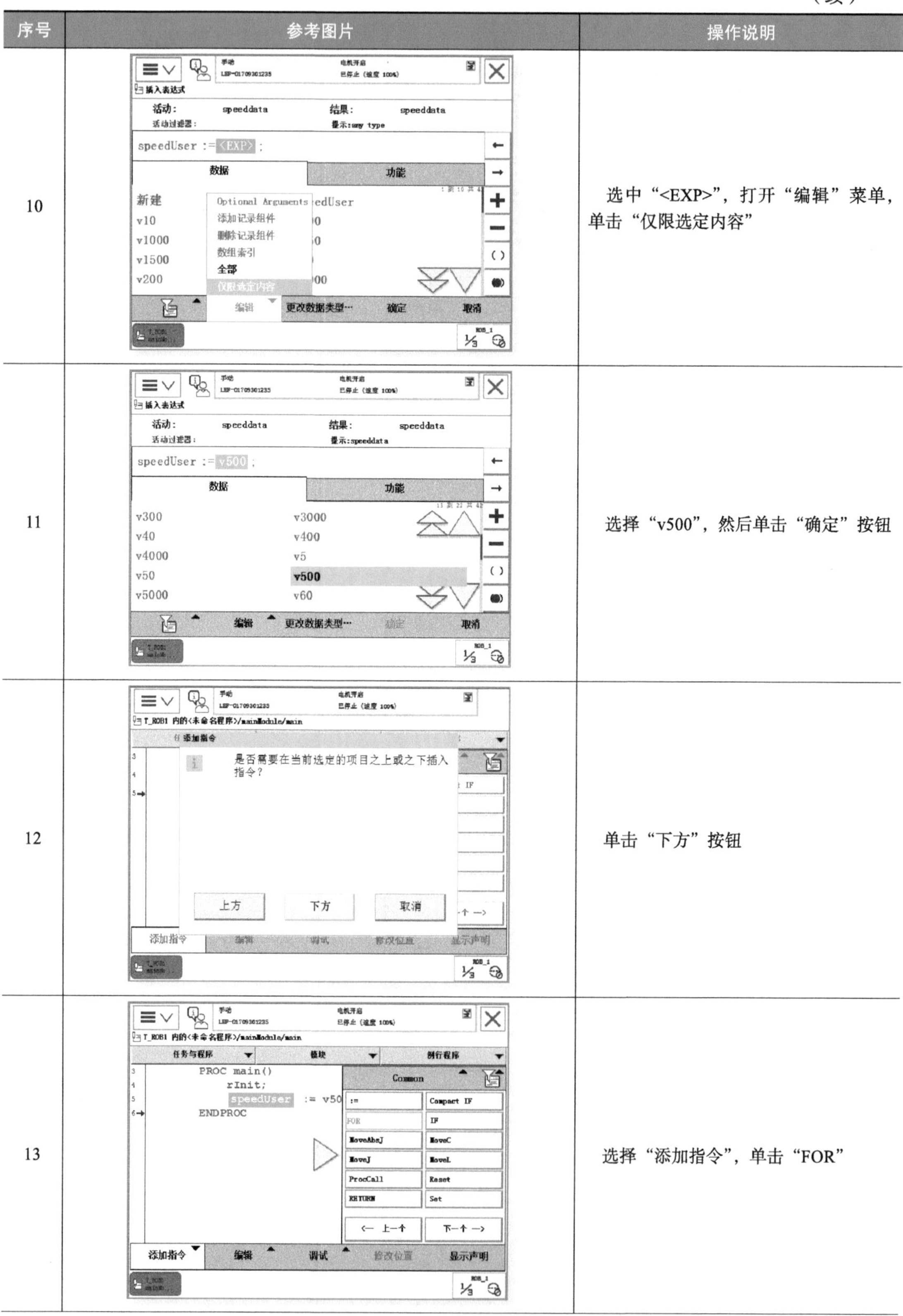

序号	参考图片	操作说明
10		选中“<EXP>”，打开“编辑”菜单，单击“仅限选定内容”
11		选择“v500”，然后单击“确定”按钮
12		单击“下方”按钮
13		选择“添加指令”，单击“FOR”

（续）

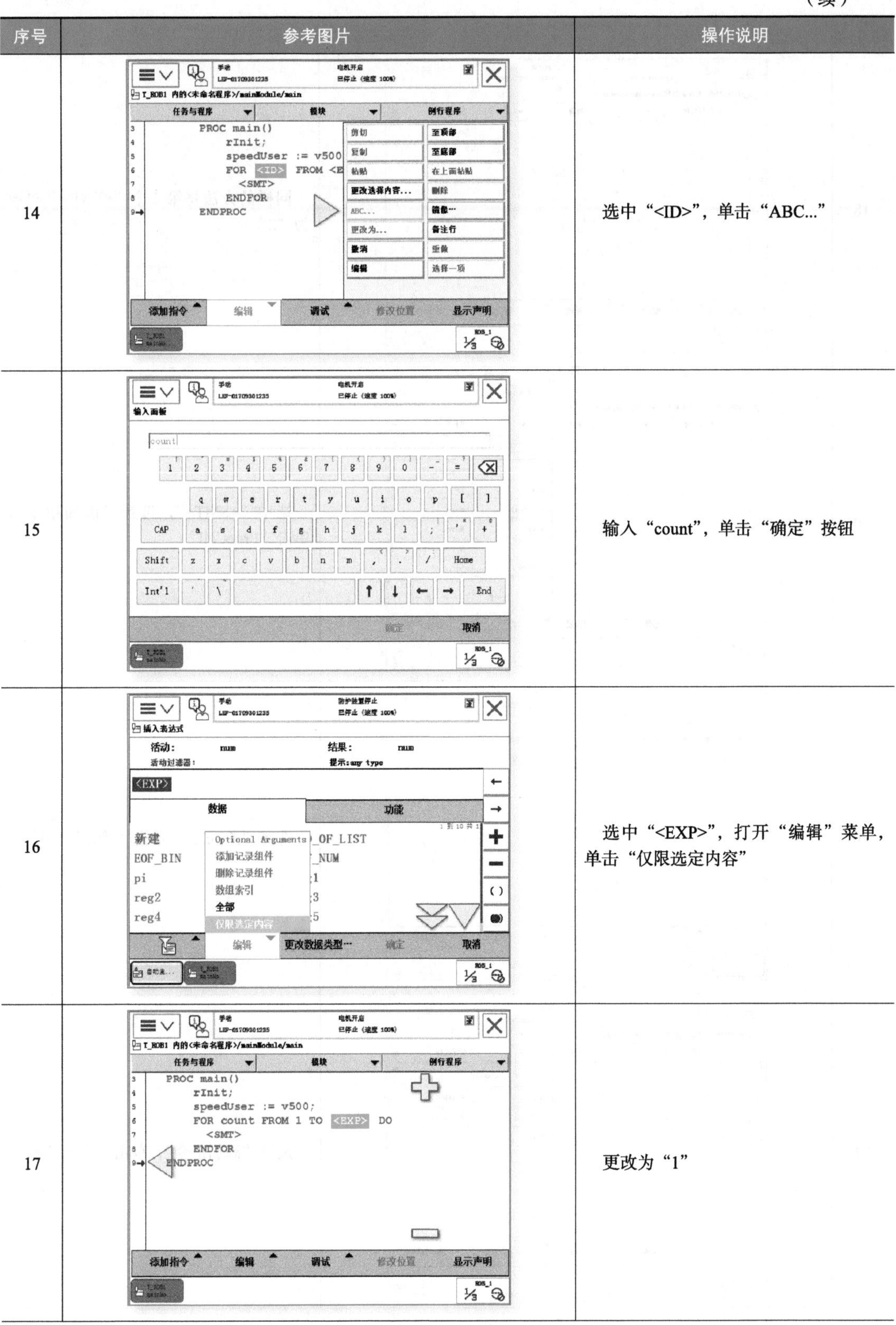

序号	参考图片	操作说明
14		选中“<ID>”，单击“ABC...”
15		输入“count”，单击“确定”按钮
16		选中“<EXP>”，打开“编辑”菜单，单击“仅限选定内容”
17		更改为“1”

（续）

序号	参考图片	操作说明
18		同样的方法将第 2 个“<EXP>”更改为“2”
19		选中“<SMT>”，选择“添加指令”，单击“ProcCall”
20		选择“rCircle”，单击“确定”按钮
21		选择“添加指令”，单击“WaitTime”

（续）

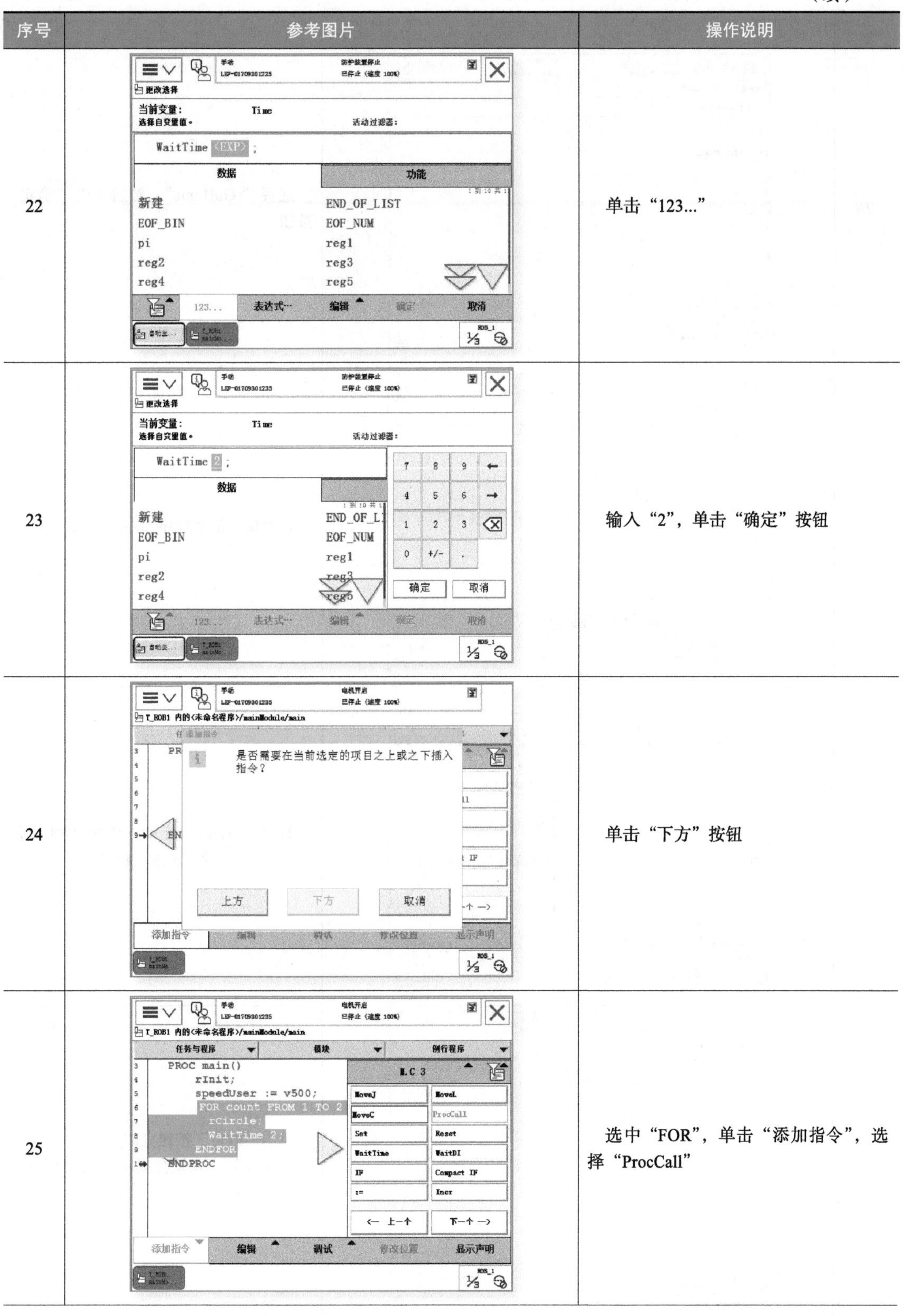

序号	参考图片	操作说明
22		单击“123...”
23		输入“2”，单击“确定”按钮
24		单击“下方”按钮
25		选中“FOR”，单击“添加指令”，选择“ProcCall”

（续）

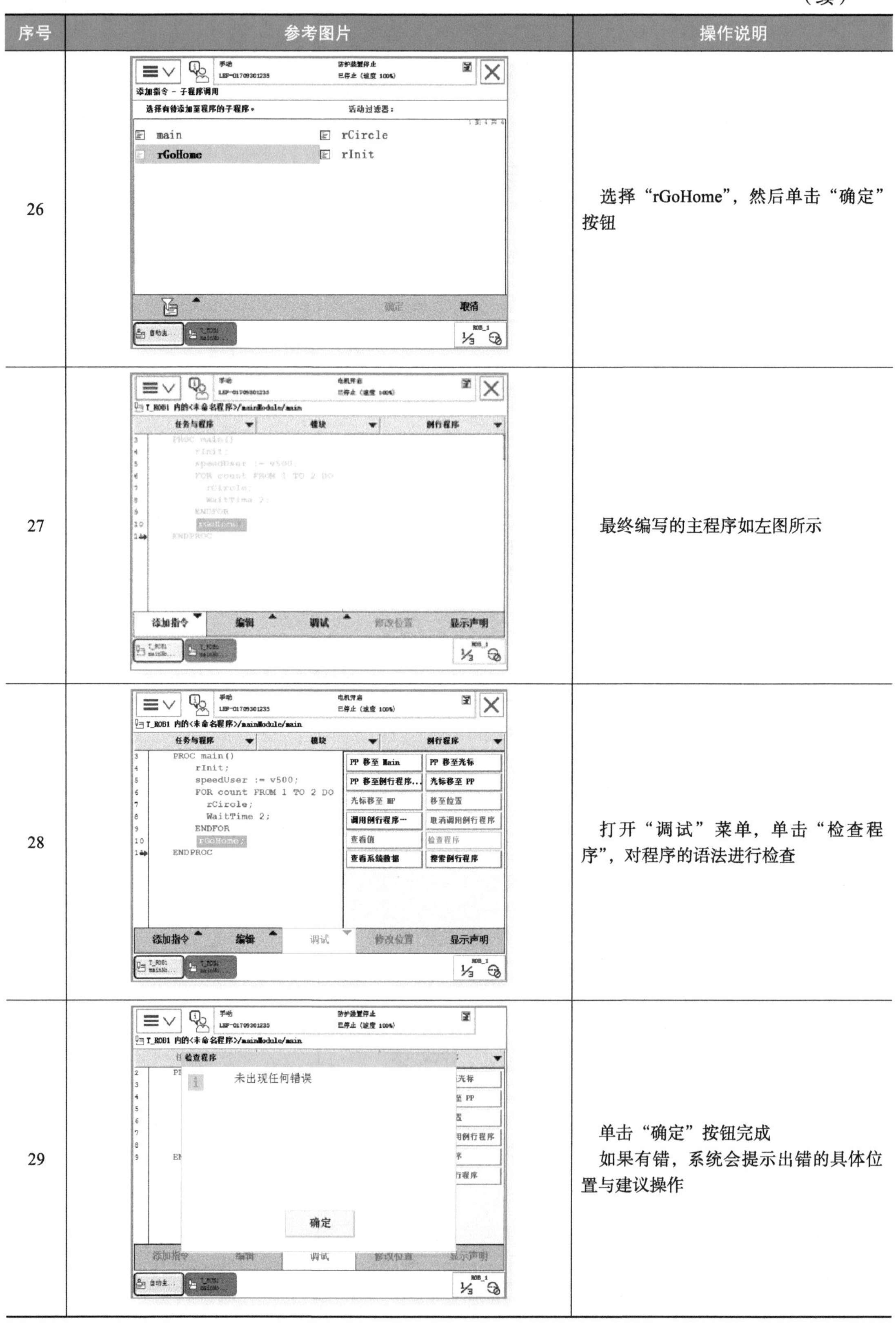

序号	参考图片	操作说明
26		选择“rGoHome”，然后单击“确定”按钮
27		最终编写的主程序如左图所示
28		打开“调试”菜单，单击“检查程序”，对程序的语法进行检查
29		单击“确定”按钮完成 如果有错，系统会提示出错的具体位置与建议操作

（6）手动调试程序　在手动模式下运行整个程序，测试程序运行过程是否达到任务要求，及时修改程序以防止自动运行时出现碰撞等问题，可参照本项目任务二中的操作步骤。

条件逻辑判断指令实现圆周轨迹运动的应用——手动及自动运行

（7）自动试运行　在自动试运行时，将运行速度调至25%，防止碰撞和意外伤害，确认自动运行无误后调至正常自动运行速度，可参照本项目任务二中的操作步骤。

（8）保存程序　自动运行完成后，将任务保存到用于工程任务存储的U盘上，可参照本项目任务二中的操作步骤。

4. 任务拓展

实现循环操作的条件判断指令除了FOR以外，还有WHILE指令。WHILE指令可以实现与FOR相同的功能，只是使用方法略有不同。

WHILE条件判断指令，用于在给定的条件满足的情况下，一直重复执行对应的指令。例如：

```
MODULE mainModule
   VAR num num1:=4;
VAR num num2:=0;
PROC main（ ）
  WHILE num1>num2 DO
    num1:= num1-1;
Routine1;
  ENDWHILE
ENDPROC
```

该例行程序表示当num1>num2的条件满足的情况下，就一直执行num1:=num1-1的操作，并调用Routine1例行程序，即Routine1例行程序将重复执行4次。

本任务实现的3次圆周运动也可以用WHILE指令来实现，主程序如图6-14所示，其中num2和countset均为数值型变量，num2的初始值为0，countset初始值为3，其参数设置见表6-26，可以在编写程序前通过创建程序数据进行设定。

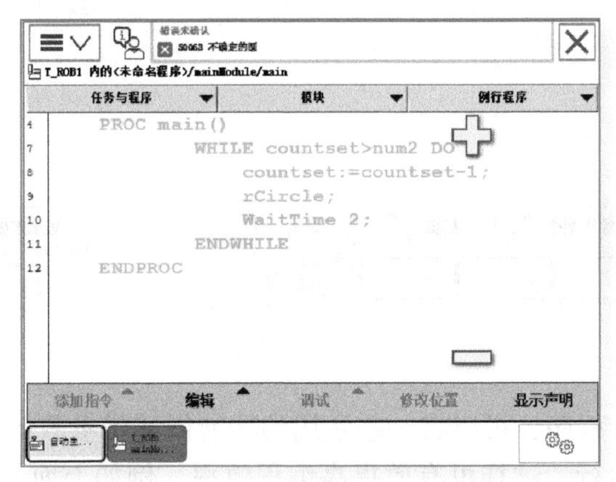

图6-14　WHILE指令实现3次圆周运动

表 6-26　num2 和 countset 参数设置

名称	数据类型	范围	存储类型	任务	模块	初始值
num2	num	全局	变量	T_ROB1	mainModule	0
countset	num	全局	变量	T_ROB1	mainModule	3

任务四　带参数子程序实现圆周轨迹运动的应用

1. 任务要求

在该任务中，要求工业机器人从工作原点开始，沿着图 6-11 所示的圆周轨迹运行，并通过带参数的例行程序，实现圆周运动次数的设置，最终实现工业机器人沿着圆周轨迹重复运行 3 次，且每次圆周运动后等待 2s 再继续运行，即运行轨迹为：工作原点→点 4→点 5→点 6→点 7→点 4→等待 2s→圆周运动→等待 2s→圆周运动→等待 2s→工作原点，运行速度为 500mm/s。

2. 任务准备

实施该任务，需要用到带参数的例行程序。所谓带参数的例行程序，就是在该例行程序后面的括号里有参数，允许该例行程序在运行时将参数代入运行。例如图 6-15 所示为一个带参数的例行程序 adder，它后面的括号里声明了两个 num 类型的数据 add1 和 add2，该程序实现的功能是实现 add1 和 add2 的相加。在别的程序中，可以对该例行程序进行带参数调用，例行程序声明的参数表（括号中的数据）指定了调用该程序时需要提供的参数（实参）。图 6-16 所示是对例行程序 adder 的调用示例，可以看出，通过调用该程序，实现了 3 和 2 的相加。

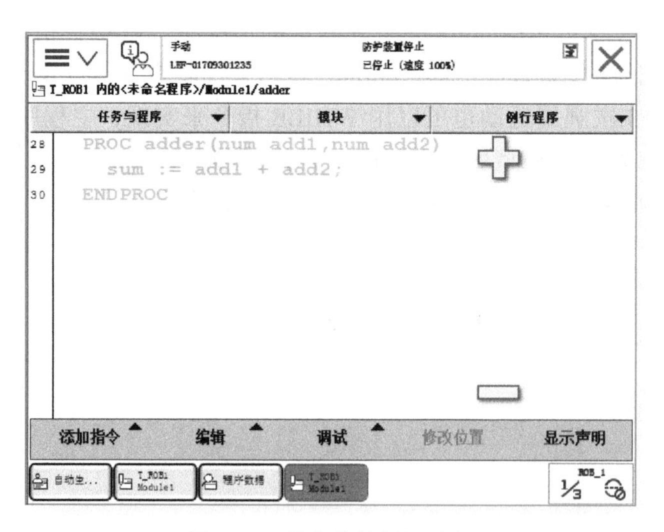

图 6-15　带参数的例行程序

应用带参数的例行程序，可以将一些常用的功能做成带参数的例行程序模块，通过参数传递到例行程序中执行，这样可有效提高编程效率。例如上面的 adder 例行程序实现了任意两个数值的相加，只需要在调用时指定具体的加数，而不需要去更改程序本身。

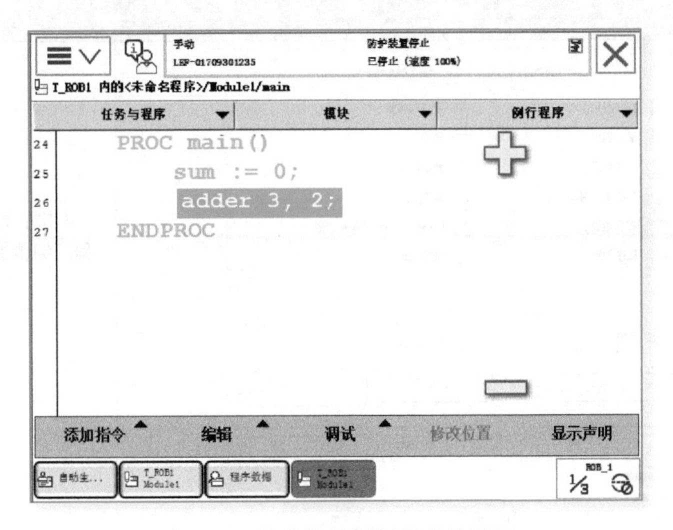

图 6-16　带参数的例行程序的调用

3. 任务实施

（1）建立工具数据　本任务中的工具数据设定方法可见项目五任务二中设定 TCP 点的具体操作，因此，只需要在手动操纵界面，单击“工具坐标”，选择工具坐标 tool1 作为当前工具坐标系即可。

（2）建立工件数据　本任务中的工件数据设定方法可见项目五任务三中定义工件坐标的操作步骤，因此，只需要在手动操纵界面，单击“工件坐标”，选择工件坐标 wobj1 作为当前工件坐标系即可。

（3）建立 RAPID 程序构架　本任务需要构建的程序框架要求见表 6-27。因此可以在本项目任务三构建的程序框架基础上，在“userModule”模块中再新建一个带参数的例行程序 rCircleOpt（num countset）即可，创建该例行程序的步骤见表 6-28。

表 6-27　构建程序框架的要求

任务	模块	程序	用途
T_ROB1	mainModule	main（）主程序	用于主线构架调用其他应用程序
		rInit（）例行程序	用于初始化
	userModule	rGoHome（）例行程序	用于回归工作原点运动
		rCircle（）例行程序	用于圆周轨迹运动
		rCircleOpt（num countset）	带参数子程序，用于圆周运动次数设置

表 6-28　创建带参数例行程序的操作步骤

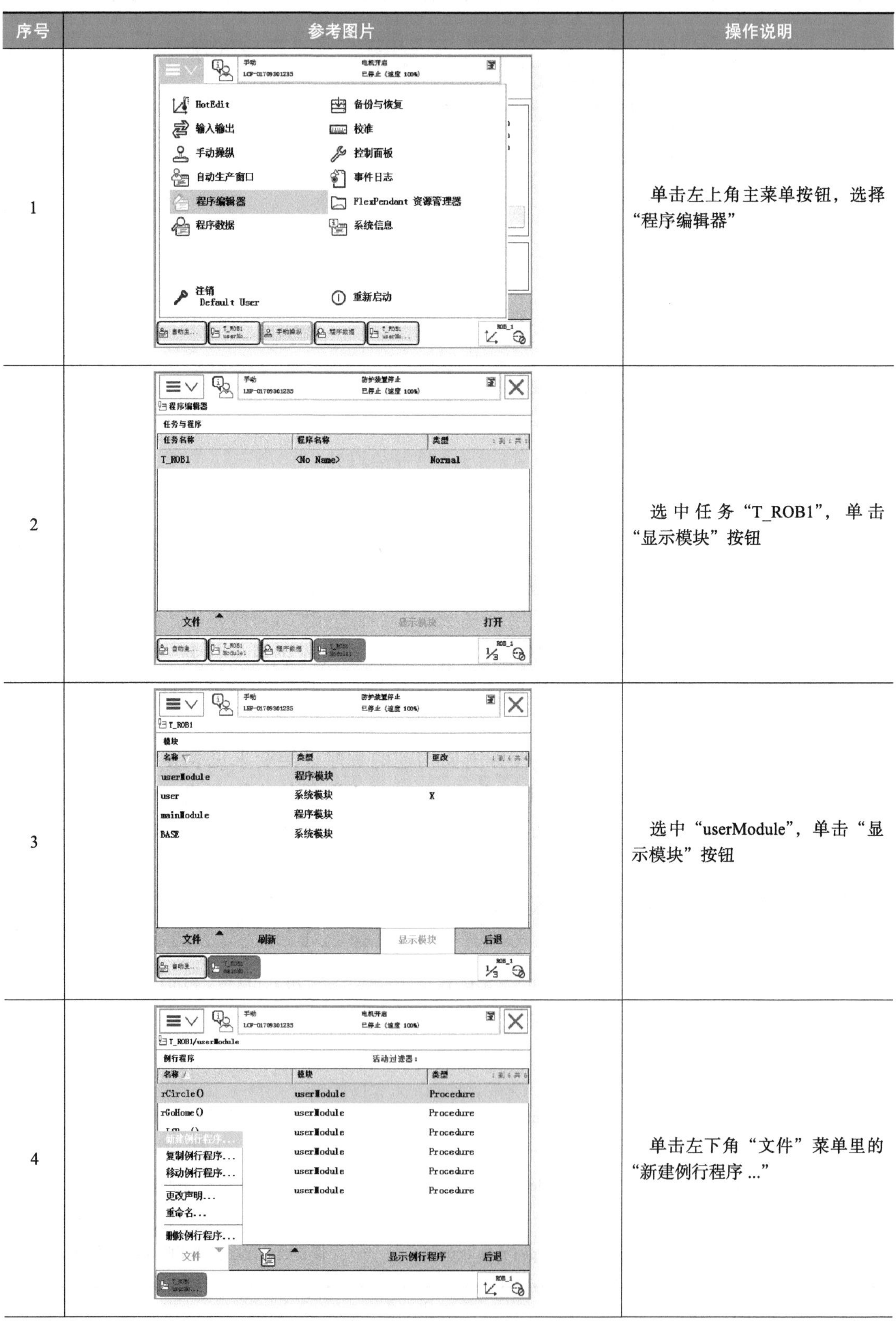

序号	参考图片	操作说明
1		单击左上角主菜单按钮，选择“程序编辑器”
2		选中任务“T_ROB1”，单击“显示模块”按钮
3		选中“userModule”，单击“显示模块”按钮
4		单击左下角“文件”菜单里的“新建例行程序 ...”

（续）

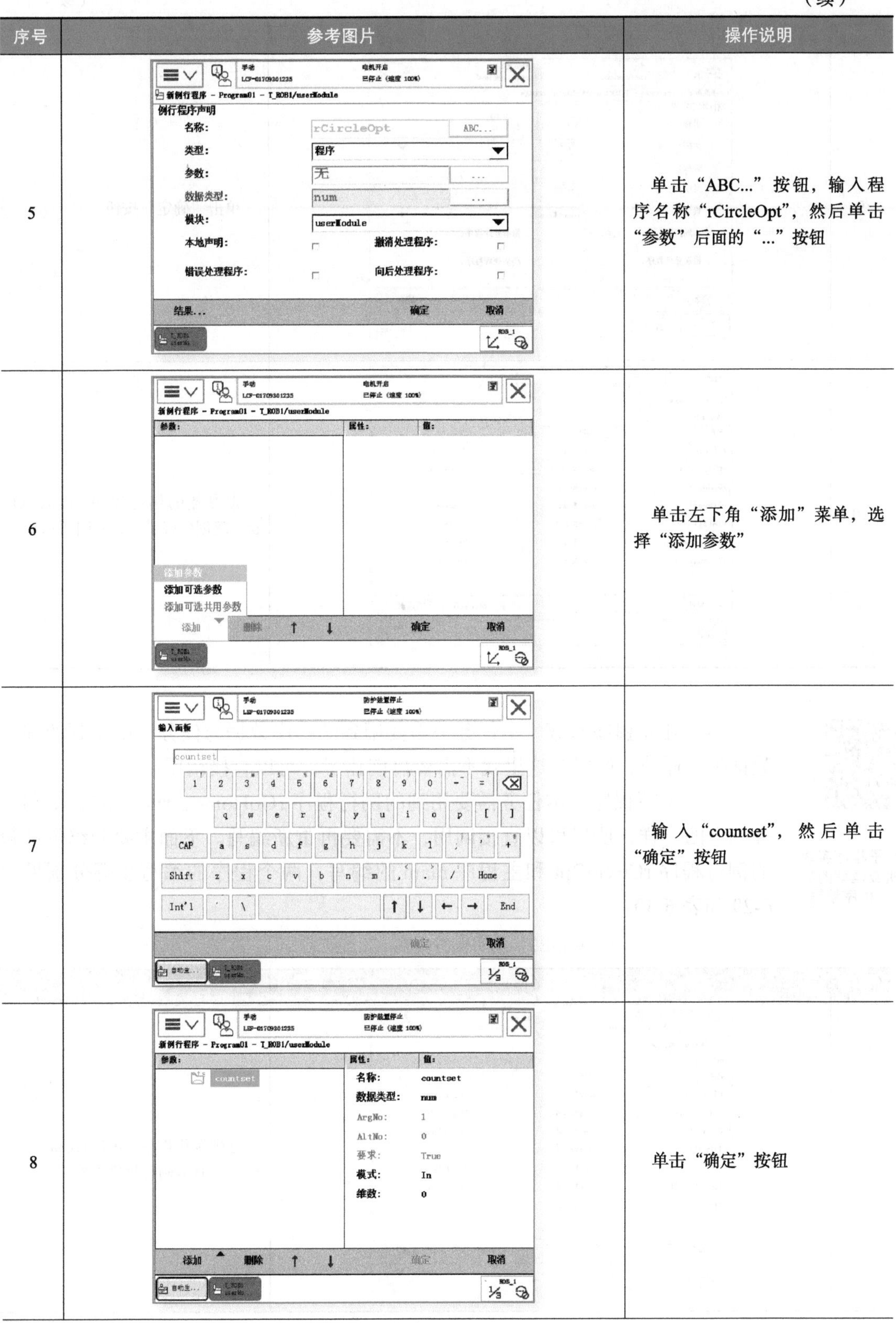

序号	参考图片	操作说明
5		单击“ABC...”按钮，输入程序名称“rCircleOpt”，然后单击“参数”后面的“...”按钮
6		单击左下角“添加”菜单，选择“添加参数”
7		输入“countset”，然后单击“确定”按钮
8		单击“确定”按钮

（续）

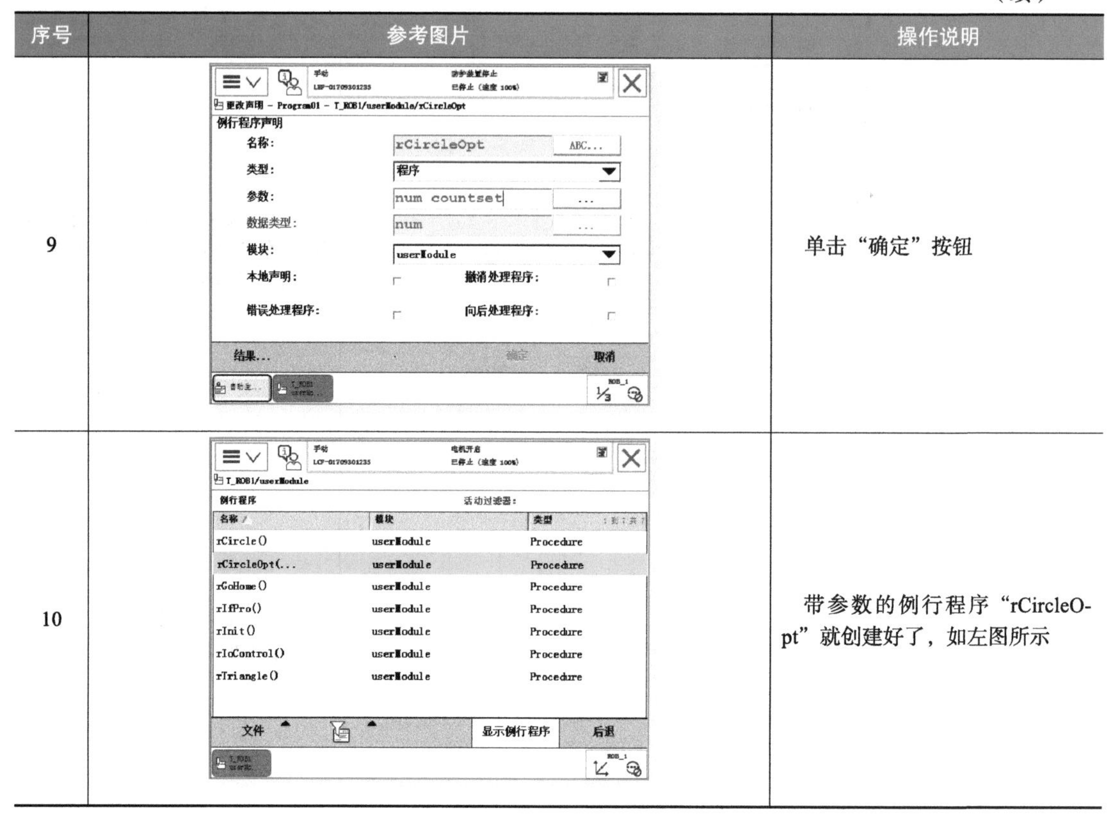

序号	参考图片	操作说明
9		单击“确定”按钮
10		带参数的例行程序“rCircleOpt”就创建好了，如左图所示

带参数子程序实现圆周轨迹运动的应用——程序编写

（4）建立程序参数　本任务中需要用到的程序数据与任务三中用到的程序数据是一样的，所以在这里就不需要再创建了，可以直接调用。

（5）编写程序　本任务需要用到的例行程序 rGoHome、rInit、rCircle 和任务三中的一样，所以可以直接调用，不需要再重新编写。下面主要介绍带参数的例行程序 rCircleOpt 和主程序 main 的编写，两个程序的编写步骤分别见表 6-29 和表 6-30。

表 6-29　编写例行程序 rCircleOpt

序号	参考图片	操作说明
1		选中例行程序“rCircleOpt ( )”，单击“显示例行程序”按钮

（续）

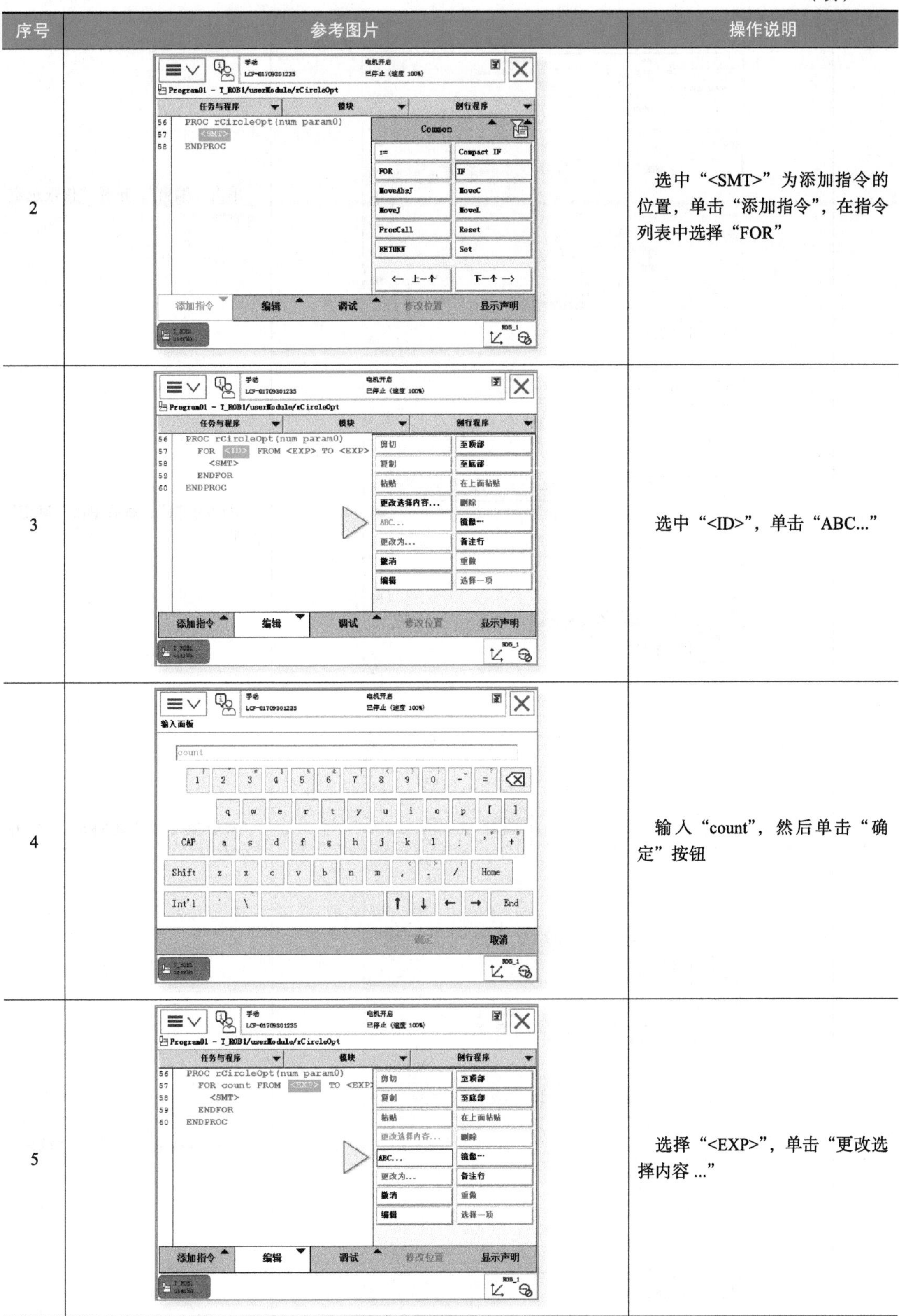

序号	参考图片	操作说明
2		选中“<SMT>”为添加指令的位置，单击“添加指令”，在指令列表中选择“FOR”
3		选中“<ID>”，单击“ABC...”
4		输入“count”，然后单击“确定”按钮
5		选择“<EXP>”，单击“更改选择内容...”

（续）

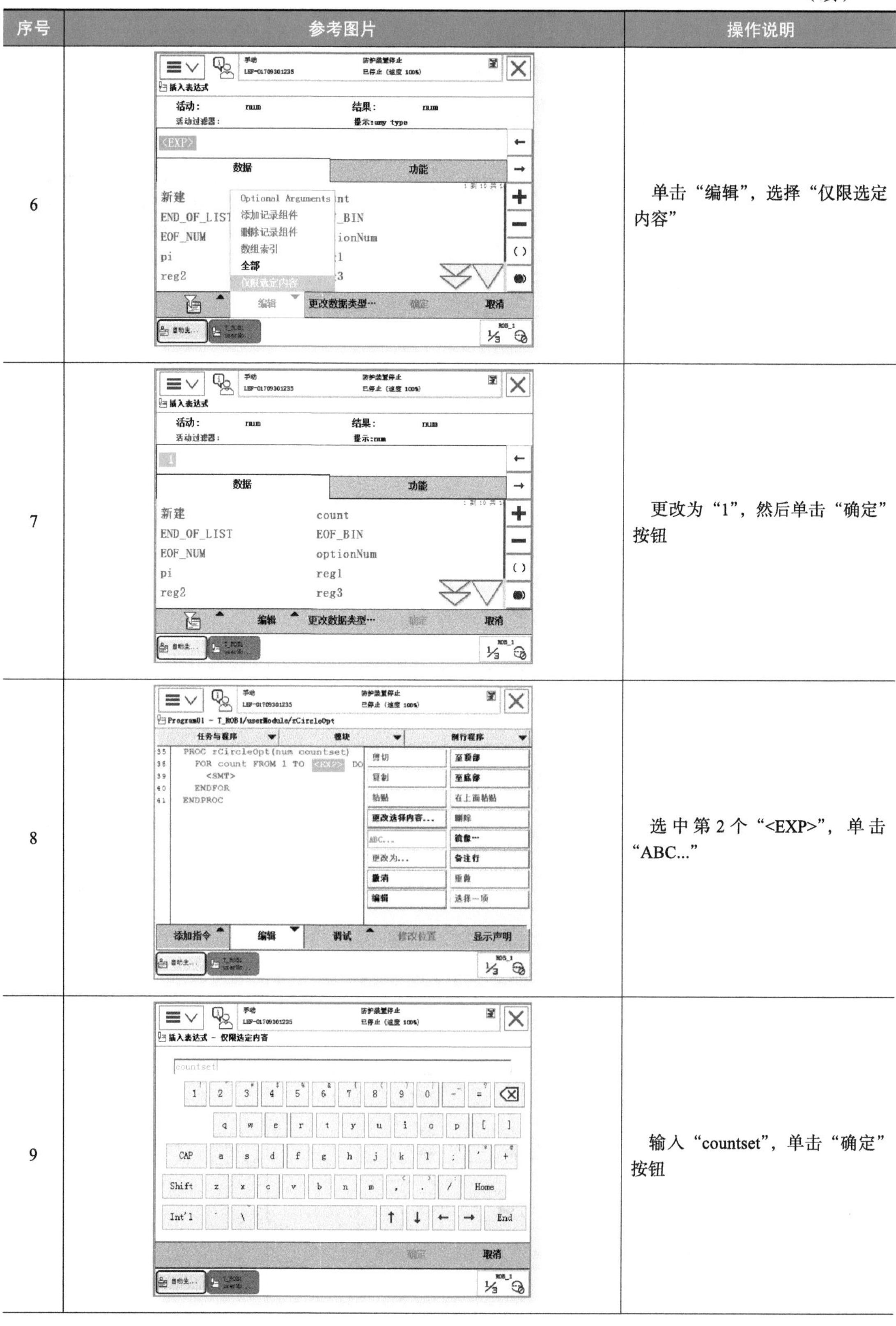

序号	参考图片	操作说明
6		单击“编辑”，选择“仅限选定内容”
7		更改为“1”，然后单击“确定”按钮
8		选中第 2 个“<EXP>”，单击“ABC...”
9		输入“countset”，单击“确定”按钮

（续）

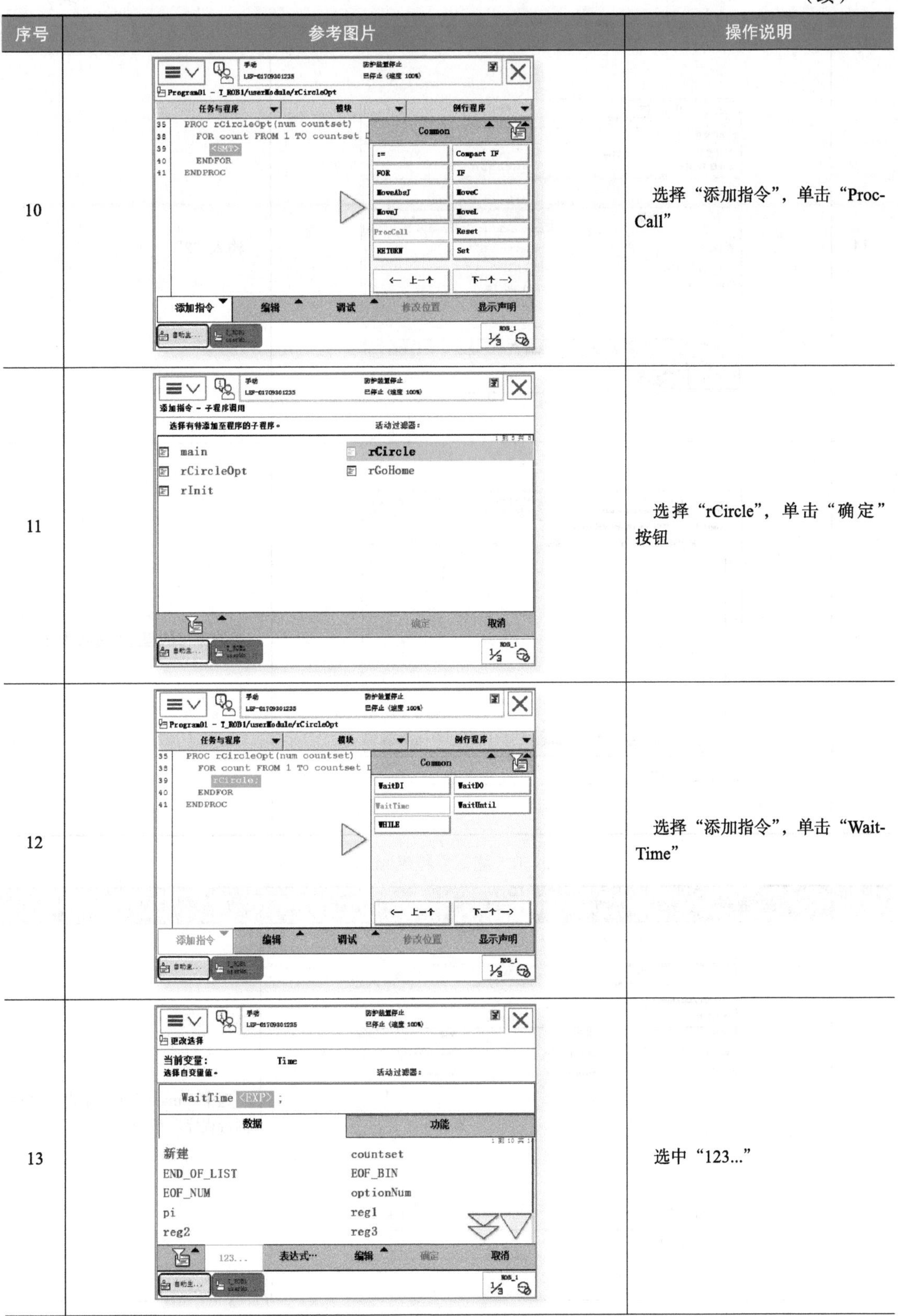

序号	参考图片	操作说明
10		选择“添加指令”，单击“ProcCall”
11		选择“rCircle”，单击“确定”按钮
12		选择“添加指令”，单击“WaitTime”
13		选中“123...”

（续）

序号	参考图片	操作说明
14		输入“2”
15		最终编写的程序如左图所示

表 6-30　编写主程序 main（ ）

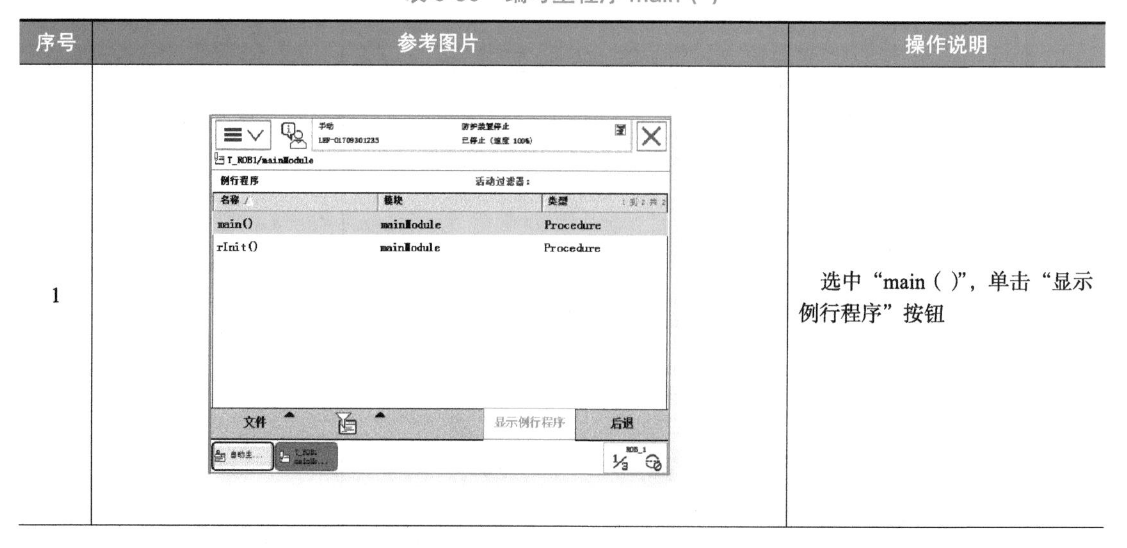

序号	参考图片	操作说明
1		选中“main（ ）”，单击“显示例行程序”按钮

（续）

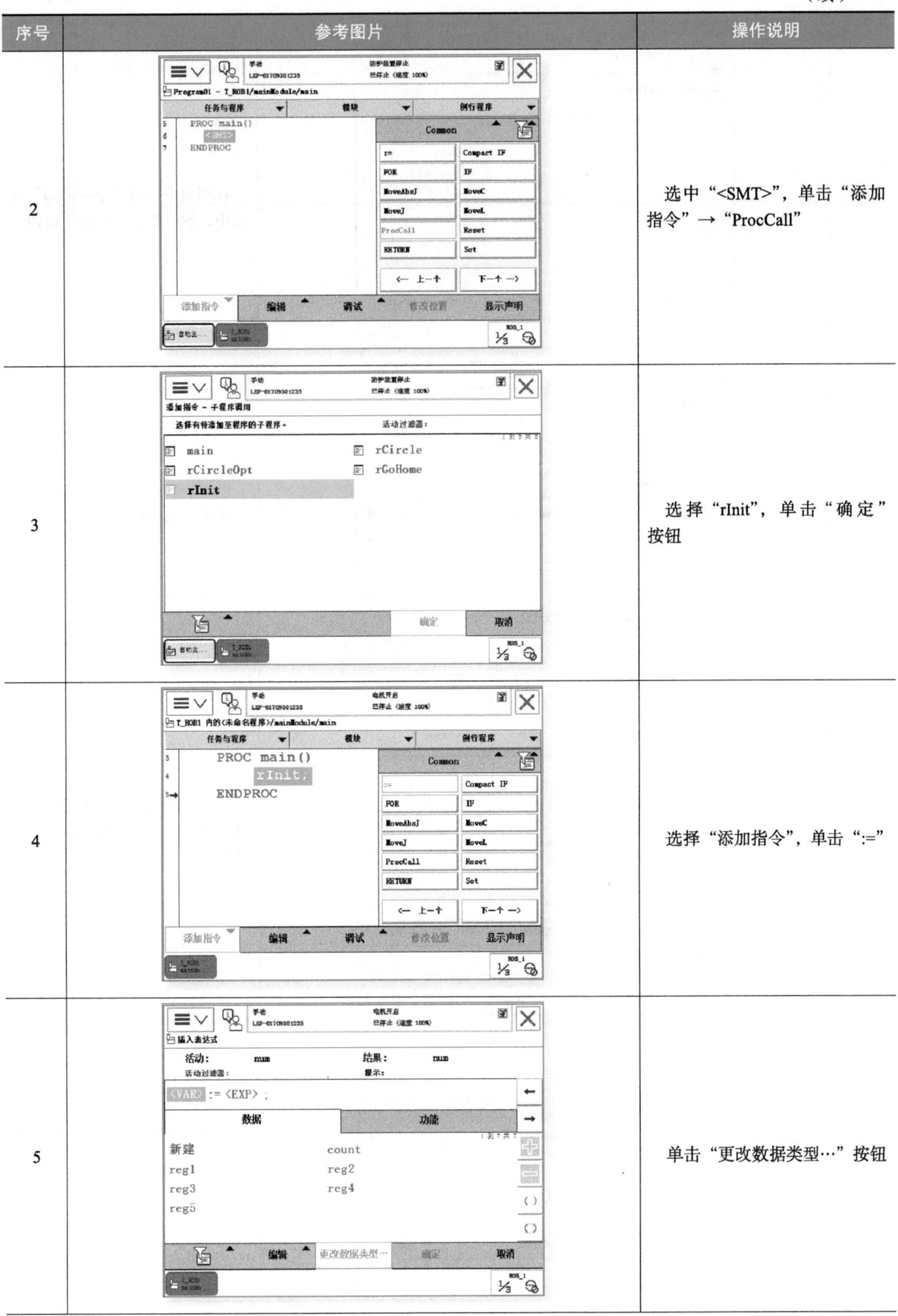

序号	参考图片	操作说明
2		选中“<SMT>”，单击“添加指令”→“ProcCall”
3		选择“rInit”，单击“确定”按钮
4		选择“添加指令”，单击“:=”
5		单击“更改数据类型…”按钮

（续）

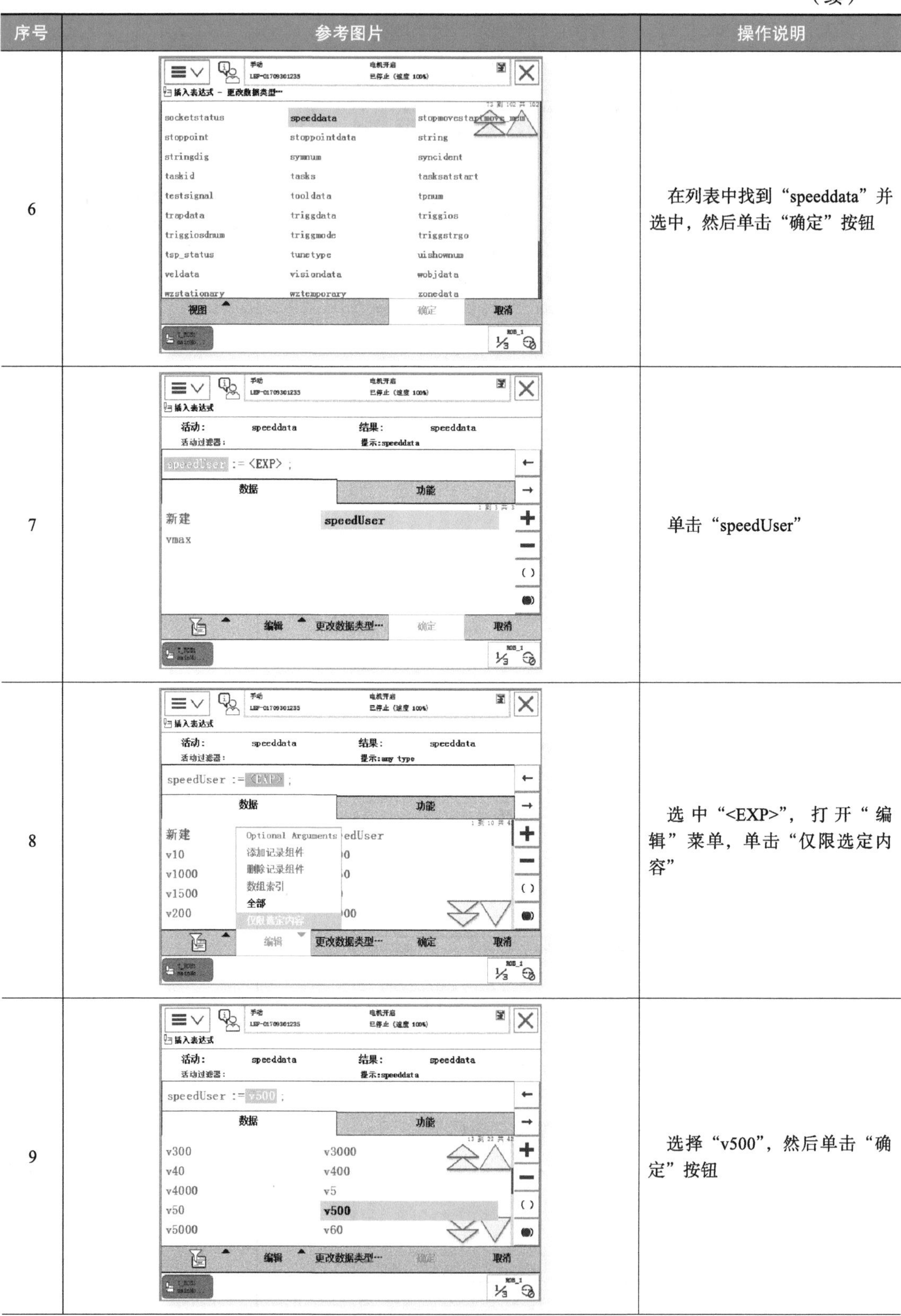

序号	参考图片	操作说明
6		在列表中找到“speeddata”并选中，然后单击“确定”按钮
7		单击“speedUser”
8		选中“<EXP>”，打开“编辑”菜单，单击“仅限选定内容”
9		选择“v500”，然后单击“确定”按钮

（续）

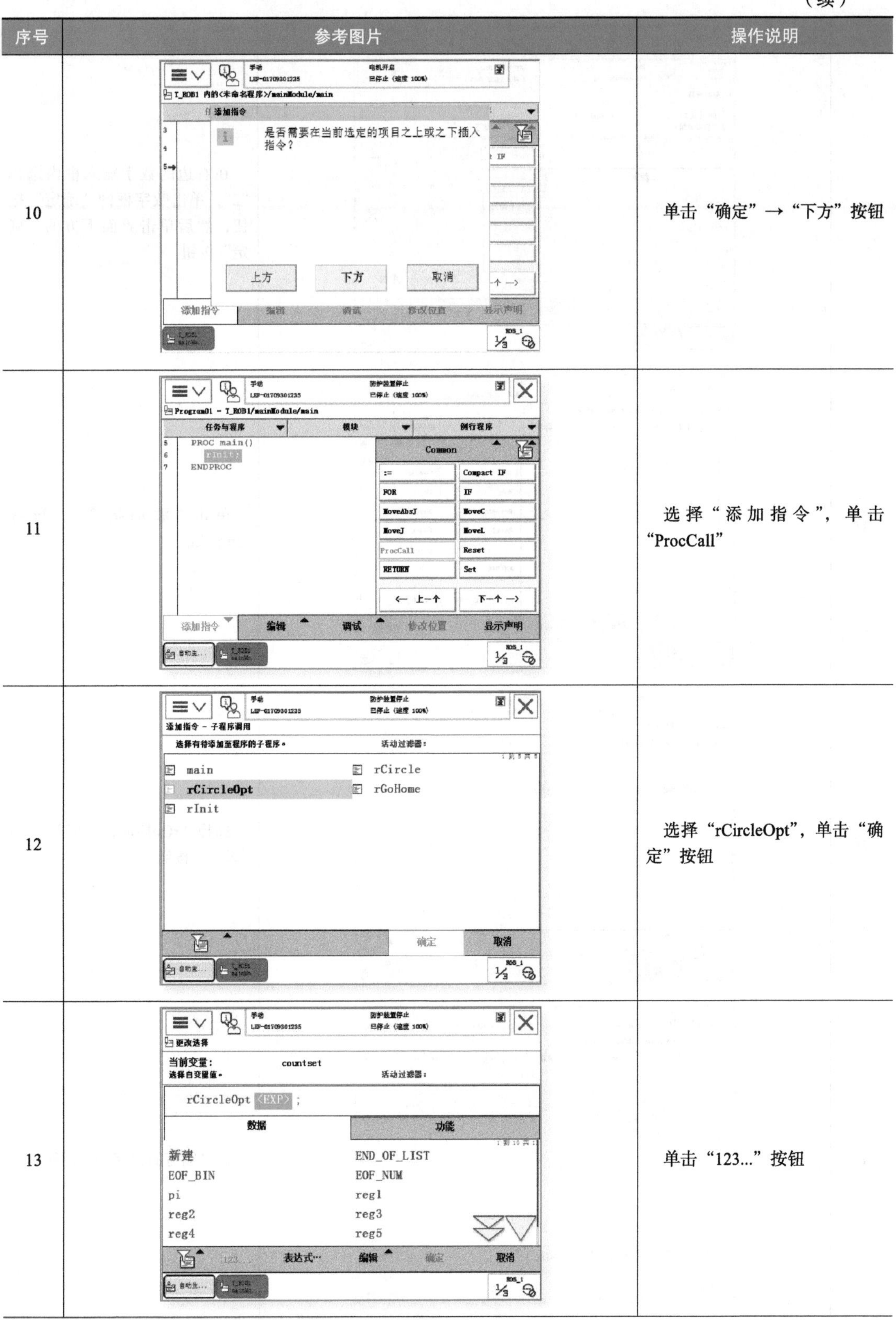

序号	参考图片	操作说明
10		单击“确定”→“下方”按钮
11		选择“添加指令”，单击“ProcCall”
12		选择“rCircleOpt”，单击“确定”按钮
13		单击“123...”按钮

（续）

序号	参考图片	操作说明
14		在右边的数字输入框内选择“2”，单击数字框的“确定”按钮，然后单击界面下方的“确定”按钮
15		单击“添加指令”，选择“ProcCall”
16		选择“rGoHome”，然后单击“确定”按钮
17		最终编写的程序如左图所示

（续）

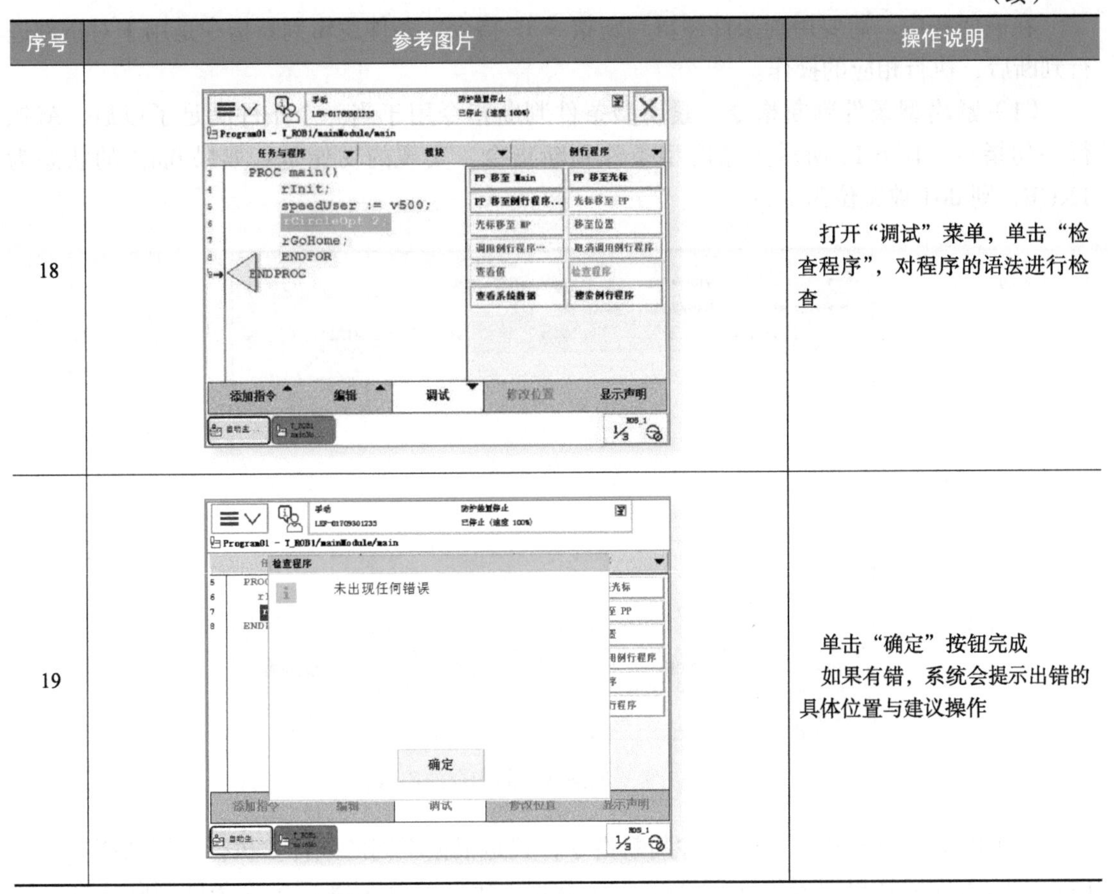

序号	参考图片	操作说明
18		打开“调试”菜单，单击“检查程序”，对程序的语法进行检查
19		单击“确定”按钮完成 如果有错，系统会提示出错的具体位置与建议操作

（6）手动调试程序　在手动模式下运行整个程序，测试程序运行过程是否达到任务要求，及时修改程序以防止自动运行时出现碰撞等问题，可参照本项目任务二中的操作步骤。

（7）自动试运行　在自动试运行时，将运行速度调至25%，防止碰撞和意外伤害，确认自动运行无误后调至正常自动运行速度，可参照本项目任务二中的操作步骤。

（8）保存程序　自动运行完成后，将任务保存到用于工程任务存储的U盘上，可参照本项目任务二中的操作步骤。

带参数子程序实现圆周轨迹运动的应用——手动及自动运行

任务五　外部I/O控制实现圆周轨迹调速运动的应用

1. 任务要求

在该任务中，要求工业机器人从工作原点开始，沿着图6-11所示的圆周轨迹运行，并且通过外部输入信号speed_set的不同状态（按钮盒上第4个按钮的通、断）来改变圆周运动的速度：当speed_set为1（按钮闭合）时，圆周运动的速度为1000mm/s；当speed_set为0（按钮断开）时，圆周运动的速度为200mm/s。

2. 任务准备

在该任务中，需要用到条件逻辑判断指令 IF 指令。条件逻辑判断指令是用于对条件进行判断后，执行相应的操作。

（1）紧凑型条件判断指令　紧凑型条件判断指令用于当一个条件满足了以后，就执行一句指令。图 6-17 所示为紧凑型条件判断指令，实现的功能是：如果 flag1 的状态为 TRUE，则 do1 被置位为 1。

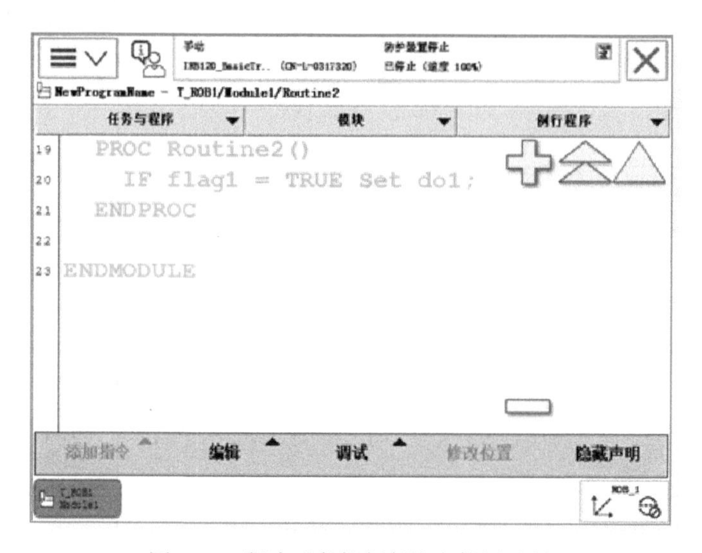

图 6-17　紧凑型条件判断指令使用示例

（2）IF 条件判断指令　IF 条件判断指令，就是根据不同的条件去执行不同的指令。条件判定的条件数量可以根据实际情况进行增加与减少。图 6-18 所示为条件判断指令，实现的功能是如果 num1 为 1，则 flag1 会赋值为 TRUE；如果 num1 为 2，则 flag1 会赋值为 FALSE；除了以上两种条件之外，则执行 do1 置位为 1。

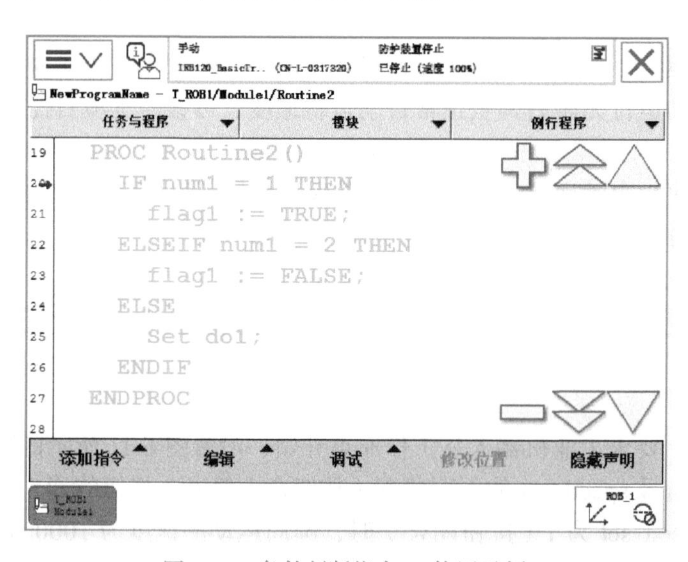

图 6-18　条件判断指令 IF 使用示例

3. 任务实施

（1）建立工具数据　本任务中的工具数据设定方法可见项目五任务二中设定 TCP 点的具体操作，因此，只需要在手动操纵界面，单击“工具坐标”，选择工具坐标 tool1 作为当前工具坐标系即可。

（2）建立工件数据　本任务中的工件数据设定方法可见项目五任务三中定义工件坐标系的操作步骤，因此，只需要在手动操纵界面，单击“工件坐标”，选择工件坐标 wobj1 作为当前工件坐标系即可。

（3）建立 RAPID 程序构架　本任务需要构建的程序框架要求见表 6-31，与本项目任务三的程序框架是一样的，因此不需要再重新构建。

表 6-31　构建程序框架的要求

任务	模块	程序	用途
T_ROB1	mainModule	main（ ）主程序	用于主线构架调用其他应用程序
		rInit（ ）例行程序	用于加速度、速度初始化
	userModule	rGoHome（ ）例行程序	用于回归工作原点运动
		rCircle（ ）例行程序	用于圆周轨迹运动

（4）建立程序参数　本任务用到的程序参数见表 6-32，这些程序数据在前面的任务中都已经创建过了，可以直接调用，不需要再重新创建。

表 6-32　需要建立的程序参数

名称	speedUser	pCircle1	pCircle 2	pCircle 3	pCircle4
数据类型	speeddata	robtarget	robtarget	robtarget	robtarget
范围	全局	全局	全局	全局	全局
存储类型	变量	常量	常量	常量	常量
任务	T_ROB1	T_ROB1	T_ROB1	T_ROB1	T_ROB1
模块	userModule	userMoudle	userMoudle	userMoudle	userMoudle
说明	圆周运动速度	p4 位置	p5 位置	p6 位置	p7 位置

外部 IO 控制实现圆周轨迹运动的应用——程序编写

（5）编写程序　本任务中的例行程序 rGoHome、rInit、rCircle 和任务三中的一样，所以可以直接调用，不需要再重新编写。下面主要介绍主程序 main 的编写，具体步骤见表 6-33。

表 6-33　编写主程序 main ( )

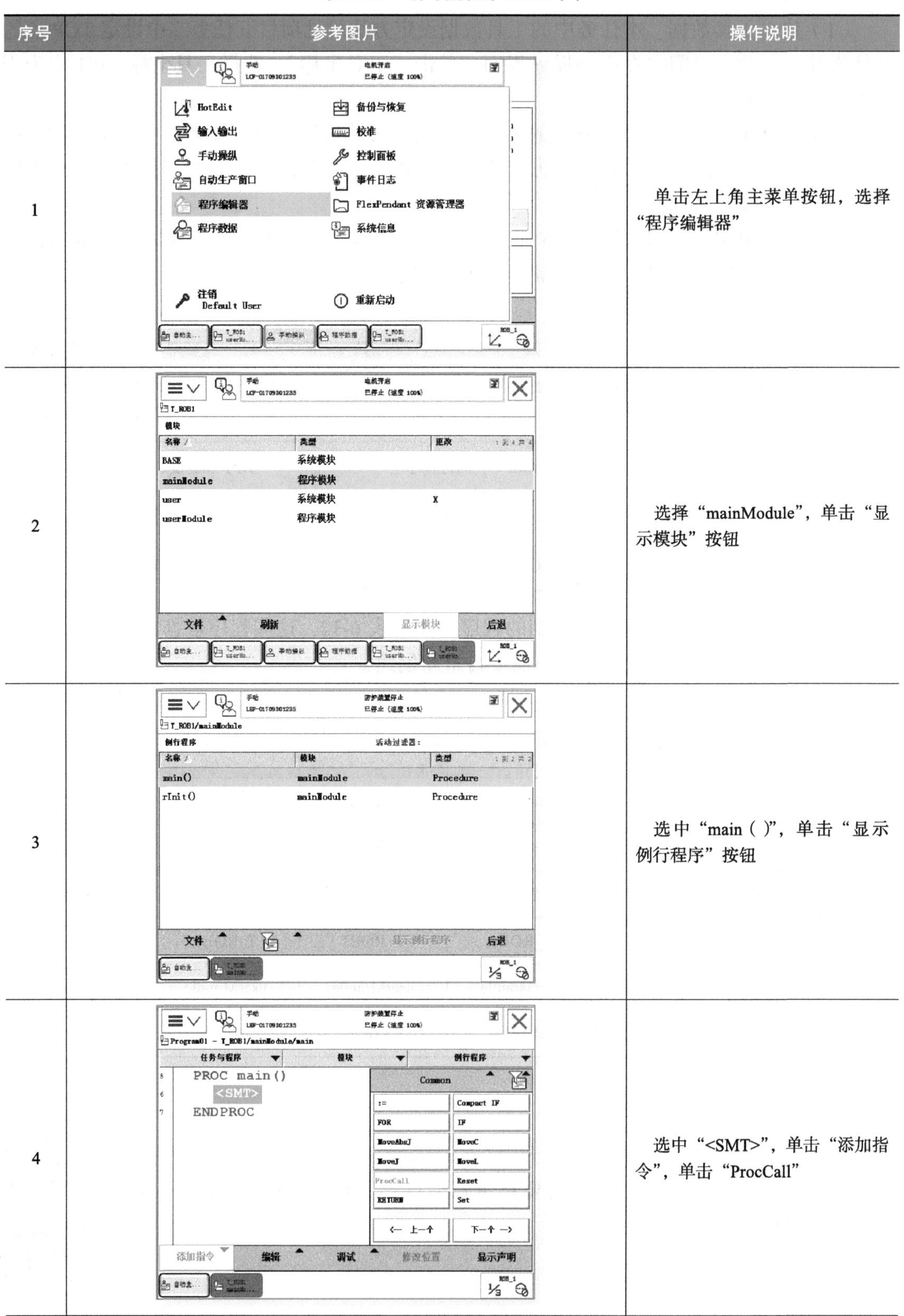

序号	参考图片	操作说明
1		单击左上角主菜单按钮，选择“程序编辑器”
2		选择“mainModule”，单击“显示模块”按钮
3		选中“main ( )”，单击“显示例行程序”按钮
4		选中“<SMT>”，单击“添加指令”，单击“ProcCall”

（续）

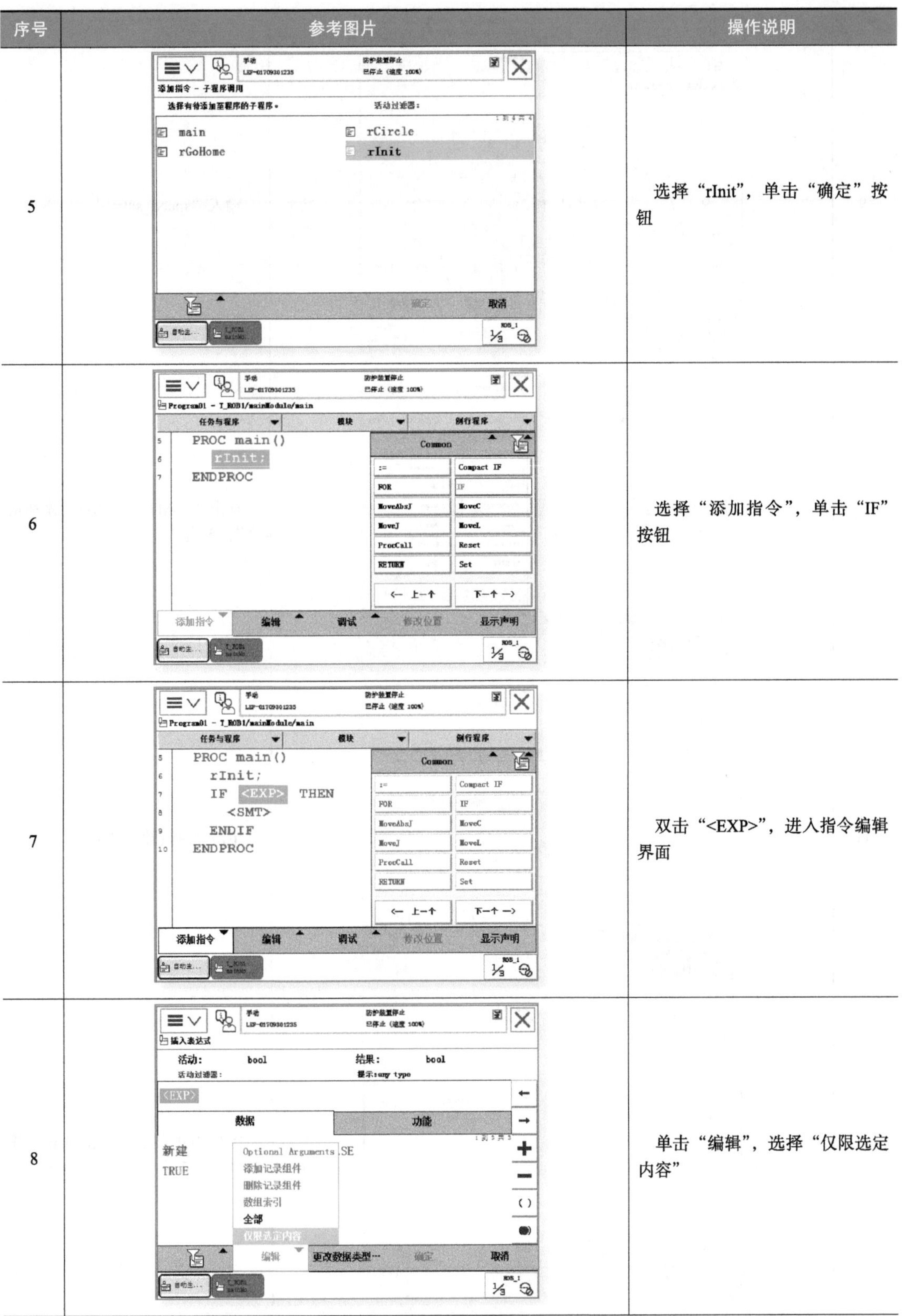

序号	参考图片	操作说明
5		选择“rInit”，单击“确定”按钮
6		选择“添加指令”，单击“IF”按钮
7		双击“<EXP>”，进入指令编辑界面
8		单击“编辑”，选择“仅限选定内容”

（续）

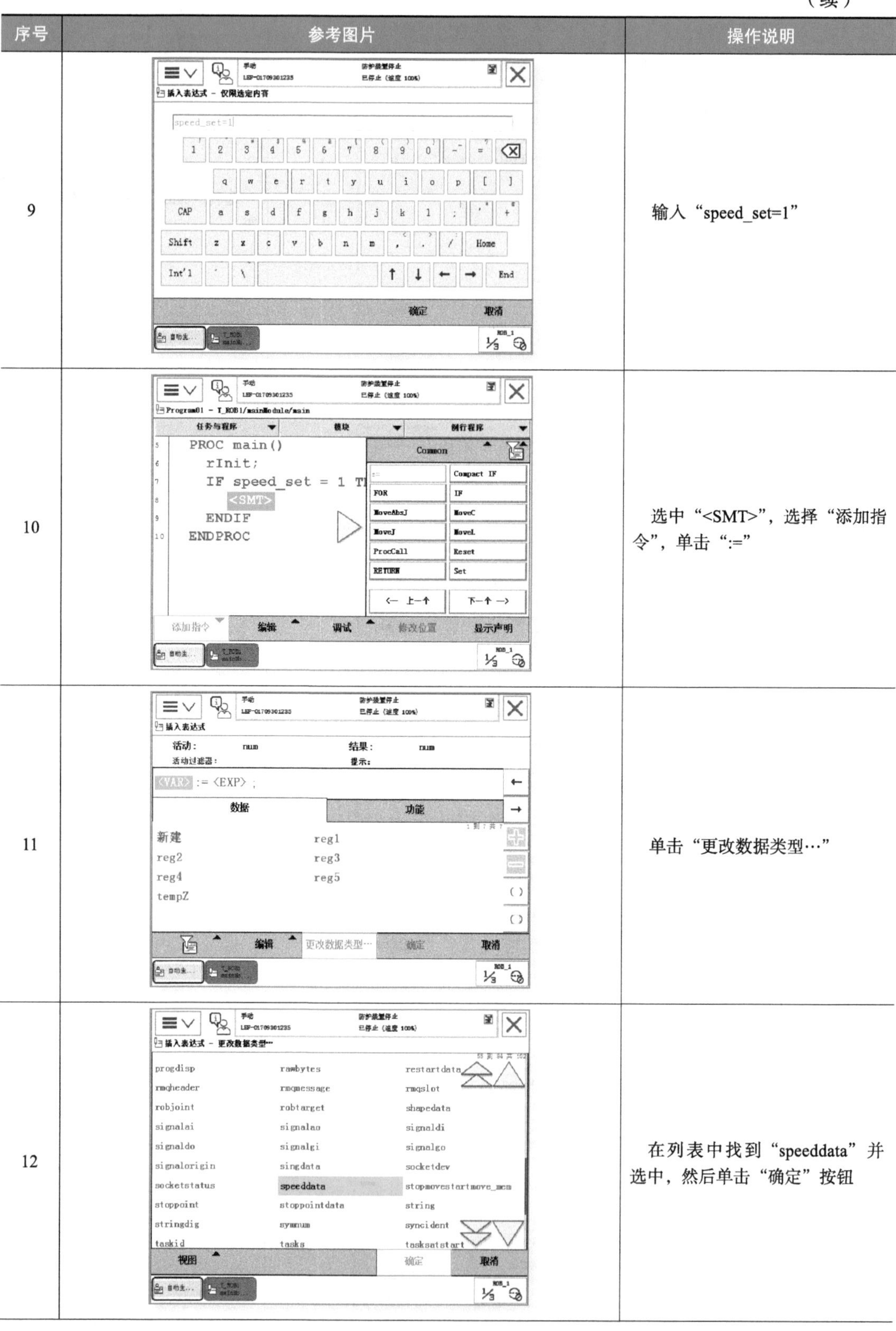

序号	参考图片	操作说明
9		输入“speed_set=1”
10		选中“<SMT>”，选择“添加指令”，单击“:=”
11		单击“更改数据类型…”
12		在列表中找到“speeddata”并选中，然后单击“确定”按钮

（续）

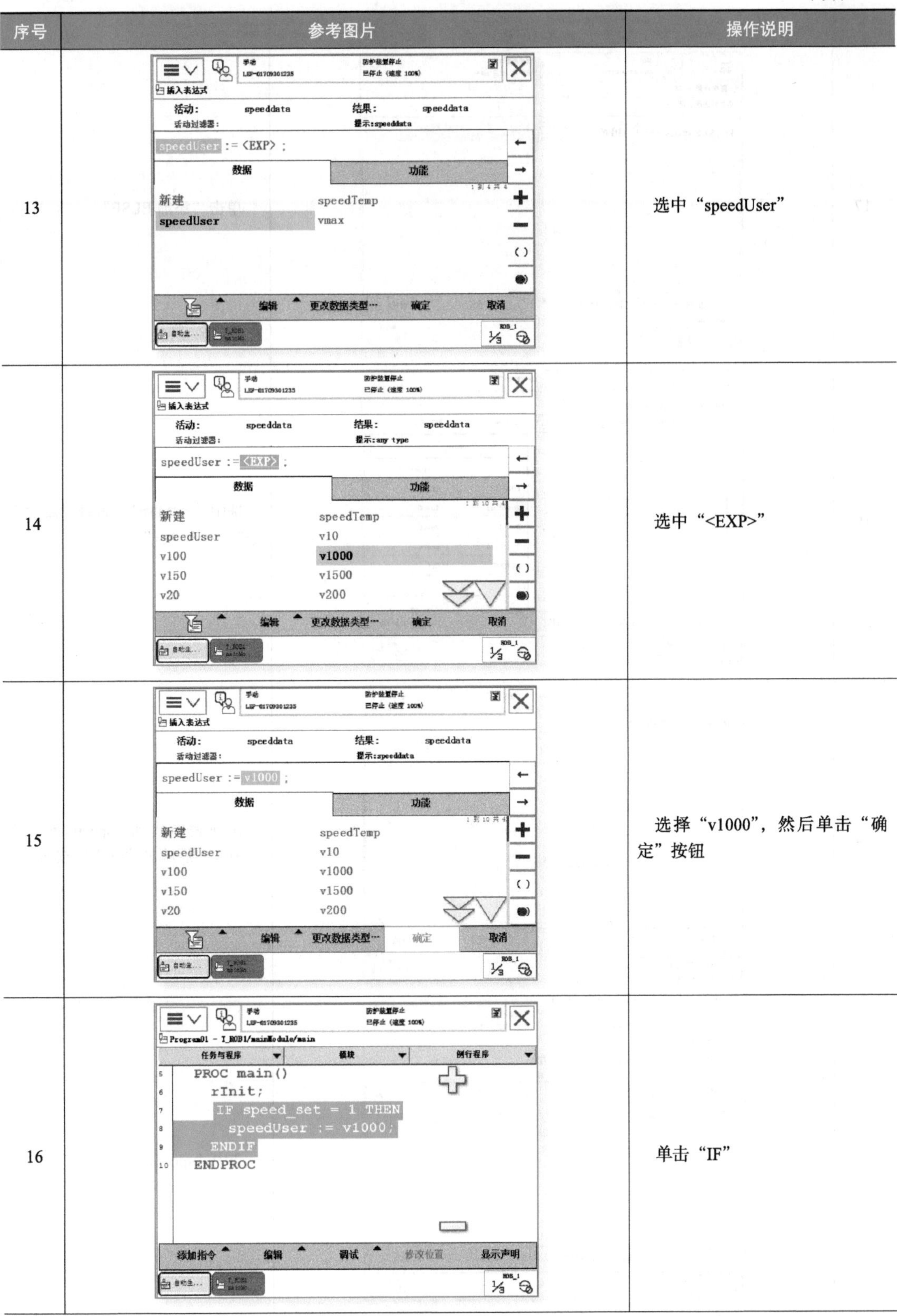

序号	参考图片	操作说明
13		选中“speedUser”
14		选中“<EXP>”
15		选择“v1000”，然后单击“确定”按钮
16		单击“IF”

（续）

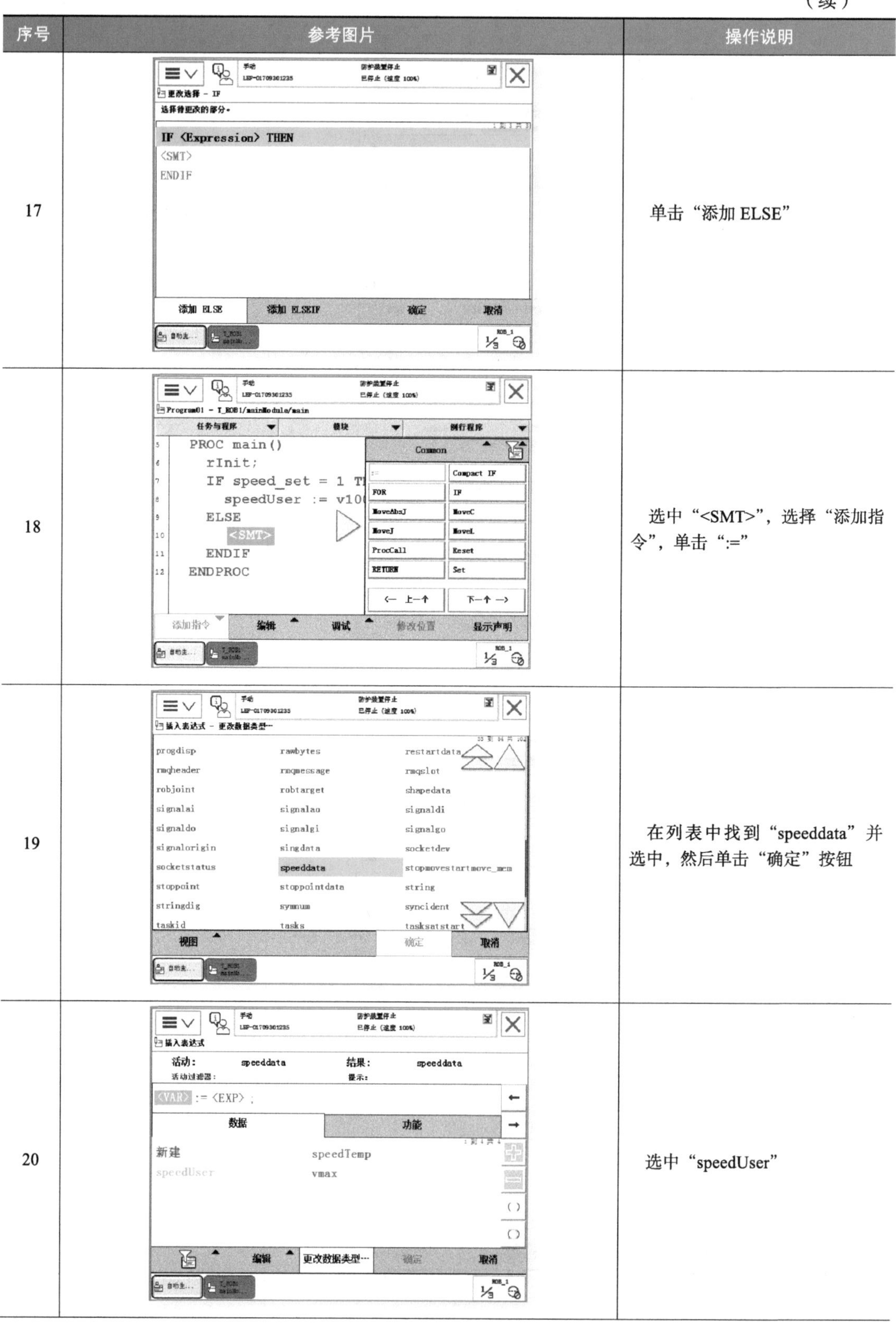

序号	参考图片	操作说明
17		单击“添加 ELSE”
18		选中“<SMT>”，选择“添加指令”，单击“:=”
19		在列表中找到“speeddata”并选中，然后单击“确定”按钮
20		选中“speedUser”

（续）

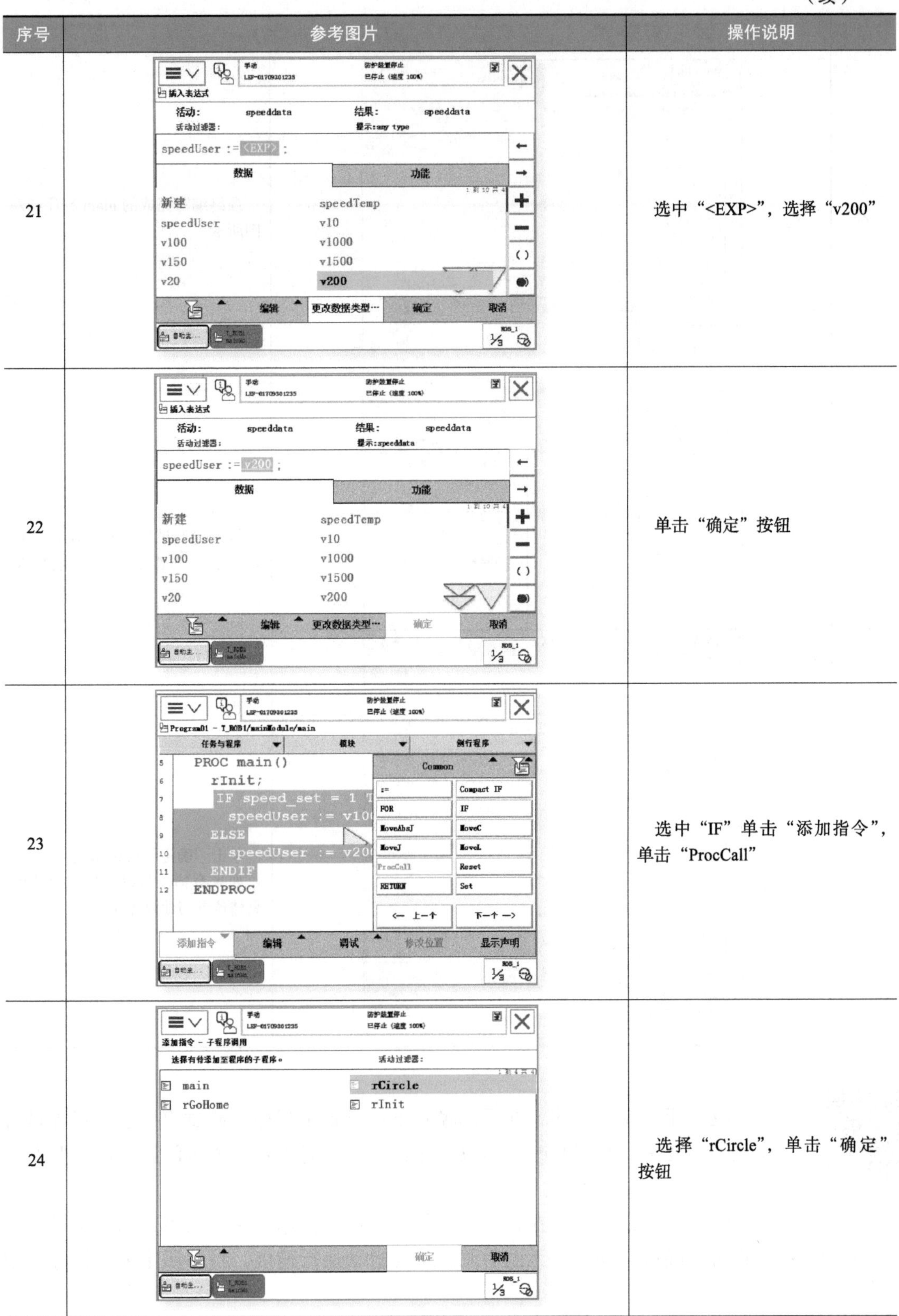

序号	参考图片	操作说明
21		选中“<EXP>”，选择“v200”
22		单击“确定”按钮
23		选中“IF”单击“添加指令”，单击“ProcCall”
24		选择“rCircle”，单击“确定”按钮

（续）

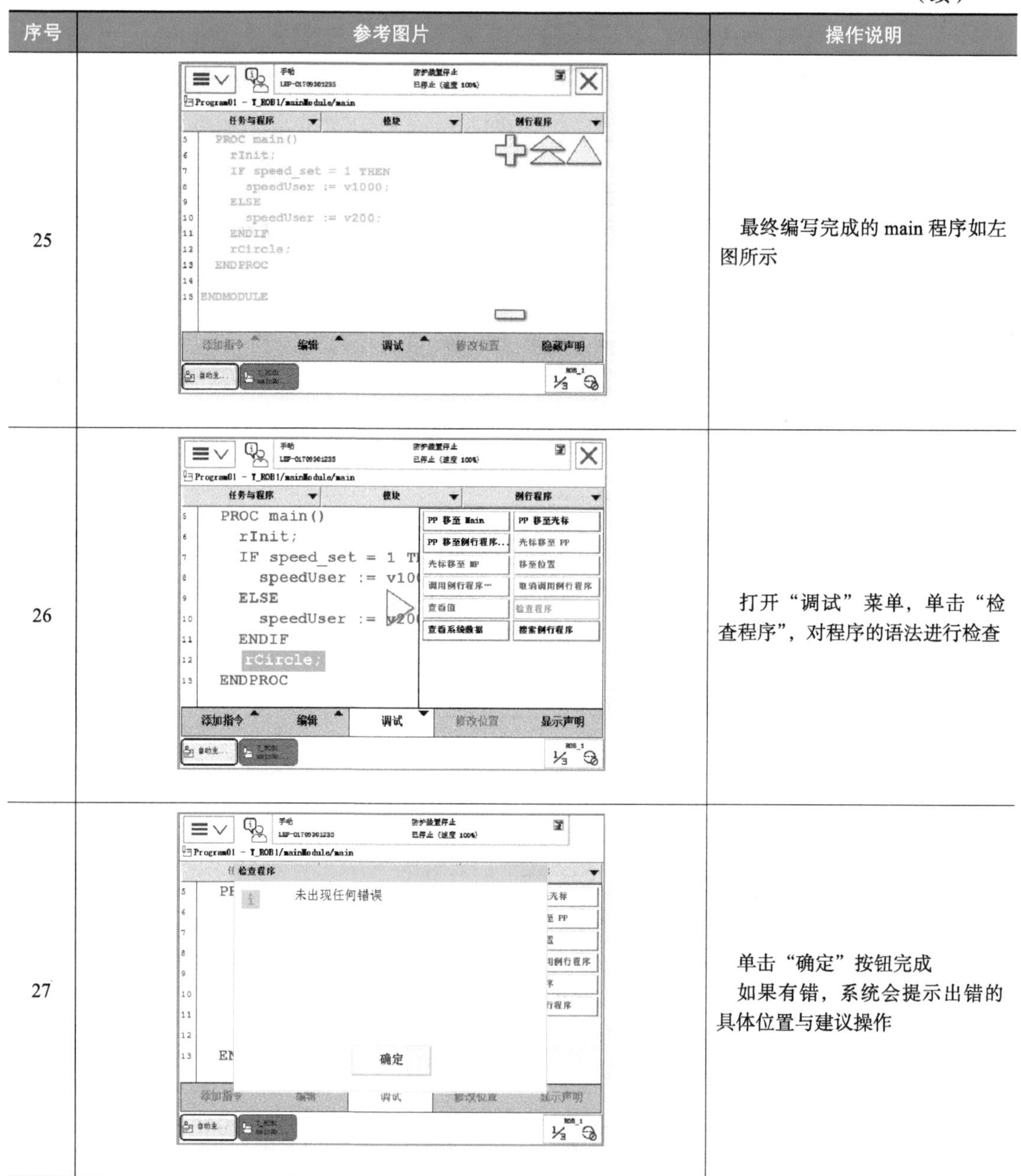

序号	参考图片	操作说明
25		最终编写完成的 main 程序如左图所示
26		打开“调试”菜单，单击“检查程序”，对程序的语法进行检查
27		单击“确定”按钮完成 如果有错，系统会提示出错的具体位置与建议操作

外部 I O 控制实现圆周轨迹运动的应用——手动及自动运行

（6）手动调试程序　在手动模式下运行整个程序，测试程序运行过程是否达到任务要求，及时修改程序以防止自动运行时出现碰撞等问题，可参照本项目任务二中的操作步骤。

（7）自动试运行　在自动试运行时，将运行速度调至 25%，防止碰撞和意外伤害，确认自动运行无误后调至正常自动运行速度，可参照本项目任务二中的操作步骤。

（8）保存程序　自动运行完成后，将任务保存到用于工程任务存储的U盘上，可参照本项目任务二中的操作步骤。

任务六　中断程序实现圆周轨迹调速的应用

1. 任务要求

在该任务中，要求工业机器人从工作原点开始，沿着图6-11所示的圆周轨迹运行，初始运动速度为1000mm/s。如果在运行过程中，按下外部按钮盒的第5个按钮（interrupt_set信号置1），则工业机器人的运行速度将降为500mm/s。

2. 任务准备

RAPID程序的执行过程中，如果发生需要紧急处理的情况，这就要机器人中断当前的执行，程序指针PP马上跳转到专门的程序中对紧急的情况进行相应处理，处理结束以后程序指针PP返回到原来被中断的地方，继续往下执行程序。那么，专门用来处理紧急情况的专门程序，就称作中断程序（TRAP）。中断程序经常会用于出错处理、外部信号的响应这些实时响应要求高的场合。

3. 任务实施

（1）建立工具数据　本任务中的工具数据设定方法可见项目五任务二中设定TCP点的具体操作，因此，只需要在手动操纵界面，单击“工具坐标”，选择工具坐标tool1作为当前工具坐标系即可。

（2）建立工件数据　本任务中的工件数据设定方法可见项目五任务三中定义工件坐标系的操作步骤，因此，只需要在手动操纵界面，单击“工件坐标”，选择工件坐标wobj1作为当前工件坐标系即可。

（3）建立RAPID程序构架　本任务需要构建的程序框架要求见表6-34，需要新建一个中断程序tMontitorIO。创建中断程序的过程见表6-35。

表6-34　构建程序框架的要求

任务	模块	程序	用途
T_ROB1	mainModule	main（）主程序	用于主线构架调用其他应用程序
		rInit（）例行程序	用于速度、加速度初始化
	userModule	rGoHome（）例行程序	用于回归工作原点运动
		rCircle（）例行程序	用于圆周轨迹运动
		tMontitorIO（）例行程序	中断程序，改变运动速度

表 6-35　创建中断程序 tMontitorIO

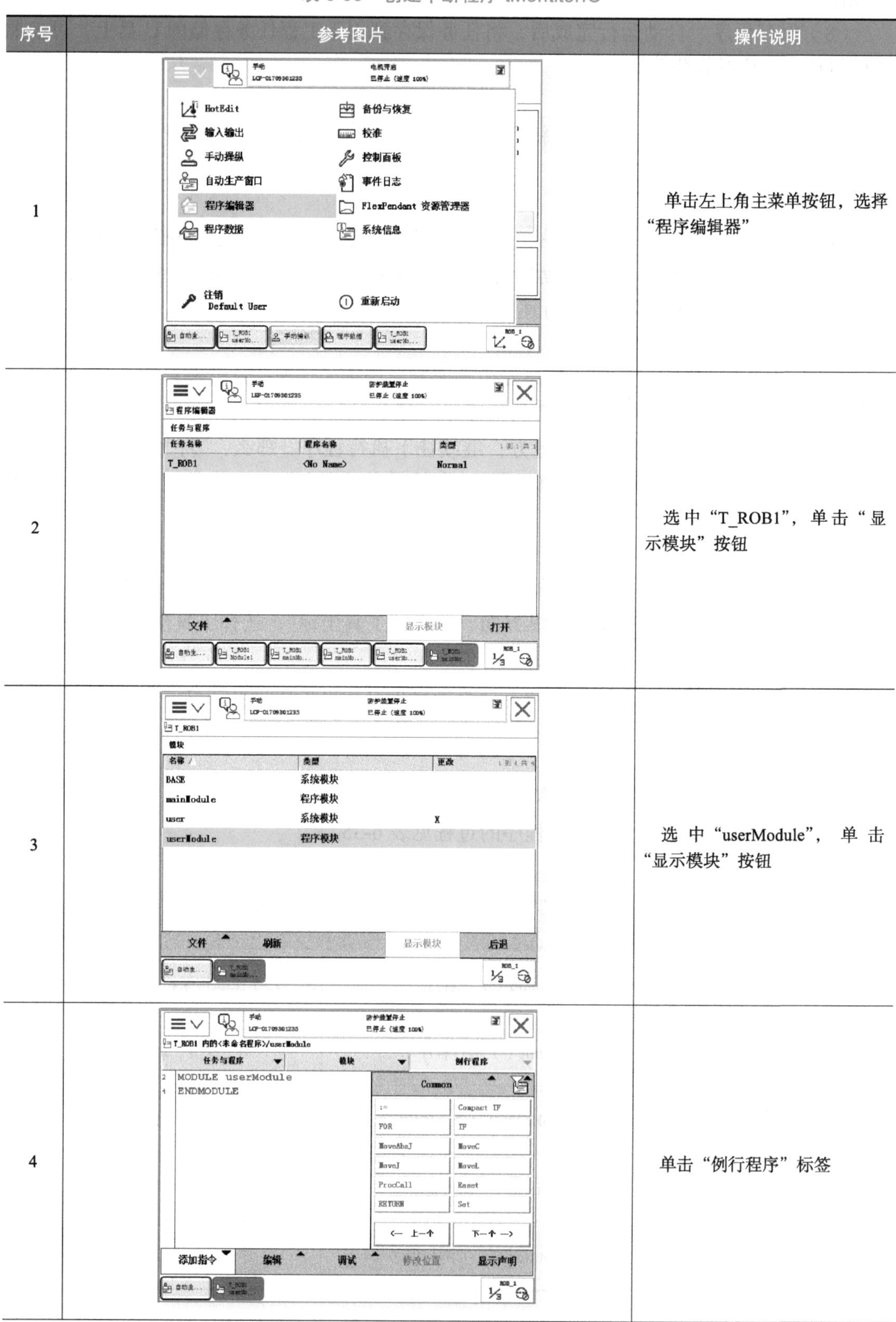

序号	参考图片	操作说明
1		单击左上角主菜单按钮，选择“程序编辑器”
2		选中“T_ROB1”，单击“显示模块”按钮
3		选中“userModule”，单击“显示模块”按钮
4		单击“例行程序”标签

（续）

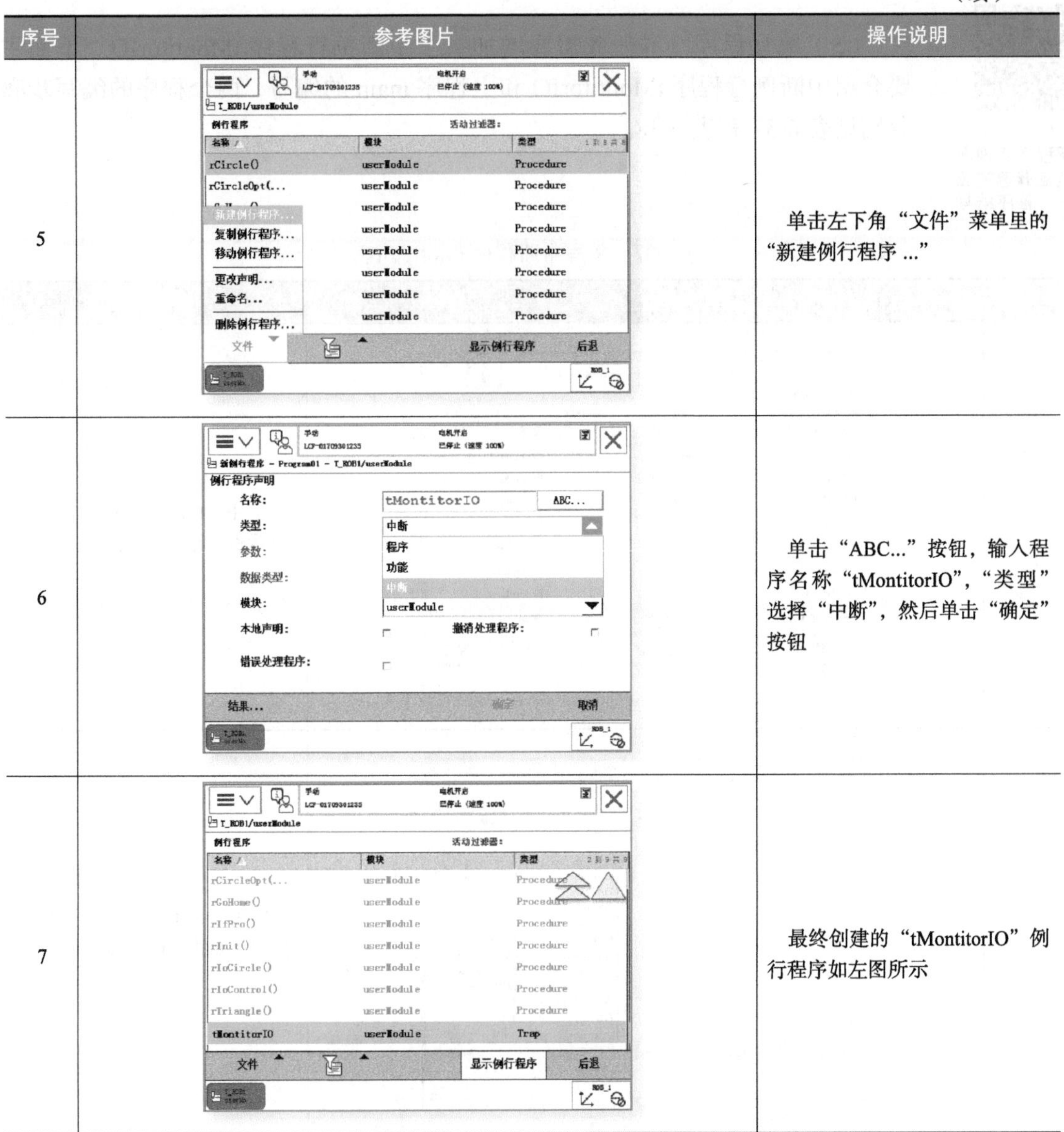

序号	参考图片	操作说明
5		单击左下角“文件”菜单里的“新建例行程序 ...”
6		单击“ABC...”按钮，输入程序名称“tMontitorIO”，“类型”选择“中断”，然后单击“确定”按钮
7		最终创建的“tMontitorIO”例行程序如左图所示

（4）建立程序参数　本任务需要用到的程序数据见表 6-36，其中 intnoIOcheck 为中断数据，会在编写中断程序时对其进行创建，其他程序数据前面都已经创建好，直接调用即可。

表 6-36　需要建立的程序参数

名称	speedUser	pCircle1	pCircle 2	pCircle 3	pCircle4	intnoIOcheck
数据类型	speeddata	robtarget	robtarget	robtarget	robtarget	intnum
范围	全局	全局	全局	全局	全局	全局
存储类型	变量	常量	常量	常量	常量	变量
任务	T_ROB1	T_ROB1	T_ROB1	T_ROB1	T_ROB1	T_ROB1
模块	userModule	userModule	userModule	userModule	userModule	userModule
说明	运行速度	点 4 位置	点 5 位置	点 6 位置	点 7 位置	中断数据

中断程序实现圆周轨迹调速的应用——程序编写

（5）编写程序　本任务需要增加一个中断例行程序 tMontitorIO。下面主要介绍中断例行程序 tMontitorIO 和主程序 main 的编写，两个程序的编写步骤分别见表 6-37 和表 6-38。

表 6-37　编写中断程序 tMontitorIO

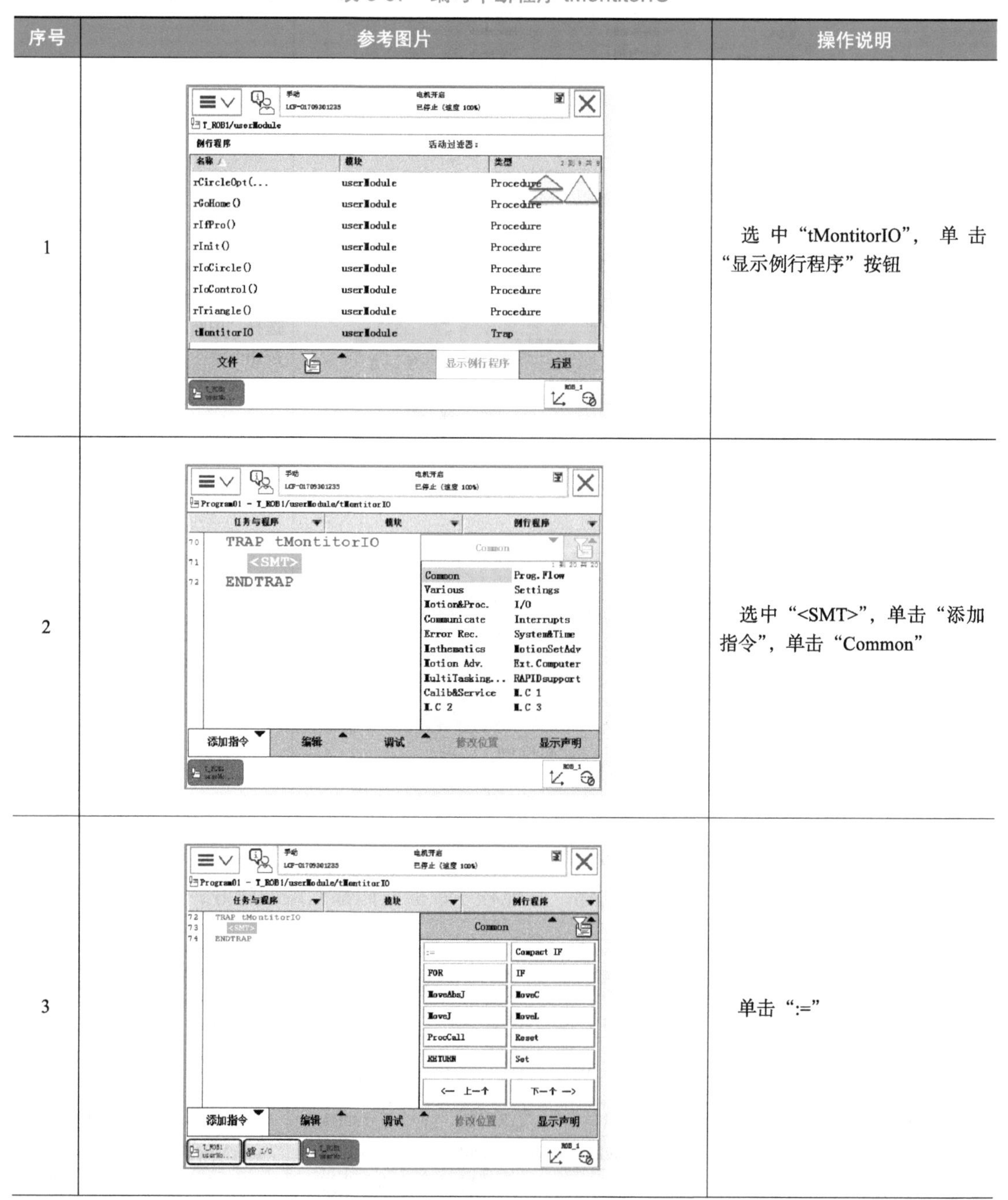

序号	参考图片	操作说明
1		选中“tMontitorIO”，单击“显示例行程序”按钮
2		选中“<SMT>”，单击“添加指令”，单击“Common”
3		单击“:=”

（续）

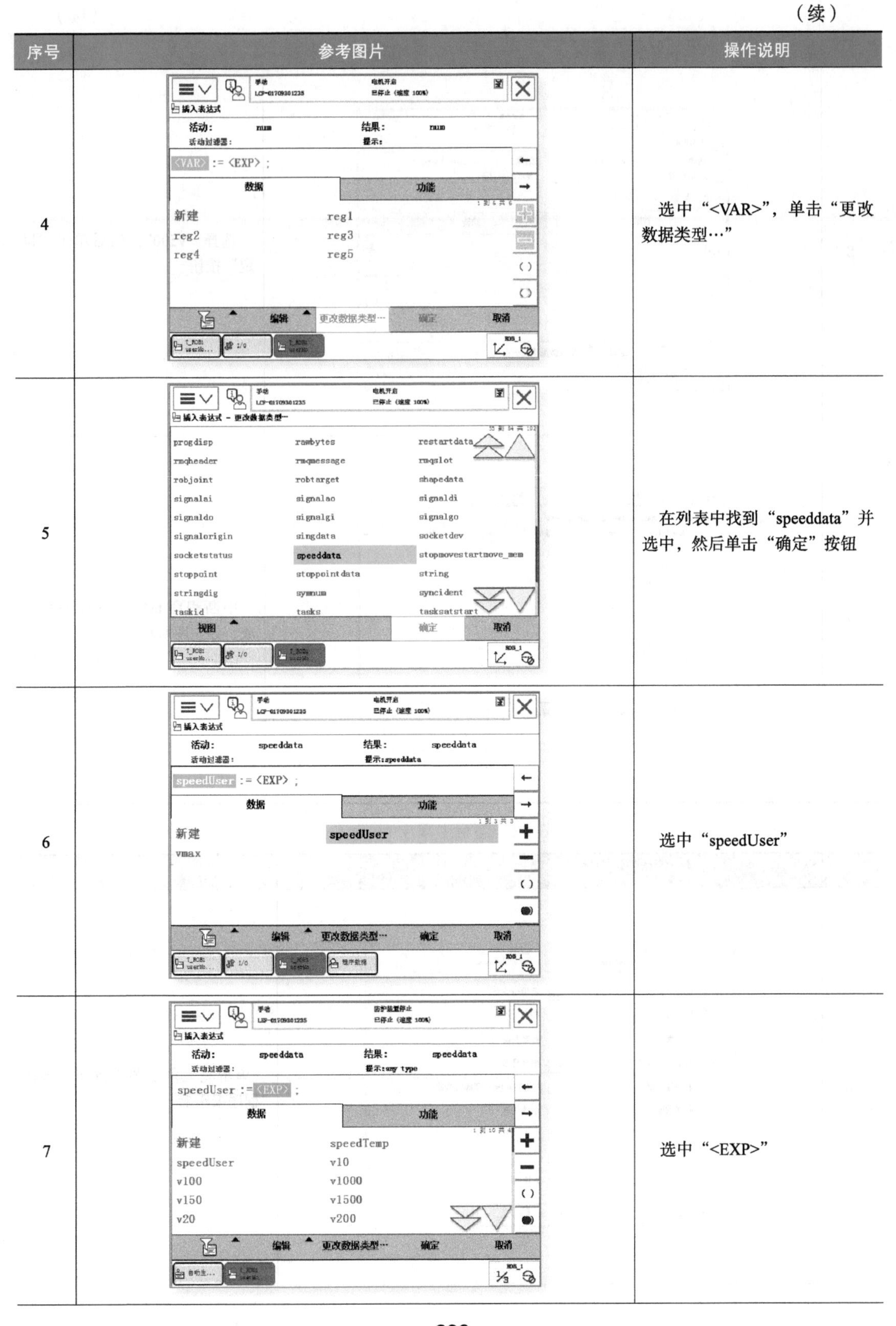

序号	参考图片	操作说明
4		选中“<VAR>”，单击“更改数据类型…”
5		在列表中找到“speeddata”并选中，然后单击“确定”按钮
6		选中“speedUser”
7		选中“<EXP>”

（续）

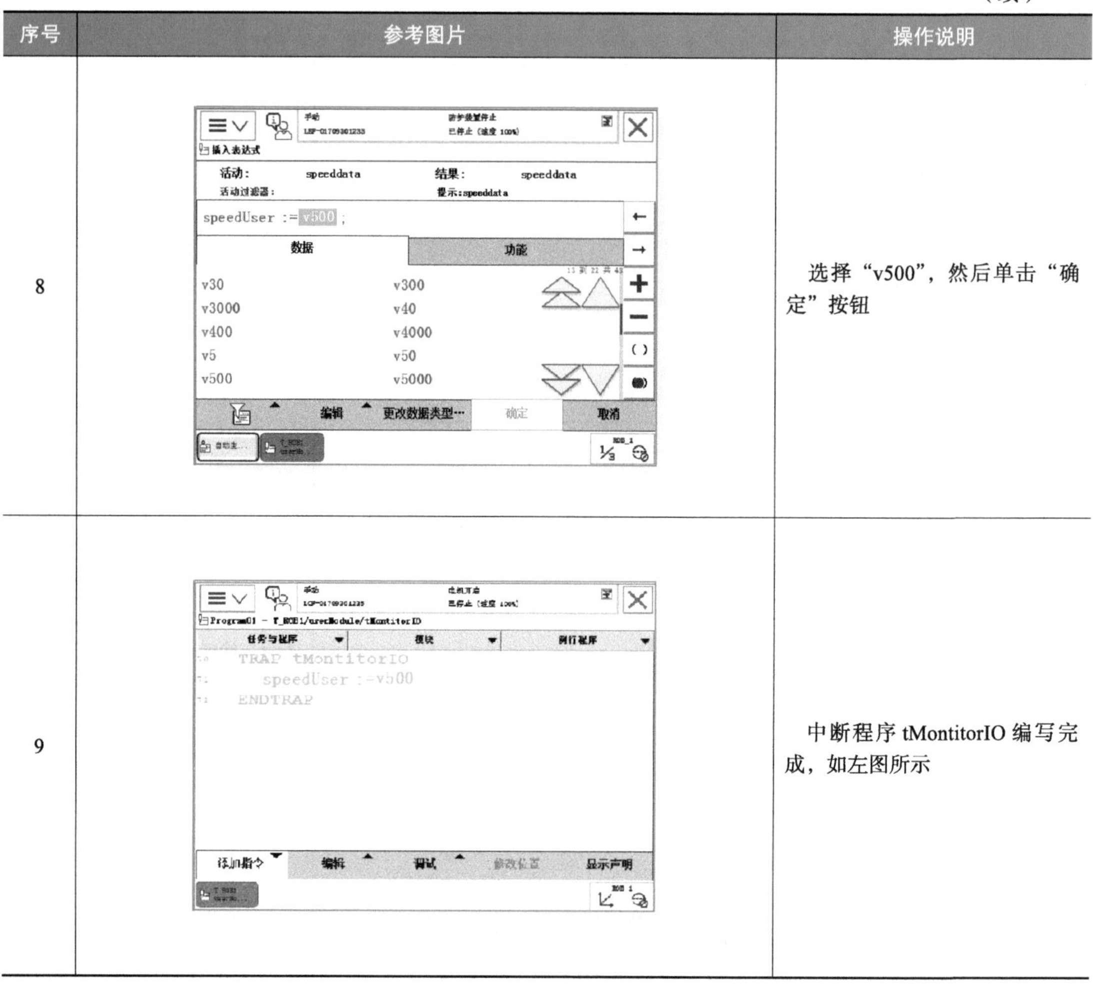

序号	参考图片	操作说明
8		选择“v500”，然后单击“确定”按钮
9		中断程序 tMontitorIO 编写完成，如左图所示

表 6-38　编写主程序 main ( )

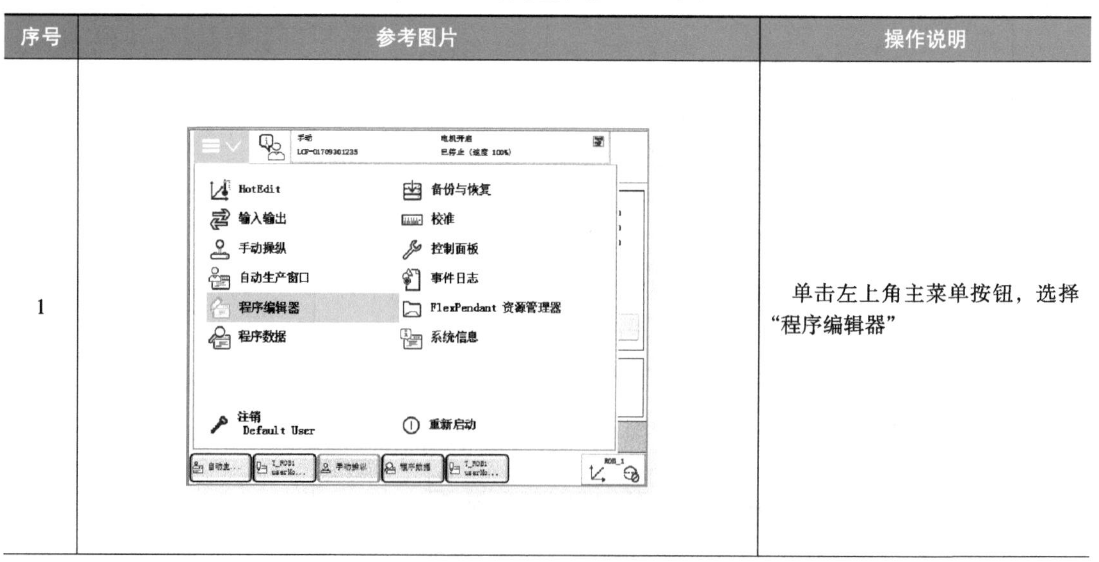

序号	参考图片	操作说明
1		单击左上角主菜单按钮，选择“程序编辑器”

（续）

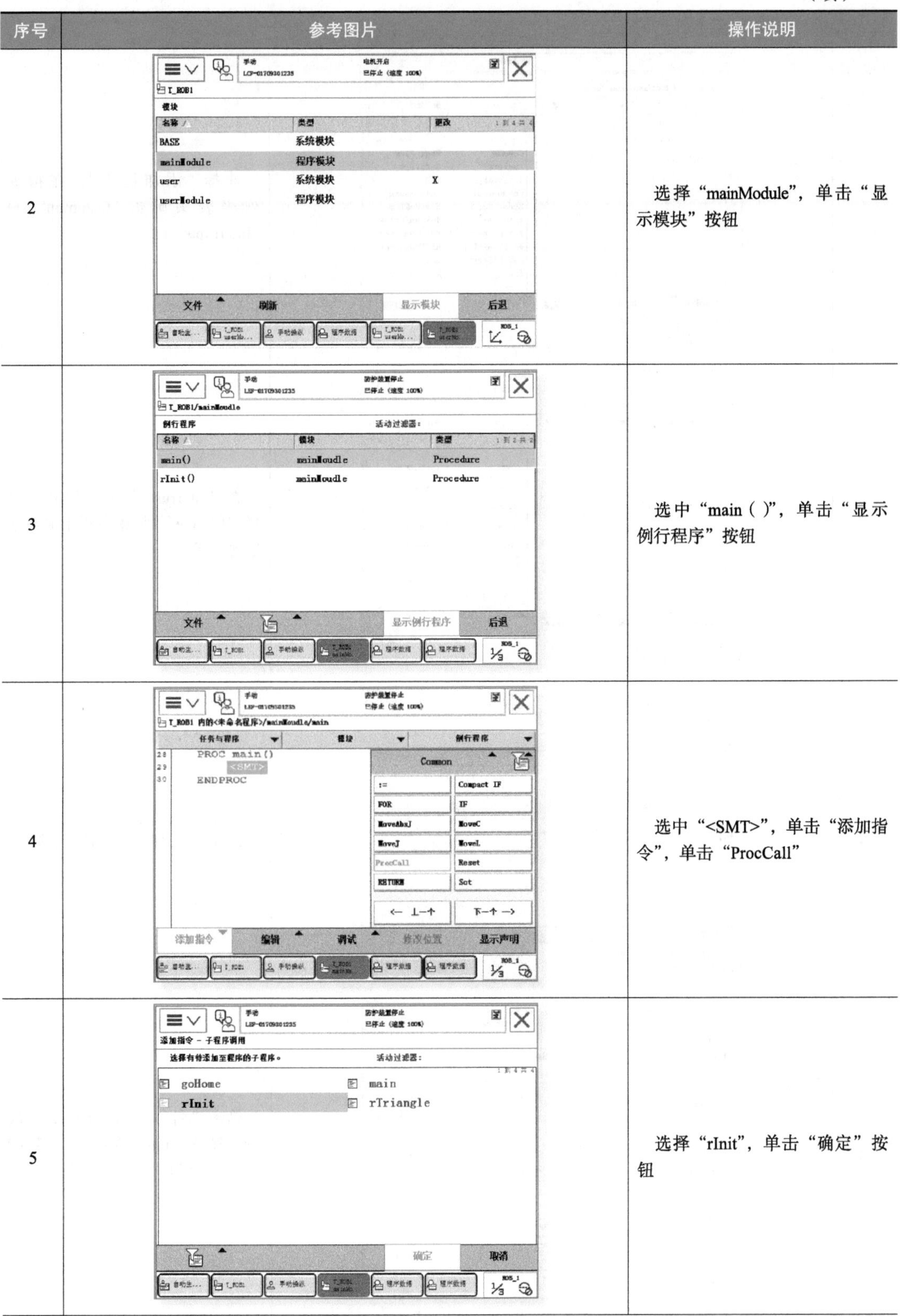

序号	参考图片	操作说明
2		选择“mainModule”，单击“显示模块”按钮
3		选中“main ( )”，单击“显示例行程序”按钮
4		选中“<SMT>”，单击“添加指令”，单击“ProcCall”
5		选择“rInit”，单击“确定”按钮

（续）

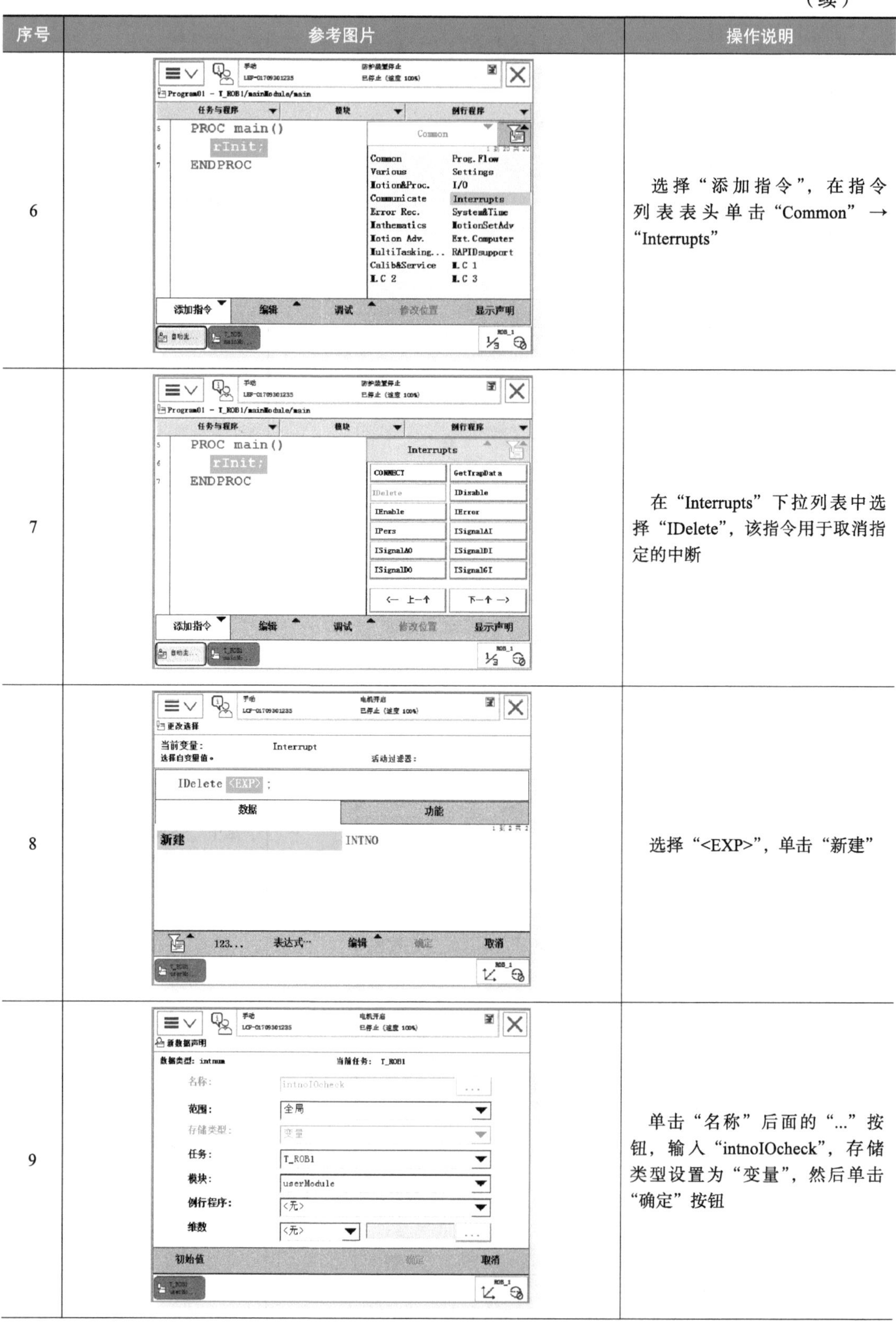

序号	参考图片	操作说明
6		选择“添加指令”，在指令列表表头单击“Common”→“Interrupts”
7		在“Interrupts”下拉列表中选择“IDelete”，该指令用于取消指定的中断
8		选择“<EXP>”，单击“新建”
9		单击“名称”后面的“...”按钮，输入“intnoIOcheck”，存储类型设置为“变量”，然后单击“确定”按钮

（续）

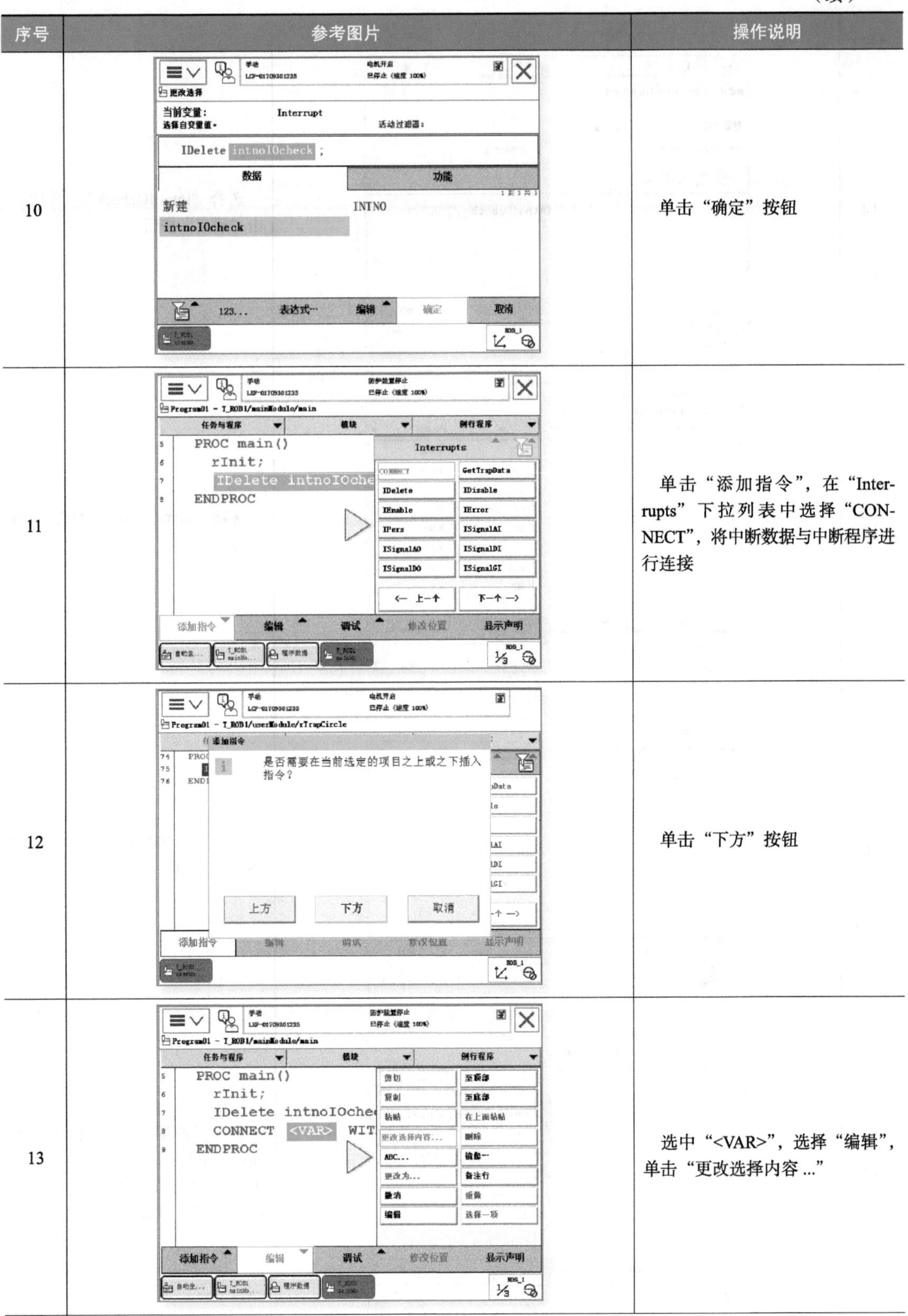

序号	参考图片	操作说明
10		单击“确定”按钮
11		单击“添加指令”，在“Interrupts”下拉列表中选择“CONNECT”，将中断数据与中断程序进行连接
12		单击“下方”按钮
13		选中“<VAR>”，选择“编辑”，单击“更改选择内容 ...”

（续）

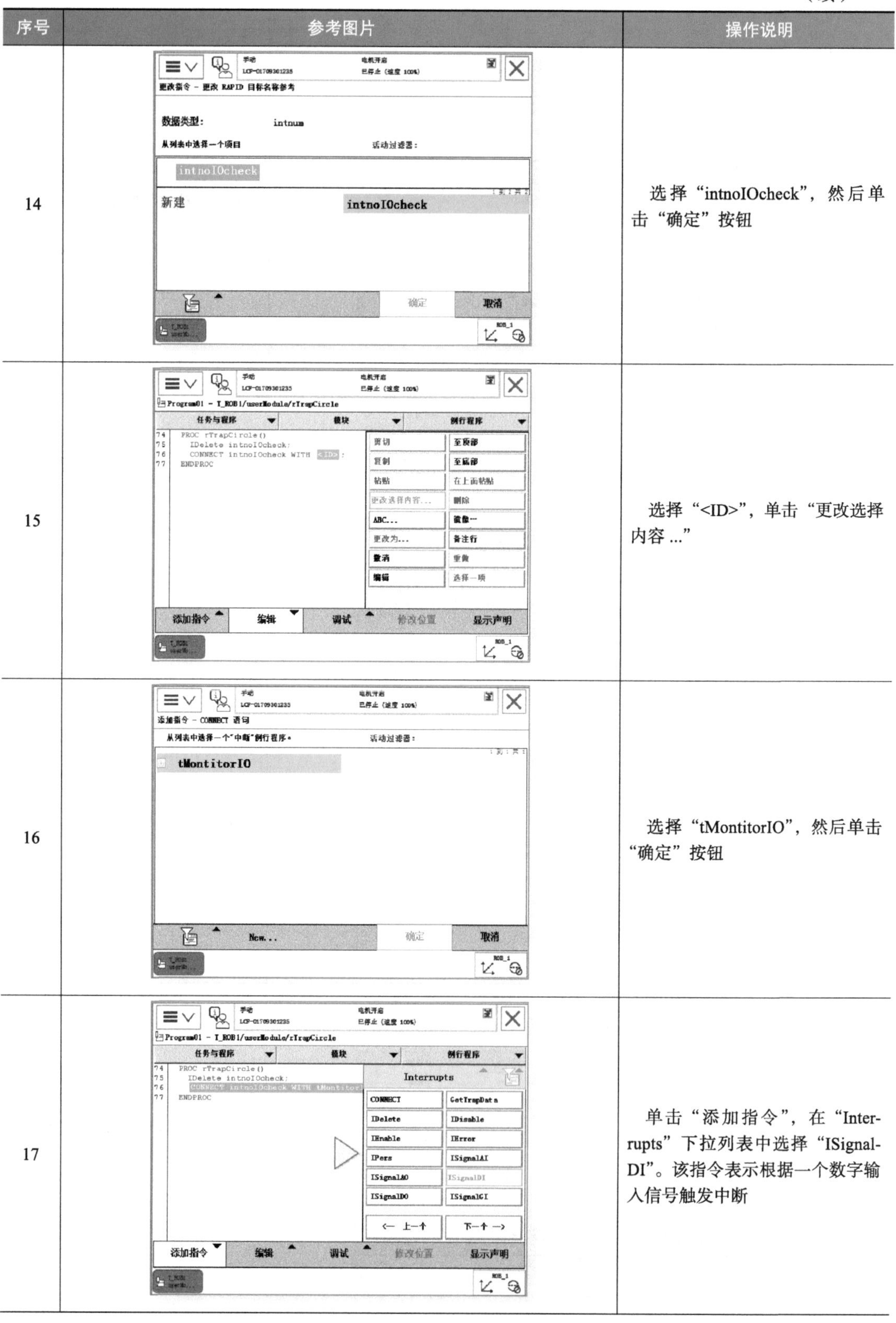

序号	参考图片	操作说明
14		选择“intnoIOcheck”，然后单击“确定”按钮
15		选择“<ID>”，单击“更改选择内容...”
16		选择“tMontitorIO”，然后单击“确定”按钮
17		单击“添加指令”，在“Interrupts”下拉列表中选择“ISignalDI”。该指令表示根据一个数字输入信号触发中断

（续）

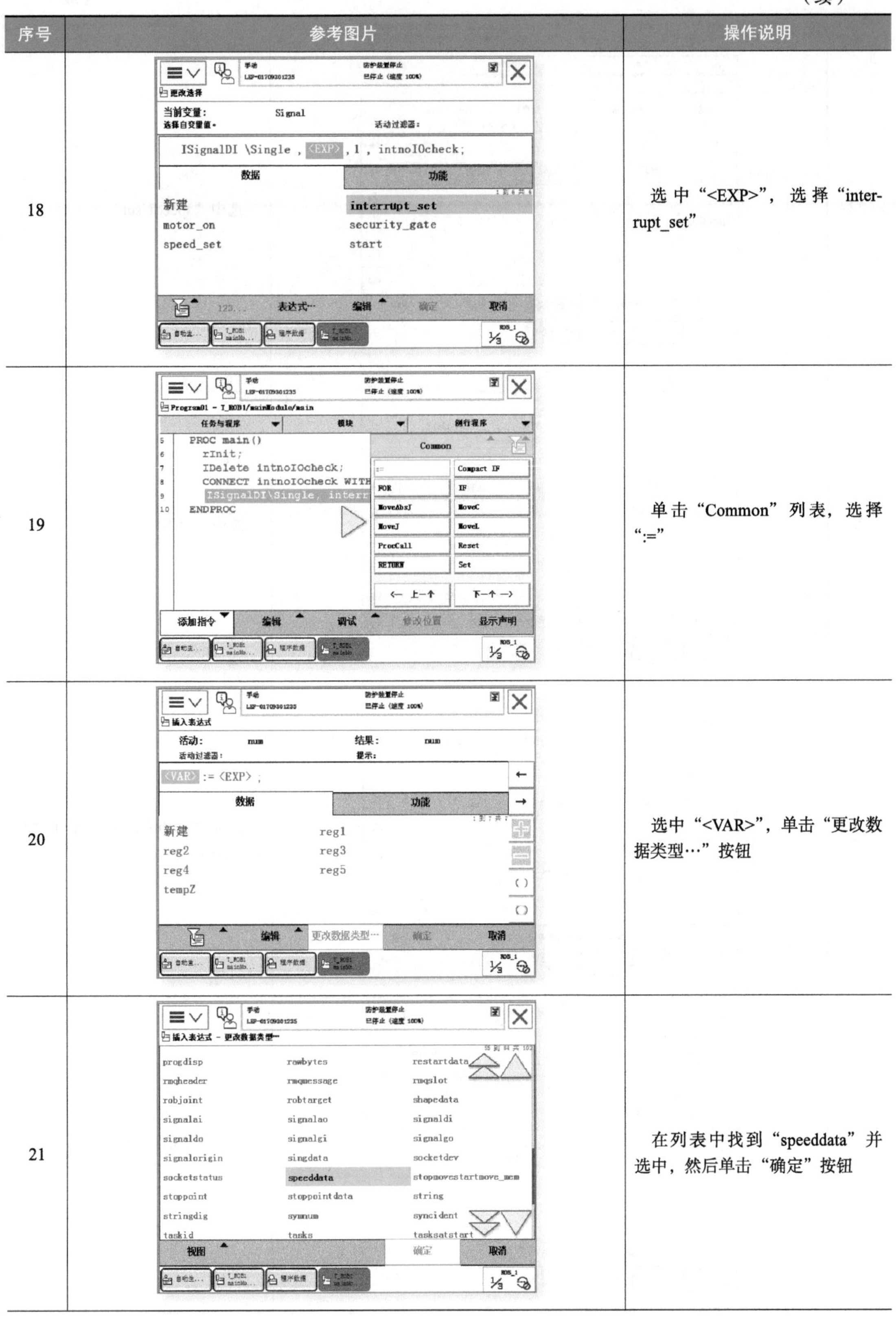

序号	参考图片	操作说明
18		选中“<EXP>”，选择“interrupt_set”
19		单击“Common”列表，选择“:=”
20		选中“<VAR>”，单击“更改数据类型…”按钮
21		在列表中找到“speeddata”并选中，然后单击“确定”按钮

（续）

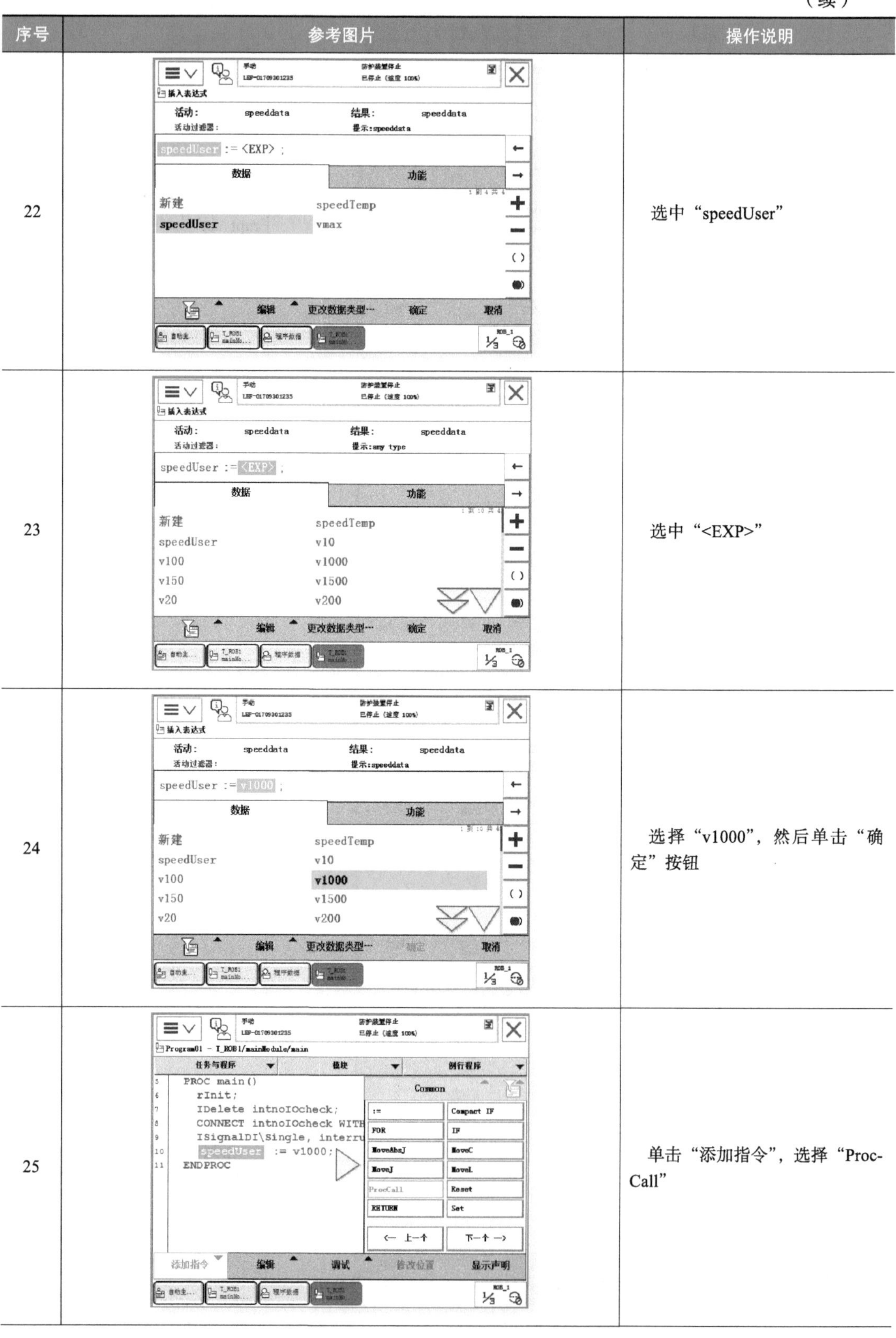

序号	参考图片	操作说明
22		选中“speedUser”
23		选中“<EXP>”
24		选择“v1000”，然后单击“确定”按钮
25		单击“添加指令”，选择“ProcCall”

（续）

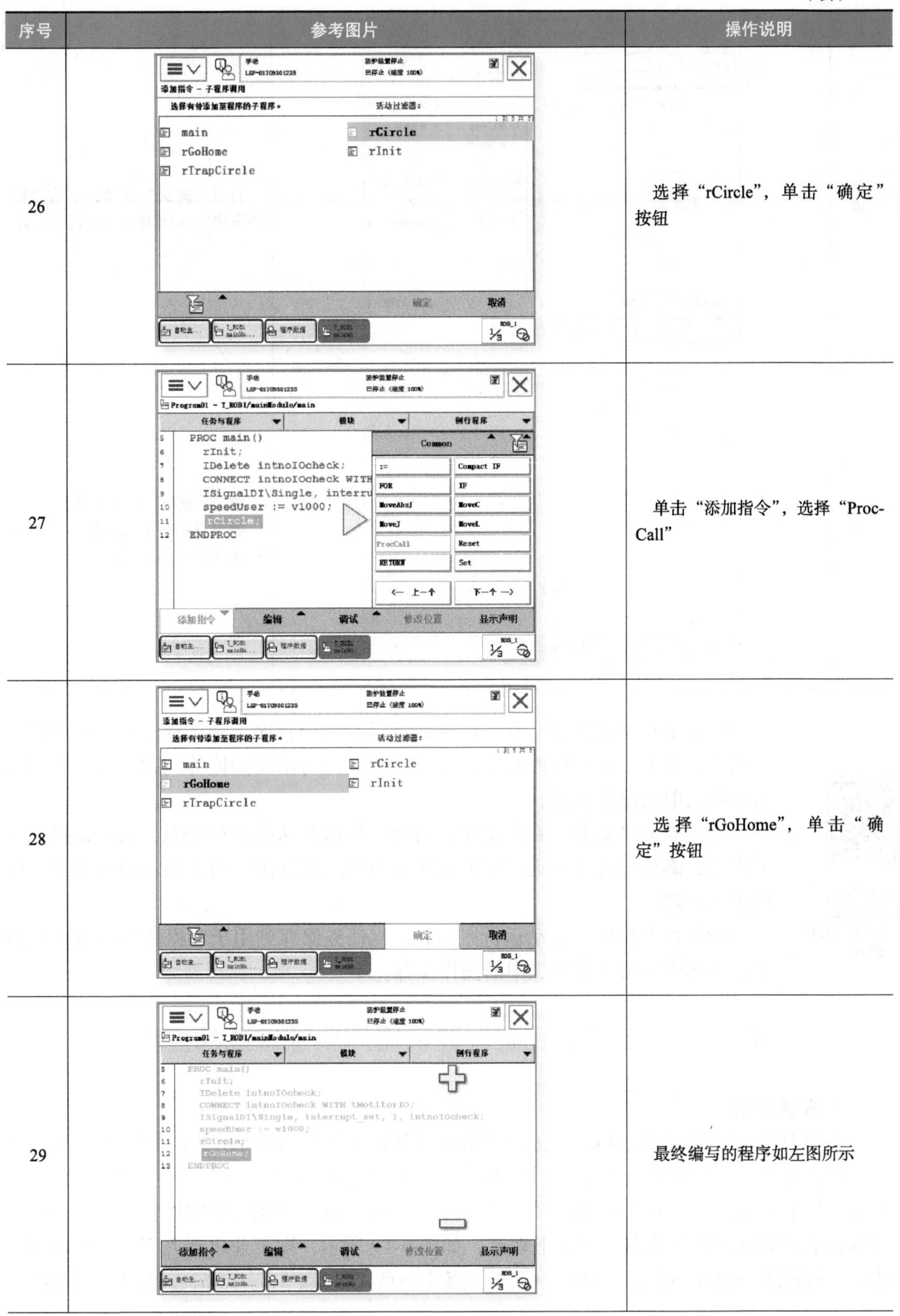

序号	参考图片	操作说明
26		选择“rCircle”，单击“确定”按钮
27		单击“添加指令”，选择“ProcCall”
28		选择“rGoHome”，单击“确定”按钮
29		最终编写的程序如左图所示

（续）

序号	参考图片	操作说明
30		打开“调试”菜单，单击“检查程序”，对程序的语法进行检查
31		单击“确定”按钮完成 如果有错，系统会提示出错的具体位置与建议操作

（6）手动调试程序　在手动模式下运行整个程序，测试程序运行过程是否达到任务要求，及时修改程序以防止自动运行时出现碰撞等问题，可参照本项目任务二中的操作步骤。

中断程序实现圆周轨迹调速的应用——手动及自动运行

（7）自动试运行　在自动试运行时，将运行速度调至 25%，防止碰撞和意外伤害，确认自动运行无误后调至正常自动运行速度，可参照本项目任务二中的操作步骤。

（8）保存程序　自动运行完成后，将任务保存到用于工程任务存储的 U 盘上，可参照本项目任务二中的操作步骤。

任务七　运用功能函数实现圆周轨迹调速的应用

1. 任务要求

在该任务中，要求工业机器人从工作原点开始，沿图 6-11 所示的圆周轨迹运行一周后，沿着 Z 轴正向偏移 100mm，然后在偏移后的 XY 平面内再做一次同样的圆周轨迹运动，接着再沿着 Z 轴正向偏移 100mm，在新的 XY 平面内再做一次相同的圆周轨迹运动，也就是要沿着 Z 轴正向依次绘制三层圆形轨迹，如图 6-19 所示，即工业机器人工具的运动轨迹为：工作原点→点 4 →点 5 →点 6 →点 7 →点 4 →点 41 →点 51 →点 61 →点 71 →点 41 →

点 42 →点 52 →点 62 →点 72 →点 42 →工作原点，运行速度为 1000mm/s。

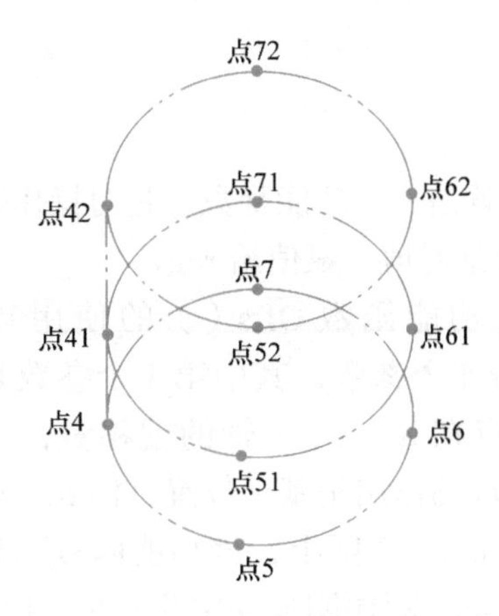

图 6-19　三层圆运动轨迹实际图

2. 任务准备

（1）功能函数 FUNCTION 的定义　功能函数 FUNCTION 可以看作是带返回值的例行程序，并且已经封装成一个指定功能的模块，只需输入指定类型的数据就可以返回一个值存放到对应的程序数据，因此功能函数 FUNCTION 又称为有返回值函数，该类函数用于表达式中。

（2）功能函数 FUNCTION 的特点

1）功能函数是用来得出指定程序数据结果的函数。

2）每个功能函数只能返回一种程序数据。

3）功能函数无法具备维度，即功能函数无法返回数组值。

（3）功能函数 FUNCTION 的创建　功能函数 FUNCTION 的创建步骤与创建例行程序一样，只是在例行程序声明时，需要指定“数据类型”，并将“类型”指定为“功能”，如图 6-20 所示。

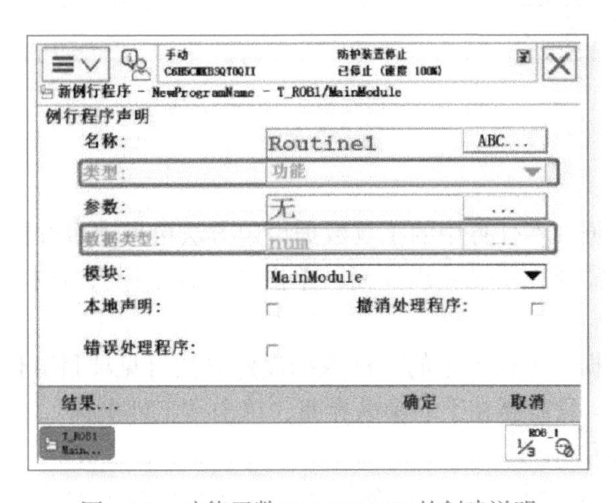

图 6-20　功能函数 FUNCTION 的创建说明

（4）功能函数 FUNCTION 的使用　功能函数 FUNCTION 的一个简单应用示例如下。

```
PROC Calculator（ ）
  reg1 :=Abs（reg2）;
ENDPROC
```

在上述程序段中，Abs（ ）就是一个功能函数，是对操作数进行取绝对值的操作。因此，该程序段的功能为：将 reg2 取绝对值后赋值给 reg1。

（5）功能函数 Offs（ ）　功能函数 Offs（ ）的使用句法为：Offs（<EXP>, <EXP>, <EXP>, <EXP>）。括号里跟着 4 个参数，其中第 1 个参数是一个位置目标点，后面 3 个参数依次为相对于位置目标点在 X、Y、Z 轴的偏移量，单位为 mm。例如图 6-21 中的 Routine1 程序中，功能函数 offs 的作用是基于位置目标 p10 在 X 方向偏移 100mm、Y 方向偏移 200mm、Z 方向偏移 300mm。实际上，该功能函数 offs 的作用和图 6-21 中 Routine2 程序的功能是一样的，但 Routine1 程序明显要精简不少，因此，使用功能函数可以有效提高编程和程序执行的效率。

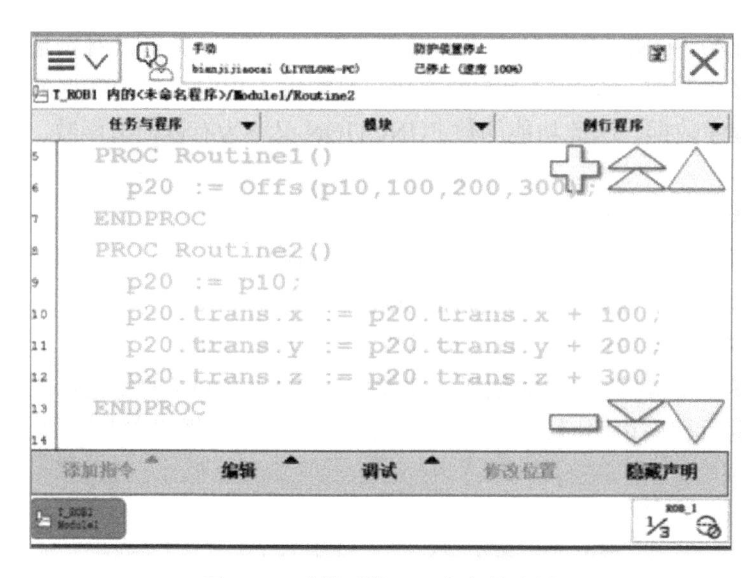

图 6-21　功能函数 offs（ ）的应用

3. 任务实施

（1）建立工具数据　本任务中的工具数据设定方法可见项目五任务二中设定 TCP 点的具体操作，因此，只需要在手动操纵界面，单击“工具坐标”，选择工具坐标 tool1 作为当前工具坐标系即可。

（2）建立工件数据　本任务中的工件数据设定方法可见项目五任务三中定义工件坐标系的操作步骤，因此，只需要在手动操纵界面，单击“工件坐标”，选择工件坐标 wobj1 作为当前工件坐标系即可。

（3）建立 RAPID 程序构架　本任务需要构建的程序框架要求见表 6-39，需要新建一个例行程序 rFunction。创建例行程序的步骤可参考本项目任务二中的表 6-7。

表 6-39 构建程序框架的要求

任务	模块	程序	用途
T_ROB1	mainModule	main（ ）主程序	用于主线构架调用其他应用程序
		rInit（ ）例行程序	用于初始化
	userModule	rGoHome（ ）例行程序	用于回归工作原点运动
		rFunction（ ）例行程序	用于三层圆轨迹运动

运用功能实现三层圆周轨迹运动的应用——创建程序参数

（4）建立程序参数 除了前面建立过的程序参数之外，本任务还需要创建的程序数据见表 6-40。程序数据的创建方法可参考本书项目五中的表 5-9。

表 6-40 需要建立的程序参数

名称	tempZ	ptemp1	ptemp2	ptemp3	ptemp4
数据类型	num	robtarget	robtarget	robtarget	robtarget
范围	全局	全局	全局	全局	全局
存储类型	变量	可变量	可变量	可变量	可变量
任务	T_ROB1	T_ROB1	T_ROB1	T_ROB1	T_ROB1
模块	userModule	userModule	userModule	userModule	userModule
说明	Z 向偏移量	Z 向移动的 p4 位置	Z 向移动的 p5 位置	Z 向移动的 p6 位置	Z 向移动的 p7 位置

运用功能实现三层圆周轨迹运动的应用——rFunction 程序编写

（5）编写程序 本任务需要对例行程序 rFunction 和主函数 main 进行编写，两个程序的编写步骤分别见表 6-41 和表 6-42。

表 6-41 编写例行程序 rFunction

序号	参考图片	操作说明
1		选中“rFunction( )”，单击“显示例行程序”按钮

（续）

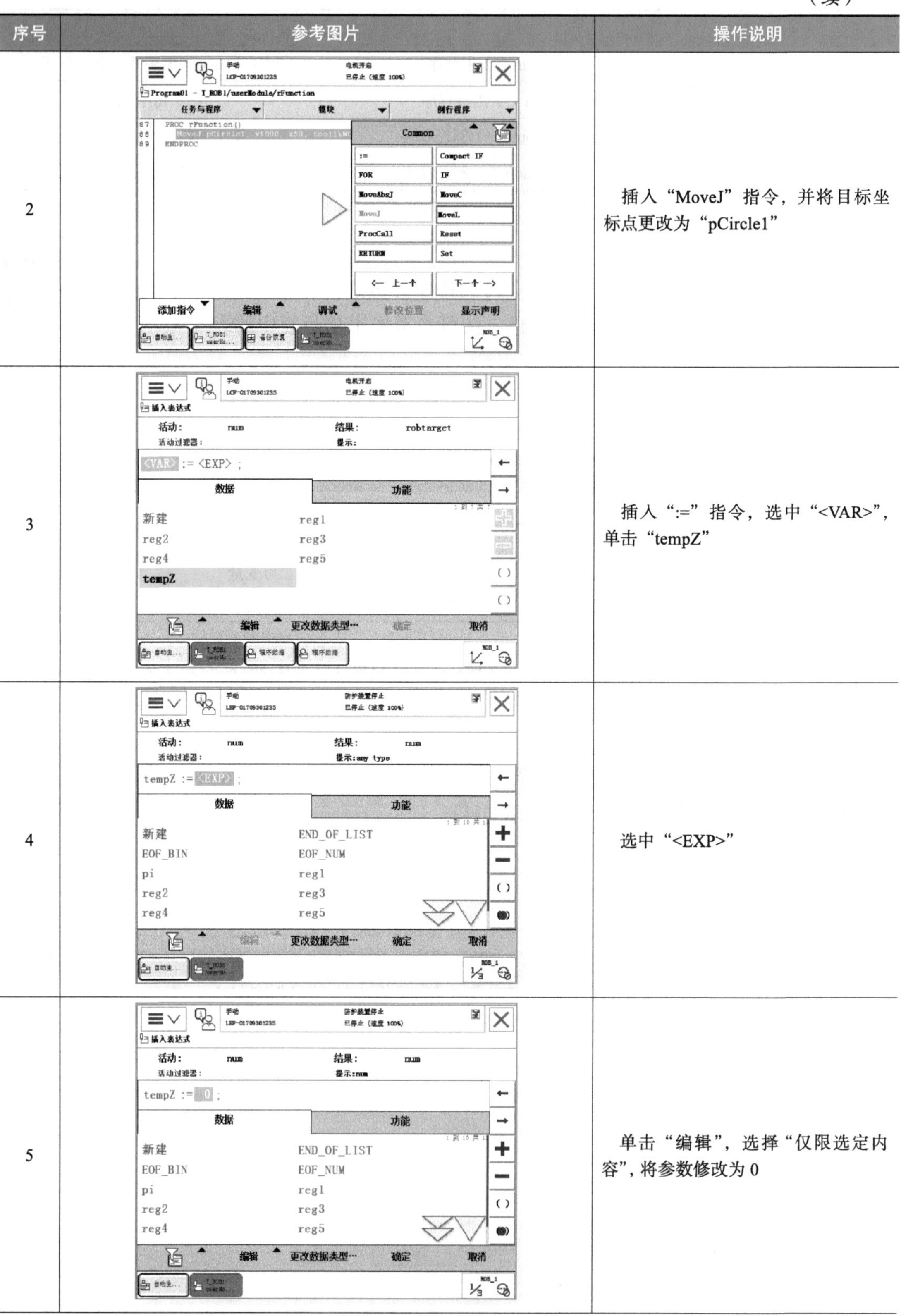

序号	参考图片	操作说明
2		插入“MoveJ”指令，并将目标坐标点更改为“pCircle1”
3		插入“:=”指令，选中“<VAR>”，单击“tempZ”
4		选中“<EXP>”
5		单击“编辑”，选择“仅限选定内容”，将参数修改为 0

（续）

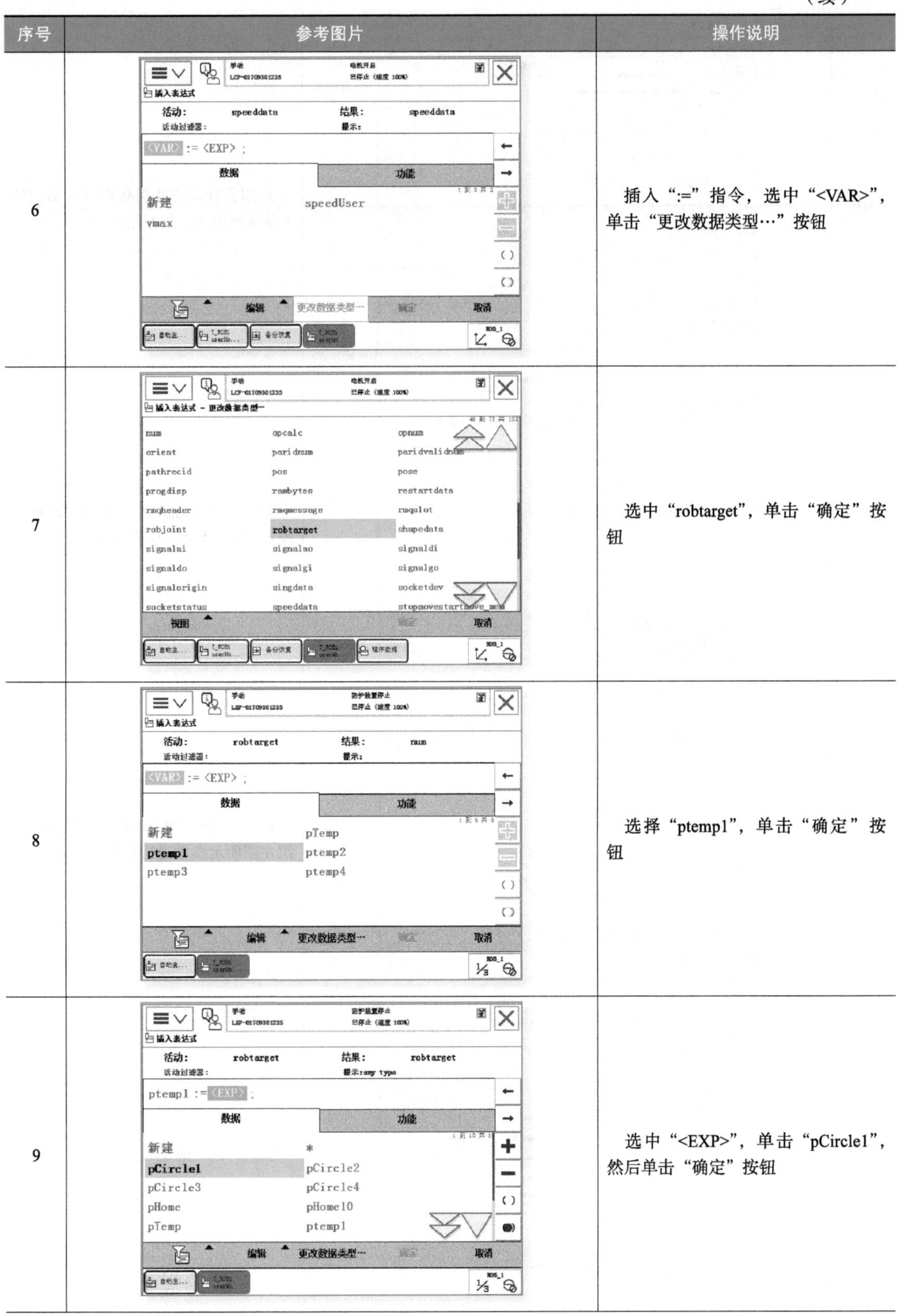

序号	参考图片	操作说明
6		插入“:=”指令，选中“<VAR>”，单击“更改数据类型…”按钮
7		选中“robtarget”，单击“确定”按钮
8		选择“ptemp1”，单击“确定”按钮
9		选中“<EXP>”，单击“pCircle1”，然后单击“确定”按钮

（续）

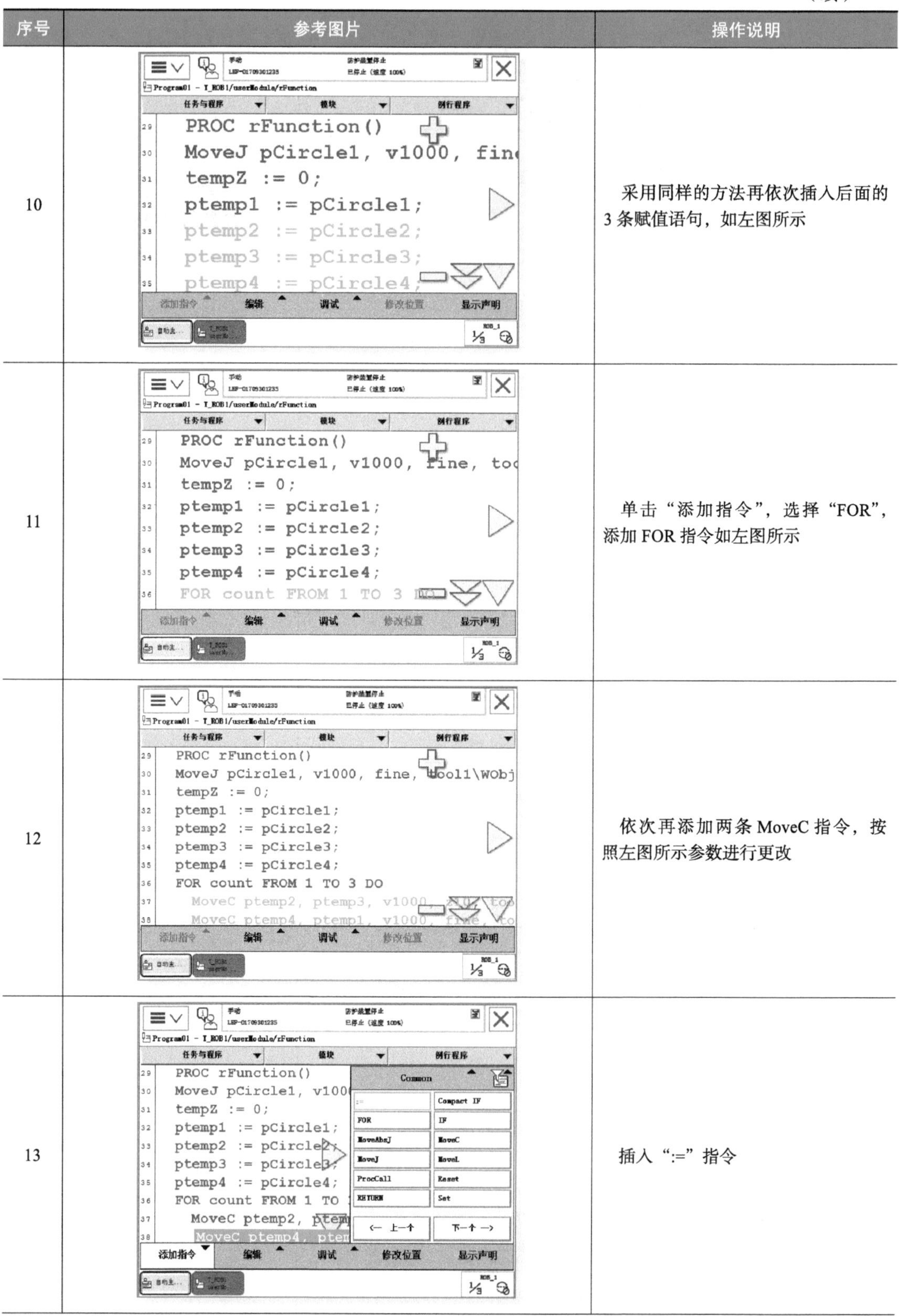

序号	参考图片	操作说明
10		采用同样的方法再依次插入后面的3条赋值语句，如左图所示
11		单击“添加指令”，选择“FOR”，添加FOR指令如左图所示
12		依次再添加两条MoveC指令，按照左图所示参数进行更改
13		插入“:=”指令

（续）

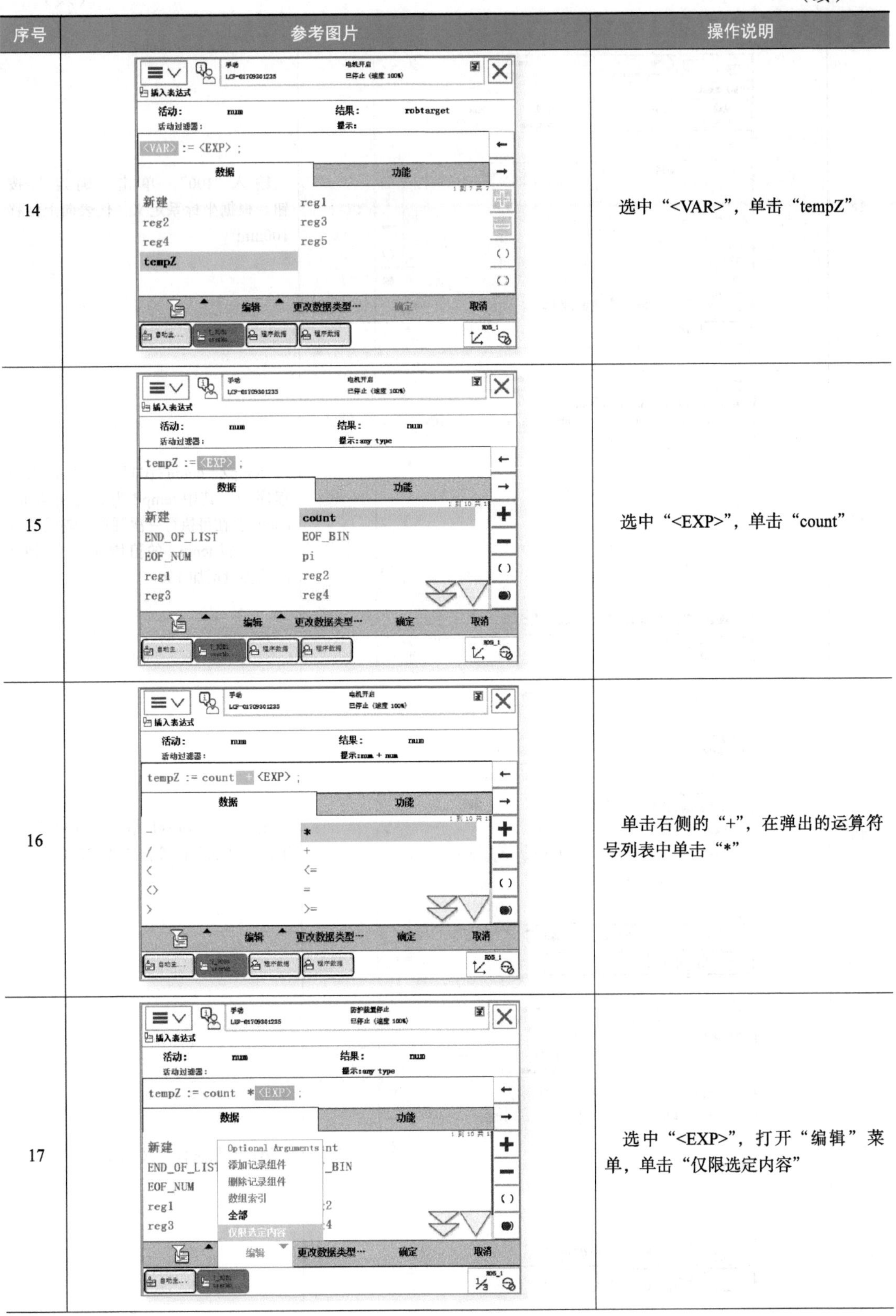

序号	参考图片	操作说明
14		选中“<VAR>”，单击“tempZ”
15		选中“<EXP>”，单击“count”
16		单击右侧的“+”，在弹出的运算符号列表中单击“*”
17		选中“<EXP>”，打开“编辑”菜单，单击“仅限选定内容”

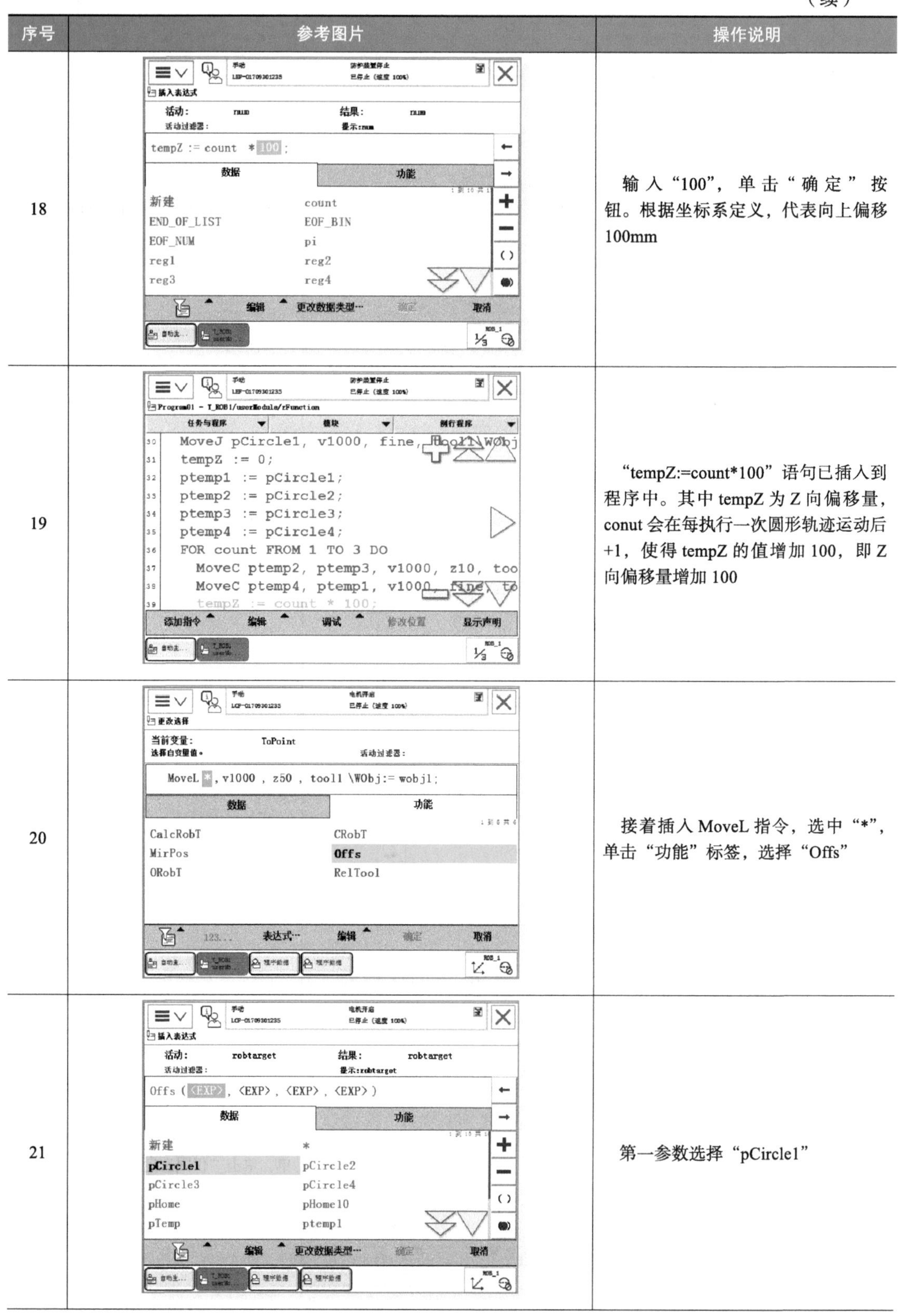

（续）

序号	参考图片	操作说明
18		输入“100”，单击“确定”按钮。根据坐标系定义，代表向上偏移100mm
19		“tempZ:=count*100”语句已插入到程序中。其中tempZ为Z向偏移量，conut会在每执行一次圆形轨迹运动后+1，使得tempZ的值增加100，即Z向偏移量增加100
20		接着插入MoveL指令，选中“*”，单击“功能”标签，选择“Offs”
21		第一参数选择“pCircle1”

（续）

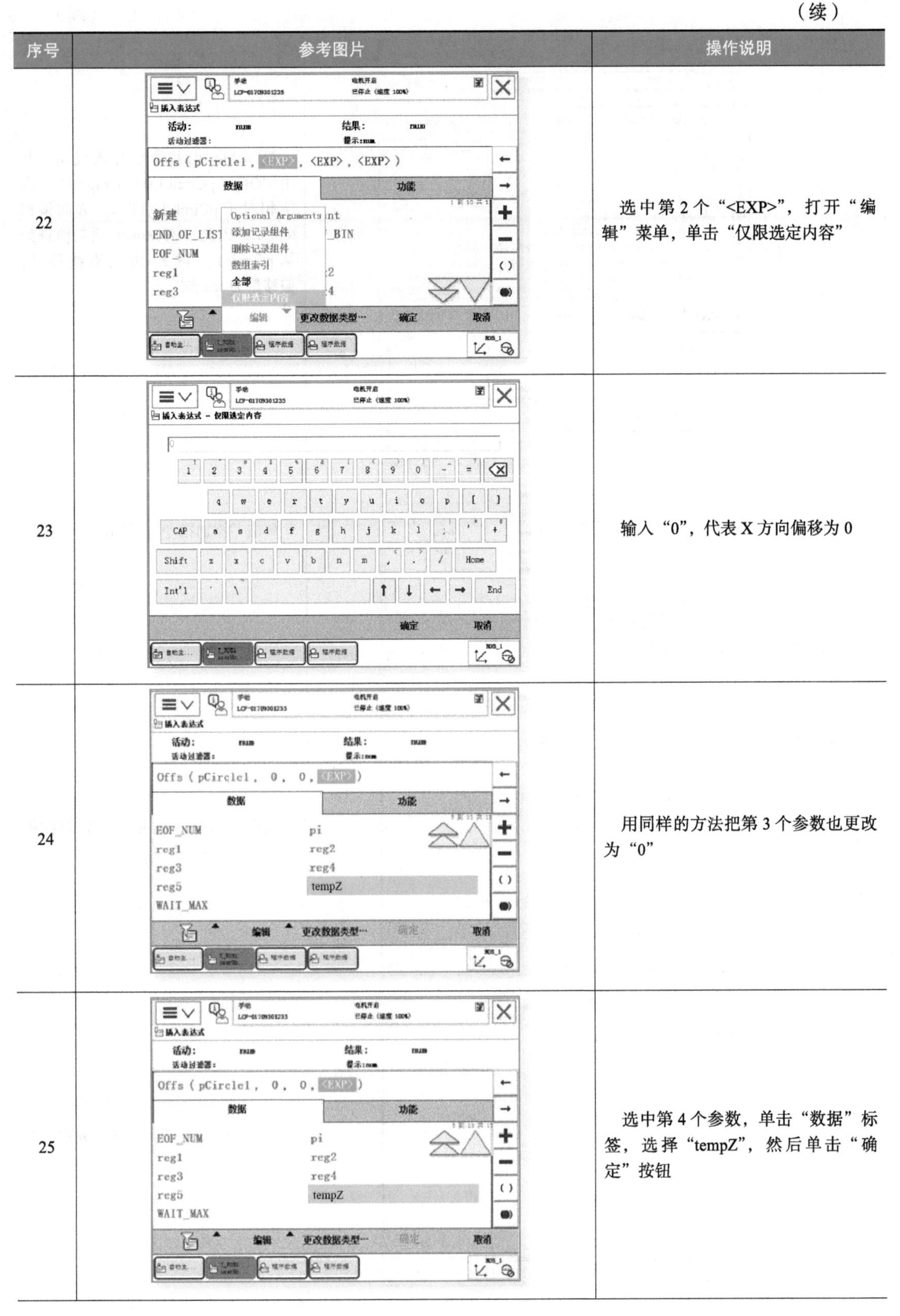

序号	参考图片	操作说明
22		选中第 2 个“<EXP>”，打开“编辑”菜单，单击“仅限选定内容”
23		输入“0”，代表 X 方向偏移为 0
24		用同样的方法把第 3 个参数也更改为“0”
25		选中第 4 个参数，单击“数据”标签，选择“tempZ”，然后单击“确定”按钮

（续）

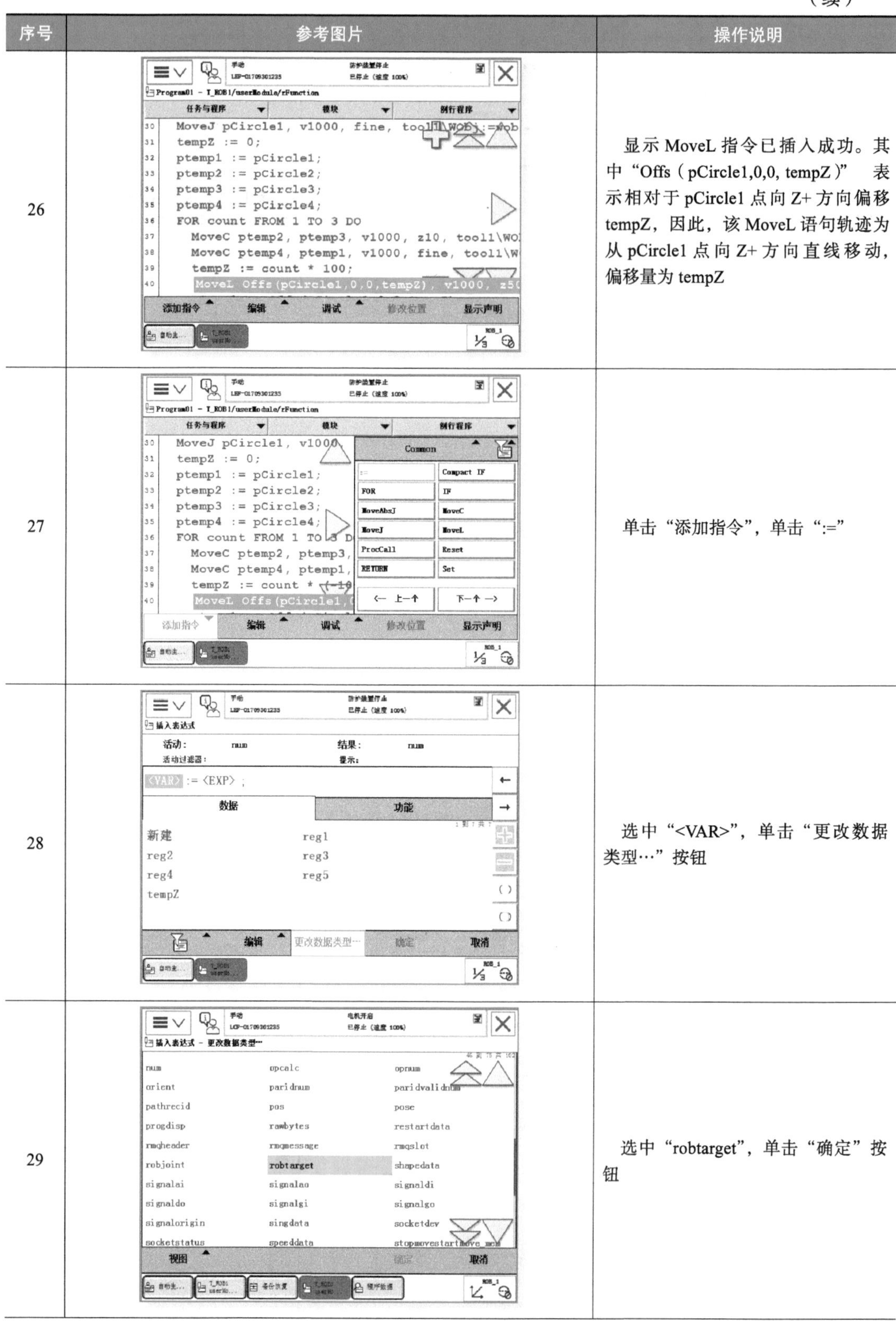

序号	参考图片	操作说明
26		显示 MoveL 指令已插入成功。其中“Offs（pCircle1,0,0, tempZ）” 表示相对于 pCircle1 点向 Z+ 方向偏移 tempZ，因此，该 MoveL 语句轨迹为从 pCircle1 点向 Z+ 方向直线移动，偏移量为 tempZ
27		单击“添加指令”，单击“:=”
28		选中“<VAR>”，单击“更改数据类型…”按钮
29		选中“robtarget”，单击“确定”按钮

（续）

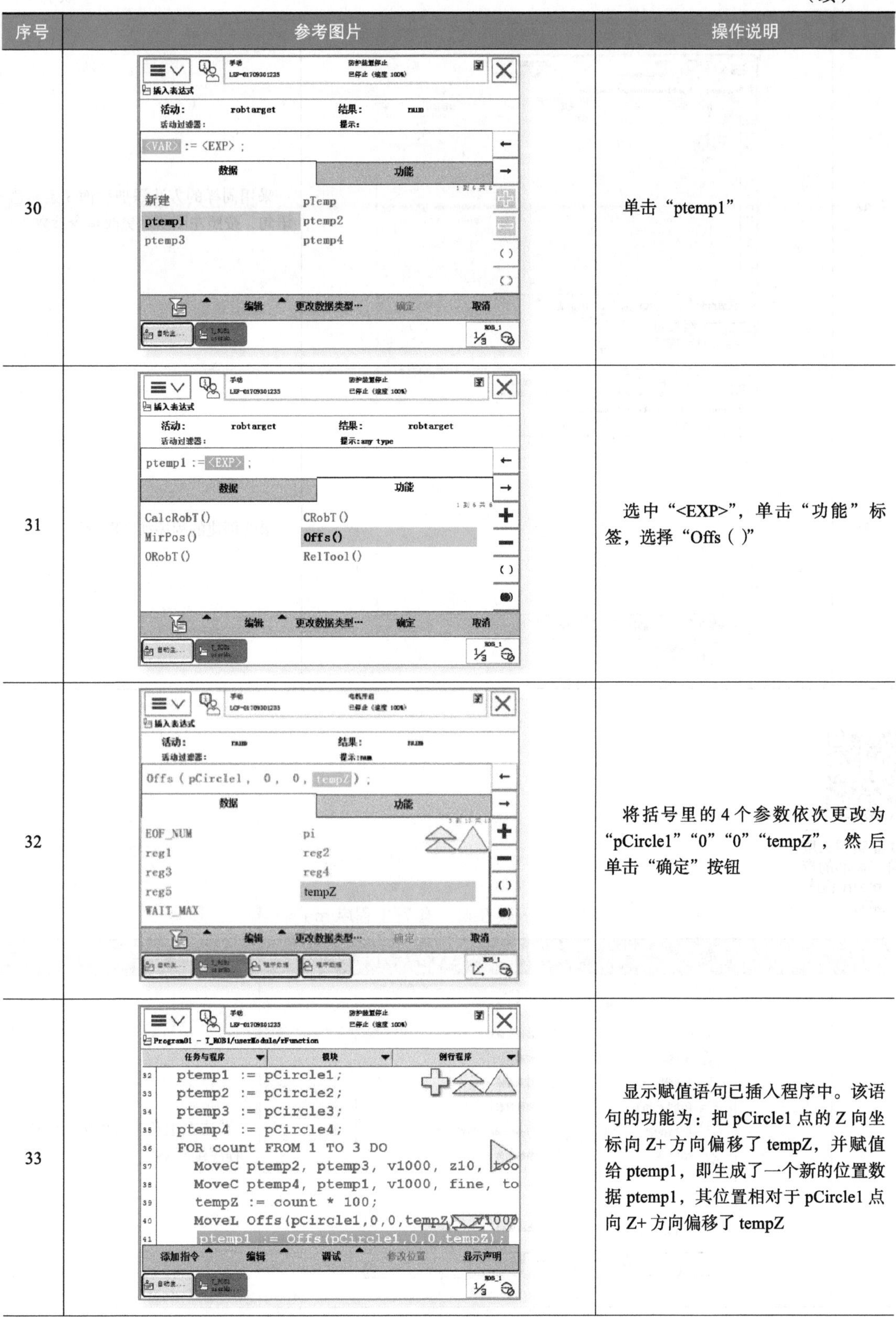

序号	参考图片	操作说明
30		单击“ptemp1”
31		选中“<EXP>”，单击“功能”标签，选择“Offs ( )”
32		将括号里的 4 个参数依次更改为“pCircle1”“0”“0”“tempZ”，然后单击“确定”按钮
33		显示赋值语句已插入程序中。该语句的功能为：把 pCircle1 点的 Z 向坐标向 Z+ 方向偏移了 tempZ，并赋值给 ptemp1，即生成了一个新的位置数据 ptemp1，其位置相对于 pCircle1 点向 Z+ 方向偏移了 tempZ

（续）

序号	参考图片	操作说明
34	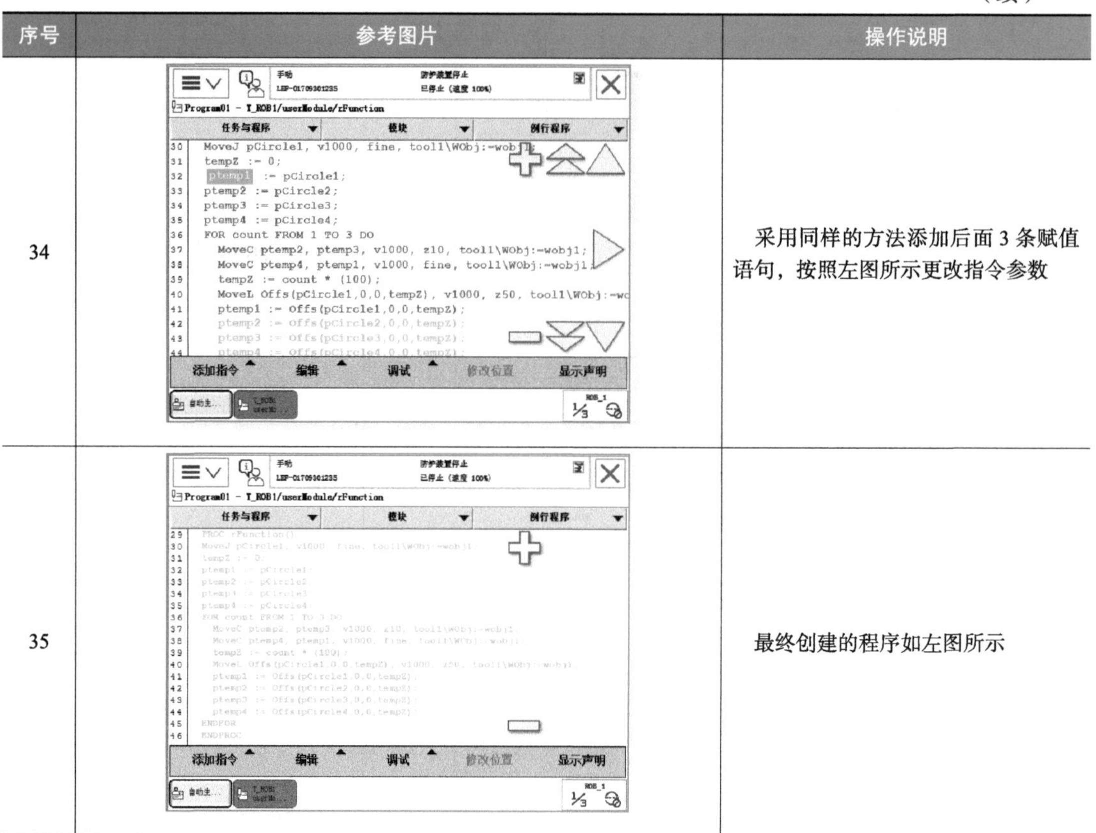	采用同样的方法添加后面 3 条赋值语句，按照左图所示更改指令参数
35		最终创建的程序如左图所示

运用功能实现三层圆周轨迹运动的应用——main 程序编写

表 6-42　编写主程序 main（ ）

序号	参考图片	操作说明
1	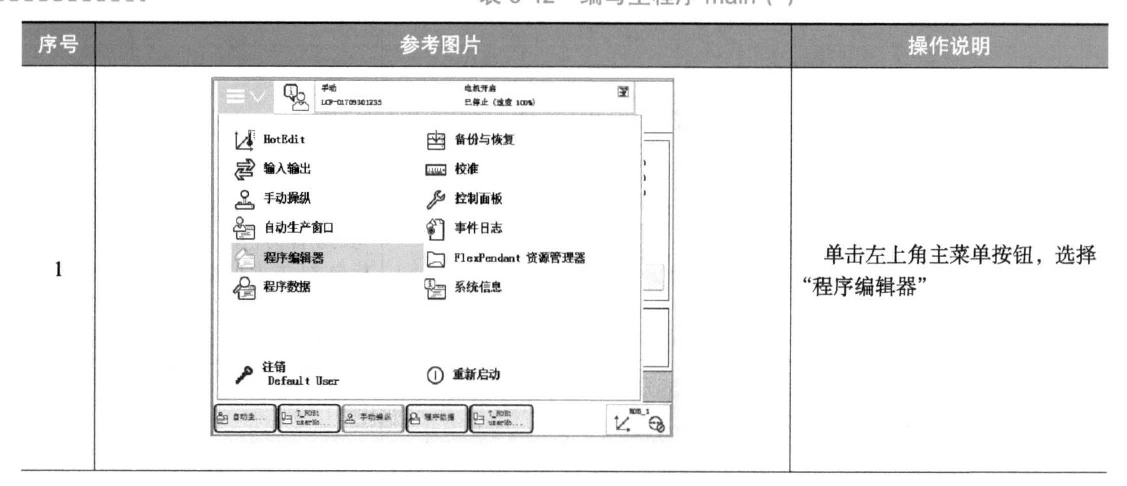	单击左上角主菜单按钮，选择“程序编辑器”

（续）

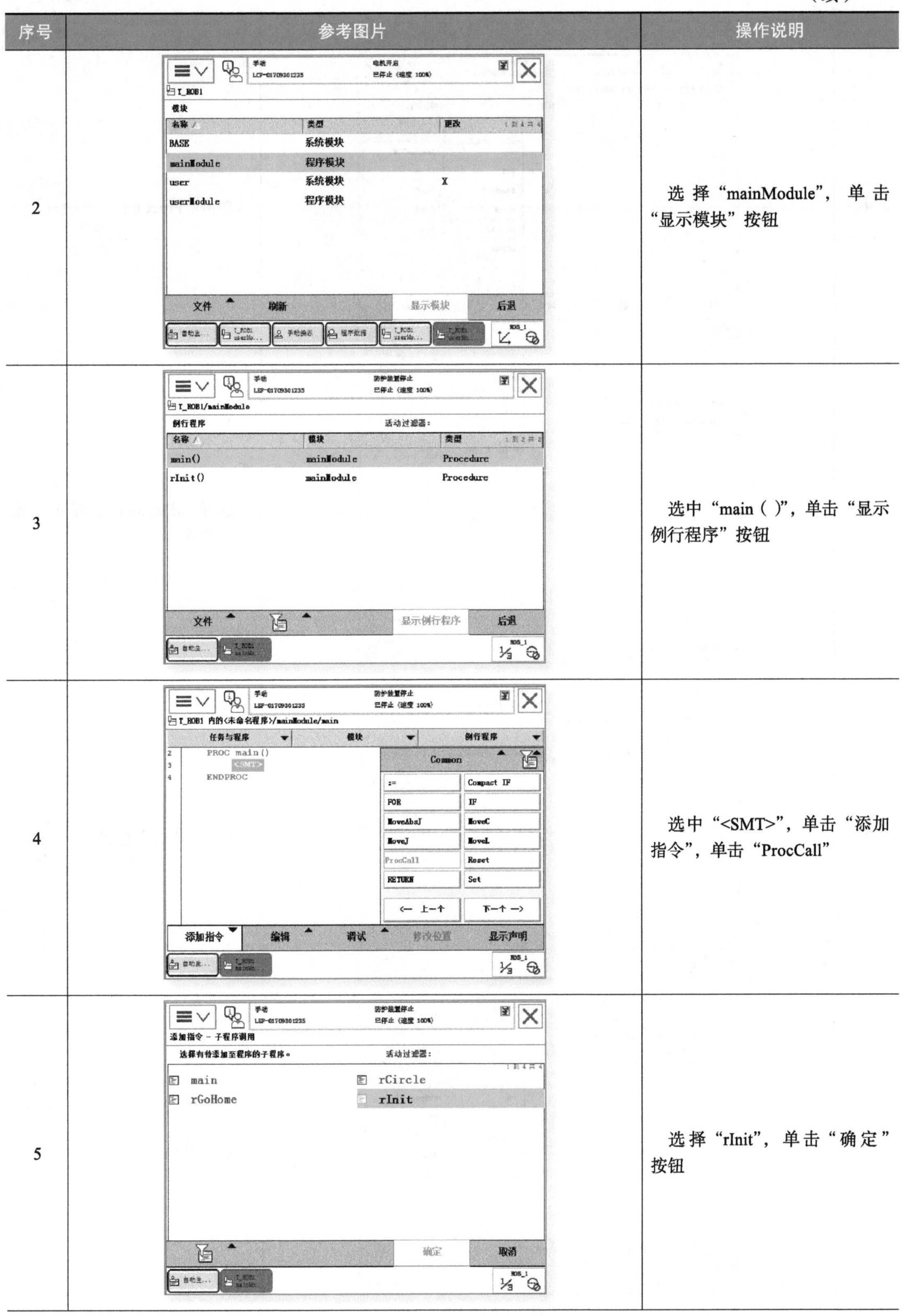

序号	参考图片	操作说明
2		选择“mainModule”，单击“显示模块”按钮
3		选中“main（）”，单击“显示例行程序”按钮
4		选中“<SMT>”，单击“添加指令”，单击“ProcCall”
5		选择“rInit”，单击“确定”按钮

（续）

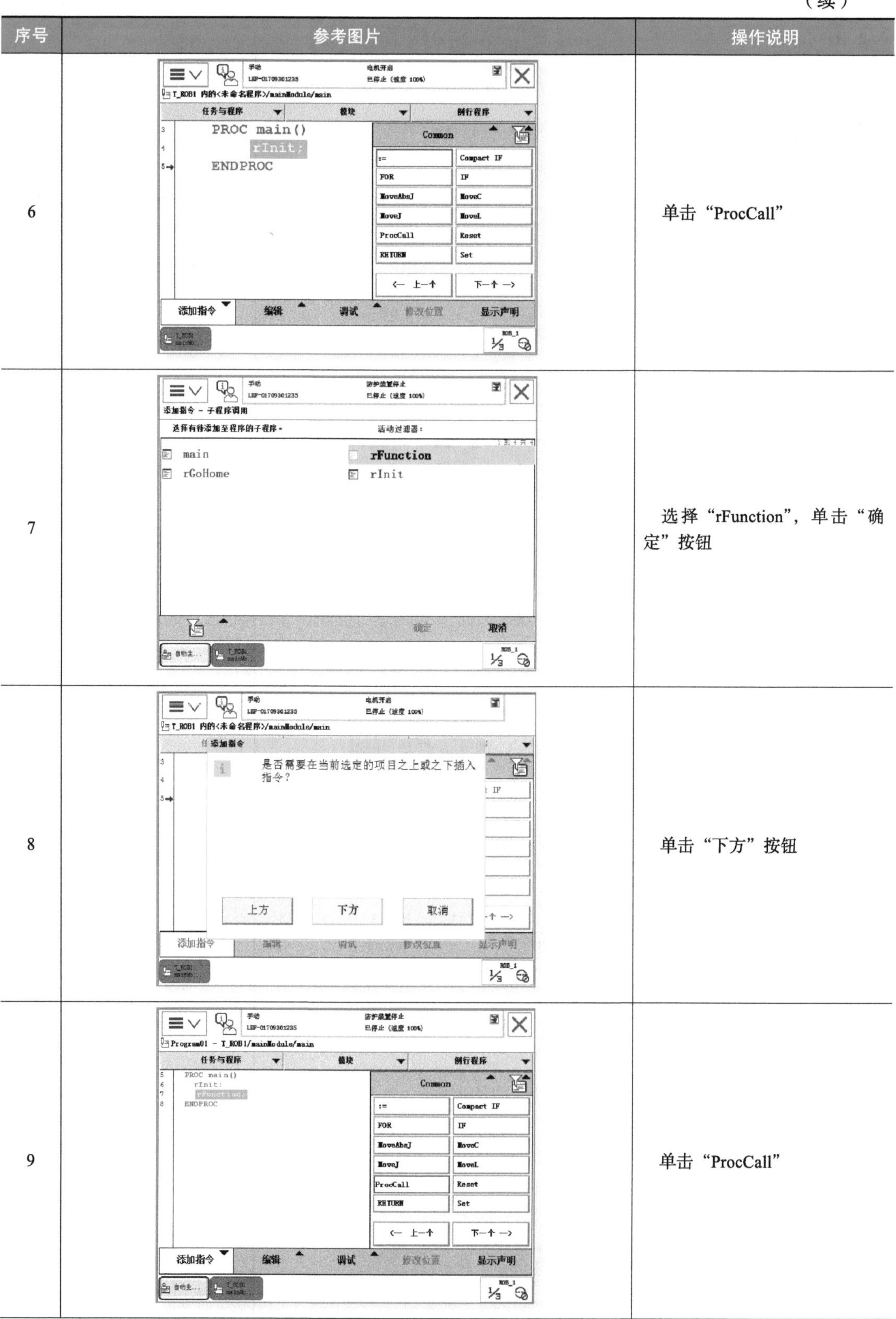

序号	参考图片	操作说明
6		单击“ProcCall”
7		选择“rFunction”，单击“确定”按钮
8		单击“下方”按钮
9		单击“ProcCall”

（续）

序号	参考图片	操作说明
10		选择“rGoHome”，单击“确定”按钮
11		单击“下方”按钮
12		最终编写的主程序如左图所示

（6）手动调试程序　在手动模式下运行整个程序，测试程序运行过程是否达到任务要求，及时修改程序以防止自动运行时出现碰撞等问题，可参照本项目任务二中的操作步骤。

（7）自动试运行　在自动试运行时，将运行速度调至25%，防止碰撞和意外伤害，确认自动运行无误后调至正常自动运行速度，可参照本项目任务二中的操作步骤。

（8）保存程序　自动运行完成后，将任务保存到用于工程任务存储的U盘上，可参照本项目任务二中的操作步骤。

运用功能实现三层圆周轨迹运动的应用——手动及自动运行

思考与练习

1. 填空题

（1）________存在于任意一个程序模块中，并且是作为整个 RAPID 程序执行的起点。

（2）每一个程序模块包含了________、________、中断程序和功能 4 种对象，但不一定在一个模块都有这 4 种对象的存在。

（3）________是线性运动指令，表示机器人以线性方式运动至目标点。

（4）________指令实现机器人以圆弧移动方式移动至目标点。

（5）一段路径的最后一个点的转弯区数据一定要设定为________。

（6）语句 MoveC p2, p3, v500, z50, tool1\wobj:=wobj1; 实现的功能是：工具 tool1 在工件坐标系 wobj1 下，从起始点开始，经过________点以________轨迹运动到________点，运动速度为________，转弯区的大小为________。

（7）专门用来处理紧急情况的程序称为 ________。

2. 选择题

（1）下列哪个指令适用于当运动不必是直线的时候，对路径的精度要求不高时，快速将机器人从一个点运动到另一个点？（　　）

A. MoveL　　B. MoveJ　　C. MoveC　　D. ProcCall

（2）使用（　　）指令在指定的位置调用例行程序。

A. ProcCall　　B. RETURN　　C. FUNCTION　　D. PROC

（3）下列哪个指令为 RAPID 程序中的赋值指令？（　　）

A. =　　B. ==　　C. :=　　D. ≒

（4）（　　）指令，就是根据不同的条件去执行不同的指令。

A. IF　　B. FOR　　C.WaitTime　　D.WHILE

3. 判断题

（1）程序模块之间的数据、例行程序、中断程序和功能是可以互相调用的。（　　）

（2）在一个 RAPID 程序中，可以有多个主程序 main。（　　）

（3）线性运动方式下，机器人运动状态可控，运动路径保持唯一，不能离得太远，否则可能出现死点。（　　）

（4）至少需要 3 个 MoveC 指令才能完成一个圆形轨迹运动。（　　）

（5）WaitTime 为时间等待指令，用于程序在等待一个指定的时间以后，再继续向下执行，也称为延时指令。（　　）

（6）功能 FUNCTION 可以看作是带返回值的例行程序，并且已经封装成一个指定功能的模块，只需输入指定类型的数据就可以返回一个值存放到对应的程序数据。（　　）

（7）一个功能程序可以返回多种程序数据。（　　）

自我学习检测评分表

项目	目标要求	分值	评分细则	得分	备注
认识 RAPID 程序	1. 了解 ABB 机器人编程语言 RAPID 2. 了解任务、程序模块、例行程序的内涵及相互之间的关系 3. 掌握创建程序框架的方法	5	1. 理解与掌握 2. 操作流程		
运动指令实现三角形轨迹运动的应用	1. 掌握 MoveL、MoveJ 指令的内涵与使用方法 2. 掌握 ProcCall、RETURN 指令的内涵与使用方法 3. 掌握采用示教器编写 RAPID 程序的方法 4. 掌握应用运动指令实现三角形轨迹运动的方法	20	1. 理解与掌握 2. 操作流程		
条件逻辑判断指令实现圆周轨迹运动的应用	1. 掌握 MoveC 指令的内涵与使用方法 2. 掌握逻辑判断指令 FOR 的内涵与使用方法 3. 掌握时间等待指令 WaitTime 和赋值指令 := 的内涵与使用方法 4. 掌握应用条件逻辑判断指令实现圆形轨迹运动的方法	15	1. 理解与掌握 2. 操作流程		
带参数子程序实现圆周轨迹运动的应用	1. 掌握带参数的例行程序的内涵与使用方法 2. 掌握应用带参数子程序实现圆周轨迹多次重复运动的方法	10	1. 理解与掌握 2. 操作流程		
外部 I/O 控制实现圆周轨迹调速运动的应用	1. 掌握 IF 条件判断指令的内涵与使用方法 2. 掌握应用 IF 指令通过外部 I/O 调节圆周轨迹运动速度的方法	10	1. 理解与掌握 2. 操作流程		
中断程序实现圆周轨迹调速的不应用	1. 掌握中断的概念与应用 2. 掌握中断程序的创建方法 3. 掌握应用中断程序实现圆周轨迹调速运动的方法	15	1. 理解与掌握 2. 操作流程		
运用功能函数实现圆周轨迹调速的应用	1. 掌握功能 FUNCTION 的定义、特点及使用方法 2. 掌握功能 FUNCTION 的创建方法 3. 掌握 offs( ) 指令的内涵及使用方法 4. 掌握应用功能 FUNCTION 实现三层圆周轨迹运动的方法	15	1. 理解与掌握 2. 操作流程		
安全操作	符合上机实训操作要求	10			

参 考 文 献

[1] 叶晖 . 工业机器人实操与应用技巧 [M].2 版 . 北京 : 机械工业出版社，2017.

[2] 兰虎 . 工业机器人技术及应用 [M]. 北京 : 机械工业出版社，2014.